U0379180

宽禁带半导体前沿丛书

氮化镓半导体材料及器件

Gallium Nitride Semiconductor Materials and Devices

张进成　许晟瑞　张雅超　陶鸿昌　　著

张　涛　张苇杭　牛牧童

西安电子科技大学出版社

内 容 简 介

以 GaN 为衬底材料的Ⅲ-Ⅴ族氮化物(包括 AlN、GaN、InN 及相关合金)是极为重要的宽禁带半导体材料,这类氮化物材料和器件的发展十分迅速。本书通过理论介绍与具体实验范例相结合的方式对氮化物半导体材料及器件进行介绍,并系统地讲解了目前广泛应用的氮化物光电器件与氮化物电力电子器件,使读者能够充分了解二者之间内在的联系与区别。全书共 8 章,包括绪论、氮化物材料基本特性及外延生长技术、新型氮化物异质结的设计及制备、氮化物材料的测试表征技术、氮化物蓝光 LED 材料与器件、氮化物紫外和深紫外 LED 材料与器件、氮化镓基二极管、氮化镓基三极管。

本书可作为微电子器件领域本科生和研究生的入门参考资料,也可供相关领域的科研和研发人员参考。

图书在版编目 (CIP) 数据

氮化镓半导体材料及器件 / 张进成等著. -- 西安:西安电子科技大学出版社,2024.10. -- ISBN 978-7-5606-7385-1

Ⅰ. TN304

中国国家版本馆 CIP 数据核字第 2024QV8937 号

责任编辑　汪飞　吴祯娥
出版发行　西安电子科技大学出版社(西安市太白南路 2 号)
电　　话　(029) 88202421　88201467　　邮　　编　710071
网　　址　www. xduph. com　　　　　电子邮箱　xdupfxb001@163.com
经　　销　新华书店
印刷单位　西安五星印刷有限公司
版　　次　2024 年 10 月第 1 版　　　2024 年 10 月第 1 次印刷
开　　本　787 毫米×1092 毫米　1/16　印张　21.5　彩插　2
字　　数　369 千字
定　　价　108.00 元
ISBN 978-7-5606-7385-1

XDUP 7686001-1

＊＊＊如有印装问题可调换＊＊＊

"宽禁带半导体前沿丛书"编委会

"宽禁带半导体前沿丛书"出版说明

当今世界，半导体产业已成为主要发达国家和地区最为重视的支柱产业之一，也是世界各国竞相角逐的一个战略制高点。我国整个社会就半导体和集成电路产业的重要性已经达成共识，正以举国之力发展之。工信部出台的《国家集成电路产业发展推进纲要》等政策，鼓励半导体行业健康、快速地发展，力争实现"换道超车"。

在摩尔定律已接近物理极限的情况下，基于新材料、新结构、新器件的超越摩尔定律的研究成果为半导体产业提供了新的发展方向。以氮化镓、碳化硅等为代表的宽禁带半导体材料是继以硅、锗为代表的第一代和以砷化镓、磷化铟为代表的第二代半导体材料以后发展起来的第三代半导体材料，是制造固态光源、电力电子器件、微波射频器件等的首选材料，具备高频、高效、耐高压、耐高温、抗辐射能力强等优越性能，切合节能减排、智能制造、信息安全等国家重大战略需求，已成为全球半导体技术研究前沿和新的产业焦点，对产业发展影响巨大。

"宽禁带半导体前沿丛书"是针对我国半导体行业芯片研发生产仍滞后于发达国家而不断被"卡脖子"的情况规划编写的系列丛书。丛书致力于梳理宽禁带半导体基础前沿与核心科学技术问题，从材料的表征、机制、应用和器件的制备等多个方面，介绍宽禁带半导体领域的前沿理论知识、核心技术及最新研究进展。其中多个研究方向，如氮化物半导体紫外探测器、氮化物半导体太赫兹器件等均为国际研究热点；以碳化硅和Ⅲ族氮化物为代表的宽禁带半导体，是近年来国内外重点研究和发展的第三代半导体。

"宽禁带半导体前沿丛书"凝聚了国内 20 多位中青年微电子专家的智慧和汗水，是其探索性和应用性研究成果的结晶。丛书力求每一册尽量讲清一个专题，且做到通俗易懂、图文并茂、文献丰富。丛书的出版也会吸引更多的年轻人投入并献身到半导体研究和产业化的事业中来，使他们能尽快进入这一领域进行创新性学习和研究，为加快我国半导体事业的发展做出自己的贡献。

"宽禁带半导体前沿丛书"的出版，既为半导体领域的学者提供了一个展示他们最新研究成果的机会，也为从事宽禁带半导体材料和器件研发的科技工作者在相关方向的研究提供了新思路、新方法，对提升"中国芯"的质量和加快半导体产业高质量发展将起到推动作用。

编委会

2020 年 12 月

前　言

自 20 世纪 70 年代开始，氮化物半导体逐渐被人们重视。随着氮化镓 P 型掺杂技术的实现和两步外延法的采用，氮化物半导体的光电性能得到提升。自 1993 年第一支高亮度的蓝光发光二极管（Light-Emitting Diode，LED）诞生起，LED 的发光效率不断刷新历史纪录。赤崎勇、天野浩和中村修二也因发明高亮度蓝光 LED 获得 2014 年的诺贝尔物理学奖。2005 年，氮化物微波功率器件进入市场，此后其市场规模不断扩大。目前，氮化物半导体已经在照明、显示、杀菌消毒、功放、快充等领域大放异彩。从应用范围和市场规模来看，氮化物半导体已经是硅基半导体之后极为重要的半导体材料之一。

氮化物半导体相较于传统的第一、二代半导体具有一些独特的物理性质。氮化物异质结具有高密度二维电子气（2DEG），其导电机制和传统硅基半导体中的掺杂导电机制截然不同，且电子的来源依然存在争议。此外，以异质外延为主的氮化物半导体中存在复杂的缺陷体系，显著影响了器件的可靠性以及性能的进一步提升。因此，本书将重点介绍氮化物材料体系的测试表征技术。书中结合大量具体实例来介绍测试表征技术的原理以及氮化物半导体中不同缺陷对器件性能的影响。此外，本书还介绍了氮化物光电器件与氮化物电力电子器件，强调了二者的区别与内在联系。

作者所在的西安电子科技大学宽禁带半导体材料教育部重点实验室自 1997 年开始从事氮化物半导体材料和器件的相关研究，是国内较早开展相关研究的实验室。作者结合其研究团队在氮化物半导体材料和器件方面的多年研究积累，对氮化物半导体材料外延、结构设计、测试表征和器件制备等方面进行了系统论述。

本书共 8 章。第 1 章为绪论。第 2 章介绍了氮化物材料的结构（晶体结构、能带结构）、氮化镓材料的制备、高质量 GaN 缓冲层外延生长技术和高性能 AlGaN/GaN 异质结外延。第 3 章介绍了新型氮化物异质结的设计及制备，包括 AlGaN/GaN 背势垒异质结、GaN 双沟道及多沟道异质结、AlGaN 和 InGaN 沟道异质结、强极化异质结以及热增强的超薄 GaN 沟道异质结。第 4 章介绍了氮化物材料的测试表征技术，如霍尔效应测试、拉曼散射测试、高分辨率 X 射线衍射技术、透射电子显微镜技术、原子力显微镜技术、光致发光测试、阴极发光测试、腐蚀法表征技术等。第 5 章介绍了氮化物蓝光 LED 材料与器件的相关内容，包括高质量材料外延技术、蓝光 LED 的 P 型掺杂的研究进展、LED 的关键指标参数以及蓝光 LED 的能带设计等。第 6 章介绍了氮化物紫外和深紫外 LED 材料与器件的相关内容，包括紫外 LED 的应用及发展、高质量 Al(Ga)N 材料生长技术、高注入效率 UV LED 的结构设计、UV LED 的光提取等。第 7 章介绍了台面结构 GaN SBD 器件的制备、载流子输运机制、可靠性分析，横向结构 AlGaN/GaN SBD 器件的可靠性分析、载流子输运机制以及低陷阱态器件制备技术。第 8 章介绍了 GaN 射频/微波功率器件、GaN 基电力电子器件、GaN 基三极管的测试表征技术。

本书由西安电子科技大学的张进成、许晟瑞、张雅超、陶鸿昌、张涛、张苇杭和中国科学院苏州纳米技术与纳米仿生研究所的牛牧童共同撰写。在撰写本书过程中，作者所在研究团队的多位教师、博士后、博士研究生和硕士研究生贡献了他们的聪明才智，特别是赵颖、彭若诗、杜金娟、范晓萌、苏华科、边照科、宋秀峰、高源、王柏淇、艾立霞、许文强、王心颢、刘旭、徐爽、卢灏、安瑕、路博文、贾敬宇、刘劭珂、荣晓燃、许铳等做了大量的工作，在此深表谢意。感谢国家自然科学基金、国家重点研发计划、国家科技重大专项和国防科技与研究计划的支持。希望本书对从事氮化物学习和研究的读者在学术参考和研究创新等方面有所启发和帮助。

由于作者水平有限，本书难免存在不足之处，敬请广大读者提出意见和建议。

著　者
2024 年 4 月

目　　录

第 1 章

绪　论

1.1 氮化物材料及器件背景

半导体材料的发展是电子信息技术革命的基础。自世界上第一支锗晶体管的诞生以来，半导体技术就不断飞速发展并得到广泛应用。当前，以硅为代表的第一代半导体材料在集成电路领域仍拥有压倒性的优势，考虑成本和工艺成熟度，很难有其他的半导体材料能够在集成电路领域对其构成重大挑战。不过，研究者发现的Ⅲ族和Ⅴ族合成的半导体材料拓宽了半导体材料的种类，比如砷化镓材料。和硅相比，砷化镓材料的禁带宽度更大，温度稳定性更好，载流子迁移率更高，抗辐射特性更强，因此在高频、微波器件领域及空间太阳能电池方面都得到了广泛应用。此外，砷化镓还是直接带隙的半导体材料，以它为基础，可以制备高亮度的长波长可见光及红外 LED。虽然砷化镓基的器件有工作频率高、效率高、线性度高等优点，但它的热导率和击穿电场依然较低。于是，具有更大禁带宽度的半导体成为大家不断研究的对象。宽禁带半导体的种类很多，比如碳化硅（SiC）、氧化镓（Ga_2O_3）、氧化锌（ZnO）、金刚石（Diamond）、氮化镓（GaN）等，其中氮化镓从中脱颖而出。氮化镓应用非常广泛，主要用其制备电力电子器件和光电器件。GaN 因其独特的极化体系，在不掺杂的情况下就能在异质结界面处形成密度极高的二维电子气和高的载流子迁移率。这是 GaN 在微波功率器件领域应用的基础[1]。

此外，氮化镓在光电领域也有着非常重要的应用。因为氮化铝、氮化铟、氮化镓的禁带宽度分别是 6.2 eV、0.7 eV、3.42 eV，且它们都是直接带隙半导体材料，所以如果把他们结合到一起形成合金，则合金的带隙范围涵盖了可见光的所有波段，并且可以扩展到红外和紫外波段，这是目前光电领域应用最广泛的材料体系[2]。

制备高性能的器件需要有高质量的材料作为衬底，GaN 单晶是目前人们最希望采用的衬底。但商业化的 GaN 单晶主要是在蓝宝石衬底上采用氢化物气相外延（HVPE）法生长，再把蓝宝石衬底和 GaN 分离得到的，虽然该方法得到的 GaN 位错密度相比于采用金属有机物化学气相沉积（MOCVD）法得到的更低，但依然高达 $10^5 \sim 10^7$ cm^{-2}，同时 GaN 非故意掺杂的杂质含量很高，用此 GaN 制备器件有潜在的漏电风险。目前氮化物无论是在光电还是在电力电子领域的应用主要还是基于异质衬底进行的异质外延。由于晶格和热失配导致的位错长期困扰着氮化物体系器件的应用，因此，相关领域的科研团队长期开展氮化物材料的外延研究（包括成核层的优化设计、图形衬底技术、横向外延过生长技术等等），致力于提升氮化物的晶体质量。目前，经过优化的氮化物基板已经能够用来制备高性能的器件。

氮化物材料有极化效应，这是电力电子器件应用的重要基础[1]。目前商业化应用的器件基本都是基于金属极性氮化物制备的。如果把极性进行翻转，使氮化物的极性变为 N 极性，那么 N 极性的氮化物会展现一些理论上的优势，如具有更活跃的表面性质，易形成更低电阻的欧姆接触[3]。对于 N 极性的氮化物电力电子器件，异质结最上层的材料是禁带宽度相对较小的材料，因此 N 极性的异质结在用于电力电子器件的制备时拥有较好的欧姆接触特性。此外，N 极性的 AlN/GaN 异质结的价带带阶很大，很适合制备二维空穴气。对于 N 极性光电器件来说，外加的偏置电场和极化电场相反，可以抵消一部分的量子限制斯塔克效应（QCSE）[4]，从而降低量子阱的能带倾斜程度，增加电子和空穴波函数的交叠，提升发光二极管（LED）的发光效率[5-7]。如果在垂直于极化方向进行器件的制备，理论上可以彻底消除 QCSE，从而提高 LED 的发光效率。一般氮化物材料的极化方向是沿着 c 轴的，对于 c 向的材料，垂直于 c 向的生长面内有两个非极性的轴，分别是 a 轴和 m 轴。因非极性面具有潜在优势，近年来对非极性面氮化物的研究也很多[8]。

1.2 GaN 的研究进展

蓝光 LED 是氮化物应用最为广泛的领域，它可以激发荧光粉实现白光出射，基于此的照明灯具可替代传统照明光源，目前已经得到十分广泛的应用。赤崎勇、天野浩、中村修二三人也因在氮化物领域的巨大贡献以及此后发明的 LED 照明从而实现的能源节约获得了诺贝尔物理学奖[9]。经过材料质量的提升、图形衬底技术、能带工程等一系列的优化设计以后，蓝光 LED 已经实现了较高的发光效率，目前高达 84%[10]。对于蓝光波段来讲，蓝光 LED 的发光核心区域是 InGaN 的荧光区域，In 的组分在 20% 左右。如果继续增加 In 的组分，理论上可以实现绿光、黄光、红光等可见光波段发光。然而，随着 In 组分的增加，量子阱的 InGaN 和量子垒的 GaN 之间的晶格失配会加剧，导致很多新生缺陷出现，而缺陷是非辐射复合中心，会降低器件的发光效率[11]，因此，InGaN 基长波长 LED 的性能有很大的提升空间。随着研究的深入开展，氮化物绿光 LED 的性能也在不断提升，以满足日常应用的需求。但是目前氮化物红光 LED 的发光效率依然非常低，仍然未大规模商用。不同波段氮化物可见光 LED 的发光效率的结果如表 1.1 所示。

表 1.1　不同波段氮化物可见光 LED 的发光效率

LED 波段	蓝光	绿光	红光
发光效率	84%[10]	56%[12]	2.9%[13]

如果量子阱垒都为 AlGaN 材料，量子阱的发光波长会蓝移，进入紫外波段。紫外 LED 可以应用到杀菌消毒、防伪、工业探伤、农业、光固化等诸多领域，其应用非常广泛。紫外 LED 具有环保、小型化、工作电压低、坚固耐用等优势，有望替代现有的传统汞灯紫外光源，并可集成至其他电器中进一步拓展紫外 LED 的应用范围。但是，目前的 AlGaN 基紫外 LED 的发光效率很低，材料质量较差，P 型掺杂的有效载流子浓度很低，发光效率低[14]。

得益于 GaN 材料较大的禁带宽度、较高的电子饱和速度，以及 AlGaN/GaN 异质界面由极化效应产生的高面密度和高迁移率的二维电子气，AlGaN/GaN HEMT 器件在高频大功率方面具有其他半导体无法比拟的优势。2004 年，Cree 公司采用 Fe 掺杂高阻缓冲层材料及双层场板器件结构[15]，在 C 波段实现了功率密度高达 41 W/mm 的大功率 GaN HEMT 器件。其第一层采用栅场板结构，不仅可以有效降低栅极电阻，同时也能对栅边缘靠近漏端处的电场进行调制，进一步提高器件的输出功率；第二层采用源场板结构，可以有效减小反馈电容的影响。该团队所实现的 41 W/mm 功率密度仍然为目前最高指标。2022 年，Intel 公司基于 300 mm Si 基氮化镓材料及亚微米场板结构[16]，实现了最高振荡频率达 680 GHz、截止频率达 130 GHz 的高频增强型氮化镓 NMOS 晶体管器件，该器件的 FOM 为增强型 P-GaN HEMT 国际最高指标的 20 倍，为硅 LDMOS 的 30 倍。得益于高质量、高介电常数栅介质的采用，该器件关态 40 V 漏极偏置时的泄漏电流仅为 0.3 pA/μm，导通状态下栅压为 2 V 时的栅泄漏电流小于 2 pA/μm，对于 1300 mm 尺寸的增强型 GaN NMOS 器件而言，其导通电阻仅为 1.9 m$\Omega \cdot$ mm。

由于缺少与硅和砷化镓类似的提拉单晶衬底，氮化物 HEMT 器件主要以异质外延为主。基于 SiC 衬底外延的氮化物异质结有优异的电学性能，并且碳化硅衬底的导热性很好，因此基于 SiC 的氮化物电子器件适用于高频高功率的应用场景。目前 HEMT 最常见的结构为 AlGaN/GaN 结构，因为氮化物之间的契合度和合金的可制备性高等特点，所以还存在 AlN/GaN、AlInN(也可写成 InAlN)/GaN、AlN/InGaN、AlInN/InGaN 等多种异质结。由于理论上 AlN/GaN 异质结的极化强度是很强的，AlN 层可以制备得很薄以提升器件的频率特性，同时也降低合金的无序散射，提升电子迁移率，所以 AlN/GaN 异质结有巨大的应用潜力。但是由于 AlN/GaN 异质结存在较大晶格失配，制备起来有一定的难度，因此 AlInN/GaN 异质结被提出了。因为 AlN 的晶格常数小于 GaN 的，InN 的晶格常数大于 GaN 的，如果按照一定的配比，AlInN 是可以和 GaN 实现晶格匹配的。根据理论计算，AlInN 中 Al 组分为 83% 时可以和 GaN 实现晶格匹配，此外 AlInN 层有非常强的极化效应，所以 AlInN/GaN 是目前的研究热点[17]。

　　基于氮化物的光电器件和电力电子器件，都实现了非常优异的性能，但依然还有很多问题需要深入研究和解决。比如，异质外延的氮化物依然具有高的缺陷密度，需要设计优化外延工艺；材料体系中的缺陷对器件性能的影响机理需要明确；长波长 LED 量子阱垒的晶格失配太大；等等。

　　我国在氮化物半导体材料和器件领域的研究于 20 世纪 90 年代就已经开始，在 MOCVD 设备的研制、材料的制备、器件加工工艺等方面均取得了巨大进步。特别是在国家重点研发计划和国家科技重大专项等项目的资助下，我国研制的氮化物器件的性能不断提升，不同波段的 LED 已经在照明和显示等领域发挥着不可替代的作用，电力电子器件也在功放、快充等领域大量应用。随着理论研究的深入和工艺水平的提升，氮化物材料和器件将发挥更加重要的作用。

参 考 文 献

[1] 郝跃，张金风，张进成. 氮化物宽禁带半导体材料与电子器件[M]. 北京：科学出版社，2013.

[2] 李晋闽. Ⅲ族氮化物发光二极管技术及其应用[M]. 北京：科学出版社，2016.

[3] 林志宇. 基于 MOCVD 方法的 N 面 GaN 材料生长及特性研究[D]. 西安：西安电子科技大学，2015.

[4] RYOU J H, LEE W, LIMB J, et al. Control of quantum-confined Stark effect in InGaN/GaN multiple quantum well active region by p-type layer for Ⅲ-nitride-based visible light emitting diodes[J]. Applied Physics Letters, 2008, 92(10): 101113.

[5] TAO H, XU S, CAO Y, et al. Enhanced performance of N-polar AlGaN-based ultraviolet light-emitting diodes with lattice-matched AlInGaN insertion in n-AlGaN layer[J]. IEEE Photonics Journal, 2023, 15(3): 8200505.

[6] LIU X, XU S, TAO H, et al. High efficiency deep ultraviolet light-emitting diodes with polarity inversion of hole injection layer[J]. IEEE Photonics Journal, 2023, 15(2): 8200205.

[7] TAO H, XU S, ZHANG J, et al. Numerical investigation on the enhanced performance of N-polar AlGaN-based ultraviolet light-emitting diodes with superlattice p-type doping[J]. IEEE Transactions on Electron Devices, 2019, 66(1): 478 – 484.

[8] MONAVARIAN M, RASHIDI A, FEEZELL D. A decade of nonpolar and semipolar Ⅲ-nitrides: A review of successes and challenges[J]. Physica Status Solidi A, 2019, 216(1): 1800628.

[9] 李海. 2014 年诺贝尔物理学奖：蓝光 LED 的发明[J]. 自然辩证法研究, 2015, 31(04): 83 – 87.

[10] NARUKAWA Y, ICHIKAWA M, SANGA D, et al. White light emitting diodes with super-high luminous efficacy[J]. Journal of Physics D-Applied Physics, 2010, 43(35): 354002.

[11] ALBRECHT M, WEYHER J L, LUCZNIK B, et al. Nonradiative recombination at threading dislocations in n-type GaN: Studied by cathodoluminescence and defect selective etching[J]. Applied Physics Letters, 2008, 92(23): 231909.

[12] LV Q, LIU J, MO C, et al. Realization of highly efficient InGaN green LEDs with sandwich-like multiple quantum well structure: Role of enhanced interwell carrier transport[J]. ACS Photonics, 2019, 6(1): 130 – 138.

[13] HWANG J, HASHIMOTO R, SAITO S, et al. Development of InGaN-based red LED grown on (0001) polar surface[J]. Applied Physics Express, 2014, 7(7): 71003.

[14] KNEISSL M, SEONG T, HAN J, et al. The emergence and prospects of deep-ultraviolet light-emitting diode technologies[J]. Nature Photonics, 2019, 13(4): 233 – 244.

[15] THEN H, RADOSAVLJEVIC M, KOIRALA P, et al. 40 W/mm double field-plated GaN HEMTs[C]. 64th Device Research Conference, 2006, 151 – 152.

[16] THEN H W, RADOSAVLJEVIC M, KOIRALA P, et al. Scaled submicron field-plated enhancement mode high-K gallium nitride transistors on 300 mm Si(111) wafer with power FOM ($R_{ON} \times Q_{GG}$) of 3.1 mΩ · nC at 40 V and f_T/f_{MAX} of 130/680 GHz[C]. 2022 International Electron Devices Meeting(IEDM), 2022: 35.1.1 – 35.1.4.

[17] GAČEVIĆ Ž, FERNÁNDEZ-GARRIDO S, REBLED J M, et al. High quality InAlN single layers lattice-matched to GaN grown by molecular beam epitaxy[J]. Applied Physics Letters, 2011, 99(3): 31103.

第 2 章

氮化物材料基本特性及外延生长技术

这里所述氮化物材料主要包括 GaN、AlN、InN 以及由它们组成的合金，本章主要介绍氮化物材料的结构、氮化物材料的制备方法及相关异质外延工艺等。

2.1 氮化物材料的结构

2.1.1 氮化物材料及其异质结

Ⅲ族氮化物作为第三代半导体材料的杰出代表，已经成为国内外半导体研究领域的热点与重点。相较于以硅(Si)、锗(Ge)为代表的传统第一代半导体，以及以砷化镓(GaAs)、磷化铟(InP)为代表的第二代半导体，Ⅲ族氮化物半导体材料具有禁带宽度大、击穿电场强度高、热导率高、电子饱和漂移速率大、吸收系数高、介电常数小等优势。目前对氮化物的研究取得了一系列突破性进展。

对氮化物半导体材料的集中关注始于其在制备发光二极管(LED)等光电器件中的突出表现。在 20 世纪 90 年代之前，LED 相关研究均基于其他材料体系实现红光与绿光，蓝光 LED 一度被认为是不可能实现的。随后的几年间，日本的中村修二(Shuji Nakamura)、天野浩(Hiroshi Amano)和赤崎勇(Isamu Akasaki)实现了 GaN 材料的异质外延以及 P 型掺杂，并成功研制了 GaN 基的蓝光 LED，为单色 LED 叠加合成明亮、高效、环保的白光光源奠定了基础[1-2]。他们因这一突出贡献，共同获得了 2014 年的诺贝尔物理学奖。

Ⅲ族氮化物材料在光电器件方面取得的成功促使广大研究者对其卓越性能进行更为深入的发掘。有人很快证明，Ⅲ族氮化物在制备电子器件方面同样具有突出的优势。表 2.1 所示为微电子领域几种重要半导体材料的性能参数对比，其中 JFOM(Johnson Figure of Merit)和 BHFFOM(Baliga High-Frequency Figure of Merit)为半导体材料的品质因数，分别用于表征这种材料在高频领域以及大功率领域的应用潜力。JFOM 品质因数的定义式为

$$JFOM = \frac{E_B^2 v_s^2}{4\pi^2} \qquad (2-1)$$

式中，E_B 为材料的击穿电场强度大小，v_s 为材料中电子饱和漂移速度。

BHFFOM 品质因数的定义式为

$$BHFFOM = \mu E_B^2 \sqrt{\frac{V_G}{4V_B^3}} \qquad (2-2)$$

式中，μ 为半导体中载流子的迁移率，V_G 为半导体晶体管的栅极偏置电压，V_B 为击穿电压。表 2.1 中 JFOM 和 BHFFOM 品质因数数值以 Si 材料为标准进行归一化处理。从表 2.1 中可以直观地看到，GaN、金刚石、4H-SiC 宽禁带半导体材料的品质因数远高于常规第一代和第二代半导体材料，表明这些材料在高频和大功率应用方面具有更大的潜力。此外，GaN 材料不仅可以很好地兼顾高频应用，而且具有非常好的热稳定性和化学稳定性，这在大温差、高压强差、强辐照的应用环境，例如航空航天、国防工业、核探测等领域等都具有极为重要的价值。

表 2.1　重要半导体材料的性能参数对比[3-7]

参数	Si	GaAs	InP	4H-SiC	金刚石	GaN
能带类型	间接带隙	直接带隙	直接带隙	间接带隙	间接带隙	直接带隙
禁带宽度/eV	1.12	1.43	1.34	3.2	5.6	3.4
熔点/℃	1420	1238	1070	2830	4000	1700
击穿场强/(V/cm)	6.0×10^5	6.5×10^5	5.0×10^5	3.5×10^6	2.15×10^7	5.0×10^6
相对介电常数	11.9	13.2	12.5	9.7	5.5	8.9
电子饱和速度 /(cm/s)	1.0×10^7	2.0×10^7	1.0×10^7	2.0×10^7	2.7×10^7	2.5×10^7
迁移率 /(cm²/(V·s))	1350	6000	5400	800	2200	2000(2DEG)
热导率 /(W/(K·cm))	1.40	0.54	0.7	4.90	20.00	1.50
抗辐照性能/rad	$10^4\sim10^5$	10^6	—	$10^9\sim10^{10}$	—	10^{10}
JFOM	1	11	13	410	5330	790
BHFFOM	1	16	6.6	34	1080	100

Ⅲ族氮化物半导体材料在制备电子器件方面具备另外一个优势，即当两种不同种类的本征材料接触形成异质结时，界面处会产生高浓度电子气。电子气的形成有两个方面的原因。首先，外延生长稳定的Ⅲ族氮化物半导体材料为纤锌矿结构，如图 2.1(a)所示。这种结构属于六方形非对称结构，其在 c 轴晶向上不具备反转对称性，因此晶体内部在该方向上具有很强的自发极化效应

（P_{SP}），GaN、InN、AlN 的极化强度依次增强。其次，Ⅲ族氮化物半导体材料具有非常高的压电系数，因此对于赝晶生长的材料，内部会产生压电极化效应（P_{PE}）。有研究表明 AlGaN/GaN 异质结中的压电极化效应是 AlGaAs/GaAs 系统中的 5 倍。异质结中宏观极化强度是平衡状态下自发极化强度与压电极化强度之和，高强度的极化电场会诱发异质结界面处形成高浓度电子气。此外，由于极化电荷对半导体能带结构具有调制作用，异质结界面处形成近似二维的电子势阱，势阱中的电子气在第三维方向上的运动受到限制，因此称为二维电子气（2DEG）。图 2.1(b) 所示为对于 Ga 极性面，在弛豫的 GaN 上生长完全应变的 AlGaN 后的异质结极化示意图。2DEG 产生的根本机制是异质结界面处的量子化效应，2DEG 的运动特征遵循准二维规律，2DEG 的二维运动抑制了多种散射机制对其输运特性的影响，因此异质结中 2DEG 的迁移率远高于体材料中自由载流子的迁移率，这对于应用过程中提升电子器件的频率特性具有非常重要的意义。如表 2.2 所示，三种主要的二元Ⅲ族氮化物（AlN、GaN 和 InN）之间的极化参数差异巨大，并且能够通过不同配比生成三元以及四元的化合物。因此，利用Ⅲ族氮化物材料的多样性，可设计不同的异质结，从而满足不同的应用需求。

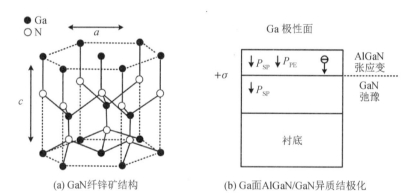

(a) GaN 纤锌矿结构　　　　(b) Ga面 AlGaN/GaN 异质结极化

图 2.1　GaN 纤锌矿结构及 AlGaN/GaN 异质结极化示意图

表 2.2　Ⅲ族氮化物的极化参数[8-11]

Ⅲ族氮化物	禁带宽度/eV	晶格常数/Å		弹性常数/GPa				压电应力常数/(C/m²)		自发极化强度/(C/m²)
		a 轴	c 轴	C_{11}	C_{12}	C_{13}	C_{33}	e_{31}	e_{33}	
AlN	6.2	3.112	4.892	396	137	108	373	−0.60	1.46	−0.081
GaN	3.42	3.1876	5.1846	390	145	106	398	−0.49	0.73	−0.029
InN	0.64	3.548	5.760	223	115	92	224	−0.57	0.97	−0.032

2.1.2　氮化物材料晶体结构

氮化物材料存在六方纤锌矿(简称纤锌矿，Wurtzite)和立方闪锌矿(Zinc-blende)两种不同的晶体结构。GaN 材料的两种晶体结构如图 2.2 所示[12]。

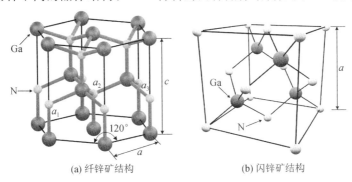

(a) 纤锌矿结构　　　　　　　　　　(b) 闪锌矿结构

图 2.2　GaN 材料的两种晶体结构

晶体的结构主要由晶体的离子性决定。在化合物半导体中，原子间的化学键既有共价键成分，也有离子键成分，离子键成分越多则晶体的离子性越强，越容易形成纤锌矿结构。氮化物半导体都是强离子性晶体，因此在室温和一个标准大气压下，纤锌矿结构是氮化物半导体最常见的结构，也是热力学稳态结构，而闪锌矿结构则是亚稳态结构。GaN 的纤锌矿结构属于六角密堆积结构，为 P63mc 空间群，其密排面只有(0001)面，每个晶胞有 12 个原子，包括 6 个 Ga 原子和 6 个 N 原子，其面内和轴向的晶格常数分别为 $a = 0.3189$ nm，$c = 0.5185$ nm[13]。通常 GaN 以六方对称的纤锌矿结构存在，但在一定条件下，也能以立方对称性的闪锌矿结构存在，如图 2.2(b)所示。GaN 的闪锌矿结构属于立方密堆积结构，由两个面心立方沿着体对角线方向平移 1/4 的对角线长度套构而成，属于 $\overline{4}3m$ 空间群。其原子密排面为(111)面，每个晶胞有 8 个原子，包括 4 个 Ga 原子和 4 个 N 原子，晶格常数约为 0.451 nm。一般情况下，纤锌矿结构的Ⅲ族氮化物更为稳定，且更具有代表性。迄今为止，绝大多数研究所使用的Ⅲ族氮化物材料都是纤锌矿结构，因此，本书如果不特别说明，所述氮化物材料均指纤锌矿结构的氮化物材料。

一般而言，晶格中不同的晶向以晶向指数(与晶向在各坐标轴上投影比值相等的互质整数)来区分，不同的晶面以晶面指数(与晶面法线方向在各坐标轴上投影比值相等的互质整数)来区分。六方晶系的晶体结构通常采用四轴坐标系来描述，在同一底面上有 X_1、X_2、X_3 三个轴，互成 120°角，轴上的度量单位为晶格常数 a(因此也常统称为 a 轴)；Z 轴垂直于底面，其度量单位为晶格常数 c

（因此也常称为 c 轴）。在该坐标系中，晶向指数与晶面指数均由 4 个数字构成，分别记为 $[uvtw]$ 和 $(hkil)$。两指数中前 3 个数字存在 $u+v=-t$ 和 $h+k=-i$ 的关系，因此也常省略第 3 个数字而表示为 $[uvw]$ 和 (hkl)（等效于在由 X_1 轴、X_2 轴和 Z 轴建立的三轴坐标系中的晶向和晶面指数），例如 $[11\bar{2}0]$（其中 $\bar{2}$ 表示投影在相应坐标轴 X_3 轴的负方向）和 $(1\bar{1}00)$ 也可分别表示为 $[110]$ 和 $(1\bar{1}0)$。格点排列情况相同而空间取向不同的晶向或晶面，可用等效晶向指数$\langle uvw \rangle$和等效晶面指数$\{hkl\}$来表示，如六方晶系 6 个柱面的晶面指数(100)、$(\bar{1}00)$、$(1\bar{1}0)$、$(\bar{1}10)$、(010)、$(0\bar{1}0)$都属于$\{1\bar{1}0\}$晶面簇。指数相同的晶向和晶面相互垂直，如$[001]\perp(001)$。

在晶体 X 射线衍射、晶格振动和晶体电子理论中，晶格结构用倒格点描述有利于更简洁地分析问题。与正空间（对应的晶格称为正格点）X、Y、Z 轴对应的倒易空间（对应的晶格称为倒格点）坐标轴是 k_x、k_y 和 k_z。每个晶体结构都有正格点和倒格点两套晶格与之相联系。设正格点的初基矢量为 $\boldsymbol{a}_1$、$\boldsymbol{a}_2$、$\boldsymbol{a}_3$（即 X、Y、Z 轴的单位矢量），则倒格点坐标轴的方向可由其单位矢量（即倒格点的初基矢量）$\boldsymbol{b}_1$、$\boldsymbol{b}_2$、$\boldsymbol{b}_3$ 确定，分别表示为

$$\boldsymbol{b}_1 = 2\pi \frac{\boldsymbol{a}_2 \times \boldsymbol{a}_3}{\boldsymbol{a}_1 \cdot \boldsymbol{a}_2 \times \boldsymbol{a}_3}, \quad \boldsymbol{b}_2 = 2\pi \frac{\boldsymbol{a}_3 \times \boldsymbol{a}_1}{\boldsymbol{a}_1 \cdot \boldsymbol{a}_2 \times \boldsymbol{a}_3}, \quad \boldsymbol{b}_3 = 2\pi \frac{\boldsymbol{a}_1 \times \boldsymbol{a}_2}{\boldsymbol{a}_1 \cdot \boldsymbol{a}_2 \times \boldsymbol{a}_3} \quad (2-3)$$

倒格点的定义决定了倒格点是与正空间相联系的傅里叶空间中的晶格。倒易空间中任一倒格点可由矢量 $\boldsymbol{k}$（称为倒格矢）给出，表示为

$$\boldsymbol{k} = h_1 \boldsymbol{b}_1 + h_2 \boldsymbol{b}_2 + h_3 \boldsymbol{b}_3 \quad (2-4)$$

式（2-4）中，h_1、h_2、h_3 取整数值。在倒易空间中，确定原点和倒格点初基矢量后作所有倒格矢的垂直平分面，这些平面将倒格点划分为一系列的区域，这些区域称为布里渊区。其中将原点包含在内的最小区域就是第一布里渊区，如图 2.3 所示。

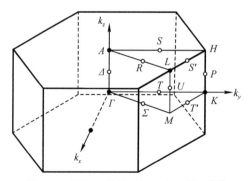

图 2.3　纤锌矿结构的第一布里渊区[14]

2.1.3　氮化物材料能带结构

在纤锌矿结构的 GaN 第一布里渊区内沿不同方向的简化能带结构如图 2.4 所示。在 Γ 点导带达到最低点，价带达到最高点，因而 GaN 具有直接带隙；导带的第二低能谷为 M-L 谷，第三低能谷为 A 谷。由于晶体对称性和晶体自旋-轨道相互作用，价带分裂为 3 个能带，包括重空穴带、轻空穴带和劈裂带。AlN 和 InN 也具有类似的能带结构，但需要说明的是，AlN 的导带第三低能谷为 K 谷；InN 的禁带宽度值在早期的实验研究中认为是 1.90～2.05 eV，随着 InN 制备工艺和材料质量的提高，近年大量的实验和理论研究将其修订为 0.64～1.0 eV。

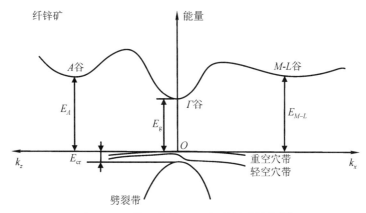

图 2.4　纤锌矿结构 GaN 材料能带结构[15]

（300 K 条件下，E_g＝3.39 eV，$E_{M\text{-}L}$＝(4.5～5.3)eV，E_A＝(4.7～5.5)eV，E_{cr}＝0.04 eV。）

氮化物三元合金材料（$A_x B_{1-x} N$）的晶格常数与二元材料成分（AN 和 BN）的晶格常数以及摩尔组分 x 之间的关系遵循 Vegard 定律，即

$$a(A_x B_{1-x} N) = x \cdot a(AN) + (1-x) \cdot a(BN) \tag{2-5}$$

$$c(A_x B_{1-x} N) = x \cdot c(AN) + (1-x) \cdot c(BN) \tag{2-6}$$

式中，A、B 代表不同的元素。

氮化物合金材料的禁带宽度在粗略估计时可以采用 Vegard 定律进行计算，但在较精确的计算中应该考虑其与合金材料中二元材料的禁带宽度的非线性关系，即弯曲效应（Bowing Effect），此时合金材料的禁带宽度为

$$E_g(A_x B_{1-x} N) = x \cdot E_g(AN) + (1-x) \cdot E_g(BN) - b \cdot x \cdot (1-x) \tag{2-7}$$

式中，b 是弯曲常数。与 b 有关的项引入了非线性效应。目前报道的弯曲常数对

AlGaN 而言，其常用数值为 1 eV。InN 和高 In 组分的 AlInN 和 InGaN 的材料结晶质量目前还不够高，背景电子浓度也难以降低，所以含 In 合金材料的禁带宽度具有一定的不确定性。根据文献报道，当 InN 的禁带宽度取 1.97 eV 时，AlInN 和 InGaN 的弯曲常数分别为 5.4 eV 和 2.5 eV[16]；当 InN 的禁带宽度取 0.77 eV 时，AlInN 和 InGaN 的弯曲常数分别为 3.4 eV 和 1.4 eV[16]。

此外，有结果显示在 In 组分小于 2% 时，四元合金 AlInGaN（也写成 InAlGaN）的禁带宽度随 In 组分增加呈近似线性下降。Monroy 等人以经验公式描述 $Al_x In_y Ga_{1-x-y}N$ 的禁带宽度为[17]

$$E_g(Al_x In_y Ga_{1-x-y}N) = x \cdot E_g(AlN) + (1-x-y) \cdot E_g(GaN) + y \cdot E_g(InN) - b_{Al} \cdot x \cdot (1-x) - b_{In} \cdot y \cdot (1-y) \tag{2-8}$$

根据分子束外延（MBE）生长的 AlInGaN 的 PL 谱表征结果，若 $E_g(InN) = 1.9$ eV，$b_{Al} = 1$ eV，则与 In 组分相关的弯曲常数 b_{In} 为 2.5 eV。

氮化物二元半导体及其合金材料彼此之间形成的异质结为 I 型异质结，即在异质结界面上能带连接时，禁带较宽的材料的导带底高于禁带较窄的材料的导带底，而禁带较宽的材料的价带顶低于禁带较窄的材料的价带顶。氮化物异质结中，一个经验性的带阶比例是 AlN/GaN 的导带和价带带阶分别占 AlN 和 GaN 的禁带宽度差的 73% 和 27%，GaN/InN 的导带和价带带阶分别占 GaN 和 InN 的禁带宽度差的 57% 和 43%。由此得到的异质结界面带阶与理论计算和实验测试结果通常符合得很好，不论对纯二元半导体异质结还是对含有 AlGaN 或 InGaN 合金材料的异质结，此经验性的带阶比例均适用[18]。

需要说明的是，有实验测试结果显示，不同的生长顺序和极化效应对二元氮化物彼此之间的导带和价带带阶通常有影响，因此不同实验报道结果的具体数值不同。例如，Martin 等人[19]以 X 射线光电子能谱测得生长在 c 面蓝宝石衬底上的（自顶向下）InN/GaN 的价带带阶为 (0.93±0.25)eV，GaN/InN 的价带带阶为 (0.59±0.24)eV，然而同一报道中，AlN/GaN 和 GaN/AlN 的价带带阶都约为 (0.6±0.2)eV。因此，InN 材料的质量不够高及其能带参数的不确定性有可能影响含 In 氮化物异质结界面带阶的研究结果。

2.2 氮化镓材料的制备

由于自然界中没有天然的氮化物材料块体，因此需要依靠材料生长的方法进行制备。以 GaN 为例，由于其熔点和饱和蒸气压都很高，理论上熔融法需要

6 GPa 的高压和 2200℃ 的高温，同时，其分解点在 900℃ 左右，即在熔点处 GaN 的存在需要高的平衡氮气压，因此传统提拉法和熔融法无法用于 GaN 单晶生长。多年来，研究者在氮化物材料制备方法方面进行了多种尝试。

2.2.1　氮化镓材料的制备方法

GaN 材料的制备包括单晶体材料的合成及薄膜材料的生长，目前使用较多的单晶体材料的合成方法主要有氨热法[20]、高氮压熔法[21]和助熔剂法。

氨热法利用高化学活性超临界态的氨气与金属化学反应生长晶体，该生长方法可以在相对较低的温度和压强下进行，工艺温度多在 400℃ 以上，较多使用 550℃，压强在 100 MPa 以上。生长前，在高纯 N_2 气氛中将Ⅲ族金属和氨基化锂（或氨基化钾）装入特制的高压容器中。氨基化锂（或氨基化钾）通过增加液态氨中的阳离子数量从而大幅提高反应速率。稀土元素以金属的形式加入高压容器，以防止 GaN 生长过程中的氧污染。然后将高压容器抽真空到 10^{-2} mbar（1 bar＝100 kPa），并充入精确质量的氨气，且在常规的管状高温炉中将高压容器加热以获得高压的氨气气氛。该过程持续 1～30 天，之后高压容器在炉内降温，最后利用王水将 GaN 晶体与氨基碱金属分离，并用蒸馏水漂洗。使用该方法生长的单晶结晶质量高，易规模化生产，但是其生长压强较大，且生长速率较低。

高氮压熔法通过在压强极高的 N_2 氛围和高温下利用液态 Ga 原子和 N 原子反应生成 GaN，高 N_2 压强用于抑制 GaN 晶体的分解。通常，N_2 压强高达 10～20 kbar，生长温度在 1 400～1 700℃。通常高氮压熔法得到的 GaN 晶体是 N 型重掺杂的，而且晶体缺陷密度非常高，不能直接用来制造器件。通常生长过程中在液态 Ga 中加入补偿杂质 Mg 原子可使得 GaN 晶体成为半绝缘材料。但是，由于这种方法很难得到大尺寸 GaN 晶体，所以使用该方法生长的 GaN 晶体材料目前只能作为同质外延的衬底材料。

助熔剂法通过在温度为 800℃ 左右和压强为 5 MPa 以上的环境中将 N_2 通入 Ga-Na 熔体，令 Na 连续析出，制备 GaN 晶体。与 SiC 掺 Sc 进行液相外延类似，在 Ga 熔体中加入 Na（或 Li、K、Sn 等）可以提高 N 的溶解度。该方法对生长设备要求低，容易生长出大尺寸单晶，但是由于生长过程中易自发成核形成多核，因此难以生长较厚单晶，生长难以控制。

目前为止，GaN 单晶体材料的生长方法仍然存在大量的关键技术问题尚未解决，尚无法进行实用化推广。因此，GaN 晶体薄膜异质外延生长一直是获得高质量 GaN 薄膜材料、各种Ⅲ族氮化物材料、异质结和量子阱等材料结构的主要方法。

常用的 GaN 薄膜材料外延生长方法有三种：MOCVD 法、MBE 法[22] 和 HVPE 法。MBE 法得到的 GaN 晶体质量较好，MOCVD 法次之，因此目前 MBE 法和 MOCVD 法可以直接用于生长 GaN 有源层和 AlGaN/GaN 异质结等，而 HVPE 法得到的 GaN 外延层质量目前还无法直接用于器件制备，更多的作为 MOCVD 法和 MBE 法同质外延的衬底材料。

MOCVD 是在气相外延生长（VPE）的基础上发展的一种新型气相外延生长方法。MOCVD 以Ⅲ族、Ⅱ族元素的有机物和Ⅴ、Ⅵ族元素的氢化物等作为晶体生长源材料，以热分解反应方式在衬底上进行气相外延，进而生长各种Ⅲ-Ⅴ族、Ⅱ-Ⅵ族化合物半导体以及它们的多元固溶体的薄层单晶材料。

通常 MOCVD 系统中的晶体生长都是在常压或低压（1330～13 300 Pa）下通 H_2 的冷壁石英（不锈钢）反应室中进行的，衬底温度为 500～1200℃，用射频感应加热石墨基座（衬底在石墨基座上方），H_2 通过温度可控的液体源鼓泡携带金属有机物到生长区。

MOCVD 法具有下列优点：

（1）适用范围广泛，几乎可以生长所有化合物及合金半导体。

（2）非常适合生长各种异质结材料。

（3）可以生长超薄外延层，并能获得很陡的过渡界面以及原子级界面，易于通过改变气体流量和种类来制备界面陡峭的异质结或多层不同组分的化合物。

（4）生长易于控制。金属有机分子一般为液体，可以通过载气精确控制金属有机分子液体流量来控制金属有机分子的量，从而控制形成的化合物的组分；可以通过精确控制多种气体流量来制备多组元化合物；还可通过改变反应气源的气体流量控制化合物的生长速度。此外，生长厚度可以原位监测。

（5）可以生长纯度很高的材料。

（6）生长的外延层面积大且均匀性良好。

（7）成本适中，可以进行大规模生产。

（8）易于掺杂。

MBE 本质上是一种真空蒸发技术，而真空蒸发是沉积固体薄膜应用最早和最广泛的一种方法。但是一般的真空蒸发由于达不到半导体薄膜对纯度、晶体的完整性和杂质控制的要求，因而限制了它在制备半导体薄膜方面的应用。随着超高真空工艺的发展，源控制技术的进步和衬底表面净化技术以及工艺过程的改进，上述蒸发技术的缺点已基本得到克服，进而发展了分子束外延生长这种新的薄膜生长技术。

MBE 是利用从超高真空系统中来的射束（分子束或原子束）进行外延沉积

的。这些射束通常是在努森箱（源发射炉）中加热产生的，箱中保持准平衡态，所以射束的成分和强度不变。从努森箱喷发出来的射束由射束孔和射束闸门来控制，并以直线路径射到衬底表面，且在动力学控制条件下，在衬底上冷凝和生长。由于 MBE 法的生长过程是在超高真空中进行的，因此可以把所要使用的辅助设备综合到外延生长系统中去。这类设备一般包括质谱仪、俄歇分析仪、离子轰击装置、薄膜厚度测试仪以及各种电子显微镜和衍射仪等。这些设备可以用于获知和提供洁净的衬底表面与真空环境以及有关沉积膜的结晶性、组成、结构的重要信息。人们把这些辅助设备得到的信息送入计算机中，并依此来控制和改变条件以达到外延生长的要求，从而大大增强 MBE 设备的可控性。

MBE 对于生长半导体超薄层和复杂结构是非常有利的，因为它的生长温度低，生长速率慢，使得外延层的厚度可以精确控制，生长表面或界面可达到原子级光滑度。如果加上带有合适闸门的努森箱，就能很方便地引入不同种类的分子束。因此，MBE 能够生长高质量的晶体层，同时实现厚度、掺杂量和组分的精确控制，非常适合于开发复杂材料结构的电子和光电器件。

HVPE 是最早用于生长 GaN 外延层的方法。生长过程中，Ga 通过形成氯化物进行输运。在 800℃ 的源区反应舟中发生如下反应：

$$2HCl(g) + 2Ga(l) \longrightarrow 2GaCl(g) + H_2(g)$$

在主生长室中，700℃ 的衬底表面发生如下反应：

$$GaCl(g) + NH_3(g) \longrightarrow GaN(s) + HCl(g) + H_2(g)$$

HVPE 法的一个显著特点就是生长速率高（$30 \sim 80\ \mu m/h$），因此它是一种生长厚 GaN 层的好方法。利用这种方法可以得到 GaN 的体材料，即在衬底上异质外延一层厚度为 $0.5 \sim 1$ mm 的 GaN 层，通过激光剥离去除衬底，最后通过表面抛光就可以获得自支撑 GaN 体材料[23-25]。HVPE 法的一个主要缺点是生长的 GaN 材料缺陷密度太高，通常为 $10^{16} \sim 10^{17}$ cm^{-2}，远高于 MOCVD 法和 MBE 法生长的 GaN 薄膜的缺陷密度。

MOCVD、MBE 及 HVPE 三种生长方法的优劣势比较如表 2.3 所示。在实际工作中，经常出现上述三种生长方法结合使用的情况，以实现材料特性的最优化。譬如以 HVPE 和 MOCVD 异质外延生长的 GaN 薄膜作为 MBE 同质外延的衬底，或者以 HVPE 异质外延生长的 GaN 薄膜作为 MOCVD 同质外延的衬底。目前，由于 MOCVD 生长速率适中，晶体质量也很高，而且设备简单，工艺重复性好，很适合批量生产，因此近几年的 GaN 晶体和 AlGaN/GaN 异质结的生长方法中 MOCVD 法成为首选。

表 2.3 MOCVD、MBE 和 HVPE 的对比

生长方法	优 势	劣 势
MOCVD	原子级界面 原位厚度监控 高生长速率 超高质量薄膜 高生产量 成本适中	缺少原位表征 NH_3 消耗量大 P 型 Mg 掺杂需要进行生长后掺杂 激活工艺
MBE	原子级界面 原位表征 高纯度生长 无氢环境 可用等离子体或激光进行辅助 生长	需要超高真空 低生长速率($1\sim1.5\ \mu m/h$) 低温生长 低生产量 成本昂贵
HVPE	方法简单 超高生长速率 较高质量的薄膜 准单晶 GaN	非平滑界面 在氢气环境中工作 极高温度条件

2.2.2 MOCVD 系统

MOCVD 生长使用的源通常都是易燃、易爆、毒性很大的物质，并且要生长的材料为多组分、大面积、薄层和超薄层异质材料，因此 MOCVD 系统的设计通常要考虑系统密封性要好，流量、温度控制要精确，组分变换要迅速，系统要紧凑，等等。不同厂家和研究者所生产或组装的 MOCVD 设备稍有不同，但均是由源供给系统、气体输运系统、反应室系统、尾气处理系统及安全防护报警系统、自动操作和电控系统等组成。下面对 MOCVD 系统的基本组成进行介绍。

1. 源供给系统

源供给系统包括Ⅲ(Ⅱ)族金属有机化合物、Ⅴ(Ⅵ)族氢化物及掺杂源的供给。金属有机化合物(MO)装在特制的不锈钢(有的内衬聚四氟塑料)的鼓泡器中，由通入的高纯 H_2 携带输运到反应室。为了保证金属有机化合物有恒定的蒸气压，MO 源鼓泡器通常放入电子恒温器中，温度控制精度可达 0.2℃以内。氢化物一般经高纯 H_2 稀释到浓度为 5% 或 10% 后装入钢瓶中，使用时再用高

纯 H_2 稀释到所需浓度后输运到反应室。掺杂源有两类，一类是金属有机化合物，另一类是氢化物。它们的输运方法分别与金属有机化合物源和氢化物源的输运方法相同。

2. 气体输运系统

气体的输运管道通常都是不锈钢管道。为了防止发生存储效应，管内壁应电解抛光。管道的接头用氩弧焊或 VCR 接口方式连接并进行正压检漏及 Snoop 检漏液或 He 泄漏检测，泄漏速率应低于 10^{-9} cm³/s。保证反应室系统无泄漏是 MOCVD 设备组装的关键。系统管路的多少视源的种类数而定，例如为了清洁尾气处理系统和在 Si 衬底上生长化合物半导体薄层，可加设 HCl 管路。气体流量是由不同量程、响应速度快、精度高的 FMC 或电磁阀或气动阀等来实现的。为了进行低压外延生长，在反应室后端设有由真空系统、压力传感器及蝶形阀等组成的压力控制系统。在真空系统与反应室之间设有过滤器，以防油污或其他颗粒倒吸入反应室中。为了迅速变换反应室内的反应气体，而且不引起反应室内压力的变化，设置"run"和"vent"管路。为了使反应气体均匀混合后进入反应室，在反应室前设置歧管(Manifold)或混合室。如果使用的源在常温下是固态的，为防止源在管路中沉积，管路上绕有加热电炉丝并覆盖上保温材料。

3. 反应室系统

反应室是由石英管和石墨基座组成的。为了生长组分均匀、超薄层的半导体异质材料，各生产厂家和研究工作者在反应室结构的设计上下了很多功夫，设计出不同结构的反应室，具体哪一种好还没有定论。石墨基座由高纯石墨制作并包覆 SiC 层。加热多采用高频感应加热，少数是辐射加热。由热电偶和温度控制器来调控温度。一般温度控制精度可达 0.2℃或更低。

4. 尾气处理系统

反应气体经反应室后，大部分被热分解掉，但还有部分尚未完全分解，因此尾气不能直接排放到大气中，必须进行处理。目前处理尾气的方法有很多种，有高温热解炉再次热分解，随后用硅油或高锰酸钾溶液处理；有把尾气直接通入装有 $H_2SO_4 + H_2O_2$ 及装有 NaOH 溶液的吸滤瓶处理；也有把尾气通入固体吸附剂中吸附处理以及用水淋洗尾气；等等。尾气处理必须符合环保要求后才能排入大气中。

5. 安全防护报警系统

为了安全，一般的 MOCVD 系统还备有高纯 N_2 旁路系统，在断电或其他原因引起的不能正常工作时，通入高纯 N_2 保护生长的晶体或系统内的清洁。在停止生长的期间也有的长通高纯 N_2（也有的长通高纯 H_2）来保护系统。设备还装有 AsH_3、PH_3、SiH_4 等毒气泄漏检测仪及 H_2 气泄漏检测器，并通过声光来报警。

6. 自动操作和电控系统

一般的 MOCVD 设备都具有手动和计算机自动控制操作两种功能。在控制系统面板上设有阀门开关、各个管路气体流量、温度的设定及数字显示，如有问题会自动报警，使操作者能及时了解设备的运转情况。

2.2.3 MOCVD 生长氮化镓薄膜的基本原理

MOCVD 是一种非平衡的薄膜材料生长技术，最早由 Manasevit 提出用于 GaAs 薄膜的制备[26]，目前广泛应用于氮化物薄膜材料外延生长中。MO 源多以溶液的形式存储在钢瓶中，使用时需用载气将其蒸气携带至反应室中。外延生长时，含有 MO 源的载气与 NH_3 同时通入反应室，混合后在被加热的衬底上方及表面发生反应，生成的 III-V 族氮化物分子将沉积在衬底表面，最终形成外延薄膜。下面以采用 NH_3 与三甲基镓（TMGa，化学式为 $Ga(CH_3)_3$）为反应物进行 GaN 薄膜外延生长为例进行介绍。在 MOCVD 过程中发生的基本化学反应为

$$Ga(CH_3)_3 H_2/N_2(g) + NH_3(g) \longrightarrow GaN(s) + 3CH_4(g) + H_2/N_2(g)$$

在生长过程中通过调整 MO 源及 NH_3 流量可以控制材料的生长速率。对于 AlGaN 等三元合金，调整 MO 源与 NH_3 比例还可以实现对组分的控制。NH_3 摩尔流量的调节比较简单，只需通过流量阀调整即可，但是对于 MO 源，其摩尔流量受到源溶液温度及出口压力的共同影响。此外，载气种类对 MO 源流量也有影响，因此在调节时需要考虑多方面的因素。采用 MOCVD 外延生长 III-V 族氮化物的主要过程可以叙述如下[27]：

（1）载气携带 MO 源，与 NH_3 同时注入反应室之中；

（2）NH_3 与 MO 源混合并向衬底表面输运；

（3）在衬底附近，由于衬底被加热，因此高温导致 MO 源和 NH_3 分解，并生成薄膜先驱以及副产物，此时载气不发生化学反应；

（4）薄膜先驱输运到外延生长表面并被外延生长表面所吸附；

（5）薄膜原子在表面扩散迁移，并在合适的位置通过化学反应结合进入外延薄膜之中，薄膜逐渐增厚；

（6）化学反应副产物解吸附，并随同气流排出反应室。

由于衬底是被加热到近 1000℃ 的高温状态，GaN 薄膜在 MOCVD 外延过程中会因 Ga—N 化合键断裂而不断发生分解，因此为了抑制外延薄膜的分解，需要采用较高的 NH_3 流量。TMGa 与 NH_3 在衬底表面形成 GaN 的基本物理模型如图 2.5 所示。

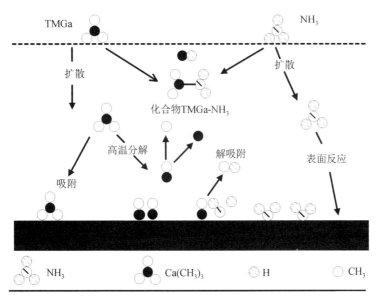

图 2.5　GaN 生长示意图

异质外延的基本生长模式通常可以分为三种：层状（Frank-van der Merwe）生长模式[28]（即晶体一层挨着一层生长）；岛状（Volmer-Weber）生长模式[29]（沉积原子在表面形成三维（3D）岛）和先层状后岛状（Stranski-Krastanow）生长模式[30]（晶体开始时一层一层生长，但是经过几个原子单层后形成 3D 岛）。三种生长模式的示意图如图 2.6 所示。

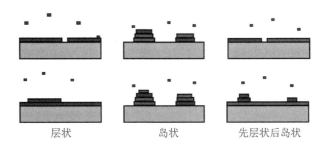

图 2.6　异质外延的基本生长模式

有关异质外延生长的基本理论介绍如下：当沉积物质的表面能＋界面能远

低于衬底的表面能时，沉积材料将非常强烈地趋于完全覆盖衬底表面（层状生长模式）；相反地，当沉积材料的表面能＋界面能远大于衬底的表面能时，为了使表面能降低以使沉积材料的表面面积最小化，沉积材料在衬底表面形成三维（3D）岛（岛状生长模式）。较复杂的情况出现在沉积材料的表面能与衬底的表面能相近的时候。GaN 在蓝宝石衬底或者 SiC 衬底上的异质外延以及在GaN 外延层上形成各种异质结都属于这种情况，此时外延生长会大大依赖于衬底和外延层之间的晶格匹配情况。

如果晶格匹配并非完美，外延层在生长中晶格应变会不断积累，这将会引起材料总能量的增加。如果应变能太大，为了使材料回到较低的能量状态，晶体结构将发生重新排列（即重构）。这种重构会以不同的方式进行，如产生失配位错或形成 3D 岛。应变能随外延层厚度线性增加，且可由下面公式描述：

$$E = \mu \varepsilon^2 t \tag{2-9}$$

式中，μ 表示弹性模量，ε 表示晶格失配应变，t 表示外延层厚度。当应变量积累到一定程度时，即外延层达到临界厚度时，外延层材料将变得不稳定，将有可能发生重构以降低材料的能量结构。

如果晶格失配很小，那么临界厚度很大，这时生长遵循层状生长模式，重构将主要表现为产生失配位错。当外延层的应变为张应变时，位错也常出现。在 GaN 外延层上生长 AlGaN 层而形成 AlGaN/GaN 异质结的过程即为层状生长模式。如果外延层中的应变表现为压应变而且晶格失配在合适的范围（2%～10%）内，那么晶格能量释放的最主要表现形式为形成 3D 岛。这些岛在很大程度上是由达到临界应变的外延层分解形成的。当这种能量释放过程完成以后，继续生长的就是薄的二维（2D）外延层（称为浸润层），在该层的上面还是 3D 岛，这种生长模式称为先层状后岛状生长模式。如果晶格失配大于 10%，3D 岛将直接在衬底上形成，没有浸润层，即生长遵循岛状生长模式。GaN 与蓝宝石的晶格失配为 16%，因此 GaN 在蓝宝石衬底上的生长模式即为岛状生长模式。

2.2.4 MOCVD 氮化物外延常用衬底

对于 MOCVD 外延生长技术，衬底是薄膜生长的基础，衬底材料对外延薄膜的结晶质量及器件性能具有重要影响。最理想的情况是采用同质外延衬底，但是对于Ⅲ-Ⅴ族氮化物而言，由于目前缺少大尺寸的同质外延衬底，因此通常采用异质外延的手段进行氮化物的外延生长[31-32]。异质外延衬底材料的选择需要满足以下几个方面的要求：

（1）衬底材料与外延材料应具有尽可能小的晶格失配。理论上晶格失配越小，外延材料中失配位错密度越低，结晶质量越高。晶格失配率为

$$f = \frac{a_{epi} - a_{sub}}{a_{sub}} \times 100\% \qquad (2-10)$$

其中，a_{epi} 代表外延层晶格常数，a_{sub} 代表衬底的晶格常数。失配率为负值代表在外延层中引入张应变，为正值代表在外延层中引入压应变。

（2）衬底材料应与外延材料具有较小的热膨胀失配。理论上热膨胀失配越小，外延材料中由于热失配引起的失配位错密度就越低，结晶质量也就越好。

（3）衬底材料应具有稳定的化学性质。外延生长过程中，衬底材料不能与反应物或载气发生化学反应，也不能发生分解或者腐蚀。

（4）当外延材料用于制备微波功率器件时，衬底应选取热导率高、绝缘性能好的材料；用于制备光电器件时，衬底应选取透光性能好的材料；有时还希望选用导电好衬底，便于制作电极。

（5）衬底价格要尽可能低，尺寸要尽可能大。这有利于降低生产成本，实现大批量生产并提高成品率。

下面对外延氮化物常用的异质外延衬底进行介绍[31-35]。

1. 蓝宝石（Al_2O_3）衬底

蓝宝石是Ⅲ-Ⅴ族氮化物外延生长时最常采用的衬底材料，它具有六方对称性，其生产工艺非常成熟，结晶质量很高，能够实现较大尺寸且价格低廉，其化学性质也非常稳定。当然蓝宝石衬底也存在缺点：蓝宝石与 GaN 晶格失配较大（约 15%），导致 GaN 外延薄膜内的位错密度较高（约 10^{10} cm^{-2}）；蓝宝石的热膨胀系数大于 GaN 的，所以蓝宝石衬底上外延的 GaN 薄膜受双轴压应力的影响，当外延薄膜厚度较大时，衬底和外延层可能破裂；蓝宝石热导率较低（约 0.25 W/(cm·K)@100℃），散热能力差；蓝宝石是绝缘的，不能制作背电极；蓝宝石与 GaN 解理面不平行，划片困难；蓝宝石衬底中的氧原子会导致 GaN 外延层的非故意掺杂，增加外延层中背景电子浓度，影响外延层的绝缘性能，不利于电子器件的制备。

2. 碳化硅（SiC）衬底

相比于蓝宝石衬底，SiC 衬底具有诸多优点，如 SiC 与 GaN 之间具有更小的晶格失配（约 3.1%）；SiC 具有更高的热导率（约 3.8 W/(cm·K)）；SiC 可以导电，便于制作背电极；SiC 衬底与 GaN 外延层解理面平行，便于划片。此外，SiC 衬底存在 Si 与 C 两种极性，因此通过调整衬底极性来控制 GaN 外延层的极性更加容易。但是，SiC 衬底也存在一些不足：SiC 衬底表面比蓝宝石衬底表面粗糙得多；SiC 衬底本身含有较高的螺位错密度（$10^3 \sim 10^4$ cm^{-2}），这些位错会延伸并进入 GaN 外延层，退化器件性能；SiC 衬底价格昂贵且大尺寸 SiC 单

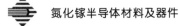

晶衬底制备困难，这阻碍了 SiC 衬底大规模应用。

3. 硅(Si)衬底

Si 衬底的优势包括低价格、大尺寸、高质量，这主要得益于集成电路产业的发展。Si 衬底是导电的，便于制作背电极，这降低了管芯面积，提高了晶片利用率。采用 Si 衬底外延 GaN 材料，有利于 GaN 基器件与 Si 集成电路工艺的结合，从而实现集成。但是由于 Si 与 GaN 之间存在非常大的晶格失配及热膨胀失配，Si 衬底上外延的 GaN 材料质量很差，经常出现多晶生长或者龟裂等问题。此外，Si 原子容易与 NH_3 发生反应生成非晶 SiN，从而影响外延层质量。

4. 氮化铝(AlN)衬底

AlN 是Ⅲ-Ⅴ族氮化物材料外延的理想衬底材料。AlN 和 GaN 晶格类型相同，两者晶格失配小，仅为 2%，并且两者热膨胀系数非常接近。AlN 的热导率非常高，几乎为 GaN 的两倍。由于 AlN 是电绝缘的，因此 AlN 衬底非常适合应用于射频器件的制备。但是，AlN 材料熔点太高，无法通过拉单晶获取，大尺寸、高质量的 AlN 衬底难以获得，其价格也非常昂贵。这导致 AlN 衬底的实际应用非常有限。

5. LiGaO$_2$ 衬底

LiGaO$_2$ 作为 GaN 材料异质外延衬底的最大优势是两者面内晶格失配非常小，只有 0.9%，因此不需要缓冲层 GaN 即可在 LiGaO$_2$ 衬底上直接外延生长 GaN。LiGaO$_2$ 作为一种极性晶体，有利于直接控制外延 GaN 薄膜的极性。LiGaO$_2$ 易于刻蚀，外延 GaN 薄膜与衬底剥离较为简单，可用于制备自支撑 GaN 衬底。此外，相比于 SiC 衬底，LiGaO$_2$ 衬底相对便宜。但是 LiGaO$_2$ 衬底的热稳定性较差、热导率低、热膨胀系数大，这些不利于器件的制备。

6. 氧化锌(ZnO)衬底

ZnO 也是进行 GaN 外延的理想衬底材料，两者均为纤锌矿结构，晶格失配仅为 2%。但 ZnO 晶体的熔点高达 2248 K。这使得 ZnO 单晶的生长非常困难。目前大多数 ZnO 材料也都是以外延生长的方式制备的。高质量、大尺寸 ZnO 单晶衬底的获得在技术上还存在障碍。

表 2.4 对采用 MOCVD 法生长氮化物薄膜时常用的异质外延衬底材料进行了总结。目前具有实用价值的氮化物外延衬底主要是蓝宝石、SiC 和 Si。Si 衬底虽然价格便宜、热导率高且容易获得大尺寸衬底，但是相比于蓝宝石衬底和 SiC 衬底，其上外延的 GaN 材料普遍位错密度较高。蓝宝石与 GaN 的晶格失配要远大于 SiC 与 GaN 的晶格失配，但是在采用缓冲层技术之后，两者均

能够得到质量较高的 GaN 外延薄膜。相比于 SiC 衬底，蓝宝石衬底的质量更高，能够获得更大尺寸的衬底，价格也更便宜，可以满足光电器件的应用。当然，对于大功率器件应用的外延材料，还是应该采用热导率更高的 SiC 衬底[36]。

表 2.4　用于 GaN 异质外延的几种衬底材料的主要性能

参数	Al_2O_3	6H-SiC	Si	AlN	$LiGaO_2$	ZnO
晶体结构	纤锌矿	纤锌矿	金刚石	纤锌矿	斜方晶系	纤锌矿
晶格常数 /nm	$a=0.4758$ $c=1.2990$	$a=0.3081$ $c=1.5120$	$a=0.5431$	$a=0.3112$ $c=0.4982$	$a=0.5402$ $b=0.6372$ $c=0.5007$	$a=0.3250$ $c=0.5207$
熔点/K	2315	3100	1693	2473	1858	2248
热导率 /(W/cm·K)	0.23(c轴) 0.25(a轴)	4.9	1.56	2.0	—	1.16(Zn 面) 1.1(O 面)
热膨胀系数 /(10^{-6}/K)	9.03(c轴) 5.0($\perp c$轴)	4.46(a轴) 4.16(c轴)	2.616	4.2	1.7∥[100] 11.0∥[010] 4.0∥[001] 3.8∥[1̄20]	12.4
禁带宽度 /eV	8.1～8.6	3.02	1.124	6.2	5.6	3.35
导电性	电绝缘	导电	导电	导电	电绝缘	导电

2.3　高质量 GaN 缓冲层外延生长技术

　　GaN 缓冲层作为承载各类氮化物异质结与器件的底层材料，其材料特性会显著影响后续异质结及器件特性。由于 GaN 缓冲层表面一部分承担 2DEG 的导电沟道，因此其表面粗糙度是影响 2DEG 迁移率的主要散射因素之一。此外，GaN 缓冲层内部的位错会沿着生长方向延伸从而进入或穿透 AlGaN 势垒层，影响势垒层的表面粗糙度和结晶质量。对于 HEMT 器件，缓冲层的高阻绝缘特性是 HEMT 器件具备低漏电和高击穿电压的保证。因此，GaN 缓冲层必须拥有光滑的表面形貌、低的位错密度、低的背景载流子浓度，成核层过渡的区域不存在寄生漏电沟道。本节主要介绍几种常用的获得高平整度、低缺陷、低背载的 GaN 缓冲层的外延生长技术（包括 AlN 成核层生长技术、阶变 V／Ⅲ比技术、杂质扩散抑制技术）及 AlGaN/GaN 异质结的制备优化方法。

2.3.1 AlN 成核层生长技术

异质外延 GaN 薄膜多采用"两步法"技术，即在高温 GaN 薄膜生长之前，首先在异质衬底上生长一层薄的低温 AlN 或 GaN 成核层，通过对衬底浸润来充分释放晶格失配产生的应力。天野浩[37]和中村修二[38]等人对此提出了模型并解释了生长机理。根据他们的生长模型，低温成核层能形成具有不同晶向和晶体结构（闪锌矿或纤锌矿结构）的高密度成核小岛，这些成核小岛在后续升温过程中会转变成六方晶体，并且密度降低。高温生长 GaN 薄膜时，Ga 原子和 N 原子首先在这些成核小岛周围找到成核位点并以三维生长模式沿横向和纵向生长，形成 GaN 三维小岛。待三维小岛长大相互合并形成光滑表面后，GaN 薄膜又以二维生长模式生长。由于晶格失配和不同晶向 GaN 三维小岛之间的合并，在 GaN 三维小岛内部和小岛合并边界处会产生位错。随着 GaN 薄膜厚度的增加，生长模式转变为二维，横向的层状模式生长会湮灭这些在薄膜生长初期形成的位错，从而获得低位错密度的 GaN 薄膜。

基于上述生长模式，可进一步采用 AlN 阻挡层来提高 GaN 薄膜的质量[39]，即在 GaN 薄膜中引入一定厚度的 AlN 阻挡层，并在其上继续生长 GaN。AlN 阻挡层可以阻挡沿材料生长方向延伸的位错，并且作为后续 GaN 生长的二次成核层，从而改善 GaN 薄膜的晶体质量。AlN 成核层的生长过程是：首先在 560℃ 温度条件下生长 25 nm 厚的 AlN 成核层，接着温度升高至 1050℃，生长 500 nm 厚的底层 GaN，之后在不同温度下生长 AlN 阻挡层，最后在 AlN 阻挡层之上生长 1000 nm 厚的 GaN 薄膜。上层 GaN 薄膜的生长温度等参数与底层 GaN 薄膜相同。图 2.7(a) 和 (b) 分别为引入低温 AlN 阻挡层（LT-AlN）和高温 AlN 阻挡层（HT-AlN）的 GaN 薄膜结构示意图。AlN 阻挡层的厚度都为 20 nm，LT-AlN 和 HT-AlN 的生长温度分别为 700℃ 和 1050℃。

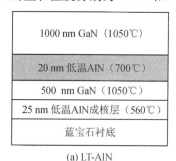

(a) LT-AlN   (b) HT-AlN

图 2.7 引入 AlN 阻挡层的 GaN 薄膜结构示意图

图 2.8 是两种不同结构 GaN 薄膜的(002)面和(102)面高分辨率 X 射线衍射(HRXRD)摇摆曲线。引入 LT-AlN 阻挡层的 GaN 薄膜(002)面和(102)面摇摆曲线半高宽(FWHM)分别为 478 弧秒和 928 弧秒,而引入 HT-AlN 阻挡层的 GaN 薄膜(002)面和(102)面的摇摆曲线半高宽分别为 383 弧秒和 707 弧秒。由位错密度结果可知,引入 HT-AlN 阻挡层的 GaN 薄膜中螺位错和刃位错密度分别为 1.4×10^8 cm^{-2} 和 1.3×10^9 cm^{-2},而引入 LT-AlN 阻挡层的 GaN 薄膜中的螺位错和刃位错密度分别为 2.2×10^8 cm^{-2} 和 2.2×10^9 cm^{-2}。因此,HT-AlN 阻挡层能更有效地提高 GaN 的结晶质量,尤其是降低刃位错密度。在 AlN 阻挡层对向上延伸位错阻挡能力相同的情况下,GaN 的质量与二次成核层的形貌有关。低温生长的 AlN 阻挡层为无定型结构,成核小岛小而密,间距太小而不利于 GaN 横向生长,产生的位错只能纵向延伸到 GaN 中。高温下 Al 原子的表面迁移率得到提高,成核小岛尺寸大而密度小,成核小岛之间大的间距有利于 GaN 横向生长,三维 GaN 小岛合并时产生的位错有足够的空间发生弯曲和相交湮灭[40]。因此,HT-AlN 阻挡层有助于 GaN 横向生长,通过延缓 GaN 小岛的合并时间来降低 GaN 薄膜中的位错密度。

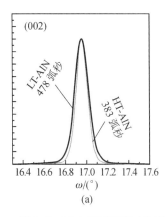
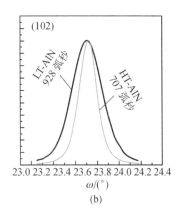

图 2.8　引入不同温度 AlN 阻挡层的 GaN 薄膜 HRXRD 摇摆曲线

图 2.9 为引入不同温度 AlN 阻挡层的 GaN 薄膜的拉曼(Raman)光谱。和无应变自支撑 GaN 体材料相比较,两种结构的 GaN 都处在压应变状态。同时,引入 HT-AlN 阻挡层的 GaN 薄膜的 E$_2$(high)声子峰出现分离,在主峰(572.9 cm^{-1})左边出现弱的次级峰(571.5 cm^{-1}),该峰与引入 LT-AlN 阻挡层的 GaN 薄膜的 E$_2$(high)峰位(571.3 cm^{-1})接近。由于拉曼光谱的强度与测试材料的厚度有关,E$_2$(high)声子峰的主峰和次级峰分别对应顶层 1000 nm 厚

和底层 500 nm 厚的 GaN。根据拉曼测试的结果来看，LT-AlN 阻挡层不会引起 GaN 应变状态的变化，而 HT-AlN 阻挡层则会改变应变的梯度分布，使顶层 GaN 薄膜受到更大的压应变。由于 GaN 材料中应变状态和材料生长中的成核小岛密度和位错湮灭有关，而失配位错的形成是异质外延中应力释放的最常见方式[41]，因此，在引入 LT-AlN 阻挡层的 GaN 薄膜中，高密度的位错有效释放了其中的应力。

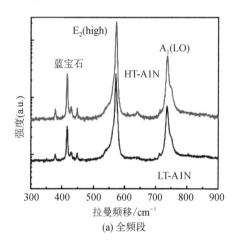
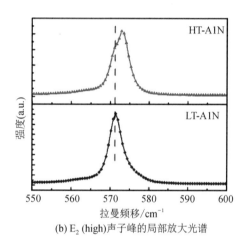

(a) 全频段　　　　　　　　　　(b) E_2 (high)声子峰的局部放大光谱

图 2.9　引入不同温度 AlN 阻挡层的 GaN 薄膜拉曼光谱

2.3.2　阶变 V/Ⅲ 比技术

虽然 HT-AlN 阻挡层能在顶层 GaN 中引入额外的压应变并提高异质结的输运特性，但它提高 GaN 薄膜质量的能力有限，可以通过采用阶变 V/Ⅲ 比技术来生长高质量 GaN 薄膜。

AlN 阻挡层技术借助外来结构提高 GaN 薄膜质量，而阶变 V/Ⅲ 比技术则是从 GaN 薄膜自身生长过程出发来提高其生长质量的，即把 GaN 薄膜生长过程分为不同阶段进行，每个阶段采用不同的 NH_3 和 TMGa 流量，通过改变 V/Ⅲ 比来提高 GaN 薄膜的质量。鉴于 HT-AlN 阻挡层形成的二次成核层对 GaN 质量的提高作用，在采用阶变 V/Ⅲ 比实验中利用低温 AlN 和高温 AlN 复合成核层，即首先在 620℃ 温度下生长 20 nm 厚的低温 AlN 成核层，接着在 1050℃ 温度下生长 60 nm 厚的高温 AlN 成核层，最后进行 1.4 μm 厚的 GaN 薄膜生长。GaN 薄膜用常规 MOCVD 法在 c 面蓝宝石衬底上生长，分别采用 TMGa、TMAl 和 NH_3 作为 Ga、Al 和 N 源，载气为 H_2。GaN 薄膜生长温度为 940℃，其每个阶段的 TMGa 和 NH_3 流量以及 V/Ⅲ 比如图 2.10 所示。

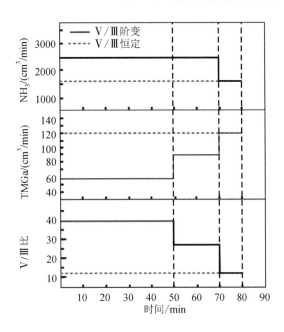

图 2.10　阶变 V/Ⅲ 比技术生长 GaN 薄膜的 NH₃ 和 TMGa 流量以及 V/Ⅲ 比示意图

NH_3 和 TMGa 流量在开始 50 min 内分别约为 2500 cm³/min 和 60 cm³/min，接下来 20 min 分别约为 2500 cm³/min 和 90 cm³/min，最后 10 min 分别约为 1600 cm³/min 和 120 cm³/min。恒定 V/Ⅲ 比生长 GaN 样品作为对比，即在 80 分钟 GaN 外延过程中，NH_3 和 TMGa 流量分别保持 1600 cm³/min 和 120 cm³/min 不变，生长温度仍为 940℃。图 2.11 为采用阶变和恒定 V/Ⅲ 比技术生长的 GaN 薄膜 HRXRD 摇摆曲线。采用阶变 V/Ⅲ 比技术后，GaN 薄膜

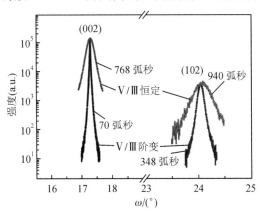

图 2.11　不同 V/Ⅲ 比生长的 GaN 薄膜(002)面和(102)面 HRXRD 摇摆曲线

的(002)面和(102)面 HRXRD 摇摆曲线半高宽分别从恒定 V/Ⅲ 比生长时的 768 弧秒和 940 弧秒下降到 70 弧秒和 348 弧秒，GaN 薄膜结晶质量得到明显改善，螺位错和刃位错密度分别降低到 4.70×10^6 cm^{-2} 和 3.11×10^8 cm^{-2}。

图 2.12 所示为采用阶变和恒定 V/Ⅲ 比技术生长的 GaN 薄膜表面 AFM 测试结果。采用阶变 V/Ⅲ 比技术生长的样品表面光滑（见图 2.12），原子台阶明显，表面 RMS（均方根）粗糙度为 0.36 nm，而采用恒定 V/Ⅲ 比生长的 GaN 表面形貌起伏较大，表面 RMS 粗糙度为 0.92 nm。由于 GaN 薄膜表面很薄的区域充当 AlGaN/GaN 异质结 2DEG 沟道，高的结晶质量和光滑的表面形貌为 2DEG 的优越输运特性奠定了基础。此外，Yang[42]、Kim[43] 和 Zhao[44] 等人分别采用先低后高的阶变 V/Ⅲ 比技术提高了 GaN 材料的质量。若采用低温成核层（LT-AlN 或 LT-GaN 成核层），在高温 GaN 生长初期阶段，低 V/Ⅲ 比会增大纵向生长速率，促进三维生长，产生体积大密度小的三维 GaN 小岛，形成粗糙的表面形貌。大尺寸的三维 GaN 小岛合并时缺陷减小，位错有充足空间发生弯曲和湮灭。后续高 V/Ⅲ 比生长时，原子表面迁移率增加，横向生长速率增大，二维生长模式增强，进而形成光滑的表面，提高了 GaN 的结晶质量。结合已报道结果可知，阶变 V/Ⅲ 比技术的参数选择与前期成核层类型选择具有较大关联。若采用低温 AlN 和高温 AlN 复合成核层，高温下 Al 原子在薄膜生长表面的平均自由程会增加，外延 AlN 薄膜质量会提高。同 HT-AlN 阻挡层一样，HT-AlN 成核层表面也形成了体积大、密度小、间距大的成核小岛，由于 GaN 高温生长时需要较高的横向生长速率以转变至二维生长，因此高 V/Ⅲ 比有利于横向生长，并且有较高的生长速率，能促进三维 GaN 小岛快速合并，形成光滑表面[44]。

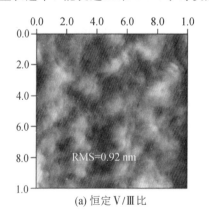

(a) 恒定 V/Ⅲ 比

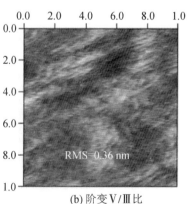

(b) 阶变 V/Ⅲ 比

图 2.12　GaN 薄膜表面 AFM 形貌

低 V/Ⅲ 比生长时，GaN 生长速率降低，给位错湮灭提供了更多时间，从而提高了 GaN 薄膜结晶质量。

2.3.3　杂质扩散抑制技术

在外延 GaN 材料的过程中，整个外延片处于高温环境，并且由于气体对衬底表面有刻蚀作用，因此蓝宝石（Al_2O_3）衬底中的氧或碳化硅（SiC）衬底中的硅就会随着外延过程的进行逐渐分解并扩散至缓冲层中。O（或 Si）原子在 GaN 材料内充当施主杂质，会在 GaN 缓冲层中引入背景电子，从而引发漏电。对于微波功率器件而言，GaN 缓冲层的漏电会直接导致器件夹断特性变差、击穿电压下降，从而恶化器件的输出功率、效率以及增益等性能指标，严重时导致器件损坏。因此，如何获得高电阻率的 GaN 缓冲层是 GaN 基微波功率器件外延材料中必须解决的问题。常规 GaN 基 HEMT 器件结构如图 2.13 所示，一般来讲，GaN 缓冲层材料中有两个导致漏电的因素，一是整个缓冲层中所存在的背景载流子（浓度在 10^{16} cm^{-3} 量级），另一个是在靠近衬底一侧存在高浓度（约 10^{18} cm^{-3}）的电子薄层。

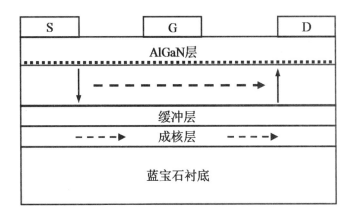

图 2.13　常规 GaN 基 HEMT 器件结构示意图

若 GaN 缓冲层中存在一个漏电层，它对器件工作的影响主要表现在两个方面。一是对器件直流特性产生影响，表现在器件工作时，源漏之间的通道不仅仅是二维电子气层，源漏下方的二维电子气通过 GaN 外延层中的位错线直接与缓冲层中的电荷层形成一个导通回路。此外，栅控特性也明显变差，表现为器件关不断，这是因为栅压对远端缓冲层中的电子调制作用低，不能实现耗尽，这种影响在高漏压工作条件下尤为突出。二是对器件高频特性产生影响，这是因为在器件工作时，缓冲层电荷区会产生一个寄生电容，这将会极大地降低器件的截止频率以及峰值跨导。另外，这种漏电严重时还会造成多个器件之间的台面间无法完全隔离，在隔离槽下会形成导电通路，影响器件正常工作，如图 2.14 所示。

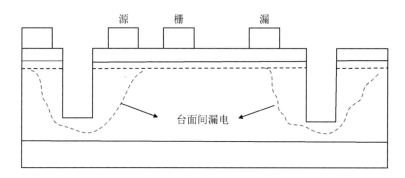

图 2.14　GaN 基 HEMT 器件台面间漏电示意图

目前国际上通常认为在 GaN 缓冲层中引入大量背景载流子和埋层电荷的杂质是氧，因此如何控制氧杂质含量就成为了解决此问题的关键所在。在整个外延过程中，向 GaN 晶体内注入氧元素的一共有两个，一是载气中携带的氧，包括水蒸气、氧气等；二是衬底扩散而来的氧。对于前一种氧，可以通过提高纯化器的纯化能力来实现。而对于后一种氧，则需要通过改进生长方法来实现抑制。

埋层电荷主要来源是衬底中的氧杂质，氧杂质向外延层中扩散时积聚在紧挨着成核层的 GaN 缓冲层中。因此，要抑制衬底中氧杂质向外延层中扩散就必须得在衬底和外延层之间插入阻挡层。而在异质衬底上外延 GaN 材料时通常必须要有成核层来过渡才能使 GaN 材料获得较好的结晶质量。因此，如果成核层能够很好地阻挡衬底中氧杂质扩散的话，会为外延过程带来很多便利。常用的成核层有低温 GaN(LT-GaN)层、低温 AlN(LT-AlN)层和高温 AlN(HT-AlN)层这三种，下面重点介绍这三种成核层结构对衬底中氧杂质扩散的阻挡作用。

图 2.15 示出了分别采用低温 GaN(LT-GaN)层、低温 AlN(LT-AlN)层和高温 AlN(HT-AlN)层的 GaN 外延样品 SIMS 截面测试结果。从图中可以看出，对于采用 LT-AlN 成核层的 GaN 样品来说，从成核层开始延伸到 GaN 体材料约 200 nm 处均有较高浓度的氧杂质，在靠近成核层处的 GaN 缓冲层中氧杂质的浓度高达 10^{19} cm^{-3} 量级，这是导致材料漏电的主要因素。而对于采用 LT-GaN 成核层的 GaN 样品来说，情况相对较好，在成核层结束后 GaN 晶体内的氧杂质浓度下降至 10^{18} cm^{-3} 左右，经过约 100 nm 深度时下降到 10^{17} cm^{-3} 附近，这时候 GaN 晶体内的氧杂质主要是由载气引入的，与衬底中氧的扩散

无关。这三个样品中采用 HT-AlN 成核层的效果最好，它在成核层生长结束后很快将氧杂质浓度降至 10^{17} cm^{-3} 附近，对氧杂质起到了很好的抑制作用。

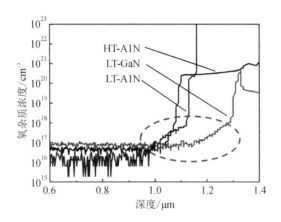

图 2.15　采用不同成核层生长的 GaN 样品中氧杂质浓度分布图

抑制氧杂质扩散进而实现高阻 GaN 缓冲层的核心在于提高蓝宝石衬底上生长初期 3D 成核岛的合并速率，3D 成核岛的快速合并可以将氧杂质限制在 3D 成核岛内，因为氧杂质产生于外延时对蓝宝石表面的热刻蚀，它仅发生在蓝宝石衬底表面有部分暴露在外的时候，所以蓝宝石界面处成核岛越早合并就能越好地抑制氧杂质向外延层中扩散，从而获得较低的位错以实现高阻。对于采用 LT-AlN 成核层的 GaN 样品来说，低温下，AlN 生长质量较差，成核岛大而稀疏，在这其中的氧杂质与铝原子形成的键不够稳定，在升温退火时，其中的氧杂质容易脱离出来并继续向 GaN 层扩散，形成施主杂质而导致漏电；而 GaN 成核层是在比 AlN 更低的温度（约低 150℃）下生长的，并且在这种情况下形成的晶粒也相对致密一些，对氧杂质扩散抑制效果较好，在较高温度下生长的 AlN 成核层也有类似特点，并且由于下一过程是降低温度外延 GaN，因此在 AlN 内部的氧杂质扩散也较弱。

2.4　高性能 AlGaN/GaN 异质结外延

2.4.1　超薄 AlN 界面插入层技术

除了高质量 GaN 薄膜外，氮化物异质结中 2DEG 的输运特性还与异质结界面的质量密切相关。为了提高 2DEG 的输运特性，在异质结界面处都会引入

超薄的 AlN 界面插入层。作为提高异质结输运特性最为有效和常用的一种措施，AlN 界面插入层在常规 AlGaN/GaN 异质结生长时普遍被采用[45-47]。其主要作用有以下几点：① 增加异质结界面处的导带断续，提高 2DEG 在势阱中的限域性；② 增强极化作用，提高 2DEG 的面密度；③ 使 2DEG 的波函数和势垒层在空间上有效分离，抑制 2DEG 的波函数向势垒层穿透，从而降低合金无序散射，增强电子横向输运；④ 形成平整光滑的界面，降低界面粗糙散射。AlN 界面插入层的厚度直接影响其表面形貌和应变状态，进而影响异质结的界面质量和势垒层质量，最终影响异质结 2DEG 的输运特性。本小节以 InAlN/AlN/GaN 异质结为例，着重就 AlN 界面插入层厚度对氮化物异质结性能的影响进行介绍。

有实验证实 AlN 界面插入层厚度的微小变化会带来 AlGaN/AlN/GaN 势垒层表面形貌的改变，并且在厚度为 1.2 nm 时表现出最佳形貌。图 2.16 给出了 InAlN 势垒层表面 AFM 形貌和粗糙度与 AlN 界面插入层厚度的关系，AFM 形貌测试尺寸为 2 $\mu m \times 2~\mu m$。当 AlN 插入层厚度为 0 nm，即不引入 AlN 界面插入层时，InAlN/GaN 异质结表面表现出大量裂纹和沟槽。这些缺陷与来自 GaN 基板中并沿着生长方向向上延伸的位错有关，由于没有 AlN 界面插入层的有效阻挡，这些位错会穿透势垒层，并在势垒层表面终止而形成大量缺陷。随着 AlN 界面插入层厚度的增加，InAlN 势垒层表面的沟槽密度下降，尺寸明显缩小。当 AlN 界面插入层厚度为 1.2 nm 时，InAlN 势垒层表面沟槽完全消失，InAlN 势垒层表面出现明显的原子台阶形貌。这意味着适当厚度的 AlN 界面插入层能有效改善 InAlN/AlN/GaN 异质结的表面形貌。然而，当 AlN 界面插入层厚度继续增加时，势垒层表面形貌再次恶化。

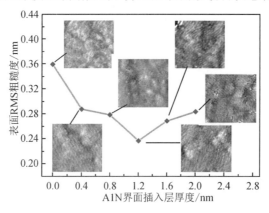

图 2.16　界面插入层厚度对 InAlN/AlN/GaN 异质结表面的影响

图 2.17 给出了 InAlN/AlN/GaN 异质结室温霍尔输运特性与 AlN 界面插入层厚度的关系，包括 2DEG 的迁移率、面密度 n_s 和方块电阻 R_s（方阻）。异质结输运特性，尤其是 2DEG 的迁移率对 AlN 界面插入层厚度的变化非常敏感。当 AlN 界面插入层厚度从 0 nm 增加到 1.2 nm 时，2DEG 的迁移率从 949 $cm^2/(V \cdot s)$ 增大到 1425 $cm^2/(V \cdot s)$，同时方块电阻从 408 $\Omega/\square$ 下降到 250 $\Omega/\square$。但是当 AlN 界面插入层厚度超过 1.2 nm 时，随其厚度的增加，2DEG 的迁移率出现下降，方块电阻随之增加。当 AlN 界面插入层厚度为 2.0 nm 时，2DEG 的迁移率和方块电阻分别为 1367 $cm^2/(V \cdot s)$ 和 281 $\Omega/\square$。除此之外，AlN 界面插入层的引入使 2DEG 的面密度略微增加，当 AlN 界面插入层厚度从 0 nm 增加到 1.2 nm 时，2DEG 的面密度从 1.61×10^{13} cm^{-2} 增加到 1.75×10^{13} cm^{-2}。和迁移率的变化趋势相一致，当 AlN 界面插入层厚度继续增加会引起 2DEG 面密度的下降，当厚度为 2.0 nm 时，2DEG 的面密度又下降为 1.61×10^{13} cm^{-2}。这些结果表明，AlN 界面插入层的厚度为 1.2 nm 时，AlGaN/AlN/GaN 异质结可以获得最高的 2DEG 的迁移率和面密度，从而产生最低的方块电阻，这和异质结表面形貌与 AlN 界面插入层厚度的变化趋势相一致。

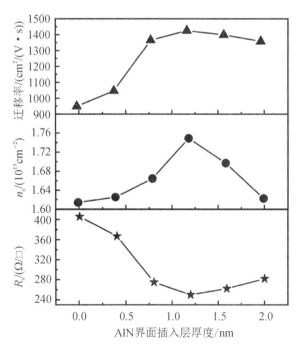

图 2.17　InAlN/AlN/GaN 异质结输运特性与 AlN 界面插入层厚度的关系

对于没有 AlN 界面插入层的 InAlN/GaN 异质结，室温下合金无序散射很强。1.2 nm 厚 AlN 界面插入层的引入增加了 InAlN 势垒层和 GaN 沟道层之间的有效导带断续，增强了 2DEG 在势阱中的限域性。同时产生的高势垒，抑制了 2DEG 波函数从 GaN 沟道向 InAlN 势垒层中的穿透，从而使 2DEG 远离势垒层中合金无序散射中心。除有效降低合金无序散射之外，AlN 界面插入层也改善了界面质量，降低了界面粗糙度散射。因此，AlN 界面插入层厚度从 0 nm 增加到 1.2 nm 时，2DEG 的迁移率获得了明显的提高。由于 AlN 界面插入层和 GaN 沟道之间存在大的晶格失配，AlN 界面插入层厚度继续增加会在其中产生部分应变弛豫[48-49]。为了减弱和释放应变，AlN 界面插入层中会产生位错等缺陷，这些缺陷会形成散射中心，同时，这些缺陷引起 InAlN 势垒层质量退化和 InAlN/AlN/GaN 异质结界面粗糙度增加。在微观区域内，势垒层表面 AFM 粗糙度可以间接反映异质结界面粗糙度[50]。由图 2.16 可知，当 AlN 界面插入层厚度从 1.2 nm 增加到 2.0 nm 时，异质结表面 RMS 粗糙度由 0.24 nm 增加到 0.28 nm。因此，AlN 界面插入层过厚会引起异质结界面质量的下降，从而增加界面粗糙度散射，降低 2DEG 的迁移率。在最优 AlN 界面插入层厚度下，InAlN/AlN/GaN 异质结界面有效导带断续增加，同时 AlN 界面插入层增强了极化强度，2DEG 的面密度会略微上升。当其厚度超过最优厚度时，AlN 界面插入层的部分应变弛豫，在 InAlN 势垒层中引入额外的压应变，产生与自发极化方向相反的压电极化，从而导致 2DEG 的面密度略微降低。

2.4.2 原位生长 AlN 介质钝化层技术

在制备氮化物器件的过程中，需要沉积栅介质和钝化层以抑制器件电流崩塌效应。AlN 材料以高的击穿电场、大的禁带宽度、较高的介电常数及其与 GaN 材料间较小的晶格失配等优点，成为 AlGaN/GaN HEMT 器件的栅介质和钝化层的理想材料。AlN 钝化层可以有效减少 AlGaN 的表面态陷阱，而表面态陷阱是引起电流崩塌的主要因素。同时，AlN 钝化层明显提高肖特基接触到 2DEG 导电沟道的势垒高度，从而可以有效地抑制高温时可能存在的电子隧穿效应和热电子发射效应，维持器件在高温工作时大的栅压摆幅。通常情况下，原位生长的 AlN 钝化层的厚度要低于 3nm，这是因为在 GaN 上生长 AlN 材料的应力非常大，原位生长 AlN 的临界厚度是 7 nm，超过这个厚度，材料的表面将会因为应力过大而出现裂纹。图 2.18 示出了常规 HEMT 结构以及原位生长 5 nm 厚低温 AlN 钝化层结构的示意图。

5 nm 低温AlN钝化层
23 nm Al$_{0.3}$Ga$_{0.7}$N势垒层
1 nm AlN界面插入层
1.2 μm GaN缓冲层
40 nm LT-GaN成核层
c面蓝宝石衬底

23 nm Al$_{0.3}$Ga$_{0.7}$N势垒层
1 nm AlN界面插入层
1.2 μm GaN缓冲层
40 nm LT-GaN成核层
c面蓝宝石衬底

(a) 常规HEMT结构　　　　　　(b) 原位生长低温AlN钝化层结构

图 2.18　AlGaN/GaN 异质结界面结构示意图

图 2.19 是采用原位生长的 AlN 钝化层的 AlGaN/GaN 异质结表面 AFM 测试结果。由图可以观察到异质结表面没有典型 AlN 单晶所呈现出来的台阶流形貌，而是呈现明显的多晶颗粒状，这与理论估计在低温 550℃ 的情况下生长出的 AlN 层为多晶状态的结论相吻合。由异质结表面 AFM 结果（见图 2.19）可以发现，原位生长的 AlN 钝化层的表面起伏较大，这对器件制作的可重复性和均匀性都是不利的。表面起伏较大由低温 MOCVD 法生长 AlN 本身固有的缺陷所致，即低温时 Al 原子迁移能力较弱，无法实现高质量 AlN 的生长。为了降低 AlN 钝化层的表面起伏，可采用 MBE 法来完成 AlN 钝化层的生长。

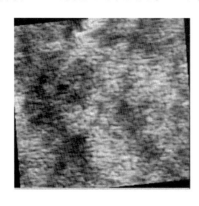
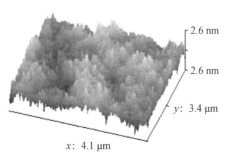

图 2.19　原位生长的 AlN 钝化层的 AlGaN/GaN 异质结表面 AFM 测试结果

图 2.20 示出了采用原位生长的 AlN 钝化层的 AlGaN/GaN 异质结的 C-V 测试结果。由图中电子浓度的峰值所处位置可见 2DEG 存在于表面下方约

27.25 nm 处，根据表面 AlN 厚度为 2 nm，AlGaN 厚度为 25 nm 可知，2DEG 存在于 AlGaN 下方 0.25 nm 处，即 GaN 上表面的 0.25 nm 处，由此可见 2DEG 的限域性很好。这样，2DEG 的面密度会明显增加，但 2DEG 的面密度增加又会增加载流子之间的散射，降低 2DEG 的迁移率。霍尔测试显示该异质结的载流子的迁移率为 1000 $cm^2/(V \cdot s)$，这相对于常规结构的 AlGaN/GaN 异质结的 1200 $cm^2/(V \cdot s)$有一定程度的下降；而 2DEG 的面密度可以达到 1.3×10^{13} cm^{-2}，这相对于常规结构的 1.0×10^{13} cm^{-2} 又有明显的提高。由于电导率由载流子密度和迁移率共同决定，因此综合来看，采用原位生长的 AlN 钝化层的 AlGaN/GaN 异质结相比常规结构的 AlGaN/GaN 异质结的导电能力弱。

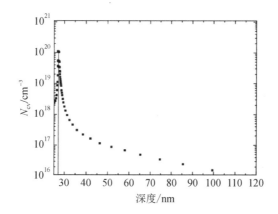

图 2.20　采用原位生长的 AlN 钝化层的 AlGaN/GaN 异质结的 $C\text{-}V$ 测试结果

参 考 文 献

[1] NAKAMURA S, TAKASHI MUKAI T M, MASAYUKI SENOH M S. High-power GaN P-N junction blue-light-emitting diodes[J]. Japanese Journal of Applied Physics, 1991, 30(12A)：L1998.

[2] AKASAKI I, AMANO H. Crystal growth and conductivity control of group Ⅲ nitride semiconductors and their application to short wavelength light emitters[J]. Japanese Journal of Applied Physics, 1997, 36(9R)：5393.

[3] CHOW T P, TYAGI R. Wide bandgap compound semiconductors for superior high-voltage unipolar power devices[J]. IEEE Transactions on Electron Derices, 1994, 41(8)：1481 – 1483.

[4] KEMERLEY R T, WALLACE H B, YODER M N. Impact of wide bandgap microwave

devices on DoD systems[J]. Proceedings of the IEEE，2002，90(6)：1059 – 1064.

[5]　薛军帅. 新型氮化物 InAlN 半导体异质结与 HEMT 器件研究[D]. 西安：西安电子科技大学，2013.

[6]　马俊彩. 高电子迁移率 GaN 基双异质结材料与器件研究[D]. 西安：西安电子科技大学，2012.

[7]　陈浩然. 太赫兹波段 GaN 基共振隧穿器件的研究[D]. 西安：西安电子科技大学，2015.

[8]　VURGAFTMAN I，MEYER J R. Band parameters for nitrogen-containing semiconductors [J]. Journal of Applied Physics，2003，94(6)：3675 – 3696.

[9]　BERNARDINI F，FIORENTINI V，VANDERBILT D. Spontaneous polarization and piezoelectric constants of Ⅲ-Ⅴ nitrides[J]. Physical Review B，1997，56(16)：10024 – 10027.

[10]　KATZER D S，STORM D F，BINARI S C，et al. Molecular beam epitaxy of InAlN/GaN heterostructures for high electron mobility transistors[J]. Journal of Vacuum& Technology B，2005，23(3)：1204 – 1208.

[11]　BRANDT O，WALTEREIT P，PLOOG K H. Determination of strain state and composition of highly mismatched group-Ⅲ nitride heterostructures by X-ray diffraction[J]. Journal of Physics D-Applied Physics，2002，35(7)：577 – 585.

[12]　HOLT D B，YACOBI B G. Extended defects in Semiconductors[M]. England：Cambridge university press，2007：122 – 162.

[13]　LESZCYNSKI M，GRZEGORY I，BOCKOWSKI M. X-ray examination of GaN single crystals grown at high hydrostatic pressure[J]. Journal of Crystal Growth，1993，126(4)：601 – 604.

[14]　UENOYAMA T，YANASE A，SUZUKI M. First-principles calculations of effective-mass parameters of AlN and GaN[J]. Physical Review B，1995，52(11)：8132 – 8139.

[15]　SIKLITSKY V. New Semiconductor materials：characteristics and properties[OL]. https：//www. ioffe. ru/SVA/NSM/introduction. html.

[16]　VURGAFTMAN I，MEYER J R. Electron bandstructure parameters[M]. Wiley-VCH Verlag GmbH & CO. KGaA，2007.

[17]　MONROY E，GOGNEAU N，ENJALBERT F，et al. Molecular-beam epitaxial growth and characterization of quaternary Ⅲ-nitride compounds[J]. Journal of Applied Physics，2003，94(5)：3121 – 3127.

[18]　TAKAHASHI K，YOSHIKAWA A，SANDHU. A. Wide bandgap semiconductors [M]. Berlin：Springer Berlin，Heidelberg，2007.

[19]　MARTIN G，BOTCHKAREV A，ROCKETT A，et al. Valence-band discontinuities of wurtzite GaN，AlN，and InN heterojunctions measured by X-ray photoemission

spectroscopy[J]. Applied Physics Letters, 1996, 68(18): 2541 - 2543.

[20] DWILIŃSKI R, DORADZIŃSKI R, GARCZYŃSKI J, et al. Exciton photo-luminescence of GaN bulk crystals grown by the AMMONO method[J]. Materials Science and Engineering: B, 1997, 50(1): 46 - 49.

[21] POROWSKI S. Bulk and homoepitaxial GaN-growth and characterisation[J]. Journal of Crystal Growth, 1998, 189 - 190(11): 153 - 158.

[22] 杨树人, 丁墨元. 外延生长技术[M]. 北京: 国防工业出版社, 1992.

[23] ROMANO L T, KRUSOR B S, MOLNAR R J. Structure of GaN films grown by hydride vapor phase epitaxy[J]. Applied Physics Letters, 1997, 71(16): 2283 - 2285.

[24] MOLNAR R J, MAKI P, AGGARWAL R, et al. Gallium nitride thick films grown by hydride vapor phase epitaxy[J]. MRS Online Proceedings Library, 1996, 423(1): 221 - 226.

[25] NANIWAE K, ITOH S, AMANO H, et al. Growth of single crystal GaN substrate using hydride vapor phase epitaxy[J]. Journal of Crystal Growth, 1990, 99(1): 381 - 384.

[26] MANASEVIT H M. SINGLE-CRYSTAL GALLIUM ARSENIDE ON INSULATING SUBSTRATES[J]. Applied Physics Letters, 2003, 12(4): 156 - 159.

[27] 张进成. AlGaN/GaN 异质结材料生长与 HEMT 器件制造研究[D]. 西安: 西安电子科技大学, 2003.

[28] FRANK F C, MERWE J H. One-dimensional dislocations. I. Static theory[J]. Proceedings of the Royal Society A, 1949, 198205 - 216.

[29] VOLMER M, WEBER A Z. Nucleus formation in supersaturated systems[J]. Zeitschrift für physikalische chemie, 1926, 119: 277 - 301.

[30] STRANSKI I N, KRASTANOW L V. Zur Theorie der orientierten Ausscheidung von Ionenkristallen aufeinander [J]. Abhandlungen der Mathematisch-Naturwiss-enschaftlichen Klasse IIb. Akademie der Wissenschaften Wien, 1938, 146: 797 - 810.

[31] LIU L, EDGAR J H. Substrates for gallium nitride epitaxy[J]. Materials Science and Engineering: R: Reports, 2002, 37(3): 61 - 127.

[32] FREITAS J A. Properties of the state of the art of bulk III-V nitride substrates and homoepitaxial layers[J]. Journal of Physics D-Applied Physics, 2010, 43(7): 73001.

[33] DWILINSKI R, DORADZINSKI R, GARCZYNSKI J, et al. Homoepitaxy on bulk ammonothermal GaN[J]. Journal of Crystal Growth, 2009, 311(10): 3058 - 3062.

[34] MANASEVIT H M. Single-crystal gallium arsenide on insulating substrates[J]. Applied Physics Letters, 1968, 12(4): 156 - 159.

[35] 周小伟. 高 Al 组分 AlGaN/GaN 半导体材料的生长方法研究[D]. 西安电子科技大

学，2010.

[36] ARULKUMARAN S, EGAWA T, ISHIKAWA H, et al. High-temperature effects of AlGaN/GaN high-electron-mobility transistors on sapphire and semi-insulating SiC substrates[J]. Applied Physics Letters, 2002, 80(12): 2186 – 2188.

[37] AMANO H, SAWAKI N, AKASAKI I, et al. Metalorganic vapor phase epitaxial growth of a high quality GaN film using an AlN buffer layer[J]. Applied Physics Letters, 1986, 48(5): 353 – 355.

[38] SHUJI NAKAMURA S N. GaN growth using GaN buffer layer[J]. Japanese Journal of Applied Physics, 1991, 30(10A): L1705.

[39] IWAYA M, TAKEUCHI T, YAMAGUCHI S, et al. Reduction of etch pit density in organometallic vapor phase epitaxy-grown GaN on sapphire by insertion of a low-temperature-deposited buffer layer between high-temperature-grown GaN [J]. Japanese Journal of Applied Physics, 1998, 37(3B): L316.

[40] AMANO H, IWAYA M, KASHIMA T, et al. Stress and defect control in GaN using low temperature interlayers[J]. Japanese Journal of Applied Physics, 1998, 37(12B): L1540.

[41] KAPPERS M J, DATTA R, OLIVER R A, et al. Threading dislocation reduction in (0 0 01) GaN thin films using SiNx interlayers[J]. Journal of Crystal Growth, 2007, 300(1): 70 – 74.

[42] YANG T, UCHIDA K, MISHIMA T, et al. Control of initial nucleation by reducing the V/Ⅲ ratio during the early stages of GaN growth[J]. Physica Status Solidi A, 2000, 180(1): 45 – 50.

[43] KIM S, OH J, KANG J, et al. Two-step growth of high quality GaN using V/Ⅲ ratio variation in the initial growth stage[J]. Journal of Crystal Growth, 2004, 262(1 – 4): 7 – 13.

[44] ZHAO D G, JIANG D S, ZHU J J, et al. The influence of V/Ⅲ ratio in the initial growth stage on the properties of GaN epilayer deposited on low temperature AlN buffer layer[J]. Journal of Crystal Growth, 2007, 303(2): 414 – 418.

[45] MIYOSHI M, WATANABE A, EGAWA T. Modeling of the wafer bow in GaN-on-Si epiwafers employing GaN/AlN multilayer buffer structures[J]. Semiconductor Science and Technology, 2016, 31(10): 105016.

[46] SHEN L, HEIKMAN S, MORAN B, et al. AlGaN/AlN/GaN high-power microwave HEMT[J]. IEEE Electron Device Letters, 2001, 22(10): 457 – 459.

[47] SMORCHKOVA I P, CHEN L, MATES T, et al. AlN/GaN and (Al, Ga) N/AlN/GaN two-dimensional electron gas structures grown by plasma-assisted molecular-beam epitaxy[J]. Journal of Applied Physics, 2001, 90(10): 5196 – 5201.

［48］ WALLIS D J，BALMER R S，KEIR A M，et al. Z-contrast imaging of AlN exclusion layers in GaN field-effect transistors［J］. Applied Physics Letters，2005，87(4)：42101.

［49］ SONG J，XU F J，MIAO Z L，et al. Influence of ultrathin AlN interlayer on the microstructure and the electrical transport properties of $Al_x Ga_{1-x} N$/GaN heterostructures ［J］. Journal of Applied Physics，2009，106(8)：83711.

［50］ GURUSINGHE M N，DAVIDSSON S K，ANDERSSON T G. Two-dimensional electron mobility limitation mechanisms in $Al_x Ga_{1-x} N$/GaN heterostructures ［J］. Physical Review B，2005，72(4)：45316.

第 3 章
新型氮化物异质结的设计及制备

对以 AlGaN/GaN 异质结为基础的电子器件的研究已经较为成熟，但 AlGaN/GaN HEMT 表现出一定的局限性，譬如，沟道层与势垒层较大的晶格失配导致器件稳定性下降，较差的 2DEG 限域性导致缓冲层漏电严重及器件关断性能差，存在电流崩塌、短沟道效应等，因此，需要开发新型异质结以提升Ⅲ族氮化物电子器件的应用潜能。本章就氮化物新型异质结的设计及制备方法进行介绍。

3.1 AlGaN/GaN 背势垒异质结

3.1.1 双异质结的优势及国际研究进展

常规单异质结 2DEG 的限域性较差是其面临的较为严重的问题之一。由于沟道下方的能带较低，当器件工作温度逐渐升高或者负栅压越来越高的时候，部分的 2DEG 会发生溢出，进入缓冲层从而成为三维体电子，导致 2DEG 输运性能降低。另外，常规单异质结存在电流崩塌，其击穿电压不高、关断特性差等也都成了限制氮化物 HEMT 商业应用的重要因素。

为了解决上述问题，人们开发了带有背势垒的氮化物双异质结。氮化物双异质结是通过在沟道层下方插入背势垒层，以有效阻挡沟道电子向缓冲层泄漏，显著提高载流子的限域性，进而提高击穿电压、减小关态漏电、减弱电流崩塌效应以及增强器件可靠性。特别是在高温、高压、大功率的需求下，随着不断缩短的器件栅长，双异质结的优势将更加突出，所以近年来氮化物双异质结受到极大的重视也取得了较好的研究成果。

2000 年，日本 NTT 公司的 Narihiko Maeda 等人[1]用 MOCVD 系统在 SiC 衬底上生长了 AlGaN/GaN 单异质结和沟道层厚度为 20 nm 的 AlGaN/GaN/AlGaN/GaN 双异质结材料，他们发现双异质结材料的载流子限域性更好，2DEG 的迁移率更高。同时，他们还发现由于 AlGaN 背势垒层与 GaN 缓冲层存在极化效应，该双异质结材料出现了双沟道的现象。

2004 年，Wu 等人[2]在 SiC 衬底上生长了背势垒层铝组分为 15% 的高质量的双异质结材料。该双异质结材料在 77 K 下 2DEG 的迁移率为 3400 cm²/(V·s)，在室温下 2DEG 的迁移率为 1180 cm²/(V·s)。实验表明该材料具有很好的载流子限域性同时不受寄生沟道的影响，且 1 μm 栅长器件的阈值电压为 3.5 V，峰值饱和电流为 0.6~0.8 A/mm。

2004 年，日本 NTT 公司基础研究实验室 Wang 等人[3]重点研究了 InGaN 沟道背势垒结构的输运特性。所用的实验样品是在 SiC 衬底上利用 MOVPE 法生长得到的。实验测得该结构的 2DEG 的面密度高达 1.54×10^{13} cm^{-2}，比传统的 AlGaN/GaN 结构提高了 50%，这主要是因为极化效应增强。然而，该结构的 2DEG 的迁移率却只有 820 cm^2/（V·s），这主要是因为 2DEG 受到的合金无序散射和界面粗糙度散射有所增强。

　　2006 年，Jie 等人[4] 报道了一种 In 组分为 10% 的新型 InGaN 背势垒结构器件。该器件结构是在传统的 $Al_{0.3}Ga_{0.7}N$/GaN HEMT 的结构上，插入 3 nm 厚的 $In_{0.1}Ga_{0.9}N$ 背势垒层实现的。测量得到室温下 2DEG 的迁移率为 1300 cm^2/（V·s）、面密度为 9.84×10^{12} cm^{-2}，方阻为 420 Ω/□。相应的器件是在蓝宝石衬底上制作的，栅长为 1 μm，栅宽为 100 μm，当漏源电压为 10 V 时，关态泄漏电流为 5 μA/mm，截止频率 f_T 为 14.5 GHz，最高振荡频率 f_{max} 为 45.5 GHz。

　　2010 年，Yu 等人[5]，为了提高 AlGaN/GaN HEMT 器件的击穿电压，在半绝缘的 GaN 缓冲层上生长了带有渐变 Al 组分的 $Al_xGa_{1-x}N$ 背势垒的 AlGaN/GaN/$Al_xGa_{1-x}N$ 双异质结。该结构有明显高于传统单异质结 HEMT 的击穿电压。

3.1.2　高性能双异质结的生长方法

　　由于 GaN 与 AlGaN 之间存在导带带阶和各自的极化效应，能带在背势垒层附近会发生弯曲，即在沟道下方处，出现了一个很高的势垒，阻挡了电子向缓冲层中泄漏，使得双异质结的载流子分布发生变化。基于一维薛定谔/泊松方程自洽求解方法得到的双异质结能带图如图 3.1 所示。

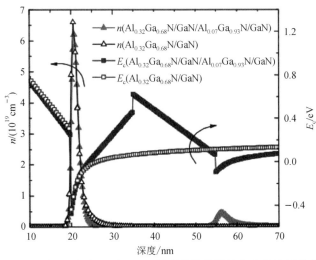

图 3.1　AlGaN/GaN/AlGaN/GaN 双异质结的能带结构和载流子分布示意图

由于双异质结存在较强的极化效应，下方的 AlGaN/GaN 异质结界面处也形成了一个较浅的势阱，即在上述结构中存在两个近三角形的势阱，载流子可以分布在这两个势阱中，从而出现了两个沟道(一个主沟道，一个寄生沟道)的现象。背势垒的引入有效阻挡了主沟道中的电子向缓冲层中泄漏，但是寄生沟道中的电子却很容易在高温下溢出沟道形成低迁移率的三维电子，从而影响器件的关断特性和输运特性[6]。为了消除 AlGaN/GaN/AlGaN/GaN 双异质结中寄生沟道带来的影响，使用 AlGaN 背势垒缓冲层代替 GaN 缓冲层不仅完全避免了寄生沟道的产生，也明显增强了载流子限域性。

　　图 3.2 为 AlGaN/GaN/AlGaN/GaN 双异质结的能带和载流子分布图。其中，仿真所用的结构如下：厚度为 20 nm、Al 组分为 32% 的 AlGaN 势垒，厚度为 15 nm 的 GaN 沟道以及 Al 组分为 7% 的 AlGaN 背势垒。从图中可以看出，背势垒层的 Al 组分为 7% 时，势垒高度就达到 0.85 eV，即较低的 Al 组分能够显著提高背势垒一侧的能带高度，有效限制载流子向缓冲层泄漏，减少缓冲层漏电的可能性。从载流子的分布曲线也可以看出背势垒的加入可以使载流子很好地被限制在沟道界面附近。

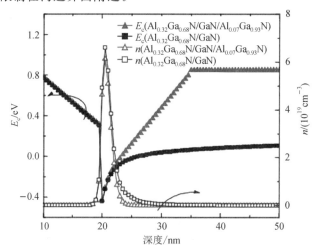

图 3.2　AlGaN/GaN/AlGaN/GaN 双异质结能带和载流子分布示意图

　　虽然渐变 Al 组分的方法可以在一定程度上削弱寄生沟道带来的影响，但是生长条件难以精确控制，材料质量会受到影响。为了进一步提高材料特性，人们尝试用 InGaN 来形成双异质结。图 3.3 为采用理论计算的方法得到的 AlGaN/GaN/InGaN/GaN 的能带图。其中，计算采用的结构如下：势垒层 Al 组分为 32%，厚度为 20 nm；背势垒 In 组分为 7%，厚度为 10 nm。由图可见，虽然 InGaN 的禁带宽度比 AlGaN 的小，但是仍然起到了背势垒的作用。因为，InGaN 的极化方向与 AlGaN 不同，反向极化使得底部的能带被抬升，阻止了载流子向缓冲层泄漏，有助于提高材料和器件性能。此外，在 InGaN 背势垒层和 GaN 沟道层之间还形成了一个小的沟道，载流子容易泄漏到主沟道内，两个沟道合并为一个，使得主沟道中的载流子浓度有所提高。与 AlGaN/GaN/AlGaN/GaN 材料相比，AlGaN/GaN/InGaN/GaN 材料用 InGaN 作为背势垒，不仅能够改善载流子的限域性，还可以提高沟道中的载流子浓度。

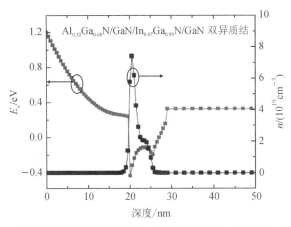

图 3.3　AlGaN/GaN/InGaN/GaN 双异质结能带和载流子分布示意图

3.2　GaN 双沟道及多沟道异质结

3.2.1　双沟道异质结的特性分析

由于异质结中 2DEG 的导电性直接决定了 HEMT 器件栅源区和栅漏区的通道电阻，从而影响器件工作的线性度和频率[7]，因此为了提高 HEMT 器件性能，降低异质结的方块电阻是相关研究的重要内容之一。降低异质结的方块电阻只能通过提高 2DEG 的面密度和迁移率来实现。对于单沟道异质结材料来说，2DEG 迁移率的提高主要依赖材料结构的设计，如采用 AlGaN 或者 InGaN 背势垒结构来提高 2DEG 的限域性[8-9]。而 2DEG 面密度的提高则通过增强异质结势垒层和沟道之间极化强度来实现。但是这种提高作用有限，尤其是很难获得高质量的强极化材料。因此，研究者们提出在生长方向上叠加两个或者多个 2DEG 沟道形成双/多沟道异质结，从而来提高 2DEG 的面密度，降低异质结的方块电阻，进而提高 HEMT 器件的电流驱动能力和线性度。与传

统的单沟道异质结器件相比，多沟道异质结具有更高的 2DEG 面密度和更好的导电性，并且多沟道结构可以通过优化得到具有不同 2DEG 浓度的导电沟道，这些沟道可以起到不同的作用，从而可以灵活地设计各种新型器件。此外，双沟道异质结材料在混频器和倍频器[10]、数字逻辑电路[11]、光电器件和太赫兹探测器[12]中也有着广泛应用。

1997 年，Fan 等人制作了双异质结沟道的 AlGaN/GaN 调制掺杂场效应晶体管[13]，该晶体管栅下为双沟道，而源、漏电极是刻槽，其栅长为 $1.5 \sim 1.75 \ \mu m$，源漏之间的沟道长度为 $3 \ \mu m$。室温下测得该晶体管的最大电流密度为 1100 mA/mm，峰值跨导为 270 mS/mm，近截止状态下的击穿电压约为 80 V。

2003 年，Sten Heikman 等人采用 MOCVD 法制作了势垒层调制掺杂的八沟道 $Al_{0.22}Ga_{0.78}N/GaN$ 异质结材料[14]，他们测得该异质结的载流子面密度达 $7.7 \times 10^{13} \ cm^{-2}$，室温下测得的载流子迁移率为 $1200 \ cm^2/(V \cdot s)$。

2008 年，S. K. Jha[15] 等人采用 MOCVD 法在蓝宝石衬底上外延了 AlGaN/GaN/AlGaN/GaN 双沟道 HEMT，并在 $80 \sim 300$ K 的温度区间测量了其低频噪声特性，其室温下的 Hooge 参数为 1.6×10^{-3}。

3.2.2 多沟道异质结的特性分析

单、双沟道 AlGaN/GaN 异质结（分别标记为样品 A、B）的结构对比示意图如图 3.4 所示[16]。

(a) 样品A   (b) 样品B

图 3.4　样品结构示意图

图 3.5 为样品(002)面的 XRD(2θ-ω)扫描结果。由图可以明显看到样品 B 的 2θ-ω 曲线中有多个 AlGaN 峰位，这对应于缓变铝组分的第二势垒层(第一、第二势垒层按生长顺序从下到上命名)，铝组分最高的峰位为 35.17°，对应的铝组分为 41%。而样品 A 的 AlGaN 峰位是 35.04°，对应的 Al 组分是 33%。在实际的材料生长中，顶端 AlGaN 层受到 GaN 沟道层的张应力，使得 AlGaN 层的 a 轴晶格常数增大，c 轴晶格常数减小，因而测试得到的 Al 组分均偏大。但样品 B 第一势垒层 Al 组分相比样品 A 的偏高，这表明第二势垒层的引入增大了第一势垒层的应变。从 GaN 峰位的偏差可以看出，由于第二势垒层的引入，GaN 沟道层也受到了一定应变。

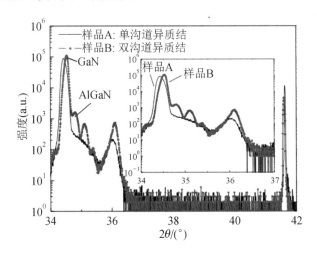

图 3.5　样品 A、B 的(002)面的 XRD(2θ-ω)扫描结果

图 3.6 示出了样品 A 和样品 B 的 AFM 测试结果。从图中可以看到，两样品都有很明显的原子台阶，样品 B 的均方根粗糙度偏大，这说明第二势垒层的引入会影响材料的表面形貌。

高温下(大于 300K)两样品的霍尔效应测试结果如图 3.7 所示。由图可以看出，两个样品的载流子迁移率均随着温度的升高而降低，但样品 B 的迁移率降低更缓慢。这也是双沟道 AlGaN/GaN 异质结的优点之一，即将载流子分配到两个沟道中，每个沟道中载流子迁移率都比单沟道异质结中的高。从图中还可以看到，随着温度的升高，两样品的载流子面密度都有所下降，但样品 B 的载流子面密度下降更快。有研究表明，温度升高时，AlGaN/GaN 异质结导带不连续降低，三角势阱展宽，导致 2DEG 密度下降[17]。样品 B 的载流子面密度下降更快说明高温对本来就较浅的第二个势阱影响更大。

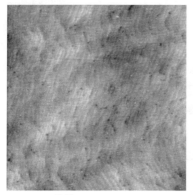 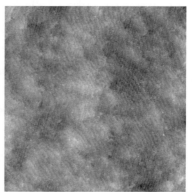

(a) 样品A (RMS:0.285 nm)　　　　(b) 样品B (RMS:0.342 nm)

图 3.6　样品 A 和样品 B 的(5 μm×5 μm)AFM 测试结果

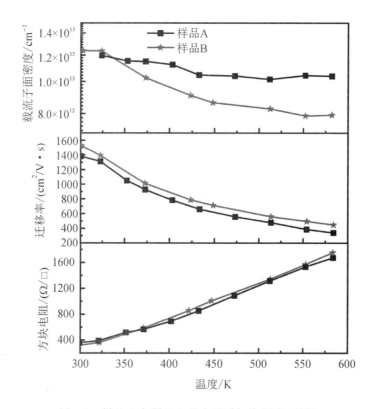

图 3.7　样品 A 与样品 B 的变温霍尔效应测试结果

在双沟道异质结研究基础上，可以进一步增加沟道数量。Al 组分突变和 Al 组分缓变的三沟道 AlGaN/GaN 异质结的结构示意图如图 3.8 所示[18]。

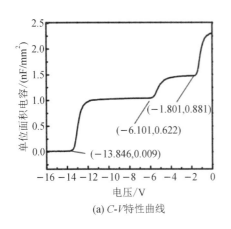

2 nm GaN
22 nm Al$_x$Ga$_{1-x}$N x=0.33
14 nm GaN
22 nm Al$_x$Ga$_{1-x}$N x=0.33
14 nm GaN
22 nm Al$_x$Ga$_{1-x}$N x=0.20
1.4 μm GaN
100 nm AlN
蓝宝石衬底

(a) Al组份突变

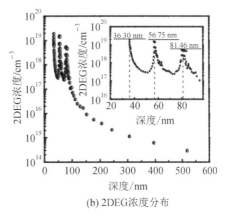

2 nm GaN
18 nm Al$_x$Ga$_{1-x}$N x=0.30
1 nm AlN
9 nm GaN
24 nm Al$_x$Ga$_{1-x}$N x=0.15~0.30
1 nm AlN
15 nm GaN
19 nm Al$_x$Ga$_{1-x}$N x=0.10~0.30
1 nm AlN
1.4 μm GaN
100 nm AlN
蓝宝石衬底

(b) Al组份缓变

图 3.8　三沟道 AlGaN/GaN 异质结的结构示意图

图 3.9 所示为 Al 组分突变的三沟道 AlGaN/GaN 异质结材料的 *C-V* 特性曲线和 2DEG 浓度分布曲线图。从图 3.9(a) 中可以看到，三沟道的电容随着电压耗尽时台阶状明显，对比单沟道 AlGaN/GaN 异质结，图中出现了三个耗尽区域。图 3.9(b) 显示电子主要分布在三个沟道中且在异质结界面处，浓度发生突变，说明载流子的限域性较好。第一、二、三沟道（按照生长先后沿衬底从下到上顺序命

(a) *C-V*特性曲线

(b) 2DEG浓度分布

图 3.9　三沟道 AlGaN/GaN 异质结的 *C-V* 特性曲线和 2DEG 浓度分布曲线图

名)对应的 2DEG 面密度和耗尽电压分别是$(1.49 \times 10^{12}\ \mathrm{cm}^{-2}, -13.846\ \mathrm{V})$，$(2.79 \times 10^{12}\ \mathrm{cm}^{-2}, -6.101\ \mathrm{V})$，$(2.87 \times 10^{12}\ \mathrm{cm}^{-2}, -1.801\ \mathrm{V})$，由于三沟道从表面到衬底的介质层较多，因此电容完全耗尽时栅极的偏压较大，约为$-14\ \mathrm{V}$。

为了改善沟道之间的联通性，降低欧姆接触电阻，将三个 AlN 界面插入层改进为只在离栅极最近的 AlGaN/GaN 异质结界面处加入 1 nm 的 AlN 界面插入层。改进后的两组 AlGaN/GaN 异质结的 C-V 特性测试对比结果如图 3.10 和表 3.1 所示。由图 3.10 及表 3.1 可以看出，改进后的异质结的表面沟道的电荷数量明显增加，单位面积电容从 2.280 nF/mm² 提高到了 3.472 nF/mm²，这有利于低阻欧姆接触的形成。

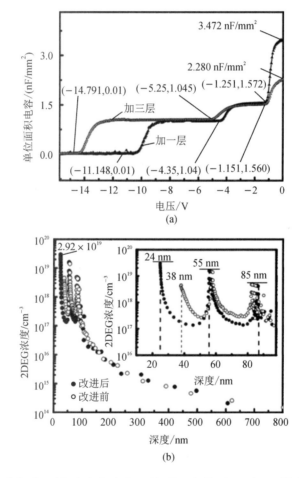

图 3.10　改进前(加三层)和改进后(加一层)的三沟道 AlGaN/GaN 异质结 C-V 特性及 2DEG 浓度分布曲线图

表 3.1　AlN 界面插入层调制沟道中二维电子气分布的 *C-V* 测试结果

结构差异	（面密度/(10^{12} cm^{-2})，耗尽电压/V）			面密度之和
	第一沟道	第二沟道	第三沟道	
加一层 AlN 界面插入层	（1.74，−11.148）	（2.83，−4.35）	（2.40，−1.151）	6.97
加三层 AlN 界面插入层	（1.19，−14.791）	（2.03，−5.25）	（2.28，−1.251）	6.50

3.3　AlGaN 和 InGaN 沟道异质结

3.3.1　AlGaN 沟道异质结

近年来，传统的 GaN 基 HEMT 器件在高频和高功率应用领域表现出了明显优势，但是在不降低电流密度的条件下提高击穿电压和功率密度却成为传统 GaN 基 HEMT 器件研究的一个瓶颈。与 GaN 相比，AlN 的禁带宽度（6.2 eV）是 Ga 的两倍，其击穿场强（12 MV/cm）更大，而且具有与 GaN 几乎相同的饱和电子漂移速度，因此采用 GaN 与 AlN 的合金（AlGaN）作为沟道材料，是在不降低电流密度的前提下提高击穿电压的一种非常有效的方法。

关于合金 AlGaN 基 HEMT 器件也已经有一些报道，但是 AlGaN 基 HEMT 器件的特性与 GaN 基 HEMT 器件的特性存在不小的差距。大部分的 GaN 基 HEMT 器件结构和器件工艺与 AlGaN 基 HEMT 器件结构和器件工艺兼容，但目前 AlGaN 基 HEMT 器件性能主要是受材料结构和材料质量的限制，而不是受器件结构和器件工艺的限制，因此高质量 AlGaN 沟道异质结的生长尤为关键。图 3.11 为 AlGaN 沟道异质结示意图[19]。

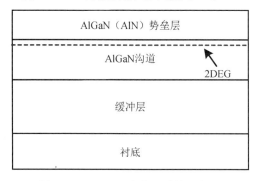

图 3.11　AlGaN 沟道异质结示意图

对于Ⅲ族氮化物材料，影响其体电子低场迁移率的主要因素是掺杂浓度和温度，而2DEG主要位于异质结界面附近的窄带隙材料中，因此其受到的散射机制与体电子的明显不同。由于氮化物异质结是利用2DEG作为导电沟道，因此为了提高其2DEG的迁移率，首先需要减少背景杂质来降低背景电离杂质对电子散射作用，故沟道层通常为非故意掺杂材料；其次为了降低界面粗糙度散射，制备异质结时需要改善异质结的界面突变性与均匀性；最后需要通过结构优化减少2DEG向势垒层的扩散，以降低合金无序散射。2DEG的迁移率不仅与材料的掺杂和工作温度有关，还与2DEG的面密度、异质结的结构参数和界面质量等有关。为了能够对AlGaN沟道异质结中的2DEG迁移率有更清晰的认识，本节采用Jena的2DEG迁移率模型[20]计算材料应变、势垒层Al组分、沟道层Al组分和合金材料无序性对AlGaN/AlGaN异质结的2DEG迁移率的影响，并重点分析AlGaN合金和超晶格AlGaN作为沟道层时异质结的2DEG迁移率的异同。

氮化物异质结中2DEG的主要散射机制有：纵声学声子散射(dp)、压电散射(pe)、极性光学声子散射(pol)、势垒合金无序散射(allb)、沟道合金无序散射(allc)、界面粗糙度散射(ifr)、调制掺杂远程散射(md)和位错散射(dis)等。由于在氮化物HEMT器件中通常没有故意掺杂，因此只考虑调制掺杂远程散射以外的几种散射机制。计算中，令势垒层Al组分始终比沟道层高出25%，势垒层厚度均为20 nm，并且认为AlGaN势垒层处于完全应变状态。这里对不同应变状态(无应变状态和全应变状态)的AlGaN沟道层、缓冲层和不同的基底材料(GaN和AlN)分别进行计算。

图3.12为计算得到的无应变和全应变状态AlGaN/合金AlGaN异质结的

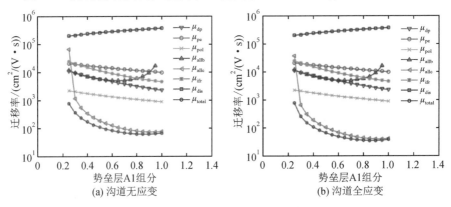

(a) 沟道无应变　　　　　　　　　　(b) 沟道全应变

图3.12　迁移率随势垒层Al组分的变化曲线

2DEG 各种散射机制对应的电子迁移率和总电子迁移率随势垒层 Al 组分的变化曲线。结果表明，沟道层应变状态主要影响晶格常数和 2DEG 密度，从而影响 2DEG 的迁移率。其中，沟道层和势垒层的合金无序散射与晶格常数相关，所以合金无序散射会受到沟道应变状态的影响。另外，位错散射以外的散射机制均与 2DEG 浓度相关，所以它们也都受到沟道应变状态的影响，但沟道应变状态对这些散射机制的影响较小，此外它们各自的电子迁移率都远高于沟道合金无序散射和极性光学声子散射的电子迁移率，所以它们对总电子迁移率的影响也较小。综上所述，沟道层应变状态对 AlGaN/AlGaN 合金异质结的 2DEG 迁移率有影响，但是影响较小。

图 3.13 给出了超晶格 AlGaN 沟道异质结的 2DEG 各种散射机制对应的电子迁移率和总电子迁移率随着势垒层 Al 组分的变化曲线。结果显示，超晶格 AlGaN 沟道异质结的 2DEG 迁移率更高，这主要是超晶格 AlGaN 沟道层较弱的合金无序散射导致的，所以其主要通过降低沟道层的合金无序散射来提高 2DEG 的迁移率。

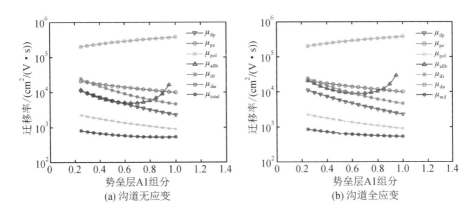

(a) 沟道无应变　　　　　　(b) 沟道全应变

图 3.13　迁移率随势垒层 Al 组分的变化曲线

综上所述，用超晶格 AlGaN 材料替代传统的合金 AlGaN 材料，并作为沟道层应用于 HEMT 器件中，可以明显提高沟道的 2DEG 迁移率。图 3.14 给出了合金 AlGaN 和超晶格 AlGaN 沟道 HEMT 的器件结构示意图。合金 AlGaN 沟道 HEMT 器件从顶到底由 2 nm 厚的 GaN 帽层、12.5 nm 厚的 $Al_{0.35}Ga_{0.65}N$ 势垒层、2 nm 厚的 AlN 界面插入层、200 nm 厚的 $Al_{0.10}Ga_{0.90}N$ 沟道层、500 nm 厚的渐变组分 AlGaN 缓冲层和 1 μm 厚的 GaN 缓冲层构成。超晶格 AlGaN 沟道与 AlGaN 合金沟道唯一区别就是，前者利用 80 nm 厚的超晶格 $Al_{0.10}Ga_{0.90}N$/120nm 厚的 $Al_{0.10}Ga_{0.90}N$ 合金代替了后者中的 200 nm 厚的

$Al_{0.10}Ga_{0.90}N$ 合金来作为 HEMT 器件的沟道层。其中超晶格 AlGaN 的单周期厚度为 4.2 nm。两种器件的异质结材料均采用 LP-MOCVD 法生长获得。室温霍尔效应测试显示 $Al_{0.35}Ga_{0.65}N$/超晶格 $Al_{0.10}Ga_{0.90}N$ 异质结材料的方块电阻为 979 $\Omega/\square$，沟道 2DEG 面密度为 7.9×10^{12} cm^{-2}，并且霍尔电子迁移率高达 1179 $cm^2/(V \cdot s)$。该电子迁移率是已报道过的 AlGaN 沟道 HEMT 中的最高结果。相比而言，具有相同 Al 组分的 AlGaN 合金沟道样品的方块电阻为 1159 $\Omega/\square$，电子面密度为 6.1×10^{12} cm^{-2}，霍尔电子迁移率为 807 $cm^2/(V \cdot s)$。由此可见，通过引入超晶格 AlGaN 结构代替合金 AlGaN 作为沟道层，可以明显提高异质结的电子迁移率。

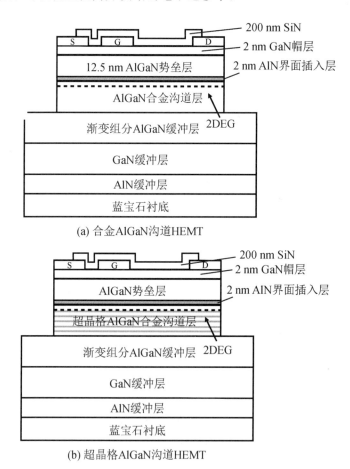

图 3.14　HEMT 器件的结构示意图

3.3.2　InGaN 沟道异质结

为满足大功率电子器件的制备要求，需要进一步提升氮化物异质结的电流承载能力，即提高异质结中 2DEG 浓度。增大沟道中 2DEG 浓度的常用方法是提高势垒层中 Al 的组分，从而增大极化强度。然而，高 Al 组分势垒层与 GaN 沟道层之间的晶格失配较大，易产生位错造成材料质量下降，同时晶格中过大的应力作用会降低器件的可靠性。此外，常规 AlGaN/GaN 异质结沟道的载流子限域性较差，2DEG 容易越过势垒扩散进入势垒层和缓冲层从而形成自由电子，进而在器件内部产生台面泄漏电流和热损耗，这会对器件的输出效率、关断特性造成不利的影响。

采用 InGaN 合金材料代替常规 GaN 作为异质结的沟道层具有非常优越的理论优势。首先，InGaN 材料拥有比 GaN 更小的电子有效质量，其体材料中的自由电子拥有更高的迁移率、饱和漂移速率和极限漂移速率，因此 InGaN 沟道异质结在提升 2DEG 的迁移率方面具有一定优势。其次，当禁带宽度较窄的 InGaN 作为插入型沟道生长在势垒层和缓冲层之间时，能够与势垒层形成更大的能带带阶，进而构成更深的势阱来存储 2DEG。最后，GaN 缓冲层天然形成 InGaN 沟道的背势垒结构，可显著提升 2DEG 的限域性，增大 2DEG 面密度。这种增大 2DEG 面密度的方法不会迫使电子过于靠近势垒层和沟道层界面，且不会对 2DEG 迁移率造成不利的影响。

1999 年，日本 NTT 基础实验室的 Maeda 等人在研究 AlGaN 背势垒的同时，首次将 In 组分为 6% 的 InGaN 作为沟道层，提出了 AlGaN/InGaN/AlGaN 双异质结的结构。在 77 K 的测试温度下，InGaN 沟道异质结的 2DEG 迁移率和面密度均优于常规 GaN 沟道异质结的[21]。

2006 年，中国科学院半导体研究所的 Ran 等人成功制备了国内首个 InGaN 沟道 HEMT 器件，在栅长为 $0.8~\mu m$ 的条件下，器件输出的最大电流密度和峰值跨导分别为 435 mA/mm 和 136 mS/mm，f_T 和 f_{max} 分别为 5.8 GHz 和 17 GHz[22]。

2012 年，美国高平公司的 Laboutin 等人制备了 InAlGaN/InGaN HEMT 器件，并提出了提升器件输运特性的方法，即提高 InGaN 沟道的生长温度同时降低沟道的生长速率。Laboutin 报道的异质结室温下的迁移率为 1290 $cm^2/(V \cdot s)$，刷新了当时 InGaN 沟道异质结的记录[23]。

2013 年，美国圣母大学的 Wang 等人将 50 nm 小尺寸 T 形栅工艺运用到 InGaN 沟道 HEMT 制备中，该器件输出的最大电流密度和峰值跨导分别为 2.0 A/mm 和 690 mS/mm，f_T 和 f_{max} 分别为 260 GHz 和 220 GHz，这一结果充分体现了 InGaN 沟道异质结在制备微波功率器件方面的巨大潜力[24]。

图 3.15 为基于蓝宝石衬底的 AlGaN/InGaN 异质结的结构示意图。图 3.16 为 AlGaN/InGaN 异质结的 C-V 测试结果，测试选用汞探针作为肖特基接触，接触面积为 600 μm^2，测试频率为 100 kHz。AlGaN/InGaN 异质结具有非常出色的电容耗尽特性。在外加电压下降至 −3.5 V 时，电容呈现非常陡峭的耗尽台阶，并且在 −3.6 V 时实现完全耗尽。根据 C-V 曲线提取的异质结载

Al$_{0.35}$Ga$_{0.65}$N势垒层
AlN界面插入层
In$_{0.05}$Ga$_{0.95}$N沟道层
GaN 缓冲层
AlN成核层
蓝宝石衬底

图 3.15　基于蓝宝石衬底的 AlGaN/InGaN 异质结的结构示意图

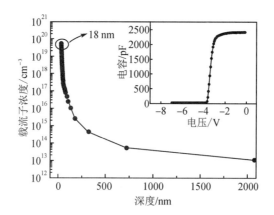

图 3.16　AlGaN/InGaN 异质结的 C-V 测试结果

流子浓度随深度的变化情况可以看出在距离表面 18 nm 处出现浓度峰值，对应 16 nm 厚的 AlGaN 势垒层以及 2 nm 厚的 AlN 界面插入层。载流子浓度峰值为 7.0×10^{19} cm^{-3}。此外，载流子浓度随着深度的增大呈现陡峭的下降趋势，这表明 AlGaN/InGaN 异质结 2DEG 具有出色的限域性。

InGaN 沟道异质结的变温霍尔测试结果如图 3.17 所示。在 77～570 K 的测试温度区间内，AlGaN/InGaN 异质结中 2DEG 面密度稳定保持在 1.30×10^{13} cm^{-2}，始终优于 AlGaN/GaN 异质结的结果。在 77～350 K 的较低测试温度下，AlGaN/InGaN 异质结中载流子迁移率低于 AlGaN/GaN 异质结的，这主要是因为 InGaN 沟道中的载流子受到来自 InGaN 三元合金的合金无序散射的影响，而 GaN 沟道中载流子不受这一部分散射机制的影响。随着测试温度的升高，两种异质结的载流子迁移率均呈现减小的趋势，并且 AlGaN/GaN 异质结中的下降速率快于 AlGaN/InGaN 异质结的。产生这一现象的原因是沟道中载流子在高温环境下获得更高的能量，加剧其在纵向即第三维度上的运动能力，导致 GaN 沟道中载流子限域性较差，从而削弱了其横向输运能力，而 InGaN 沟道中载流子限域性强，所受影响较小。当测试温度超过 360 K 时，AlGaN/InGaN 异质结具有更高的载流子迁移率，表明其在高温环境下的电学输运特性更为优越。由于电子器件一旦处于工作状态，必定会产生热量而导致器件整体温度升高，因此异质结在高温环境下的特性以及可靠性更为重要。变温霍尔测试结果显示 AlGaN/InGaN 异质结在高温环境下拥有比常规 AlGaN/GaN 异质结更为优越的特性，表明 InGaN 沟道异质结在制备电子器件方面具有一定优势。

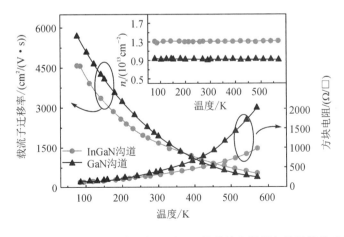

图 3.17　AlGaN/InGaN 和 AlGaN/GaN 异质结变温霍尔输运特性对比

图 3.18 为 2 英寸蓝宝石衬底上 AlGaN/InGaN 异质结外延片的方块电阻分布图。样品整体方块电阻最大值和最小值分别约为 296 Ω/□ 和 289 Ω/□，方块电阻的平均值和非均匀性约为 291.9 Ω/□ 和 0.91%。

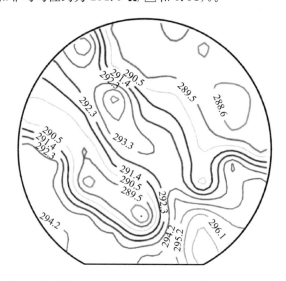

图 3.18　2 英寸蓝宝石衬底上 AlGaN/InGaN 异质结外延片的方块电阻分布图

3.4　强极化异质结

3.4.1　高 Al 组分 AlGaN/GaN 异质结

AlGaN/GaN HEMT 器件在高频大功率方面的应用很有前景，这是因为其具有宽禁带、高电子迁移率、高击穿场强、强的极化。为了不断提高 HEMT 器件的频率，缩小栅长是必要手段，但是当栅长缩小到 100 nm 以下时，常规 AlGaN/GaN（AlGaN 势垒层厚度为 20 nm 以上）异质结就会出现短沟道效应，即出现阈值电压随漏压偏移严重、沟道夹不断等现象。缩小势垒层厚度（通常栅长/势垒层厚度大于 10）是短栅长器件抑制短沟道效应的必备措施。对于 AlGaN/GaN 异质结，势垒层厚度缩小，要想维持较高的 2DEG 面密度，必须相应地提高势垒层 Al 组分，因此，高 Al 组分薄势垒层的 AlGaN/GaN 异质结是高频率 GaN 基器件研究的重要课题。

在生长高 Al 组分薄势垒层的 AlGaN/GaN 异质结的过程中，随着势垒层中 Al 组分增加，异质结材料的表面形貌会恶化，2DEG 迁移率会随着 2DEG

面密度的增加而下降，异质结的电学特性会退化。为了解决这些问题，在 AlGaN/GaN 异质结中引入了比较薄的 AlN 界面插入层，可在 Al 组分不必过度增加的情况下，实现较高的 2DEG 面密度。AlN 界面插入层的引入还可以有效地改善 2DEG 迁移率随 2DEG 面密度增加而下降的问题。在 AlGaN 势垒层上生长一层薄的 GaN，可以很好地改善高 Al 组分异质结的表面形貌。

　　表 3.2 示出了高 Al 组分薄势垒层和常规结构的 AlGaN/GaN 异质结的结构参数。其中，样品 A1 不含 GaN 帽层和 AlN 界面插入层，AlGaN 势垒层的 Al 组分为 55%，厚度为 11 nm。样品 A2 和 A3 含 GaN 帽层和 AlN 界面插入层，GaN 帽层厚度分别为 1 nm 和 2 nm，界面插入层厚度同为 1 nm。样品 A2 的 AlGaN 势垒层的 Al 组分为 60%，厚度为 11 nm，样品 A3 的 AlGaN 势垒层的 Al 组分为 65%，厚度为 8 nm。为了分析高 Al 组分薄势垒异质结材料与常规结构异质结的特性差异，这里采用了两个常规 AlGaN/GaN 异质结样品进行对比，样品编号分别为 S1 和 S2，势垒层中 Al 组分均为 35.6%，而势垒层厚度分别为 20 nm 和 12.5 nm。

表 3.2 　高 Al 组分 AlGaN/GaN 异质结的结构参数

编号	势垒层结构	生长条件说明
A1	AlGaN 势垒层	11 nm AlGaN 层（55%Al 组分）
	GaN 帽层	1 nm GaN 帽层
A2	AlGaN 势垒层	11 nm AlGaN 势垒层（60%Al 组分）
	AlN 界面插入层	1 nm AlN 界面插入层
	GaN 帽层	2 nm GaN 帽层
A3	AlGaN 势垒层	8 nm AlGaN 势垒层（65%Al 组分）
	AlN 界面插入层	1 nm AlN 界面插入层
	GaN 帽层	1 nm GaN 帽层
S1	AlGaN 势垒层	20 nm AlGaN 势垒层（35.6%Al 组分
	AlN 界面插入层	1 nm AlN 界面插入层
	GaN 帽层	1 nm GaN 帽层
S2	AlGaN 势垒层	12.5 nm AlGaN 势垒层（35.6%Al 组分）
	AlN 界面插入层	1 nm AlN 界面插入层

图 3.19 为样品（002）面 HRXRD（2θ-ω）测试曲线，对于样品 S1，其 AlGaN 势垒层较厚，衍射的强度比较强，能够分辨 AlGaN 衍射峰。通过峰位可以计算出其势垒层的 Al 组分为 33.5%，这和设计的 35.6% 基本相似。而对于样品 A2，由于其 AlGaN 势垒层比较薄，仅为 11 nm 左右，衍射的强度较弱，因此未能分辨 AlGaN 衍射峰。样品 A1 和 A2 计算的 Al 组分分别为 55.2% 和 57.3%，和生长设计的 Al 组分基本一致。而样品 A3 的 GaN 帽层对 AlGaN 势垒层产生了较大影响，其拟合出的 Al 组分与设计结果存在一定偏差。

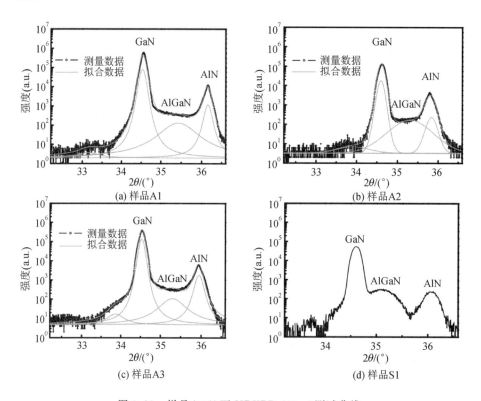

图 3.19　样品（002）面 HRXRD（2θ-ω）测试曲线

确定 AlGaN/GaN 异质结中是否存在 2DEG 以及判断 2DEG 的导电性是 AlGaN/GaN 异质结生长中的重要工作。通过对异质结进行 C-V 测试，不仅可以观察到 2DEG 的存在，还可以定量表征 2DEG 的导电性。图 3.20 为异质结的 C-V 测试曲线和载流子浓度分布曲线。C-V 测试曲线从左到右可以分为三个区域：第一个区域为 GaN 缓冲层电子深耗尽区，其反映 2DEG 被耗尽后 GaN 层电子被耗尽的情况；第二个区域为 2DEG 耗尽区，曲线越陡，说明

2DEG 浓度的突变性、限域性越好；第三个区域为 AlGaN/GaN 界面 2DEG 积累区，也是反向偏压耗尽情况下的 2DEG 积累平台，反映了 2DEG 的存在，平台越平，表明 2DEG 限域性越好。尽管未能在薄势垒层 AlGaN/GaN 异质结材料样品 A2(002) 面的 HRXRD(2θ-ω) 测试曲线中观察到 AlGaN 峰，但从载流子浓度分布图中可以看出二维电子气是存在的。从图 3.20(b) 可以看出，样品 A2 的载流子浓度的峰值为 1.18×10^{20} cm^{-3}，位于 12 nm 处，计算可得 2DEG 面密度为 11.56×10^{12} cm^{-2}。由于 C-V 测试对载流子有一定的耗尽作用，因此由 C-V 测试求得的 2DEG 面密度会偏低。同时，从图中可以看到从 AlGaN/GaN 界面到 GaN 层深处的载流子浓度分布，由 C-V 测试得到的 GaN 缓冲层的背景载流子浓度为 1.96×10^{14} cm^{-3}。

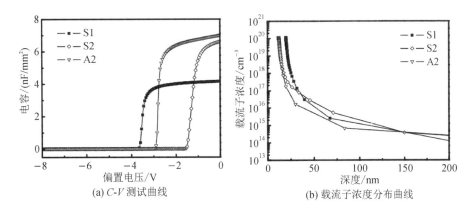

(a) C-V 测试曲线　　(b) 载流子浓度分布曲线

图 3.20　样品 C-V 测试结果

在 Al 组分相同的情况下，样品 S1 的势垒层厚度为 20 nm，而样品 S2 的势垒层厚度减少至 12.5 nm，势垒层厚度的降低减小了势垒层受到的应力，从而减小了极化诱导电荷，这就导致根据 C-V 测试计算得到的样品 S2 的 2DEG 面密度相比样品 S1 的偏低。由于耗尽电压与势垒层的厚度有关，势垒层越厚，耗尽需要的电压更大，这就可以解释样品 S2 的耗尽电压为 -1.55 V，而 S1 的耗尽电压为 -3.70 V。三个样品的耗尽电容均在 10 pF 之内，因此可以认为材料没有出现漏电。与样品 S2 相比，样品 A2 的 2DEG 面密度有了很大程度的提高，已经达到了 11.56×10^{12} cm^{-2}，势垒层中 Al 组分的增加导致了更大的导带不连续，并且势垒层的自发极化强度也有所增加，从而改善了载流子的限域性并且提高了 2DEG 的面密度和迁移率。此外，由图 3.20(a) 可以看到，样品 A2 的耗尽电压为 -3.00 V，大于样品 S2 的耗尽电压，甚至已经接近常规结构样品 S1 的耗尽电压，这是因为耗尽电压不仅与势垒层厚度有关，还与 2DEG

面密度大小有关。

表 3.3 为样品的接触霍尔效应测试结果。对于样品 S1，由于其是常规结构 AlGaN/GaN HEMT，其 2DEG 面密度为 $1.27×10^{13}$ cm^{-2}，2DEG 迁移率为 1505 cm^2/(V·s)。对比图 3.20 和表 3.3 可以发现，接触霍尔效应测试得到 2DEG 面密度大于 C-V 测试得到的 2DEG 面密度，这是因为 C-V 测试对载流子有一定的耗尽作用。与样品 S1 相比，样品 S2 的 2DEG 面密度有所下降，而 2DEG 迁移率有所增加。对于样品 A2，其 2DEG 面密度有很大程度的增加，达到 $1.53×10^{13}$ cm^{-2}，这是因为 Al 组分提高的。

表 3.3 接触霍尔效应测试结果

样品编号	2DEG 迁移率 /(cm^2/(V·s))	2DEG 面密度 /(10^{13} cm^{-2})	方阻 /(Ω/□)	面密度迁移率之积 /(10^{16}/(V·s))
S1	1505	1.27	324	1.92
S2	1668	1.14	296	1.90
A2	1130	1.53	359	1.73

势垒层和沟道层之间的晶格失配增大导致二者的极化强度差异增加，从而极大地增加了 2DEG 的面密度。然而由于界面粗糙度散射以及合金无序散射等散射机制的增强，2DEG 迁移率有较明显的降低，其值为 1130 cm^2/(V·s)。这与图 3.21 中 2DEG 面密度与 2DEG 迁移率的关系一致。

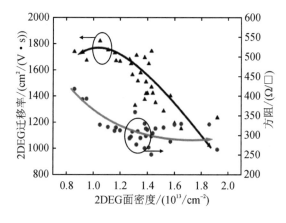

图 3.21 2DEG 面密度与迁移率、方阻的关系

3.4.2 四元合金 InAlGaN 势垒层

虽然可以通过改善 AlGaN/GaN HEMT 器件的工艺提高器件的性能,但是由于 AlGaN/GaN 异质结自身存在如晶格失配和逆压电效应等问题,因此 HEMT 器件在高压工作状态下的器件性能和可靠性受到了严重的制约。

将四元合金 InAlGaN 作为势垒层材料能够很好地解决 AlGaN 势垒层的问题。相比于 AlGaN 势垒层,InAlGaN 势垒层的优势主要体现在以下三个方面。

第一,能够与 GaN 缓冲层实现晶格匹配。对于四元合金 $In_xAl_yGa_{(1-x-y)}N$,当势垒层中 Al/In 组分比为 4.56 时,可与 GaN 实现晶格匹配[25-26]。

第二,通过调节势垒层相关元素的组分能够对其禁带宽度和晶格常数进行调节,且两者互不影响。因此,四元合金 InAlGaN 势垒层为异质结的设计提供了更大的自由度。如图 3.22 所示,沿着图中的 ab 方向,通过能带工程能够使四元合金 InAlGaN 和 GaN 沟道层达到晶格常数匹配的同时改变四元合金 InAlGaN 的禁带宽度,其具有大约 2 eV 的调整区间;沿着 bc 方向,能够在保持势垒层禁带宽度不变的情况下,改变势垒层材料的面内晶格常数,从而改变势垒层的应变状态,这为应变工程的实现提供了便利。

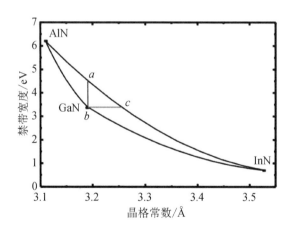

图 3.22 四元合金 InAlGaN 晶格常数和禁带宽度随组分的变化

第三,具有与 GaN 沟道更为接近的热膨胀系数,从而提高器件在高温工作时的可靠性。InAlGaN/GaN 异质结理论上具有比 InAlN/GaN 异质结更高的 2DEG 迁移率。利用四元合金 InAlGaN 势垒层在能带工程和应变工程中的优势,能够为 GaN 基异质结的设计提供更多的选择,从而进一步提升器件的

性能。

1992 年，Matsuoka 等人首次在蓝宝石衬底上制备了四元合金 InAlGaN，但是该 InAlGaN 是多晶的，没有观察到与之相应的带边光致发光峰[27]。

2003 年，Guo 等人通过 MOCVD 技术在 850℃ 的高温下同样得到了 InAlGaN 多量子阱结构，基于此结构的深紫外 LED 的发光波长为 375 nm 且单一性较好[28]。

2007 年，Ryu 等人采用脉冲金属有机物化学气相沉积(PMOCVD)法在蓝宝石衬底上制备了高质量的 InAlGaN 合金材料，分析了 In 组分对材料光学性质的影响机制。通过 X 射线衍射(XRD)和光致发光谱(PL)分别对材料的结构和光学性质进行了分析。结果表明，通过在 AlGaN 层中掺入 In，能够有效降低 InAlGaN 势垒层和 GaN 缓冲层之间的晶格失配，从而降低光致发光衰减时间[29]。

2011 年，Ryu 等人用 InAlGaN 代替 GaN 作为 InAlGaN/InGaN 异质结 LED 的势垒层。结果表明，在相同的注入电流下(100mA)，与 GaN/InGaN 异质结 LED 相比，InAlGaN/InGaN 异质结 LED 的输出功率提高了 15.9%[30]。

InAlGaN/GaN 异质结的 SIMS 测试结果如图 3.23 所示。在 16 nm 处，各原子的组分出现了明显变化，势垒层的厚度约为 16 nm。四元合金 InAlGaN 势垒层中，In 原子、Al 原子和 Ga 原子的组分分别为 12%、53% 和 35%，Al/In 比为 4.4，这表明此时的 InAlGaN/GaN 异质结近似达到晶格匹配。

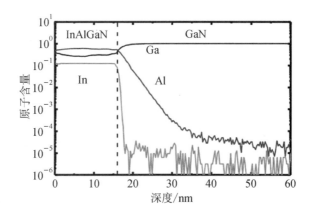

图 3.23 近晶格匹配 InAlGaN/GaN 异质结 SIMS 测得组分随深度变化曲线

InAlGaN/GaN 异质结(002)面的 XRD (2θ-ω)测试结果如图 3.24 所示。图中主要包括三个衍射峰，分别对应 GaN 缓冲层、AlN 成核层和四元合金 InAlGaN

势垒层，且没有其他的衍射峰，这表明 InAlGaN 势垒层中没有出现相分离。

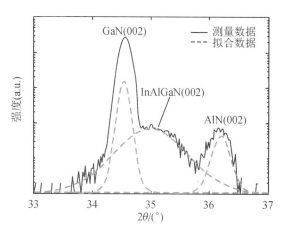

图 3.24 　近晶格匹配 InAlGaN/GaN 异质结(002)面的 XRD（$2\theta\text{-}\omega$）测试结果

　　InAlGaN/GaN 异质结的表面形貌如图 3.25 所示。图 3.25(a)为 5 μm×5 μm 表面的 AFM 测试结果。从图中能够看到，异质结的表面光滑且表面起伏较小，表面均方根粗糙度为 0.32 nm。异质结表面的台阶状形貌表明势垒层的生长趋于二维生长模式。图 3.25(b)为 InAlGaN/GaN 异质结的 SEM 测试结果。从图中可以看出，样品表面的 V 形六方坑的尺寸很小，且密度很低，这表明晶格匹配的 InAlGaN/GaN 异质结具有较好的表面形貌。

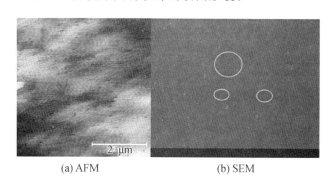

(a) AFM 　　　　　　　　　　(b) SEM

图 3.25 　近晶格匹配 InAlGaN/GaN 异质结的表面形貌测试结果

　　晶格匹配的 InAlGaN/GaN 异质结的 C-V 测试结果如图 3.26 所示。最大载流子浓度出现在 18 nm 处，达到了 10^{19} cm^{-3}，这与 SIMS 结果基本一致。从图 3.26(b)中可以看出，C-V 曲线较为陡峭，这说明该异质结具有良好的界面特性。异质结的电学特性由室温霍尔效应测试得到，其 2DEG 的面密度为

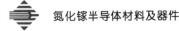

1.43×10^{13} cm^{-2}，2DEG 的迁移率为 1668 cm^2/(V·s)，方块电阻为 262 Ω/□。异质结的电学特性更具上述测试结果，该近晶格匹配的 InAlGaN/GaN 异质结不仅具有良好的表面形貌，其电学特性也较为优异。

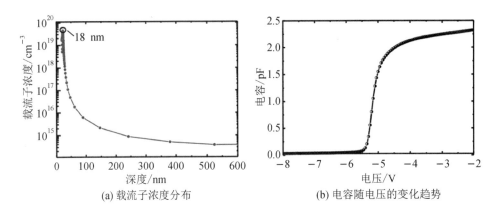

(a) 载流子浓度分布　　　　　(b) 电容随电压的变化趋势

图 3.26　近晶格匹配 InAlGaN/GaN 异质结的 *C-V* 测试曲线

3.5　热增强的超薄 GaN 沟道异质结

3.5.1　基于 AlN 缓冲层制备异质结的优势

传统的 AlGaN/GaN 异质结 HEMT 具有一定的局限性。首先，由于非故意掺杂的 GaN 材料具有较高的 N 型背景载流子浓度，因此传统 HEMT 器件存在一定的关态泄漏电流，这会导致器件的工作效率有所降低[31-35]。为解决这一问题，Fe 掺杂和 C 掺杂被广泛用于 AlGaN/GaN 异质结的生长过程中，以期获得高阻缓冲层材料来尽量避免漏电带来的负面影响[36]。但是在较高的工作温度下，所掺杂质会造成一定的负寄生效应。其次，传统 AlGaN/GaN 异质结 HEMT 器件的击穿瓶颈问题与高输出功率需求的问题有待解决。此外，由于 AlGaN/GaN 异质结 HEMT 器件的结温通常会高于 150℃[37-39]，因此传统 AlGaN/GaN 异质结 HEMT 器件在高温下电学性能的严重退化问题亟待解决。目前迫切需要开发出一种新的异质结来突破目前氮化物 HEMT 器件的性能极限，并且使其不断逼近理论性能极限。

在Ⅲ族氮化物中，AlN 具有较大的禁带宽度（6.2 eV）与较高的热导率

（3.3 W/(cm・K)）。与其他Ⅲ族氮化物相比，其有望取代常规 AlGaN/GaN 异质结中的高阻 GaN 缓冲层。有研究表明使用 AlN 缓冲层的 HEMT 器件具有一定的可行性且其材料与器件的结果表明该结构较为优越[40-43]。

　　然而，目前国际上在 AlN 缓冲层上生长 AlGaN/GaN 异质结 HEMT 均使用较厚的 GaN 沟道层，这会造成额外的热损耗，且在有些报道中需要将 MOCVD 技术与 PVD 技术相结合来进行材料的生长。这些致使 AlN 缓冲层的优势无法完全展现出来。此外，目前国际上缺乏在 AlN 缓冲层上生长薄 GaN 材料的生长机理研究。因此基于 AlN 缓冲层的超薄 AlGaN/GaN 热增强异质结的外延材料生长研究对于未来大功率器件的发展有一定的指导意义。

　　由于 SiC 的热导率（4.9 W/(cm・K)）显著高于 Si（1.4 W/cm・K）和蓝宝石的热导率（0.4 W/cm・K），在 SiC 衬底上生长的 AlGaN/超薄 GaN 沟道层/AlN 缓冲层 HEMT 结构可有效提高大功率器件在高温下的电学性能。故本节介绍的异质结均生长于 4 英寸（0001）面 4H-SiC 衬底上。

　　基于较厚的 AlN 缓冲层（厚度为 414 nm）很难获得质量良好且较薄的 GaN（厚度为 120 nm）材料。图 3.27(a) 为厚 AlN 上生长的 GaN 的 SEM 测试结果，由图可以看到 GaN 材料的表面具有很多的小岛且小岛之间的间距较大，这表明生长的 GaN 材料尚未合并成完整薄膜。图 3.27(b) 为厚 AlN 上生长的 GaN 的 AFM 测试结果，由图可以看出，GaN 材料的表面起伏很大，表面均方根粗糙度高达 34.3 nm。常规 AlGaN/GaN 异质结的 GaN 缓冲层是在较薄 AlN 成核层上生长的，其 AFM 测试结果如图 3.28 所示。由图可以看出，薄 AlN 上生长的 GaN 表面质量极高，并且出现了台阶流形貌，表面均方根粗糙度仅为 0.22 nm。

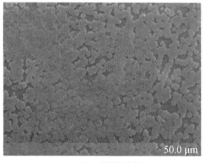
(a) SEM测试结果

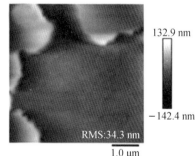
(b) AFM测试结果

图 3.27　较厚 AlN 上生长的 GaN 的 SEM 和 AFM 测试结果

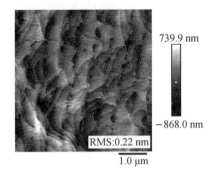

图 3.28　较薄 AlN 上生长的 GaN 的 AFM 测试结果

如图 3.29 所示，在较薄 AlN 上生长的 GaN 材料的(002)面与(102)面半高宽分别为 196 弧秒和 248 弧秒，均小于在较厚 AlN 上生长的 GaN 材料的半高宽((002)面半高宽为 295 弧秒，(102)面半高宽为 399 弧秒)。

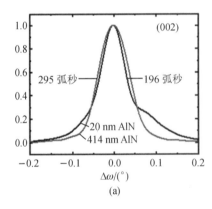

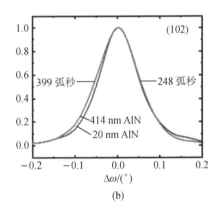

图 3.29　较薄 AlN 与较厚 AlN 上生长的 GaN 的(002)面和(102)面 XRC 曲线

尽管在较薄和较厚 AlN 上生长的 GaN 的结晶质量相差无几，但是表面形貌存在明显差异，这表明在较厚 AlN 上进行 GaN 材料的生长有一定的难度，因此对 AlN 缓冲层上生长 GaN 材料的成膜模型的研究十分关键。

3.5.2　基于 AlN 缓冲层的 GaN 成膜模型

尽管 GaN 和 AlN 之间的晶格失配较小，仅为 2.47%，但当在具有不同厚度的 AlN 上使用不同 Ga 源流量进行 GaN 薄膜的生长时，成膜点存在显著的差异。这里提出了一种全新的在 SiC 衬底、AlN 缓冲层上生长 GaN 薄膜的生长模型。

如图 3.30 所示，当在超薄 AlN 缓冲层上生长 GaN 时，AlN 缓冲层表面的起伏处和位错的交叉点可以作为 GaN 的成核位点。此外，MMGa 和 MMGa·NH3是高温下反应室中的主要气体种类。图 3.30(a)示出了超薄 AlN 缓冲层上 GaN 薄膜的生长模式。由图可以看出，超薄 AlN 缓冲层上的 AlN 成核岛密度非常高，这为后续吸附至表面的 MMGa 提供了足量的、合适的晶格点，这些晶格点将用作 GaN 的成核位点。P. Waltereit 等人提出，SiC 衬底上 GaN 的生长模式不仅由上下两种材料之间的晶格失配决定，而且与生长时 Ga 在表面的润湿性有关。因此当 AlN 层的厚度较薄时，GaN 的生长仍然会受到 SiC 衬底的影响，GaN 生长时较差的润湿性会导致 MMGa 和 MMGa·NH3的迁移率较低，这两种反应物很容易吸附在高密度 AlN 岛的成核位点上，导致表面形成大量的 GaN 3D 岛。由于 3D 岛之间的距离较近，GaN 3D 岛可以快速合并，因此 GaN 薄膜的生长呈现出积极的成核和合并行为，其先遵循岛状生长模式，然后转变为层状生长模式进行后续的生长。

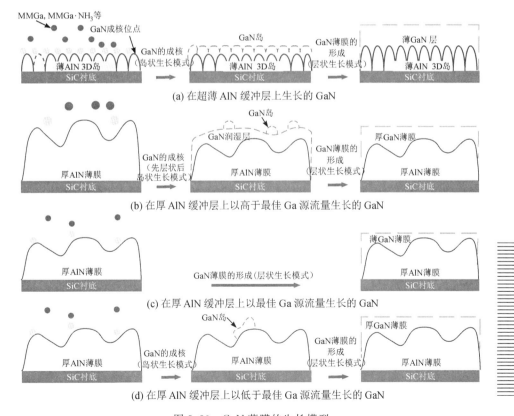

图 3.30　GaN 薄膜的生长模型

图 3.30(b)示出了在厚 AlN 缓冲层上生长 GaN 的生长模型。由图可以看出，该情况下的 AlN 成核岛的密度非常低，且每个岛的面积较大，其在高 Ga 源流量下无法为到达晶圆表面的 MMGa 和 MMGa·NH₃ 提供充足的成核位点，因此无法满足较薄 GaN 薄膜的成核需求。此外，由于 AlN 缓冲层较厚，SiC 衬底对 GaN 生长的影响被大大削弱，甚至可以忽略，因此 GaN 生长的润湿性大幅提高，即 MMGa 和 MMGa·NH₃ 在表面的迁移率大幅提高。DFT 计算表明，MMGa 的吸附能远小于 NH₃ 的吸附能，并且 MMGa 在各吸附位点的吸附能差异很小。在高 Ga 源流量下，MMGa 更易在表面迁移，而不是吸附在具有适宜能量的成核位点上。由于高 Ga 源流量下 Ga 的平衡分压大于其饱和蒸气压，因此会存在两相生长和析出的趋势，并且反应物会更难找到合适的晶格点从而并入晶格内。这会导致 GaN 薄膜的初始生长过程中形成润湿层和 3D 岛，GaN 的成核和合并行为相对消极。因此 GaN 薄膜首先会遵循先层状后岛状生长模式，然后转变为层状生长模式。图 3.30(c)示出了在与图 3.30(b)所示的厚 AlN 缓冲层上使用最佳 Ga 源流量生长的 GaN 薄膜的生长模型。与采用更高的 Ga 源流量相比，在最佳 Ga 源流量下厚 AlN 缓冲层可以为 GaN 的生长提供充足的成核位点。到达表面的 MMGa 和 MMGa·NH3 仅会填充成核位点，并进一步分解而并入晶格。当外延分子 MMGa 和 MMGa·NH3 扩散到反应表面时，其在具有适宜能量的晶格点处有更长的扩散和成核时间，从而改善了 GaN 消极的成核和合并行为，增加了沉积原子的迁移率和扩散长度，提高了材料的横向生长速率，并使外延薄膜倾向于以层状生长模式进行生长。在降低 Ga 源流量后，GaN 的成膜速度明显加快。

Ga 源流量与 AlN 表面的成核位点存在最佳匹配值。在使用最佳 Ga 源流量时，AlN 所提供的成核位点可以满足超薄 GaN 的成核和成膜需求。换句话说，GaN 的成核和合并行为存在着阈值。如图 3.30(d)所示，如果在低于该最佳 Ga 源流量的条件下继续降低 GaN 的生长速率，MMGa 和 MMGa·NH3 的扩散速率将得到进一步的提高。吸附原子会聚集在相同的成核位点而并非对表面所有的成核位点依次进行填充，这就导致 GaN 积极的成核和合并行为有所下降。GaN 薄膜首先会以岛状生长模式进行生长，然后以层状生长模式生长。当进一步降低 Ga 源流量时，GaN 的成膜速度会明显减慢。

GaN 内部的位错和残余应力与其生长模式有关。图 3.31 为在不同厚度 AlN 缓冲层上以及在厚 AlN 缓冲层上使用不同 Ga 源流量生长的 GaN 的半高宽与拉曼测试结果。所有样品的 GaN 厚度均为 120 nm。对于生长在超薄 AlN 上的 GaN(样品 B2)，由于 GaN 的成核和合并行为(如图 3.30(a)所示)很积极，因此从 AlN 缓冲层中延伸出的穿透位错会随着 GaN 岛之间的合并而逐渐消失，从而提高了 GaN 薄膜的晶体质量。此外，大量 GaN 岛合并产生的张应力会抵消掉一部分 GaN 薄膜中由下方 AlN 施加的压应力，因此，样品 B2 中的残余应力较低。当以高 Ga 源流量在厚 AlN 缓冲层上生长时（样品 B3），GaN 会表现出消极的成核和合并行为（如图 3.30（b）所示）。GaN 的生长过程会首先遵循先层状后岛状生长模式，然后转变为层状生长模式。润湿层的形成和岛合并的减少导致位错湮灭和应力释放能力减弱。因此，样品 B3 的半高宽与残余应力均大于样品 B2 的。当 Ga 源流量降低至更合适的范围时（样品 B5），GaN 的成核和合并行为重新变得积极，如图 3.30（c）所示。在这种情况下，GaN 以层状生长模式生长成膜。GaN 的二维生长会降低位错湮灭的概率，并抑制残余应力的释放。因此，样品 B5 的半高宽和残余应力均大于样品 B3。当 Ga 源流量进一步降低时（样品 B6），GaN 的成核和合并行为又会变得消极（如图 3.30（d）所示），GaN 的生长会首先遵循岛状生长模式，然后转变为层状生长模式。岛状模式下 GaN 的 3D 生长增加了位错湮灭的概率，同时，岛合并的增加降低了 GaN 薄膜的残余应力，因此，样品 B6 的半高宽和残余应力均小于样品 B5 的。

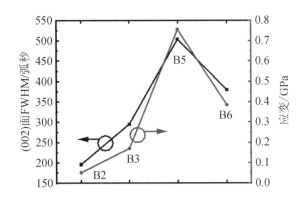

图 3.31　不同样品生长的 120 nm GaN 的 XRC 和拉曼测试结果

3.5.3　热增强 AlN 缓冲层异质结的特性

热增强 AlN 缓冲层异质结由 AlGaN、120 nm 厚的超薄 GaN 沟道、414 nm 厚的 AlN 组成。该结构 GaN(002)面和(102)面的 XRC 半高宽分别为 386 弧秒与 486 弧秒。图 3.32（a）为该异质结(004)面 $2\theta\text{-}\omega$ 扫描结果，S-L 拟合结果表明势垒层的 Al 组分为 28.17%。如图 3.32（b）所示，该异质结的表面质量较为优异，展现出了明显的台阶流形貌，表面均方根粗糙度仅为 0.45 nm。

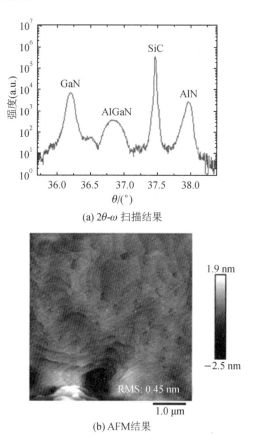

(a) $2\theta\text{-}\omega$ 扫描结果

(b) AFM结果

图 3.32　热增强异质结(004)面 $2\theta\text{-}\omega$ 扫描结果及 AFM 结果

对于 Al 组分为 28.13 ％的常规 AlGaN/GaN 异质结, 其缓冲层由 200 nm 厚的高阻 GaN(Fe 掺杂)和 1 μm 厚的非故意掺杂 GaN 构成, AlN 界面插入层、AlGaN 势垒层和 GaN 帽层与热增强 AlN 缓冲层异质结的一致。常规 AlGaN/GaN 异质结与热增强 AlN 缓冲层异质结的室温霍尔效应测试结果如表 3.4 所示。热增强 AlN 缓冲层异质结中心点的 2DEG 迁移率、面密度和方块电阻值分别为 1778 cm^2/(V・s)、1.282×10^{13} cm^{-2} 和 280 Ω/□。由表可以看出热增强 AlN 缓冲层异质结的 2DEG 面密度均略高于常规 AlGaN/GaN 异质结的, 而 2DEG 迁移率与方块电阻则略低于常规 AlGaN/GaN 异质结的。这是由于热增强 AlN 缓冲层异质结中超薄的 GaN 沟道/AlN 结构改善了异质结的 2DEG 限域性, 使得沟道中有更多的 2DEG 参与霍尔效应测试, 导致热增强 AlN 缓冲层异质结的面密度相对较高。相较于常规 AlGaN/GaN 异质结, 热增强 AlN 缓冲层异质结中超薄 GaN 沟道仅为 120 nm 厚, 位于沟道上表面的

2DEG 距离下方的 AlN 更近，这增加了界面粗糙度散射，从而降低了热增强 AlN 缓冲层异质结的迁移率。

表 3.4　两种异质结的室温霍尔测试数据

测试点位置	方块电阻/(Ω/□)		2DEG 迁移率 /(cm²/(V·s))		2DEG 面密度 /(10¹³ cm⁻²)	
	常规 AlGaN/GaN 异质结	热增强 AlN 缓冲层异质结	常规 AlGaN/GaN 异质结	热增强 AlN 缓冲层异质结	常规 AlGaN/GaN 异质结	热增强 AlN 缓冲层异质结
上表面	292	282	1859	1813	1.206	1.263
左侧点	294	287	1831	1786	1.212	1.274
中心点	290	280	1844	1778	1.220	1.282
右侧点	293	284	1848	1802	1.208	1.279
下表面	294	286	1819	1773	1.218	1.277

两种异质结的 2DEG 面密度在异质结内的分布不是很均匀，中心点的值要略高于边缘。这是由于薄膜生长使用了行星式 MOCVD 反应设备，在生长过程中气体流速和温度等因素存在差异，从而导致材料结晶质量不均匀。此外，2DEG 的面密度与 AlGaN 势垒层的 Al 组分、GaN 沟道中的缺陷密度等因素有关。当 AlGaN 势垒层的 Al 组分有所增加时，AlGaN 势垒层和 GaN 沟道层之间的压电极化差异更大，从而增加了 2DEG 面密度。沿着位错线的悬挂键可以作为电子陷阱吸引 GaN 沟道中的电子，从而降低 2DEG 面密度。因此 AlGaN 势垒层中较高的 Al 组分和 GaN 沟道中较低的缺陷密度将导致该区域内的载流子面密度偏高。如表 3.5 所示，热增强 AlN 缓冲层异质结的结晶质量具有不均匀性。中心点处较高的 Al 组分导致中心点处 2DEG 面密度略高于边缘。

表 3.5　2DEG 面密度、势垒层 Al 组分及 GaN XRC 半高宽

测试点位置	2DEG 面密度/(10¹³ cm⁻²)	势垒层 Al 组分	XRC 半高宽/弧秒	
			(002)面	(102)面
中心	1.282	28.19 %	391	503
边缘	1.274	28.17 %	386	486

图 3.33 为常规 AlGaN/GaN 异质结与热增强 AlN 缓冲层异质结的 C-V 测试结果。如图 3.33 中的插图所示，两种异质结的 C-V 曲线都显示出平坦且

平直的 2DEG 积累区。*C-V* 曲线的左侧区域对应异质结的深耗尽区。在该区域中，2DEG 被较大的负偏压所耗尽，两种异质结在该区域的电容几乎没有差异。由 *C-V* 测试结果计算出的载流子浓度结果表明，热增强 AlN 缓冲层异质结的缓冲层背景载流子浓度比常规 AlGaN/GaN 异质结的低一半，这意味着 AlN 缓冲层可以有效抑制缓冲层漏电[43]。

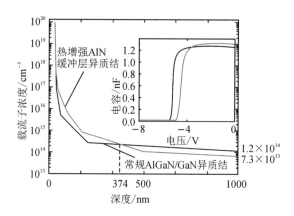

图 3.33　常规 AlGaN/GaN 异质结和热增强 AlN 缓冲层异质结 HEMT 的
　　　　C-V 曲线和载流子浓度

　　值得注意的是，AlN 缓冲层上的超薄 GaN 沟道所具有的良好表面形貌以及后续 AlGaN/GaN 异质结所展现出的优异电学特性令人鼓舞。随着高质量超薄 GaN 层厚度的进一步减小，超薄 GaN/AlN 缓冲层结构可以用于产生二维空穴气，从而更好地实现 P 型 HEMT 器件。

参 考 文 献

［1］　MAEDA N, SAITOH T, TSUBAKI K, et al. Enhanced effect of polarization on electron transport properties in AlGaN/GaN double-heterostructure field-effect transistors［J］. Applied Physics Letters, 2000, 76(21): 3118 - 3120.

［2］　WU Y F, SAXLER A, MOORE M, et al. 30 W/mm GaN HEMTs by field plate optimization［J］. IEEE Electron Device Letters, 2004, 25(3): 117 - 119.

［3］　WANG C X, TSUBAKI K, KOBAYASHI N, et al. Electron transport properties in AlGaN/InGaN/GaN double heterostructures grown by metalorganic vapor phase epitaxy［J］. Applied Physics Letters, 2004, 84(13): 2313 - 2315.

［4］　JIE L, YUGANG Z, JIA Z, et al. AlGaN/GaN/InGaN/GaN DH-HEMTs with an

InGaN notch for enhanced carrier confinement[J]. IEEE Electron Device Letters, 2006, 27(1): 10 - 12.

[5]　YU H, LISESIVDIN S B, BOLUKBAS B, et al. Improvement of breakdown characteristics in AlGaN/GaN/Al$_x$Ga$_{1-x}$N HEMT based on a grading Al$_x$Ga$_{1-x}$N buffer layer[J]. Physica Status Solidi A, 2010, 207(11): 2593 - 2596.

[6]　ZERVOS M, KOSTOPOULOS A, CONSTANTINIDIS G, et al. The pinch-off behaviour and charge distribution in AlGaN-GaN-AlGaN-GaN double heterostructure field effect transistors[J]. Physica Status Solidi A, 2001, 188(1): 259 - 262.

[7]　PALACIOS T, RAJAN S, CHAKRABORTY A, et al. Influence of the dynamic access resistance in the g_m and f_T linearity of AlGaN/GaN HEMTs[J]. IEEE Transactions on Electron Devices, 2005, 52(10): 2117 - 2123.

[8]　ZHON Y G, GAI Y, LAU K M, et al. DC and RF Characteristics of AlGaN/GaN/InGaN/GaN Double-Heterojunction HEMTs[J]. IEEE Transactions on Electron Devices, 2007, 54(1): 2 - 10.

[9]　BAHAT-TREIDEL E, HILT O, BRUNNER F, et al. Punchthrough-voltage enhancement of AlGaN/GaN HEMTs using AlGaN double-heterojunction confinement[J]. IEEE Transactions on Electron Devices, 2008, 55(12): 3354 - 3359.

[10]　MADAN H, SARIPALLI V, LIU H, et al. Asymmetric tunnel field-effect transistors as frequency multipliers[J]. IEEE Electron Device Letters, 2012, 33(11): 1547 - 1549.

[11]　RAMANAN N, MISRA V. Multivalued logic using a novel multichannel GaN MOS Structure[J]. IEEE Electron Device Letters, 2011, 32(10): 1379 - 1381.

[12]　WANG L, CHEN X, HU W, et al. The plasmonic resonant absorption in GaN double-channel high electron mobility transistors[J]. Applied Physics Letters, 2011, 99(6): 63502.

[13]　FAN Z F, LU C Z, BOTCHKAREV A E, et al. AlGaN/GaN double heterostructure channel modulation doped field effect transistors (MODFETs)[J]. Electronics Letters, 1997, 33(9): 814 - 815.

[14]　HEIKMAN S, KELLER S, GREEN D S, et al. High conductivity modulation doped AlGaN/GaN multiple channel heterostructures[J]. Journal of Applied Physics, 2003, 94(8): 5321 - 5325.

[15]　JHA S K, SURYA C, CHEN K J, et al. Low-frequency noise properties of double channel AlGaN/GaN HEMTs[J]. Solid-State Electronics, 2008, 52(5): 606 - 611.

[16]　付小凡. 双沟道 AlGaN/GaN 异质结材料与器件研究[D]. 西安:西安电子科技大学, 2011.

[17] 张忠芬. AlGaN/GaN 异质结的变温电学特性[D]. 西安：西安电子科技大学，2010.

[18] 鲁明. 三沟道 AlGaN/GaN 异质结材料与器件研究[D]. 西安：西安电子科技大学，2013.

[19] 肖明. Ⅲ族氮化物高质量外延材料及其新型功率器件研究[D]. 西安电子科技大学，2018.

[20] JENA D. Polarization induced electron populations in Ⅲ-Ⅴ nitride semiconductors：Transport，growth，and device applications[D]. University of California Santa Babara，2003.

[21] MAEDA N, SAITOH T, TSUBAKI K，et al. Enhanced electron mobility in AlGaN/InGaN/AlGaN double-heterostructures by piezoelectric effect[J]. Japanese Journal of Applied Physics，1999，38(7B)：L799 - L801.

[22] RAN J, WANG X, HU G，et al. Characteristics of InGaN channel HEMTs grown by MOCVD[C]. 8th International Conference on Solid-State and Integrated Circuit Technology Proceedings，Shanghai，2006：929 - 931.

[23] LABOUTIN O, CAO Y, JOHNSON W，et al. InGaN channel high electron mobility transistor structures grown by metal organic chemical vapor deposition[J]. Applied Physics Letters，2012，100(12)：121909.

[24] WANG R, LI G, KARBASIAN G，et al. InGaN channel high-electron-mobility transistors with InAlGaN barrier and f_T/f_{max} of 260/220 GHz[J]. Applied Physics Express，2013，6(1)：16503.

[25] LIM T, AIDAM R, WALTEREIT P，et al. GaN-based submicrometer HEMTs with lattice-matched InAlGaN barrier grown by MBE[J]. IEEE Electron Device Letters，2010，31(7)：671 - 673.

[26] KETTENISS N, KHOSHROO L R, EICKELKAMP M，et al. Study on quaternary AlInGaN/GaN HFETs grown on sapphire substrates[J]. Semiconductor Science and Technology，2010，25(7)：75013.

[27] MATSUOKA T, YOSHIMOTO N, SASAKI T，et al. Wide-gap semiconductor InGaN and InGaAln grown by MOVPE[J]. Journal of Electronic Materials，1992，21(2)：157 - 163.

[28] GUO S P, POPHRISTIC M, PERES B，et al. Quaternary InAlGaN-based multi-quantum wells for ultraviolet light emitting diodes grown by metalorganic chemical vapor deposition[J]. Journal of Crystal Growth，2003，252(4)：486 - 492.

[29] RYU M, SONG J H, CHEN C Q，et al. Indium incorporation effects on luminescence mechanisms in quaternary AlInGaN layers[J]. Solid State Communications，2007，

142(10)：569 – 572.

[30]　RYU M, CHEN C Q, KIM J S, et al. Optical characterization of quaternary AlInGaN epilayer and multiple quantum wells grown by a pulsed metalorganic chemical vapor deposition[J]. Current Applied Physics, 2011, 11(2)：231 – 235.

[31]　CHUNG J W, ROBERTS J C, PINER E L, et al. Effect of Gate Leakage in the Subthreshold Characteristics of AlGaN/GaN HEMTs[J]. IEEE Electron Device Letters, 2008, 29(11)：1196 – 1198.

[32]　TURUVEKERE S, KARUMURI N, RAHMAN A A, et al. Gate leakage mechanisms in AlGaN/GaN and AlInN/GaN HEMTs：Comparison and modeling [J]. IEEE Transactions on Electron Devices, 2013, 60(10)：3157 – 3165.

[33]　ZHANG Y, SUN M, WONG H, et al. Origin and Control of OFF-State Leakage Current in GaN-on-Si Vertical Diodes[J]. IEEE Transactions on Electron Devices, 2015, 62(7)：2155 – 2161.

[34]　WEIFENG Z, SEIYON K, JIAN Z, et al. Thermally stable Ge/Ag/Ni Ohmic contact for InAlAs/InGaAs/InP HEMTs[J]. IEEE Electron Device Letters, 2006, 27(1)：4 – 6.

[35]　ZHOU C H, JIANG Q M, HUANG S, et al. Vertical leakage/breakdown mechanisms in AlGaN/GaN-on-Si structures[J]. IEEE Electron Device Letters 2012, 33(8)：11132 – 1134.

[36]　IKEDA N, TAMURA R, KOKAWA T, et al. Over 1.7 kV normally-off GaN hybrid MOS-HFETs with a lower on-resistance on a Si substrate[C]. proceeding of the 23rd International Symposium on Power Semiconductor Derices & IC'S. San Diego CA, 2011：284 – 287.

[37]　LEE J W, WEBB K J. A temperature-dependent nonlinear analytic model for AlGaN-GaNHEMTs on SiC[J]. IEEE Transactions on Microwave Theory and Techniques, 2004, 52(1)：2 – 9.

[38]　VITANOV S, PALANKOVSKI V, MAROLDT S, et al. High-temperature modeling of AlGaN/GaN HEMTs[J]. Solid-State Electronics, 2010, 54(10)：1105 – 1112.

[39]　HUQUE M A, ELIZA S A, RAHMAN T, et al. Temperature dependent analytical model for current-voltage characteristics of AlGaN/GaN power HEMT[J]. Solid-State Electronics, 2009, 53(3)：341 – 348.

[40]　ARULKUMARAN S, EGAWA T, MATSUI S, et al. Enhancement of breakdown voltage by AlN buffer layer thickness in AlGaN/GaN high-electron-mobility transistors on 4 in. diameter silicon[J]. Applied Physics Letters, 2005, 86(12)：123503.

[41]　TOKUDA H, HATANO M, YAFUNE N, et al. High Al composition AlGaN-

channel high-electron-mobility transistor on AlN substrate [J]. Applied Physics Express, 2010, 3(12): 121003.

[42] HICKMAN A, CHAUDHURI R, BADER S J, et al. High breakdown voltage in RF AlN/GaN/AlN quantum well HEMTs[J]. IEEE Electron Device Letters, 2019, 40(8): 1293 - 1296.

[43] MURUGAPANDIYAN P, MOHANBABU A, LAKSHMI V R, et al. Performance analysis of HfO_2/InAlN/AlN/GaN HEMT with AlN buffer layer for high power microwave applications [J]. Journal of Science: Advanced Materials and Devices, 2020, 5(2): 192 - 198.

第 4 章
氮化物材料的测试表征技术

氮化物材料现如今已大规模应用于光电器件领域和电子器件领域。不同于硅和砷化镓，氮化物材料的制备目前主要依靠异质外延工艺，该工艺伴随的晶格失配和热失配问题影响了氮化物材料的晶体质量，导致其位错密度在 $10^8\ \mathrm{cm}^{-2}$ 数量级以上。如此高密度的缺陷会显著影响载流子的迁移率，并引入非辐射复合中心进而影响光电器件的发光效率。为全面评估氮化物材料的整体性能，需要对其进行系统的测试表征，这是材料研究过程中的重要环节。只有经过一系列系统、精确的测试表征，人们才能掌握材料的性质。此外，测试表征结果也可以给工艺设计和优化指明方向，通过调整外延工艺参数，来优化外延材料的晶体质量，并最终提升器件性能。因此，材料的测试表征是获得高质量氮化物薄膜的重要保证。本章主要介绍目前氮化物中常用的测试表征技术的基本原理，并列举一些实例进行说明，主要涉及结晶学、光学、电学、力学、形貌学等的相关技术。

4.1　霍尔效应测试

电学性质是半导体最重要的性质之一，对氮化物的电学性质进行测试非常重要。霍尔效应是电磁效应之一，该效应由美国物理学家霍尔于 1879 年在研究金属导电机制的工作中发现，后来在半导体领域得到了大规模的应用。在霍尔效应发现约 100 年后，德国物理学家冯·克利青在研究处于极低温度和强磁场中的半导体时发现了整数量子霍尔效应，这是当代凝聚态物理学重要的进展之一，冯·克利青因此获得 1985 年的诺贝尔物理学奖。在整数量子霍尔效应的基础上，美籍华裔物理学家崔琦和美国物理学家劳克林、施特默在更强的磁场下发现了分数量子霍尔效应，这一发现使人类对量子现象的认识更进一步了，二人也因此共同获得了 1998 年的诺贝尔物理学奖。此后，由清华大学薛其坤院士领衔的团队在实验中观测到了量子反常霍尔效应，这又是有关霍尔效应的一项重要的发现。

霍尔效应(Hall Effect)测试的基本原理是在磁场下对半导体材料进行伏安特性测试，确定半导体材料的电阻率和霍尔系数，进而计算半导体材料的掺杂浓度和载流子迁移率。霍尔效应测试技术日益复杂多样，出现了室温霍尔、变温霍尔、高场霍尔、微分霍尔效应测试等。

根据霍尔系数的正负可以判断半导体材料的导电类型；由霍尔系数与温度的关系，可以计算半导体材料中载流子浓度；依据载流子浓度同温度的关系，能够确定半导体材料的禁带宽度和杂质电离能；通过霍尔系数和电阻率的联合测试，能够确定半导体材料中载流子的迁移率；由微分霍尔效应可测纵向载流子浓度分布；由低温霍尔效应测试可以确定杂质补偿度。由此可见，霍尔效应在半导体理论的发展中起着至关重要的作用[1-2]。

4.1.1 霍尔效应和霍尔系数

如图 4.1 所示，若在一块长条形 P 型薄层半导体样品的 x 方向（长度方向）上通电流 I_x、在 z 方向上施加匀强磁场，则在该样品的 y 方向上会出现横向电势差 V_H，这便是霍尔效应。V_H 称为霍尔电压，其值与电流和磁场有关。

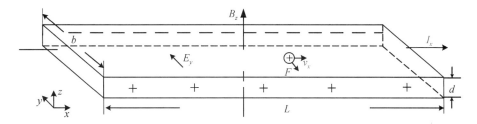

图 4.1 P 型半导体样品霍尔效应测试原理图

依据电磁场理论，电场强度 E_y 与流经样品的电流密度 J_x 和所施加的磁场强度 B_z 的乘积成正比，表示如下

$$E_y = R_H J_x B_z \tag{4-1}$$

式中，比例系数 R_H 称为霍尔系数，它反映了电场强度、磁场和电流密度之间的关系。

下面详细讨论霍尔效应的产生原因并推导霍尔系数的计算公式。为了简化运算，假定待测样品为 P 型半导体标准长条形样品，长、宽、厚分别记为 L、b、d，掺杂浓度为 p，空穴以漂移速度 v_x 沿 x 方向运动并形成电流 I_x。在垂直于样品表面的方向上施加磁场，则运动中的载流子在磁场的作用下会受到磁场洛伦兹力的作用，可以表示为

$$F = q v_x B_z \tag{4-2}$$

式中 q 为单个电子和单个空穴的电荷量。洛伦兹力指向 $-y$ 方向，即载流子受到一个向 $-y$ 方向的力。在该力的作用下，漂移运动中的空穴将向 $-y$ 方向偏转，直至样品边缘，在样品的边缘处形成空穴积累，从而产生了 $+y$ 方向的电场，这个电场称为霍尔电场。当霍尔电场对空穴的电场力与洛伦兹力平衡时，达到稳态。此时有

$$q E_y = q v_x B_z \tag{4-3}$$

也就是

$$E_y = v_x B_z \tag{4-4}$$

若施加的磁场为匀强磁场，则样品前后两侧面间会产生均匀的电势差，其值为

$$V_H = E_y b = v_x b B_z \qquad (4-5)$$

而 x 方向的电流密度为

$$J_x = q p v_x \qquad (4-6)$$

x 方向的电流为

$$I_x = J_x b d = q p v_x b d \qquad (4-7)$$

整理可得

$$v_x b = \frac{I_x}{q p d} \qquad (4-8)$$

把式(4-7)代入式(4-5)中，可得霍尔电压为

$$V_H = \frac{I_x B_z}{q p d} \qquad (4-9)$$

把式(4-4)、式(4-6)代入式(4-1)，求得霍尔系数为

$$R_H = \frac{1}{q p} \qquad (4-10)$$

同理，对于 N 型半导体样品，载流子浓度为 n 时，霍尔系数可表示为

$$R_H = -\frac{1}{q n} \qquad (4-11)$$

由式(4-10)和式(4-11)可看出，霍尔系数的符号与半导体的掺杂类型有关，符号为正时说明样品是 P 型半导体，为负时说明样品是 N 型半导体。此外，式(4-10)还反映了影响霍尔系数的最核心的因素是载流子浓度，其与霍尔系数成反比。

由于电导率和迁移率有如下关系：

$$\sigma = p q \mu_p \qquad (4-12)$$

因此把(4-10)代入式(4-12)中可以得到迁移率、电导率和霍尔系数之间的关系：

$$\mu_H = |R_H| \sigma \qquad (4-13)$$

式中，μ_H 是霍尔迁移率，它的量纲与载流子迁移率相同，常采用 $cm^2/(V \cdot s)$。一旦得到霍尔系数和电导率，就可以通过式(4-13)计算载流子的迁移率。霍尔系数可以由实验测定，由式(4-9)和式(4-10)可以得出

$$R_H = \frac{V_H d}{I_x B_z} \qquad (4-14)$$

在实际研究中，根据样品的尺寸，习惯采用伏特（V）、安培（A）、厘米（cm）和高斯（Gs）等实用单位制，此时式(4-10)具有如下形式：

$$R_H = \frac{V_H d}{I_x B_z} \times 10^8 \qquad (4-15)$$

4.1.2　半导体电阻率的测试方法

　　电阻率是衡量半导体导电能力的重要参数，通过式（4-13）可知，得到电阻率或者电导率后便可计算载流子的迁移率。图 4.2 给出了样品电阻率测试原理图（对于规则的样品或不规则样品都可以进行测试）。测试在通电条件下进行，所以样品需要制备欧姆接触电极。一般对于 AlGaN/GaN 异质结，直接在样品表面点焊 In 点便可以形成比较好的欧姆接触电极，也可以通过标准欧姆接触工艺来制备电极。在样品两端的对称位置制作两对电极后，施加测试电流，便会在电极上检测到电势差，利用电压电流关系可以确定半导体材料的电阻率[3]。

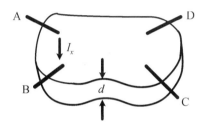

图 4.2　范德堡不规则薄片样品的电阻率测试原理图

　　对于范德堡不规则薄片样品，要求其厚度均匀且无孤立空洞。一般通过金属有机物化学气相沉积（MOCVD）等技术外延得到的薄膜均匀性都很好，能够满足测试要求。在样品四周制作四个欧姆接触电极，记为 A、B、C、D，当在相邻 A、B 电极间通测试电流 I_{AB} 时，在 C、D 电极间检测到电势差 V_{CD}，在 B、C 电极间通测试电流 I_{BC} 时，在 D、A 电极间检测到电势差 V_{DA}。由这两组电压电流关系，可以确定两项电阻，关系如下：

$$R_1 = R_{AB,CD} = \frac{|V_{CD}|}{I_{AB}} \qquad (4-16)$$

$$R_2 = R_{BC,DA} = \frac{|V_{DA}|}{I_{BC}} \qquad (4-17)$$

　　根据范德堡公式的推导可以证明样品电阻率 ρ 与 R_1、R_2 间的关系为

$$\exp\left(-\frac{\pi d}{\rho}R_1\right) + \exp\left(-\frac{\pi d}{\rho}R_2\right) = 1 \qquad (4-18)$$

可以得出

$$\rho = \frac{\pi d}{\ln 2} \cdot \frac{R_1 + R_2}{2} \cdot f\left(\frac{R_1}{R_2}\right) \qquad (4-19)$$

式中 f 称为范德堡因子，它满足如下关系：

$$\cosh\left[\frac{(R_1/R_2)-1}{(R_1/R_2)+1}\cdot\frac{\ln2}{f}\right]=\frac{1}{2}e^{\ln2/f} \qquad (4-20)$$

对于一般的规则样品，R_1、R_2 相同，此时式（4-19）可以简化为

$$\rho=\frac{\pi d}{\ln2}\cdot R \qquad (4-21)$$

4.1.3　霍尔效应测试的副效应

在霍尔系数的测试中，常伴随着一些由热磁副效应、电极不对称等因素引起的附加电压，其叠加在霍尔电压 V_H 上引入了测试误差，称为副效应。副效应通常有以下几项成因：

（1）电极不对称。电极常通过点焊 In 点的方式制备，其位置难以实现完全对称，由此会产生附加电势差 V_0。在这种情况下，即使未加磁场，在 A、B 电极间也会存在一个压降。

（2）爱廷豪森效应。由于载流子的速度分布于一定区间，不同速度的载流子受到了不同的洛伦兹力，大于或小于平均速度的载流子在洛伦兹力和霍尔电场力的共同作用下，沿 y 轴方向的偏转幅度不同，其部分动能转化为热能，产生温差。该温差导致在 y 方向产生温差电动势 V_E，其值与 I_x 和 B_z 成正比，极性总是与 V_H 方向相同。

（3）里纪-勒杜克效应。当沿样品 x 方向有热流流过时，沿 y 方向出现温差，从而在 y 方向上产生电势差 V_{RL}，其极性与磁场方向有关，与电流方向无关。

（4）能斯脱效应。如果沿样品 x 方向的两个电极的接触电阻不同，电流流过时产生的焦耳热也就不同，从而造成沿 x 方向产生温差。该温差会在 y 方向上产生电势差 V_N，其极性与磁场方向有关，与电流方向无关。

在测试霍尔电压 V_H 时，上述副效应会在结果中叠加 V_0、V_E、V_{RL}、V_N 分量。可以利用各分量的极性与电流和磁场方向的关系，在测试中改变电流 I_x 和磁场强度 B_z 的方向，以此将 V_0、V_{RL} 和 V_N 的影响消除。V_E 和 V_H 的极性相同，但其值一般很小，可略去不计。若用 B^+、B^-、I^+ 和 I^- 来表示磁场和电流的正、反方向，则当对应磁场、电流的方向改变，测量结果为

$$V_1=V_H+V_E+V_N+V_{RL}+V_0 \qquad (B^+,I^+) \qquad (4-22)$$

$$V_2=-V_H-V_E+V_N+V_{RL}-V_0 \qquad (B^+,I^-) \qquad (4-23)$$

$$V_3=V_H+V_E-V_N-V_{RL}-V_0 \qquad (B^-,I^-) \qquad (4-24)$$

$$V_4=-V_H-V_E-V_N-V_{RL}+V_0 \qquad (B^-,I^+) \qquad (4-25)$$

由上面四个公式可得

$$V_{\mathrm{H}}+V_{\mathrm{E}}=\frac{V_1-V_2+V_3-V_4}{4}\approx V_{\mathrm{H}} \tag{4-26}$$

由于改变电流方向和磁场方向简单易行，因此被普遍采用以消除测试误差。对于规则均匀的样品，副效应的影响较小，一般情况下四个测试误差叠加到一起对霍尔电压的影响也不会太大。

4.2　拉曼散射测试

拉曼散射(Raman)能够提供有关物体晶格振动的信息，可以非破坏性地反映所测材料的物质组成、晶体质量、应力大小、自由载流子浓度等参数。晶体中的缺陷和应力会导致拉曼峰的位置发生偏移、峰的形状变宽且不对称。GaN材料常通过异质外延制备，其缺陷种类复杂。对于 GaN 基半导体材料，拉曼散射是一种非常重要的测试表征手段[4]。

4.2.1　拉曼散射的基础理论

半导体的光学性质是一类非常重要的物理性质，可以提供关于半导体的晶体结构、能带结构、电子行为等信息。因为探头与样品没有直接的接触，不会对样品产生污染或是明显破坏，因此光学测试方法已经成为半导体材料测试表征时最常用、最有效的手段之一。用一组光线照射半导体材料，一部分光子被反射，剩余的光子会透射到材料内部。这部分的光子又有一部分被材料吸收，另一部分则会发生散射。原子核由于振动而不断改变位置，电子的位置和分布总是能与原子核在新的位置所形成的势场相适应，但若有某种原因(如光的吸收)导致电子的位置和分布瞬间发生了变化，则原子核却不能很快地运动到电子在新位置或分布所形成的势场中去，所以，电子的激发态是不稳定的状态，当激励结束以后，电子会很快回到受激发之前的原子核的势场中去[5]。由此可以得出结论，当用可见光照射半导体材料时，原子核的相对运动不会受到干扰，但是电子就会受到光的激发而产生振荡，从而产生光的辐射，也就是光的散射。

半导体材料对光的散射过程需要两类光子参与，对应于光子的湮灭和光子的产生[5]。由激发源提供的光子被材料所吸收，然后材料再发射出新的光子。材料吸收光的能量后，电子会被激发到更高的能量状态。如果电子随后又回到原来的状态，而原子核的运动不受任何的影响，散射出来的光子的能量大小与入射光的完全相同，这就是瑞利散射；若受激发的电子和原子核产生了相互作用，并且电子和原子核进行能量交换，则电子的末态与初始的状态处于不同能级，最终导致散射出的光子能量与入射光的不同，该过程称为拉曼散射。

在拉曼散射中，散射光的能量大于入射光的情况称作反斯托克斯散射，也就是散射光获得了更多的能量；反之则称作斯托克斯散射。光子能量入射和出射前后的变化也可以看作电子和原子核的相互作用，且通过光的散射形式显现出来了。入射光和散射光之间的对比，可以反映材料内部的相关信息。对于频率为 ω_i，波矢为 k_i 的入射光，其一阶拉曼散射光的频率 ω_s 和波矢 k_s 满足

$$\omega_s = \omega_i \pm \omega \tag{4-27}$$

$$k_s = k_i \pm q \tag{4-28}$$

其中 ω 和 q 分别对应于晶格振动光学模的频率和波矢，式(4-27)和(4-28)分别表明了拉曼散射应满足的能量守恒和动量守恒定律，取负号对应斯托克斯散射，相当于材料吸收入射光并获取能量，所以散射光与入射光相比，频率减小，能量降低；取正号对应反斯托克斯散射，相当于材料提供的一个振动量子与入射的光量子相加，所以散射光与入射光相比，频率增加。

4.2.2 纤锌矿结构 GaN 的拉曼散射

衡量拉曼散射的物理量是波数(cm^{-1})，即波长的倒数，可理解为一厘米内所含的波周数目。常采用可见光作为拉曼测试的激发光源，其波数在 $10^5 \ cm^{-1}$ 量级。散射过程满足动量守恒，因此散射前后光子波数的改变量远小于布里渊区大小，只有布里渊区中心(Γ 点)附近的光学声子才能参与散射。所以，由拉曼散射测定的晶格振动光谱仅有布里渊区中心附近很小一部分区域内的声子。发生拉曼散射的根本原因是电子极化程度被晶格振动所调制，导致光的频率发生改变，因此要研究晶体的拉曼光谱，就需要研究该晶体按照对称性不同所具有的晶格振动模。

虽然氮化物可以形成闪锌矿结构，但目前主要应用的氮化物均为稳定的纤锌矿结构，因此这里只对纤锌矿结构的 GaN 进行讨论。纤锌矿结构属于六方晶系，按波矢群的不可约表示进行对称性分类[6]，纤锌矿结构属于空间点群 C_{6v}^4，其中 C_6 是指纤锌矿晶体有一条 6 次旋转轴，是单轴晶体，下标 v 表示除旋转轴外还有竖直镜面存在，上标 4 对应纤锌矿晶体的原胞中含有 4 个原子。

根据群论，在 Γ 点，即波矢 $k \approx 0$ 处，晶格振动按照对称性可以分为 $2A_1 +$

$2E_1 + 2B_1 + 2E_2$，即纤锌矿结构 GaN 具有八个理论上的声子振动模。其中的一个 A_1 模和一个 E_1 模为声学模，在这两种模式下，晶胞中的所有原子的运动方向相同。在其余的六个理论光学模里，两个 B_1 模没有拉曼活性，因此只需要讨论具有拉曼活性的四个模：$A_1 + E_1 + 2E_2$。这几种振动模的原子振动方向分别如图 4.3 所示[7]

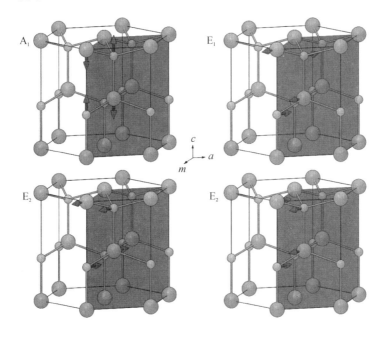

图 4.3　纤锌矿结构 GaN 拉曼活性声子模

　　从图 4.3 中可以看出，纤锌矿结构的 GaN 在 A_1 和 E_1 振动模式下，晶胞中的正、负电荷中心不重合，相当于产生了电偶极子，因此 A_1 和 E_1 都是极性模。在极性模下，晶胞中正、负电荷中心不重合，于是就会产生极化电场。在该极化电场作用下纵波的恢复力增加，从而提高了纵波的频率；而对于横波来说，电场方向与波矢 k 垂直，不会增加横波的恢复力。因此，纵波的频率 ω_{LO} 总比横波的频率 ω_{TO} 高，横波和纵波的差异导致极性模 A_1 和 E_1 分别分裂为 $A_1(LO)$、$A_1(TO)$ 和 $E_1(LO)$、$E_1(TO)$ 四个模式。A_1 和 E_1 的区别在于极化方向不同。A_1 振动方向平行于 c 晶轴方向，而纤锌矿结构的 GaN 极化方向同样沿着 c 轴，因此其处于非简并状态。E_1 的振动垂直于 c 轴，与极化方向垂直，其具有双重简并特性。从图 4.3 中可以看出，两个 E_2 振动模都是非极性模，晶胞中的正、负电荷中心没有发生偏移。根据晶格振动时原子的不同位移情况，可分为以原子的拉伸和压缩为主的 E_2(high) 模和以原子的剪切运动为主的

E_2(low)模，显然 E_2(high)模的恢复力更大，因此 E_2(high)模比 E_2(low)模具有更高的振动频率。

纤锌矿结构 GaN 基材料的各声子模的频率如表 4.1 所示，表中给出的数据来自对异质外延片的测量结果，由于晶格失配和热失配，其拉曼频率会受到残余应力的影响[8-10]。残余应力的大小与外延工艺相关，比如在 Si 衬底上外延的 GaN 薄膜一般受到张应力，而在蓝宝石衬底上外延的 GaN 薄膜则一般受到压应力。一般来讲，随着外延厚度的增加，应力会逐渐释放，当薄膜的厚度约超过 10 μm，残余应力的影响较小。例如在实用场景中，HEMT 器件的外延层多数在 500～3000 nm 之间，其所受应力在拉曼峰位上仍有明显体现。

表 4.1 异质外延 AlN、GaN 和 InN 的声子频率[8-10]

声子振动模式	声子频率/cm^{-1}		
	AlN	GaN	InN
E_2(low)	248.6	144.0	87.0
A_1(TO)	611.0	531.8	447.0
E_1(TO)	670.8	558.8	476.0
E_2(high)	657.4	567.6	488.0
A_1(LO)	890.0	734.0	586.0
E_1(LO)	912.0	741.0	593.0

4.2.3 纤锌矿结构 GaN 的 LOPP 耦合模

拉曼散射在一定程度上体现了电子极化率被调制的结果。对于前文介绍的极性模，除原子位移受影响外，另一个影响机制是电光效应[11]。半导体材料具有多种电子激发，其中的自由电荷，即等离子激元会引入纵向电场，而纵光学声子的电场也为纵向，这两个纵向电场会发生耦合作用，从而产生 LOPP 耦合模(LO Phonon-Plasmon-Coupled Mode)。

由极性声子模产生的电偶极子会对材料的介电函数 $\varepsilon(\omega)$ 产生显著影响。此时的介电函数 $\varepsilon(\omega)$ 由等离子激元和声子这两个因素共同决定，可以表示为[12]

$$\varepsilon(\omega) = \varepsilon_{\infty}\left[1 + \frac{\omega_{LO}^2 - \omega_{TO}^2}{\omega_{TO}^2 - \omega^2 - i\omega\Gamma} - \frac{\omega_p^2}{\omega(\omega + i\gamma)}\right] \qquad (4-29)$$

式中：ε_{∞} 是高频介电常数(频率远大于声子或等离子激元，但是比带隙能量所对应的频率要低)；γ 为等离子阻尼常数；Γ 为声子阻尼常数；ω 为测试得到的拉曼散射频率；ω_{LO} 和 ω_{TO} 对应未与等离子激元发生耦合时的纵波声子频率和横波声子频率；ω_p 则是等离子激元的频率，可表示为

$$\omega_p = \left(\frac{4\pi n e^2}{\varepsilon_\infty m^*} \right)^{1/2} \qquad (4-30)$$

式中，n 是自由电子浓度，m^* 是电子的有效质量。

由于整个体系中没有新增的外来电荷，因此满足高斯方程：

$$\nabla \cdot \boldsymbol{D} = 0 \qquad (4-31)$$

由此可知波矢、电场和介电函数满足如下关系式：

$$(\boldsymbol{k} \cdot \boldsymbol{E}) \varepsilon(\omega) = 0 \qquad (4-32)$$

其中 $\boldsymbol{k}$ 是波矢，$\boldsymbol{E}$ 是电场。

对于横波，波矢方向与电场方向垂直，显然有

$$(\boldsymbol{k} \cdot \boldsymbol{E}) = 0 \qquad (4-33)$$

这也是横波不和等离子激元发生耦合的原因。

对于纵波，显然有

$$(\boldsymbol{k} \cdot \boldsymbol{E}) \neq 0 \qquad (4-34)$$

则根据式(4-33)可以得到

$$\varepsilon(\omega) = 0 \qquad (4-35)$$

由此可知，为得到频率 ω 和自由载流子浓度 n 之间的关系，只需要求解式(4-35)。为简化计算过程，这里不考虑阻尼作用，因而分母中的阻尼项可以忽略掉[13]，式(4-35)可化简为

$$\varepsilon(\omega) = \varepsilon_\infty \left[1 + \frac{\omega_{LO}^2 - \omega_{TO}^2}{\omega_{TO}^2 - \omega^2} - \frac{\omega_p^2}{\omega^2} \right] = 0 \qquad (4-36)$$

通过求解上述方程可得

$$\omega_\pm^2 = \frac{(\omega_{LO}^2 + \omega_p^2)}{2} \pm \frac{\sqrt{(\omega_p^2 - \omega_{TO}^2)^2 + 4\omega_p^2(\omega_{LO}^2 - \omega_p^2)}}{2} \qquad (4-37)$$

由式(4-37)可以看出，LOPP 耦合模包含了两个分支：高频支 L^+ 和低频支 L^-。

尽管忽略了分母中的阻尼项，上述理论模型仍和实际测量结果符合得很好。高频支 L^+ 和低频支 L^- 的频率都可用于计算自由载流子的浓度。虽然 $A_1(LO)$ 的 LOPP 耦合模含有高频支 L^+ 和低频支 L^-，但在纤锌矿 GaN 外延材料中一般只能观测到 LOPP 耦合模的高频支 L^+，这是因为等离子激元发生了过阻尼，这与半导体材料 SiC[14] 和 GaP[15] 中的情况类似。在这些半导体材料中，

LOPP 耦合模的低频支由于展宽效应而很难被观测到。对于等离子激元不发生过阻尼的情况，LOPP 耦合模的两个分支就有可能均被观测到。例如，在自支撑 GaN 单晶中就同时观测到了 520 cm^{-1} 频率处 LOPP 模的高频支 L$^+$，以及 2700 cm^{-1} 频率附近的低频支 L^{-}[16]。

若已知 L$^+$ 相对于没有发生耦合的纵波声子模的频移 $\Delta\omega$(cm^{-1})，则可通过经验公式对载流子的浓度 n 进行近似估算(浓度范围不超过 1×10^{19} cm^{-3})[17]：

$$n = 1.1\times10^{17}\Delta\omega^{0.764} \tag{4-38}$$

随着掺杂浓度的增加，A$_1$(LO)模的拉曼峰会向高频方向移动，峰发生展宽，且强度变弱。这种峰的形状变化表明 A$_1$(LO)声子振动模和等离子激元之间发生了耦合效应。为了根据拉曼测试结果更加精确地计算出自由载流子浓度 n 和迁移率 μ 的值，Klein[14] 和 Irmer[15] 给出了耦合模的理论模型。拉曼散射效率包括 A 项和 B 项，A 项源于形变势和电光机制，B 项则源于电荷密度波动机制。在纤锌矿 GaN 薄膜中，形变势和电光机制占主导作用，由这两种机制决定的散射截面可表述为[18]

$$I_A = \frac{\mathrm{d}^2 S}{\mathrm{d}\omega\,\mathrm{d}\Omega}\bigg|_A = \frac{16\pi\hbar n_2}{V_0^2 n_1}\cdot\frac{\omega^4}{C^4}\left(\frac{\mathrm{d}\alpha}{\mathrm{d}E}\right)^2(n_\omega+1)A(\omega)\mathrm{Im}\left(-\frac{1}{\varepsilon}\right) \tag{4-39}$$

式中：ω 是散射光子的频率；V_0 是晶胞的体积；n_1、n_2 分别对应入射光和散射光的折射率；E 是宏观电场；α 是极化率；ε 是介电常数；n_ω 是玻色-爱因斯坦(Bose-Einstein)因子；C 是 Faust-Henry 系数[19]，其与未掺杂的晶体中纵波和横波声子带的强度比相关。

可将式(4-39)化简为[12]

$$I(\omega) = SA(\omega)\mathrm{Im}\left[\frac{-1}{\varepsilon(\omega)}\right] \tag{4-40}$$

其中：S 为一个常数；$A(\omega)$ 是干扰因子，可用如下公式表示：

$$A = 1 + 2C\frac{\omega_{\mathrm{TO}}^2}{\Delta}\left[\omega_{\mathrm{p}}^2\gamma(\omega_{\mathrm{TO}}^2-\omega^2)-\omega^2\Gamma(\omega^2+\gamma^2-\omega_{\mathrm{p}}^2)\right]+$$

$$C^2\left(\frac{\omega_{\mathrm{TO}}^4}{\Delta(\omega_{\mathrm{LO}}^2-\omega_{\mathrm{TO}}^2)}\right)\{\omega_{\mathrm{p}}^2[\gamma(\omega_{\mathrm{LO}}^2-\omega_{\mathrm{TO}}^2)+\Gamma(\omega_{\mathrm{p}}^2-2\omega^2)]+\omega^2\Gamma(\omega^2+\gamma^2)\}$$

$$\tag{4-41}$$

式中，

$$\Delta = \omega_{\mathrm{p}}^2\gamma[(\omega_{\mathrm{TO}}^2-\omega^2)^2+(\omega\Gamma)^2]+\omega^2\Gamma(\omega_{\mathrm{LO}}^2-\omega_{\mathrm{TO}}^2)(\omega^2+\gamma^2)$$

将 ω_{p}、γ 和 Γ 作为拟合参数，C 的值一般采用 0.48[12]，则可将公式和实验测得的 A$_1$(LO)拉曼峰用最小二乘法进行近似拟合。

若考虑电荷密度波动机制，拟合曲线的形状将变得十分不对称，不再和实验数据良好吻合。这也进一步说明，在六方纤锌矿结构 GaN 材料中，占主导作用的调制机制是形变势调制和电光机制调制。

拟合得出 ω_p、γ、Γ 这三个参数后，ω_p 变成已知数，根据公式 (4-30) 就可算出自由载流子浓度。A_1 对称模式下电子和晶格形变均沿着 c 轴，因此可以取 $\varepsilon_\infty = 5.35^{[20]}$，$m^* = 0.19 m_0^{[21]}$。

根据下式可以算出载流子的迁移率：

$$\gamma_H = \left(\frac{3\pi}{8}\right)\left(\frac{e}{m^* \mu_H}\right) \tag{4-42}$$

式 (4-42) 是由霍尔测试得到的阻尼常数 γ_H 与霍尔迁移率 μ_H 之间所满足的关系。由拉曼测试得到的等离子阻尼常数有时不能与霍尔测试得到的结果相符合。Irmer 等人[15]认为这可能是因为掺杂导致了纵波的声子频带展宽。

与 N 型 GaN 不同，对于掺入受主杂质 Mg 的 P 型 GaN 薄膜，其 A_1(LO) 模没有表现出 LOPP 耦合模的特性，并且随着掺杂浓度的变化，实验所测出的 A_1(LO) 拉曼峰并未表现出明显的频移或者是峰的展宽，这可能是空穴等离子激元的过阻尼造成的[22-24]。值得注意的是，当载流子浓度很低（$<10^{17}$ cm^{-3}）时，观察到的 GaN 拉曼光谱与未掺杂时的拉曼光谱基本相同。只有当载流子浓度增加到一定程度时，进一步增加载流子浓度，才会提高 L$^+$ 的频率。另外，L$^-$ 也会随着载流子浓度的增加而出现，并朝高频方向移动，且逐渐接近横波的声子频率。此时所观测到的拉曼光谱的强度和峰的形状也会随之改变，随掺杂浓度的增大，L$^+$ 模的峰值信号会变弱而且拉曼峰会发生展宽。对掺杂浓度在 $10^{17} \sim 10^{19}$ cm^{-3} 范围内的 Ⅲ-Ⅴ 族氮化物，都可用 L$^+$ 拉曼模很容易地计算出其自由载流子的浓度和迁移率。一般情况下，载流子浓度和迁移率均通过霍尔效应测试取得，而霍尔效应测试的欧姆接触电极工艺会破坏材料的表面形貌，对于部分材料，若需要降低污染以及保持材料完整性，可以尝试利用纵波的该性质来测量载流子浓度，通过拉曼光谱中测量出的 LOPP 耦合模来提取出载流子迁移率等信息。

4.2.4　拉曼散射的选择定则

斯托克斯散射的拉曼散射截面的微分可写为[25]

$$\frac{d\sigma}{d\Omega} = \frac{V_0}{\varepsilon_0 (4\pi)^2}\left(\frac{\omega_s}{C}\right)^4 \left| \boldsymbol{e}_i \cdot \frac{d\alpha}{dE} \cdot \boldsymbol{e}_s \right|^2 (n_\omega + 1)\frac{\hbar}{2\omega_V} \tag{4-43}$$

式中：V_0 为散射体积；ω_s 为散射光的频率；e_i 为入射光偏振方向的单位矢量；e_s 为散射光偏振方向的单位矢量；n_ω 为声子的玻色-爱因斯坦因子；ω_V 为分子振动模的频率；$\dfrac{d\alpha}{dE}$ 为极化率的一阶导数，也称为拉曼张量。

由式(4-43)可以看出，拉曼散射效率正比于 $|e_i(d\alpha/dE) \cdot e_s|^2$ 这一项。对于任一晶格振动模式，只有在该项不为零的情况下，其散射强度才不为零，即可以观测到对应的拉曼光谱。利用有效拉曼张量计算 $|e_i \cdot (d\alpha/dE) \cdot e_s|$ 这一项，可以计算出针对 GaN 晶体的选择定则。为简化计算，一般将纤锌矿结构 GaN 晶体的 c 轴定义为 z，c 面也是最容易进行外延的面，最为常见。垂直于 c 轴的平面内相互正交的两个方向分别定义为 x 和 y。入射光沿平行或垂直于 c 轴的方向进行传播。

以在几何配置 $z(e_i, e_s)\bar{z}$ 下为例，e_i 和 e_s 分别表示入射光和散射光的偏振方向。当入射光和散射光的偏振方向互相垂直时，则可设 $e_i = (-\sin\theta, \cos\theta, 0)$，$e_s = (\cos\theta, \sin\theta, 0)$。

E_2 声子模的散射强度：

$$S \propto \left| \begin{pmatrix} \cos\theta \\ \sin\theta \\ 0 \end{pmatrix}^T \begin{pmatrix} 0 & d & 0 \\ d & 0 & 0 \\ 0 & 0 & 0 \end{pmatrix} \begin{pmatrix} -\sin\theta \\ \cos\theta \\ 0 \end{pmatrix} \right|^2 + \left| \begin{pmatrix} \cos\theta \\ \sin\theta \\ 0 \end{pmatrix}^T \begin{pmatrix} d & 0 & 0 \\ 0 & -d & 0 \\ 0 & 0 & 0 \end{pmatrix} \begin{pmatrix} -\sin\theta \\ \cos\theta \\ 0 \end{pmatrix} \right|^2$$

$$\propto |d(\cos^2\theta - \sin^2\theta)|^2 + |d(-\cos\theta\sin\theta - \sin\theta\cos\theta)|^2$$

$$\propto |d\cos2\theta|^2 + |-d\sin2\theta|^2$$

$$\propto d^2 \tag{4-44}$$

A_1 声子模的散射强度：

$$S \propto \left| \begin{pmatrix} \cos\theta \\ \sin\theta \\ 0 \end{pmatrix}^T \begin{pmatrix} a & 0 & 0 \\ 0 & a & 0 \\ 0 & 0 & b \end{pmatrix} \begin{pmatrix} -\sin\theta \\ \cos\theta \\ 0 \end{pmatrix} \right|^2 \propto 0 \tag{4-45}$$

E_1 声子模的散射强度：

$$S \propto \left| \begin{pmatrix} \cos\theta \\ \sin\theta \\ 0 \end{pmatrix}^T \begin{pmatrix} 0 & 0 & c \\ 0 & 0 & 0 \\ c & 0 & 0 \end{pmatrix} \begin{pmatrix} -\sin\theta \\ \cos\theta \\ 0 \end{pmatrix} \right|^2 + \left| \begin{pmatrix} \cos\theta \\ \sin\theta \\ 0 \end{pmatrix}^T \begin{pmatrix} 0 & 0 & 0 \\ 0 & 0 & c \\ 0 & c & 0 \end{pmatrix} \begin{pmatrix} -\sin\theta \\ \cos\theta \\ 0 \end{pmatrix} \right|^2$$

$$\propto |0|^2 + |0|^2 = 0 \tag{4-46}$$

而当入射光与散射光的偏振方向互相平行时，则可设 $e_i = (\cos\theta, \sin\theta, 0)$，$e_s = (\cos\theta, \sin\theta, 0)$。同理得 E_2 模散射强度正比于 d^2，A_1 散射强度正比于

a^2，E_1 模散射强度为 0。

　　根据上述结果，在 $z(e_i, e_s)\bar{z}$ 的几何配置下，即入射光平行于 c 轴方向的背散射模式下，E_2 声子模被允许，此时 E_2(low)和 E_2(high)都能被观测到，而且强度大小与入射光和散射光的偏振方向无关；当入射光和散射光的偏振方向互相垂直时，A_1 声子模被禁止，只有在入射光和散射光的偏振方向互相平行时，A_1(LO)声子模才能被观测到；而无论入射光和散射光的偏振方向是互相垂直还是互相平行，E_1 声子模都被禁止。以此类推，可求出任意几何配置下的拉曼散射强度，从而得出拉曼散射的选择定则。值得注意的是，在实际的拉曼测试中，常会出现不遵守选择定则的结果，这可能是样品的外延轴向不是标准轴，或者样品未按标准轴向摆放。即便出现了不遵守选择定则的峰位，这些峰的强度一般也很低。

4.2.5　拉曼散射在纤锌矿 GaN 薄膜中的应用举例

　　下面以 HEMT 器件中常见的异质结的拉曼测试为例进行简单讨论。基于 AlGaN/GaN 异质结的 HEMT 器件基本结构如图 4.4 所示。

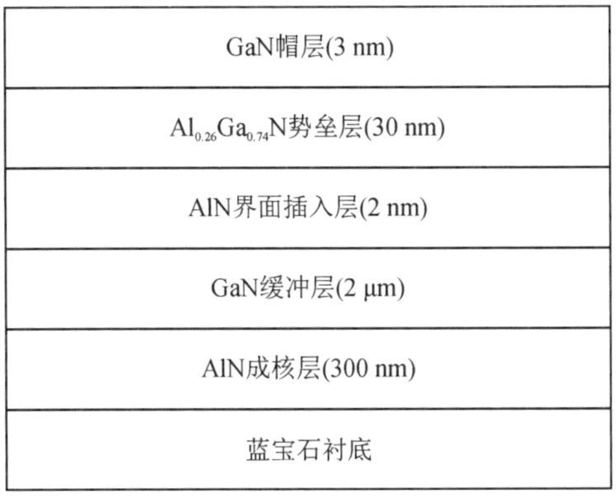

GaN帽层(3 nm)
Al$_{0.26}$Ga$_{0.74}$N势垒层(30 nm)
AlN界面插入层(2 nm)
GaN缓冲层(2 μm)
AlN成核层(300 nm)
蓝宝石衬底

图 4.4　样品的外延结构图

　　拉曼测试采用共焦 Jobin Yvon Lav Ram HR800 微型拉曼光谱仪，在室温下，选用 633 nm 激光光源，并在 $300\sim800$ cm^{-1} 的频率范围内进行测试，测试结果如图 4.5 所示。从测试结果中可以看到三个峰，分别为位于 417.83 cm^{-1} 处的蓝宝石的 E_2(high)峰、位于 571.65 cm^{-1} 处的 GaN 的 E_2(high)峰、位于 736.03 cm^{-1} 处的 GaN 的 E_1(LO)峰。其中，GaN 的 E_2(high)峰对材料晶体质量和应力状态较为敏感，同时具有较高的强度，适合用来评估材料的晶体质量和应力状态。图 4.5 中 GaN 的 E_2(high)峰与无应变的峰位(567.6 cm^{-1})相比,有轻微红移,这说明该结构中的 GaN 主要受到压应力的作用。

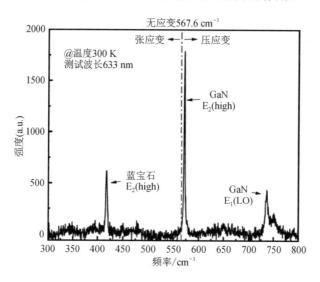

图 4.5　AlGaN/GaN 异质结基本结构的拉曼散射光谱

4.3　高分辨率 X 射线衍射技术

高分辨 X 射线衍射(High Resolution X-Ray Diffraction,HRXRD)常用于表征半导体单晶材料,通过测量由 X 光管发射的 X 射线入射在半导体材料中发生的衍射现象来确定晶体的缺陷密度、结晶完整度、弛豫状态、外延膜组分、层结构等各种参数。HRXRD 具有分辨率高、精度高、方便快捷、无须制样以及对样品无损伤等优点,是半导体单晶材料以及结构分析的最常用的测试表征手段之一。

4.3.1　XRD 基本原理

1. X 射线源

X 射线是一种电磁波,具有很强的穿透能力,可以与物质发生相互作用并被物质吸收使其强度衰减。X 射线的波长比紫外线的波长更短,范围大约在 1 pm 到 10 nm。而这个波长范围覆盖了大多数晶体的晶面间距,从波长角度来看 X 射线是最适合用于研究晶体结构的射线。

实验室中获得 X 射线的方法是使用 X 射线源，其内部具有灯丝、阳极靶，内部保持高真空环境。在高电场的作用下，灯丝产生的电子以极高的速度撞击阳极靶，电子被强制做减速运动产生 X 射线。在足够高的加速电压的作用下，电子获得很高的能量，将阳极靶材料中原子的深能级电子撞击到更高的能级上或者直接撞击到原子系外，两层电子的能量差以电磁辐射的形式发出。这种电磁辐射的波长依赖于阳极靶的原子种类，且材料种类与辐射谱有唯一的对应关系，因此，称为特征 X 射线谱。例如，铜靶对应的 X 射线波长为 0.154 056 nm。

2. X 射线衍射基本原理

X 射线的波长和晶体内部原子面之间的间距相近，晶体中的周期性原子可以作为 X 射线的空间衍射光栅，即一束 X 射线照射到晶体上时，会受到物体中原子的散射。由于原子在晶体中周期排列，各散射波之间存在固定的相位关系，会导致在某些散射方向的波相互加强，而在某些方向上相互抵消，从而出现衍射现象。

布拉格父子很早就论述了晶体中的衍射现象。如图 4.6 所示，当波长为 λ 的单色平面波入射到一个完整晶体的晶面 (hkl) 时，晶面 (hkl) 的晶面间距为 d，入射角或反射角为 θ，入射到两个相邻原子面的 X 射线的反射线束的光程差 $\Delta = BC + CD = 2BC = 2d\sin\theta$。只有当光程差 Δ 为波长的整数倍时，才会发生干涉现象，即

$$2d\sin\theta = n\lambda \tag{4-47}$$

式 (4-47) 就是布拉格方程。满足布拉格方程的入射角称为布拉格角，记作 θ_B。布拉格方程是 X 射线在晶体中产生衍射需要满足的基本条件，其反映了衍射线的入射角度和晶面间距之间的定量关系。

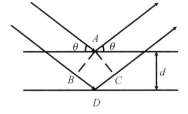

图 4.6　HRXRD 测试原理

当 X 射线照射到样品时，会在特定的方向产生较强的 X 射线衍射线。当 X 射线从不同的角度照射样品时，会在不同的晶面发生衍射，采用探测器对不同

晶面反射出来的衍射光子进行测量，可得到角度和强度关系的谱图。对于一个完整的晶体而言，晶面(hkl)由许多相同原子排列成的原子面组成，众多原子面对入射线束的反射与叠加形成了强衍射。参与衍射的晶面越多，衍射峰的强度就越大，相应衍射峰就越窄，并趋近于体单晶的本征宽度。衍射峰的摇摆曲线(Rocking Curve)是反映晶体质量最直观的表达，通常以摇摆曲线最大强度一半处的曲线宽度来衡量晶体质量的优劣，该宽度称为摇摆曲线的半高宽。

为了进一步解释衍射现象，可以引入倒易空间。正空间中的所有晶向都保留在倒易空间中，每个倒格矢的终点是倒格点，倒易点阵由一组倒格点组成。对于倒易空间的衍射来说，以 $1/\lambda$ 为半径在倒易空间中画一个经过倒易点阵原点的圆球，该球称为埃瓦尔德衍射球，晶体位于球心处。入射波矢为从埃瓦尔德衍射球心到倒易点阵原点的矢量，反射波矢为从埃瓦尔德衍射球心到倒易格点的矢量，当倒易点阵绕原点旋转时，若倒易格点正好与埃瓦尔德衍射球面相切，就会发生布拉格衍射，也就是说，只有落在球面上的倒格点才会参与衍射。

为表征异质外延生长的薄膜的质量，通常采用布拉格衍射方法进行测试，其入射线束与反射线束位于样品表面以上。图 4.7 是一个简单的 X 射线双晶衍射示意图。由 X 射线源发射出的 X 射线，在经过狭缝 S_1 和狭缝 S_2 之后变成近平行的 X 射线束，该 X 射线束照射到参考晶体(如 Si)上，且在布拉格角 θ_B 处获得某一特定波长的反射线束。线束经狭缝 S_3 限束后得到近单色平面波，并照射到样品表面，其在样品中发生晶体衍射(反射)且又产生反射线束，之后产生的反射线束被固定在样品(hkl)的 2θ 位置的探测器接收。测试过程中 X 射线的入射角 ω_{in} 可以通过旋转样品台来改变。当 $\omega_{in} = \theta_B$ 时，发生布拉格衍射，衍射强度与入射角 ω 的关系曲线就是该样品双晶衍射的摇摆曲线。

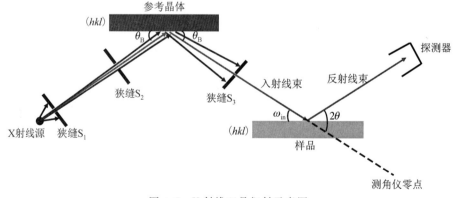

图 4.7 X 射线双晶衍射示意图

X 射线衍射可分为对称衍射、非对称衍射和斜对称衍射。当衍射晶面的法线与样品表面的法线平行时，入射角和反射角相等，且相对于样品法线对称，此衍射称为对称衍射。当测试晶面与样品表面之间存在一个夹角时，入射线束和反射线束相对于样品法线处于非对称位置，此衍射称为非对称衍射。而对于斜对称衍射，则需要三个旋转轴，除了测试入射角 ω 的改变外，还有样品面内的旋转以及样品的倾斜旋转。测试过程中，入射线束与反射线束相对于样品法线对称，但衍射晶面与样品表面之间有一个倾斜角，故称为斜对称衍射。

4.3.2　XRD 设备组成

XRD 设备主要由以下几个部分组成：X 射线源（一般是 X 光管）、狭缝、探测器、样品台以及处理分析系统。

（1）X 射线源。X 射线源负责提供测量所需的 X 射线，改变 X 射线管阳极的靶材质可改变 X 射线的波长，调节阳极电压可控制 X 射线源的强度。

（2）狭缝。X 光管发射出的 X 射线经过狭缝进行多次反射，得到单色性极好的平行线束。有时候为了消除因为应变导致的曲率，需要添加点光源进行有效限束，否则依据直接测出的半高宽计算的位错密度将不准确。

（3）样品台。样品可以是单晶、粉末、多晶或微晶的固体块。对于单晶，一般可以通过真空泵把样品吸附在样品台上。不过这种方式不适用固定粉末状样品，因为粉末状样品容易堵塞真空孔。

（4）探测器。探测器可检测衍射强度与衍射方向，通过仪器测量系统或计算机处理系统可以得到晶体衍射图谱数据。

（5）处理分析系统。现代 X 射线衍射仪都安装有相应公司提供的专用衍射图处理分析软件系统，具有较高的自动化程度。

4.3.3　XRD 应用举例

1. GaN 材料的质量分析

XRD 测试常用于表征材料的晶体质量。XRD 摇摆曲线的半高宽可以反映材料的质量，半高宽越小，对应材料的位错密度越小，晶体质量越好。对于六方晶系的 GaN 材料来说，(002)面的摇摆曲线的半高宽可以反映螺位错密度，而(102)面的摇摆曲线的半高宽可以反映刃位错密度。下面以 c 面衬底上生长的 GaN 材料（样品 A）和斜切衬底上生长的 GaN 材料（样品 B）为例，简要介绍对 XRD 测试数据的分析过程。

　　原始测试数据如图 4.8(a)所示，从图中可以看出，两个样品的峰位和强度均不同。为了直观判断两个样品半高宽的相对大小，需将两个样品的摇摆曲线进行归一化处理，并将峰位归零，得到的曲线结果如图 4.8(b)所示。从图 4.8(b)中可以直观比较出样品 B 的(002)面的半高宽(263.8 弧秒)小于样品 A(351.4 弧秒)的半高宽，说明样品 B 具有相对较高的晶体质量。

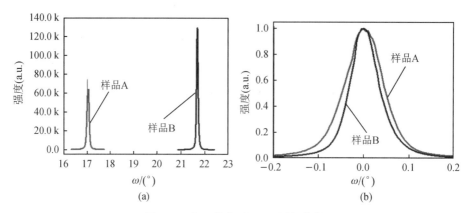

图 4.8　归一化前后 XRD 摇摆曲线

　　得到摇摆曲线的半高宽以后，GaN 材料的位错密度可以通过下列公式计算：

$$D_{dis} = D_{screw} + D_{edge} \tag{4-48}$$

$$D_{screw} = \frac{\beta_{(002)}^2}{(9|\boldsymbol{b}|^2)} \tag{4-49}$$

$$D_{edge} = \frac{\beta_{(102)}^2}{(9|\boldsymbol{b}|^2)} \tag{4-50}$$

其中：D_{dis} 表示总位错密度；D_{screw} 表示螺位错密度；D_{edge} 表示刃位错密度，β 是由 XRD 摇摆曲线测量出的半高宽；$\boldsymbol{b}$ 是 GaN 材料位错的伯格斯矢量，(002)面和(102)面的伯格斯矢量模值分别为 0.519 nm 和 0.319 nm[25]。将半高宽代入上述公式就可以计算出材料相应类型的位错密度。

2. InGaN/GaN 多量子阱结构的 2θ-ω 扫描

　　对于异质外延的多层结构来说，XRD 可以在不破坏样品的情况下精确获得外延薄膜的多层结构与各层之间的应变、组分等信息[26]。由于异质外延薄膜与衬底的晶格参数不同，在摇摆曲线的测试中会出现峰的分裂，峰之间的间距与晶格失配相关，当外延薄膜与衬底之间存在较大的晶格失配时，外延薄膜的衍射峰与衬底的衍射峰之间的距离往往比较远，采用 ω 扫描的方式很难直接获得两个衍射峰，因此，需要先找到一个衍射峰，将样品的 ω 角固定在这个位置，形成

2θ-ω 联动关系，进行 2θ-ω 联动扫描。这样，ω 扫描的有效区域被扩大。

以具有 3 个周期的超晶格结构以及 7 个周期的多量子阱结构的绿光 InGaN/GaN 多量子阱全结构的样品为例，对其进行 2θ-ω 扫描。一般来说，(002)面的 GaN 的 2θ 位于 34.6°处，InN 的 2θ 位于 31.02°处，AlN 的 2θ 位于 36.02°处，因此根据材料 2θ 峰的位置，可以区分材料的类型。此外，由于 InGaN 与 AlGaN 中 In 和 Al 与 Ga 的比例不固定，没有确定的晶格常数，因此 InGaN 与 AlGaN 没有特定的 2θ 峰位，一般可以认为 InGaN 的 2θ 峰位于 InN 和 GaN 之间，而 AlGaN 的 2θ 峰则位于 AlN 和 GaN 之间。2θ-ω 扫描谱的主峰能够反映样品 GaN 层的信息，卫星峰则能反映样品多量子阱结构的信息。由图 4.9 可以看出，样品具有 5 个负卫星峰和 2 个正卫星峰，这意味着样品的多量子阱结构具有比较好的层周期性，而且其阱垒之间具有良好界面。

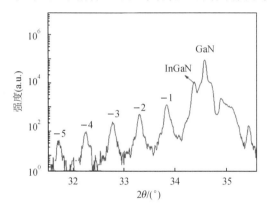

图 4.9　InGaN/GaN 多量子阱结构的 XRD 2θ-ω 扫描结果

3. 计算 In(Al)GaN/GaN 多量子阱中的 In(Al)组分

XRD 的 2θ-ω 扫描还可用于计算 InGaN/GaN 多量子阱中的 In 组分或者 AlGaN/GaN 多量子阱中的 Al 组分，下面以 InGaN/GaN 多量子阱中的 In 组分的计算为例简要介绍计算过程。图 4.10 是在 2 μm 厚的 GaN 缓冲层上生长了 6 个周期 InGaN/GaN 多量子阱后进行测量的 2θ-ω 扫描结果。其中，最尖锐的峰是 GaN(002)峰，零级卫星峰（SL0）两侧有 4 组可以清晰分辨的等间距卫星峰，这说明 InGaN/GaN 的界面质量良好。零级卫星峰的峰位代表了整个量子阱结构的平均布拉格角 θ[27]。布拉格方程和六方晶系的晶面间距公式分别为

$$2d_{hkl}\sin\theta = \lambda \tag{4-51}$$

$$d_{hkl} = \frac{1}{\sqrt{\dfrac{4}{3}\left(\dfrac{h^2 + hk + k^2}{a^2}\right) + \dfrac{l^2}{c^2}}} \tag{4-52}$$

式(4-51)和式(4-52)中，λ 为 X 射线波长，d 为 (hkl) 面的晶面间距，a 和 c 分别为沿着 InGaN/GaN 多量子阱生长方向的平均晶格常数。由式(4-51)及式 (4-52)可以计算 InGaN/GaN 多量子阱生长方向的平均晶格常数，InGaN/GaN 多量子阱的平均 In 组分为

$$x_{\mathrm{In}}^{\mathrm{MQW}} = \frac{a_{\mathrm{GaN}}(a_{\mathrm{MQW}} - c_{\mathrm{GaN}})}{a_{\mathrm{GaN}}(c_{\mathrm{InN}} - c_{\mathrm{GaN}}) + c_{\mathrm{MQW}} v(a_{\mathrm{InN}} - c_{\mathrm{GaN}})} \qquad (4-53)$$

式中：a_{MQW} 与 c_{MQW} 为 InGaN/GaN 多量子阱生长方向的平均晶格常数；a_{GaN} 和 c_{GaN} 为 GaN 的理论晶格常数，$a_{\mathrm{GaN}} = 0.3189$ nm，$c_{\mathrm{GaN}} = 0.5185$ nm；a_{InN} 和 c_{InN} 为 InN 的理论晶格常数，$a_{\mathrm{InN}} = 0.3548$ nm，$c_{\mathrm{InN}} = 0.5760$ nm；v 为泊松 比，$v = 0.3$。

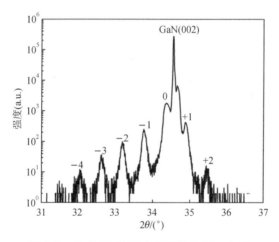

图 4.10　InGaN/GaN 多量子阱的 2θ-ω 扫描

4. 倒易空间表征异质结的应力

通过常规的 X 射线衍射 2θ-ω 扫描和 ω 扫描只能得到样品的材料、位错等信息，无法准确得到每层薄膜间的应力情况。通过倒易空间图谱（Reciprocal Space Mapping，RSM）分析可以计算样品各层间的应力情况。HRXRD 倒易空间测试可以看作在选定的晶面指数范围内，对晶面指数按照所采用的精度进行划分，并对每个小区域逐行进行 2θ-ω 扫描。将所有扫描结果叠加在一起就组成了呈等高线类型分布的 RSM。换句话说，RSM 的测量是把 $(\omega_1 - \omega_2) \times (2\theta_1 - 2\theta_2)$ 这个矩形区域内的每个观测点按照 ω 和 $\omega/2\theta$ 的大小排成列阵，逐点记录 X 射线的强度，并绘制成强度的等高线，再将 ω 和 $\omega/2\theta$ 的坐标换算为倒易空间的坐标 k_y 和 k_z。对倒易空间图谱的分析主要是分析倒格点（Reciprocal Lattice Point，RLP）衍射花样的位置、形状以及衍射图形沿外延方向与样品表面方向

的展宽程度。

根据晶体生长理论，在生长初期，外延层以赝晶方式生长，应变能的存在使其呈现亚稳态。外延层厚度的不断增加伴随着应力的释放，根据能量最低原理可以计算出赝晶生长的临界厚度，超过此厚度，外延层将会发生弛豫过程并产生位错。若外延层厚度小于临界厚度，则在非对称面的 RSM 中，外延层 RLP 的走向将平行于纵轴且位于衬底 RLP 的正上方；若外延层厚度远大于临界厚度，即外延层已经发生弛豫，则此时外延层 RLP 的走向将沿着与晶面法向呈弛豫线的方向；若外延层厚度介于以上两种情况，则外延层发生部分弛豫。弛豫度的计算为 $R=(a_{\parallel}-a_s)/(a_{\mathrm{relaxed}}-a_s)$，其中 a_s 为衬底面内晶格常数，$a_{\parallel}$ 为外延层面内晶格常数，a_{relaxed} 为完全弛豫的外延层晶格常数，显然 $R=1$ 时完全弛豫，R 介于 $0\sim1$ 之间时为应变状态。

图 4.11 为异质结对称面与非对称面的 RSM 示意图，k_x 或 k_y 轴为平行于衬底表面的方向，k_z 轴为垂直于衬底表面的方向。如图 4.11(a) 所示，对于晶体的对称面 RSM，若材料的结晶质量较差，则晶体内部的镶嵌结构会使倒易衍射花样沿着 k_x 方向展宽，晶粒的取向越杂乱，展宽的程度就越大。当外延材料的应变程度沿外延方向发生梯度变化时，衍射花样将沿 k_z 方向展宽[29]。而对于晶体的非对称面 RSM，如图 4.11(b) 所示，当外延层完全弛豫时，衬底和外延层的衍射花样均会沿 [104] 方向分布，此时外延层 RLP 位于 A 点；当外延层完全应变时，衍射花样与衬底各自中心的连线将会垂直于 k_x 轴，此时外延层的 RLP 位于 B 点。AB 的连线称为弛豫线，若衍射花样位于这条线除端点以外位置，则表明外延层处于部分应变状态[30]。

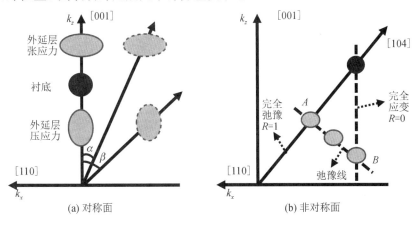

图 4.11　异质结对称面和非对称面的 RSM 示意图

这里以 AlGaN/GaN 异质结样品为例，对其(004)和(104)面的倒易空间图谱进行分析。样品是以在蓝宝石衬底上生长组分渐变的 $Al_x Ga_{1-x} N$（x 从 0 到 0.07 变化）作为缓冲层，之后依次生长 GaN 层、AlN 界面插入层、$Al_{0.3} Ga_{0.7} N$ 势垒层以及 GaN 帽层。图 4.12 是该异质结样品(004)面和(104)面的倒易空间图谱[31]。从(004)面的 RSM 中可以看出，样品的各层倒格点衍射花样的强度中心连线垂直于 k_x 轴，并且衍射花样的形状关于 k_x 轴对称。这说明在外延过程中 GaN 与 AlGaN 缓冲层之间的晶体界面较为平整，晶面没有发生倾斜。从 (104)面的 RSM 中可以看出，样品的衍射图谱中存在一个双衍射花样，这是 GaN 与 $Al_{0.07} Ga_{0.93} N$ 的衍射图形。此外，这两个衍射光斑的中心连线垂直于 k_x 轴，表明 $Al_{0.07} Ga_{0.93} N$ 层与 GaN 层处于完全应变的状态。$Al_{0.3} Ga_{0.7} N$ 层的衍射花样的强度

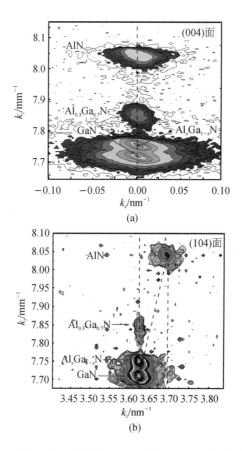

图 4.12　AlGaN/GaN 异质结(004)面和(104)面倒易空间图谱

中心也位于这条连线上，这说明 $Al_{0.3}Ga_{0.7}N$ 势垒层与 GaN 沟道层也处于完全应变状态，较大的晶格不匹配度能够引起较强的压电极化效应，有利于高密度 2DEG 的产生。AlN 层的衍射花样则偏离了这条连线，表明其处于部分弛豫的状态。

4.4　透射电子显微镜技术

XRD 测试可以比较精确和快捷地评估 GaN 薄膜的位错密度，但并不足以充分表征具有多层结构的 LED 和 HEMT 等外延结构。这是因为氮化物的异质外延体系中晶格失配和热失配等因素引入大量的缺陷，而缺陷体系又相对复杂，要评估这些众多微结构对宏观性质的影响，需要掌握缺陷具体的信息。此外，超晶格和量子阱结构在 GaN 基器件中大量应用，这些结构中的薄层厚度经常在 1～2 nm 左右，因此，无论是精确测试材料厚度还是准确评估外延工艺对微观缺陷的影响，XRD 测试都显得不够精确。

透射电子显微镜（Transmission Electron Microscope，TEM）测试是目前研究和揭示 GaN 基外延材料微观结构最重要的测试表征手段，在提升外延薄膜的晶体质量，改善外延材料的性能，解决材料的关键科学问题等方面发挥了至关重要的作用。

就透射电子显微成像技术而言，其发展主要经历了以下几个重要的阶段：第一阶段是 20 世纪中叶通过对厚度为几百纳米的薄晶体中的缺陷进行观察（衍射衬度像），因而建立的透射电子显微学；第二阶段是 20 世纪 70 年代兴起的对纳米级的极薄晶体的高分辨结构像和原子像进行直接观察（相位衬度像），因而建立的高分辨电子显微学；第三阶段是 20 世纪 90 年代，随着电子显微镜射线源装置和电子光学系统设计的发展，特别是场发射枪透射电镜的出现，一种新型的原子序数衬度高分辨扫描透射成像（STEM）技术在材料微观结构分析领域崭露头角，它和随后发展起来的电子能量损失谱（EELS）相结合，成为材料微区高分辨化学成分分析的绝佳组合。时至今日，带有球差校正器的透射电镜，在功能附件的助力下，更是将材料结构和成分的微观表征全面推进到了原子尺度。这些透射电子显微成像技术从不同角度揭示了材料的微观结构特征，在今天的材料科学研究中发挥重要作用。然而，透射电镜的图像不同于光学显微镜那样简单直观，涉及的电子显微分析理论相对深奥且在持续发展，这常常给非电镜专业的使用者带来困扰。本节拟就上述电子显微成像技术的成像原理——衬度形成机制，结合氮化物材料的实际特点，进行基础性的介绍，方便使用者对不同透射电子显微成像技术的特点建立基本的认识,进而能更加准确地分析氮化物材料中的基本问题,为氮化物晶体质量的持续改善提供有效支撑[32-39]。

4.4.1 透射电子显微镜的基本原理

一般来说,透射电子显微镜的基本组成包括三个部分:真空部分、电子光学部分和电子学控制部分。仅从光路设计角度看,TEM 与光学投影仪十分相似,只是用波长更短的电子束代替了可见光,用电磁透镜代替了传统的玻璃透镜,TEM 的成像也是投影像。具体来说,TEM 成像原理符合物理光学的阿贝成像原理(如图 4.13 所示)。

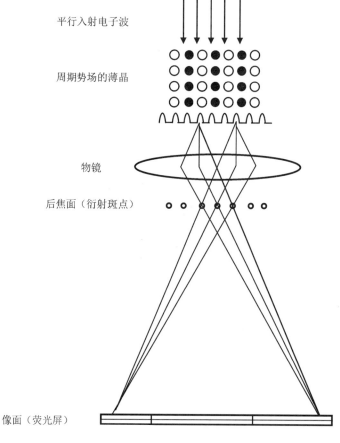

图 4.13　TEM 成像原理示意图

根据阿贝成像原理，当一束平行光照射到周期性结构样品上时，除了产生零级衍射光束（即透射光束）外，还会形成各级衍射光束。衍射光束经过物镜的聚焦，在物镜后焦面上形成衍射振幅的极大值（衍射斑），每一个振幅极大值都可以看作次级波源，且各自发出球面次波，这些次波在像平面上相干叠加成像。其中，物镜的成像作用可以分为两个过程：一是平行光束受到周期性结构物体的散射，分裂成各级衍射光束，即由物到衍射谱的过程；二是各次级衍射光束经过干涉作用后，重新在像平面上成像，即由衍射谱变换到物的过程。

　　在 TEM 中，第一个过程可以用布拉格反射定律描述，入射电子波会被该族晶面按特定方向散射，散射波的传播角度与晶面夹角同为 θ，如同入射电子被晶面反射一样。此时，相邻原子面反射中心反射波的光程差（$2d\sin\theta$）等于入射波长 λ 的整数倍。这些反射波相位相同，发生叠加，并在物镜后焦面上形成明亮的衍射斑点。最终，由晶体中多个晶面簇的晶面充当光栅，在不同方向与电子波发生布拉格衍射后在物镜后焦面上形成了衍射花样（衍射谱）。晶体的电子衍射不需要严格满足布拉格公式，在一定的入射角偏离范围内均可以发生，只是在严格布拉格衍射条件下衍射最强。

　　物镜后焦面上的成像在数学上是符合傅里叶变换的，称为倒易空间或者频率空间。简而言之，正空间的长度在倒易空间对应于自身的倒数，长度单位也相应转换成空间频率。因此，上述过程也可以从物体空间频率信息的分解与合成角度进行理解：入射电子波经过了样品晶体的调制，透射后携带了样品的空间频率信息，并在物镜后焦面上按不同的空间频率分解形成了一系列衍射斑点，形成衍射花样。之后，不同频率的衍射斑点作为新的次级波源发出相干的球面子波，在像面上相干叠加，形成放大的合成像。这一过程中，参与成像的衍射光束越多，叠加合成的像就越与物相似。正是从图像信息频率的分解与合成角度出发，人们利用孔形光阑在物镜后焦面对衍射光束选择性透过，派生出了多种明、暗场成像手段，用于在合成像中滤去不需要的频率（或晶面）细节，或者突出特定频率（或晶面）信息，以及调节图像的衬度等。

　　传统透射电子显微镜图像的衬度有不同类型，主要有质厚衬度、衍射衬度和相位衬度，这些衬度都能引起物镜像面上电子波的强度分布变化，从而被成像组件探测并成像[32]。质厚衬度和衍射衬度属于振幅衬度。其中质厚衬度是指由于样品的厚度和原子序数的差异，样品不同区域对电子的散射能力不同，样品下表面处的透射电子波振幅相应发生变化而形成的像衬度。简而言之，样品原子序数和厚度越大，入射电子被大角度散射的概率越大，于是穿透样品下表面参与成像的透射电子也就越少，对应区域像的衬度越深。质厚衬度主要体现在样品的低倍形貌像中。衍射衬度是由于晶体不同区域的结构或者晶体取向不同，满足布拉格衍射条件的程度也不同，于是在样品的下表面区域产生了随位置分布的电子波衍射振幅，由此能够获得像衬度。典型的例子就是"双束"衍射衬度像。相位衬度像类似于多光束干涉成像，通常选用大尺寸物镜光阑，除透射光束外，让尽可能多的衍射光束携带其振幅和相位信息通过物镜光阑，并干涉叠加，将样品电势场作用下电子波产生的相位变化充分转变为可以观察到的像强度分布，并从相位分辨图像上提取物样真实结构信息。

4.4.2 高分辨电子显微像

电子显微镜的发明目的之一就是要突破阿贝成像描述的光学显微镜分辨率极限（约为光源波长的一半），获得超高分辨率。因此，人们一直希望能利用TEM 直接观测晶体内部原子排列和结构缺陷，以深入了解物质微观结构和宏观性能之间的关系。1949 年 Scherzer 提出，若使用对电子波有极弱散射作用的样品，且物镜处于最佳欠焦状态（Scherzer 欠焦量）时，可以在像面上获得具有最高分辨率的相位衬度。因为样品极薄时，其内部原子周期排列形成的相位势非常小，可以称为弱相位体，又因为弱相位体对电子的散射能力弱，所以电子波穿过此弱相位体时振幅改变极小，不会形成振幅衬度像，而电子波相位仍会发生变化。这个相位变化会被物镜离焦进一步调节，使得多束衍射电子波与透射电子波最终发生干涉时，有些波发生相消干涉，波振幅相互抵消，在图像中干涉条纹强度为零；反之，有些波发生相长干涉，波振幅相互叠加，干涉条纹在图案中产生像更强。这样电子波相位差异就转变为人眼可辨的振幅强度差异，从而形成相位衬度显微像[32-39]。这种弱相位体显微像本质上给出的是一个多电子波干涉图案，并非原子真正的像，但其与晶体原子结构在电子波方向的二维投影相对应，分辨率很高，故称为高分辨电子显微像。

显然，高分辨电子显微结构像或原子像属于一种特殊的高分辨电子显微像。成像时要求样品为 10 nm 以下的极薄晶体（弱相位体），物镜离焦量为 Scherzer 欠焦量，参与成像的衍射束频率必须在传递函数 $\sin\chi(\mu)$ 值接近 -1 这一相对平坦区域内。偏离上述成像条件的普通高分辨电子显微像为晶体势场函数与物镜传递函数傅里叶逆变换（或称作点扩展函数）的卷积。此时，像点不能简单与晶体结构进行对应，该像通常称为高分辨晶格像。高分辨晶格像的衬度的复杂性可以从物镜传递函数的角度进行理解。

图 4.14 给出了非极性 a 面 GaN 的 TEM 高分辨像，由于其为俯视图，所以用位错和层错的数量除以测试区域的面积就可以确定位错和层错的密度，堆垛层错是非极性 GaN 中经常出现的一种缺陷，从图中可以明显看到堆垛层错，从原子排列的方式可以确定这是 I_1 型的堆垛层错。随着 TEM 精度的逐渐提

高，高分辨 TEM 测试已经成为确定缺陷种类、表征超薄层结构的重要手段。对材料结构设计和外延生长参数的优化有着极为重要的指导意义。

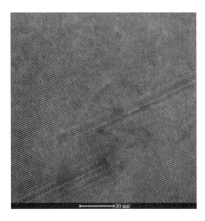

图 4.14　非极性 a 面 GaN 的 TEM 高分辨像

4.4.3　球差校正高分辨透射电子显微像

尽管高分辨结构像衬度易于分析，但其反映样品结构细节的能力受到电镜分辨率的制约。球差是透射电镜最致命的像差，极大限制了电镜的分辨率，在 Scherzer 欠焦量下，透射电镜能获得的最佳分辨率 d_{opt} 可以近似写作

$$d_{opt} = 0.66C_s^{\frac{1}{4}}\lambda^{\frac{3}{4}} \tag{4-54}$$

其中，C_s 是物镜球差系数，λ 是电子束波长[41]。Rose 等人通过在物镜后加装由多极单元组件构成的球差校正器，不仅实现了对物镜球差系数 C_s 的校正，同时也可以对物镜像差，如彗差、三、四重像散等进行校正[42-43]，于是 TEM 的信息传递不再会发生衬度反转，这极大提升了 TEM 的分辨率。在 Scherzer 欠焦量下，300 kV 的球差校正 TEM 的 C_s 从 0.64 mm 减小至 15 μm，透射电镜的分辨率从 1.7 Å 提升到了 0.8 Å。

球差校正透射电镜成像的另一个优势是减小了相位衬度像的"离域效应"。"离域效应"是 TEM 相干成像时形成的一种假象，主要表现为 HRTEM 像的晶格条纹偏离与其对应的晶面簇，甚至偏离出样品，这将严重影响对材料表面和界面晶体结构的表征。常规透射电镜的离域量通常达到数埃以上。对于 300 kV 球差校正 TEM，当其 C_s 值降低至 15 μm 时，在 Scherzer 欠焦量下，其离域量可以降低至 0.6 Å。

球差校正透射电子显微成像的第三个优势是可以任意调节电镜 C_s 值。这促成了全新的"负球差成像技术"的建立[44-45]。受限于物镜设计，传统 TEM 的

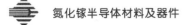

C_s 是正值，在 Scherzer 欠焦量下，负值 C_s 下拍摄的 HRTEM 像中原子柱的绝对衬度相较于正值 C_s 下拍摄的 HRTEM 图像显著提升。

4.4.4　衍射衬度像

衍射衬度像是除高分辨像之外，另一种重要的 TEM 图像，常用于表征 GaN 薄膜材料。简而言之，平行电子束入射到晶体样品上时，若不同区域晶体的结构或者取向不同，则相应区域的入射电子束的散射对布拉格衍射条件的满足程度也不同，导致样品下表面产生了随位置变化的衍射振幅分布，并在荧光屏上形成了不同强度分布的衍射衬度像。

衍射衬度可以分为完整晶体的衍射衬度和含缺陷晶体的衍射衬度两类。对于完整晶体，若晶体存在一定程度的厚薄不均或弯曲，则在衍射衬度像上将对应出现一组明暗相间的条纹，即等厚或者等倾条纹。等厚条纹如图 4.15 所示。TEM 制样过程中的离子减薄工艺会用离子打出一个薄区，在离子减薄的中心区域样品最薄，向四周扩展厚度逐渐增加，于是会出现这种等厚条纹，这种条纹并不是位错，而是与厚度有关的光学效应。含缺陷晶体的衍射衬度随缺陷的类型和性质不同而不同，在衍射衬度像上表现出不同形态。含缺陷晶体的衍射衬度是材料分析的重点，由于绝大部分材料的主体是完整晶体，众多小体积的缺陷包含在其中，因此完整晶体的衍射衬度往往会叠加在含缺陷晶体的衍射衬度上，从而形成干扰。对于异质外延的 GaN 薄膜来说，由晶格失配和热失配所导致的材料位错密度非常高。而硅和砷化镓体系因为提拉单晶技术的发展，位错密度极低，在 TEM 中往往观察不到位错，因而 GaN 材料中的位错密度高，在 TEM 的测试范围内可以被有效识别[32]。

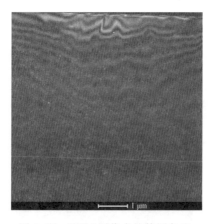

图 4.15　TEM 图像中的等厚条纹

衍射衬度像的分析和解读需要建立在掌握衍射成像理论的基础上。透射电镜拍出来的图像中，位错的图像是一条线，其实际上是一列偏离正常位置的原子所伴随的线状畸变区的"线状应变场"的衬度反应。层错的衍衬图像是平行的明暗相间条纹（类似一组等厚条纹），但若劈开含层错的晶体则并不会看到这些明暗相间的条纹，其出现位置对应的样品区域的某一深度处发生了原子错排，这种条纹实际上是晶体中"面状分布畸变区"的衬度反应。

与高分辨像的多光束成像机制不同，衍射衬度像利用物镜光阑只在物镜后焦面选择单光束进行成像。如果选择透射束成像，则获得的是明场像；若选择衍射束成像，则获得的是暗场像。为了获得良好的衍射衬度，需要通过旋转样品，使样品内只有一组特定的晶面严格处于布拉格衍射状态，在物镜后焦面与其对应的是衍射矢量为 g 的衍射束。此时，在电镜的选区衍射模式下只能看到两个亮斑，一个是明亮的透射斑，另一个是 g 衍射斑，其他的衍射斑看不到或者强度微弱，这被称为双光束（或"双束"）条件。位错线在衍衬像中的衬度形成机制可以简述如下：由于样品处于"双束"条件下，近似认为入射电子穿过样品时，其强度只在透射束和衍射束 g 中进行分配。由于位错周边的线型应变场可以引起衍射效应增强，对应此处透射束分配到的电子束强度降低，所以明场像（透射束的强度分布像）中位错线为较暗的衬度，暗场像（衍射束 g 的强度分布像）中为亮白衬度。在实际情况下，位错线的衬度上还会叠加完整晶体的等厚或等倾条纹的衍射衬度。从电子衍射运动学角度看，位错周边的畸变场会给散射电子波引入一个额外的相位变化，使此处衍射束的振幅值与周围产生差异，故位错线周边的应变场出现了衬度，这并不是对位错本身的直接成像。位错线的衍射衬度由与该相位变化相关的相位因子 $g \cdot b$ 的值直接决定。后者值越大，位错线衬度在图像中越明显。当 $g \cdot b = 0$ 时，无论明场像或者暗场像，位错线的衬度都会消失，这被称作"消像判据"，是位错像突出的特征。利用这一特征，通过比对不同 g 衍射矢量下位错的衍射衬度像，可以确定未知位错的伯格斯矢量 b。需要注意的是，对于含有刃型分量的位错，必须同时满足 $g \cdot b = 0$ 和 $g \cdot (b \times l) = 0$（l 为位错线的方向），位错线才会完全消像，否则会有残余衬度。在实际测量中，当这种残余衬度不超过远离位错的基体衬度的 10% 时，也可以视为消像。

关于 $g \cdot b = 0$ 位错像消失的物理本质，这里以刃位错为例进行简要说明。位错伯格斯矢量 b 反映了位错应变场畸变的方向和大小，当 $g \cdot b = 0$ 时，畸变发生在反射面面内，而反射面之间的间距没有改变（根据 Bragg 公式，只有光栅间距 d 的变化才会影响衍射），其衍射行为和完整晶体没有明显差异，此衍

射矢量下位错衬度不显现。当 $g \cdot b \neq 0$ 时，伯格斯矢量 b 在晶面的法线上有分量，这意味着沿晶面的法线方向发生了畸变，即相邻晶面的间距发生了变化，因此晶面的衍射行为随之发生改变，形成衍射衬度。在常规的明/暗场像下，不仅仅是畸变较大的位错核区域，在更为长程的位错周边的应力场也会影响到衍射/透射束的强度。因此位错线像宽通常在 $8 \sim 20$ nm 左右，其衬度比较模糊。如果想获得更局域化的位错线衍射衬度像，可以利用物镜光阑在物镜后焦面上选择一个处于偏离严格布拉格衍射条件晶面的衍射束成像。由于成像衍射束的强度较弱，因此称为"弱束"像。"弱束"像的实质可以简述如下：选用的衍射束强度弱，意味着完整晶体相对于入射电子束的衍射偏离了严格布拉格衍射条件，但对于晶体位错核附近应变区的部分位置，由畸变引起的晶面间距变化恰巧能弥补这种偏离，反而使其处于满足布拉格衍射条件的状态，因此获得了超出周边的强衍射衬度，使得位错像衬度提升，像宽收窄。Cockayne 等人报道[46]，偏离严格布拉格衍射条件下的衍射衬度像，可以获得理想局域化的位错衬度，位错像宽可以缩小至几个纳米。"弱束"成像技术因为其更高的衍射衬度分辨率，已被广泛用于位错、层错和小沉积物等各种晶体缺陷的结构和性质的研究中[11]。图 4.16 给出了蓝宝石衬底上外延 GaN 的 TEM 截面测试结果。最上层是蓝宝石衬底，中间的亮线是两个样品粘贴的交界处（为了增加成功率或者提高制样效率往往将两个样品粘贴到一起）。从图 4.16 中可以看到上方的样品中有一些位错线被成像，而下方的样品则由于制样较厚没有形成良好的位错像。

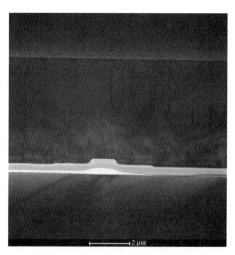

图 4.16　GaN 样品的 TEM 测试结果

4.5 原子力显微镜技术

原子力显微镜(Atomic Force Microscope,AFM)是目前表征氮化物表面形貌的最有力工具之一。光学显微镜的分辨率有限,很难获得样品表面的详细信息,扫描电子显微镜不能有效体现表面形貌的高度差异,而 AFM 可以有效反映微观区域的高度变化,由此获取的准确形貌对氮化物薄膜的表征和优化有非常重要的指导作用。

AFM 是一种用于研究包括绝缘体在内的固体材料表面结构的分析仪器。通过检测待测样品表面和一个微型力敏感元件之间的极微弱的原子间相互作用力来研究样品的表面结构及性质。将这个元件对微弱力敏感的悬臂一端固定,用另一端的微小针尖接近样品,这时针尖与样品间的相互作用会令悬臂发生形变或运动状态发生变化。扫描样品时,利用传感器检测这些变化就可获得作用力的分布信息,从而以纳米级分辨率获得样品表面形貌结构信息及表面粗糙度信息。作为可对物质的表面形貌、表面微结构等信息进行综合测量和分析的第三代显微镜,AFM 具有分辨率高、对待测样品要求低、成像载体种类多以及制样简单等优点,被广泛应用于各类科学研究。

4.5.1 AFM 的基本工作原理

AFM 作为一种应用广泛的扫描探针显微镜,工作原理与其他类型的扫描探针显微镜基本相同。令探针接近样品表面,产生与样品表面距离相关的信号,再在 x 和 y 两个方向移动探针,从而获得样品整个表面的信号,之后根据信号与距离的关系,计算出样品表面的起伏程度,得到样品表面的形貌。AFM 探针在沿样品表面扫描之前有一个向表面逼近的过程,只有两者相当接近时,才能检测到显著的作用力。随着针尖不断接近待测样品的表面,首先会出现较弱的吸引力,该吸引力不断增长直到力到达曲线的最低点,继续接近则会出现排斥力,吸引力和排斥力相互竞争,直至作用力为 0,随后,排斥力迅速上升,这是针尖和样品间相互挤压的作用导致的[47-49]。

AFM 的探针为一个纳米级的针尖,装在一个另一端固定的弹性悬臂上。当扫描器移动时,针尖由于样品表面的起伏,受到的作用力不一致,从而使悬臂产生细微形变或振幅发生改变,并被 AFM 系统所检测。悬臂的形变或是振幅改变量十分微小,为了检测这个改变量,AFM 采用了光杠杆原理。令一束激光束照射在悬臂顶端,并接收由此得到的反射激光,从而放大了这个改变量，再利用光电检测器将光信号转化为电信号，通过电压的变化来反映激光束的移动，以得到悬臂的形变量或振幅改变量。当系统检测到偏离误差达到阈值，AFM便会通过控制器改变扫描器位置以消除误差，从而使得对样品表面的检测能够不断进行。

4.5.2　AFM 的组成与工作模式介绍

AFM 主要由以下几个部分构成：用于产生激光的激光系统、装载有针尖的悬臂系统、进行样品表面扫描并可三维移动的压电驱动器、接收激光反馈信号的探测系统以及处理反馈信号并输送信号给激振器的反馈系统等。此外，一般 AFM 还配备了用于减少测量误差并稳定测量条件的防震系统、防噪声系统和温度湿度控制系统以及数据处理系统等。

AFM 的工作模式取决于在检测过程中实时测量并用于反馈的物理量。根据要测量的物理量的不同，AFM 的工作模式可分为接触模式、轻敲模式、非接触模式、扭转共振模式、峰值力模式等。

接触模式是 AFM 最常用的工作模式，在该模式下，扫描样品时针尖与样品表面始终保持"接触"状态。分子间作用力随分子间距离变小表现为先以引力为主，再过渡到以斥力为主的模式——随着分子间距离的缩短，引力先逐渐增大至极值，随后分子间斥力开始占主导，在抵消分子间引力后逐渐增长。在接触模式下，针尖与样品表面的距离小于零点几纳米，随着扫描的进行，由于样品表面的起伏，分子间斥力不断变化，导致悬臂发生改变，这一改变被探测系统探测到后，利用反馈系统输送信号给压电驱动器。压电驱动器依据反馈信号调整样品台高度，使扫描继续进行下去。该模式的优点如下：由于针尖与样品表面直接"接触"，悬臂发生的弯曲程度稳定，往往能够得到稳定的高分辨率的图像。其缺点是由于针尖与样品表面直接"接触"，很可能对样品表面造成破坏；横向的剪切力、样品表面的毛细力、针尖与样品表面的摩擦力和压缩力，都会影响成像质量。另外该模式对测试所用针尖的损伤也较大。

轻敲模式也普遍应用于目前的测试中。轻敲模式是介于接触模式和非接触模式之间的一种工作模式，通过使用在一定共振频率下振动的探针针尖对样品表面进行敲击来生成形貌图像。在该模式下，悬臂以大于非接触模式的振幅振动，其振幅大于 20 nm。在这种模式下，探针针尖将与样品表面进行间断性接触。调整针尖与样品表面的距离，可使样品表面与针尖之间的作用力保持恒定。该模式的优点如下：由于轻敲模式能做到与样品表面直接接触，其分辨率几乎能达到接触模式的精度，并且轻敲模式下针尖与样品表面仅进行间断性接触，因此不会对样品表面造成较大损伤；该模式扫描不受横向力的干扰，也不受在通常成像环境下样品表面可能附着的水膜的影响。总之，除了常规测试以外，轻敲模式可用于分析柔性的、具有黏性以及脆性的样品，也可用于液相扫描，但该模式的扫描速度比接触模式要稍慢一些。

非接触模式也可以用来测试样品表面的状态。在测试过程中，针尖与样品表面不发生接触，悬臂只是在样品表面上振荡。非接触模式是很难操控的模式，如果样品表面存在污染，则会在针尖和样品之间形成小的毛细管桥，从而转换到接触模式。为了演示不同测试模式下的形貌，图 4.17 给出了接触模式和轻敲模式下 AlGaN/GaN 异质结相同位置下的 AFM 测试结果。从图中可以看出两者的形貌非常接近，都呈现了明显的原子台阶流，高低位置有明确的对应关系。相比之下，接触模式下的针尖力度更大，相应的噪声会比轻敲模式大一些。

高度起伏/nm

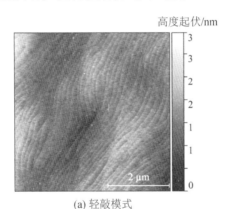

(a) 轻敲模式

高度起伏/nm

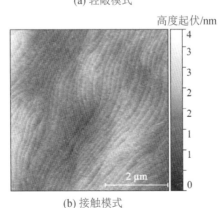

(b) 接触模式

图 4.17　样品轻敲模式和接触模式下 AFM 的结果

4.5.3 AFM 的导电模式

AFM 除了通过形貌测试来反映表面形貌以外，还可以用通电的方式来表征外延材料的导电情况，称之为 CAFM。导电的原子力显微镜也被广泛应用于氮化物的测试表征中。测试时，需要在探针上加一个偏置电压，一般是 10 V 以内，此外，还需要在材料表面制备欧姆接触，并用一根银导线连接探针，这样在探针和样品接触时可以形成一个回路。图 4.18 给出了非极性 a 面 GaN 样品的表面形貌测试结果和同一位置的 CAFM 的结果，CAFM 测试时加的偏置电压为－10 V，从 AFM 的测试结果可以看出，样品表面上有一个明显的三角结构缺陷，这是非极性 a 面 GaN 的典型形貌。在 CAFM 的图中对应的位置上也有一个类似的三角坑，这证明了这个区域有更大的电流，因为非极性 a 面 GaN 三角坑中的面为半极性面，会结合更多的 O 杂质原子，所以这个该区域的非故意掺杂浓度高于平坦区域。CAFM 可以在器件加工之前反映材料的电流泄漏及电流分布情况，使用场景比较广泛。

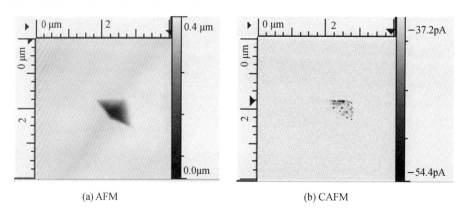

(a) AFM   (b) CAFM

图 4.18　GaN 的 AFM 表面形貌和 CAFM 的形貌

4.6　光致发光测试

光致发光是指半导体材料在光的激发下，电子从价带跃迁至导带，并在价带留下空穴，电子和空穴各自在导带和价带中占据最低激发态，即导带底和价带顶成为准平衡态(一种不稳定状态)，准平衡态下的电子和空穴复合发光，产生特定波长的光子。通过探测光的强度或能量分布得到曲线，可形成光致发光

(Photo Luminescence，PL)谱[47]。

PL 测试是测定半导体材料发光性质的重要手段，有助于深入理解材料结构及器件工作原理和物理机制，以提高半导体材料和器件的设计效率和可靠性。

半导体中光致发光的物理过程大致可分为三个：首先是光吸收过程，在此过程中通过光激发在半导体中产生电子空穴对，形成非平衡载流子，当光子能量大于半导体禁带宽度时，在半导体中会发生本征吸收，此时对光的吸收很大，因而有效产生电子空穴对；其次是光生非平衡载流子的弛豫扩散过程，该过程中载流子有可能产生空间扩散和能量上的转移，弛豫扩散遵循能量越低越稳定的规律，绝大部分载流子将在复合前扩散到能带极值位置，即电子处于导带底部，空穴处于价带顶部；最后是电子空穴辐射复合发光过程，氮化物中最常见的辐射复合过程就是导带电子和价带空穴发生的直接带间跃迁。

用 PL 谱可以直接确定半导体材料的禁带宽度，这种确定禁带宽度的方法和其他方法相比具有简单、快捷、不需要器件加工、对样品没有损伤等优点，因而被广泛采用。

根据光学理论可知，一个光子的能量可以表示为

$$E = h\nu \tag{4-55}$$

光子频率 ν 可以表示为

$$\nu = \frac{c}{\lambda} \tag{4-56}$$

所以当电子空穴对在辐射复合产生光子时，载流子通过弛豫扩散，使得电子处于导带底，空穴处于价带顶，光子能量等于禁带宽度 E_g，禁带宽度单位为 eV，此时禁带宽度与波长之积为常数 hc，即

$$E_g\lambda = hc \tag{4-57}$$

式中：h 为普朗克常数，其值为 4.136×10^{-15} eV・s；c 为光速，其值为 3×10^8 m/s。

GaN 样品的 PL 测试结果如图 4.19 所示，在 362.1 nm 左右的峰就是 GaN 的发光峰，这是 GaN 导带底的电子和价带顶的空穴复合以后产生的光子的对应发光峰，因为导带底和价带顶的差值被定义为禁带宽度，因此，在波长确定的情况下通过式(4-57)就可以确定 GaN 的禁带宽度为 3.42 eV。PL 谱测试对于已经确定了禁带宽度的半导体材料意义有限，但氮化物材料常以合金的形式出现，比如 InGaN 和 AlGaN，其禁带宽度随着组分的变化而变化。对于 In 组分不同的 LED 量子阱，其发光波长明显不同。对于 Al 组分不同的电子器件，其二维电子气的性质会有很大的变化，因此确定 InGaN 或者 AlGaN 中的

In、Al 组分是十分重要的，人们可以通过 PL 测试确定合金材料 InGaN 和 AlGaN 的材料组分。此外，低温 PL 测试可以探测激子峰，变温 PL 测试也可以确定多量子阱结构的内量子效率、杂质电离能等参数。

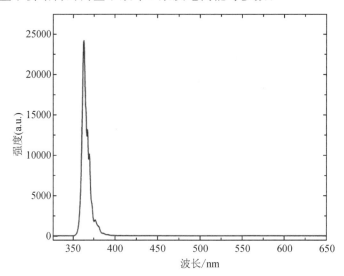

图 4.19　蓝宝石衬底上外延 GaN 样品的 PL 谱

4.7　阴极发光测试

阴极发光（Cathode Luminescence，CL）是指材料在高能电子束激发下产生的发光。其基本原理如下：用高能电子束（能量一般为 1~20 keV）照射材料，使得材料中的电子从价带激发至导带或禁带中出现的其他非理想能级中，撤去电子束之后，非平衡电子由高能级向下跃迁与空穴复合，产生的能量以光子的形式释放。CL 和 PL 相比激发源的能量更大，可以测禁带宽度更大的半导体材料，而 PL 测试时需要激光的波长较短，但短波长的激光器功率一般都较小，并且很难实现对禁带宽度 6 eV 以上的半导体的激发[47]。

阴极发光测试大多通过配备了阴极荧光附件的电子显微镜进行，通常扫描电子显微镜和透射电子显微镜都可以配备阴极荧光附件，但配备阴极荧光附件的电镜很少，一方面是因为阴极荧光附件比较昂贵，另一方面是因为人们常采用更高效的 XRD 来进行位错的评估。XRD 测试通过摇摆曲线的半高宽来计算位错，而半高宽除了因位错加宽以外，还因设备自身而加宽、因样品翘曲而加宽等。特别是异质外延的样品翘曲都很大，因样品翘曲而加宽有时候甚至占到测试的半高宽的一半以上，所以 XRD 评估位错的精度不足。随着人们意识到 CL 在位错评估以及发光均匀性等方面的价值以后，阴极荧光附件在电子显微镜中被越来越多地配备。在扫描电子显微镜中，由电子枪产生的电子束首先经过电磁透镜系统聚焦，然后通过孔径进行限束。电子束由一个数字扫描发生器产生的二维扫描电压驱动，可进行横向和纵向的二维扫描，实现对被测样品的激发。当高能电子束和被测样品相互作用时，不仅可以产生背散射电子、二次电子、俄歇电子等，也可以产生标识的 X 射线，并激发出阴极荧光。从样品发出的背散射电子和二次电子可用来获得样品表面的显微图像信息，这也是 SEM 的工作原理，阴极荧光则可以经单色分光仪后用高灵敏度的探测器记录下来。通常情况下，阴极荧光的空间分辨率取决于电子的散射范围和电子束所产生的非平衡电子空穴对的扩散范围，由于载流子在氮化物中扩散长度较小，因此阴极荧光的空间分辨率主要取决于电子在材料中的散射。为了在测试时提高荧光强度，电子轰击样品产生的阴极荧光可用一个抛物型反射镜收集，使之变为平行光束，然后经聚焦进入单色分光仪，并用光电耦合器件阵列探测。

同 PL 一样，CL 可以进行常温测试，也可以进行低温和变温的测试，因此，CL 因其激发光源的能量较大，可以测量禁带宽度较大的样品。而目前 PL 测试最常用的 He-Cd 激光器的激发波长为 325 nm，无法激发高 Al 组分的 AlGaN、氧化镓、金刚石等禁带宽度很大的材料。采用 CL 测试的 AlGaN 的结果如图 4.20 所示，主峰的波长在 284 nm，确为 AlGaN 材料的峰。

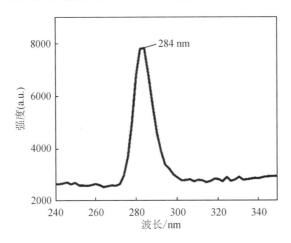

图 4.20　AlGaN 样品的 CL 测试结果

CL 和 PL 相比，一个显著优势就是可以对微区进行精确的测试和分析。比

如高 In 组分的 LED 外延结构中经常出现相分离的情况，这是因为 In 的原子序数很大，容易受到来自晶格的挤压而出现析出和聚集的现象。图 4.21 是黄光 LED 外延片的 CL 测试结果，从图中可以看出明显的亮暗光斑，这是 In 的相分离所导致的典型特征，由于分辨率的问题，用 PL 测试就很难测到这种现象。

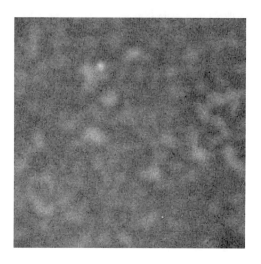

图 4.21　黄光 LED 外延片的 CL 测试结果

4.8　腐蚀法表征技术

4.8.1　腐蚀法表征 GaN 位错的原理和主要结论

GaN 稳定的化学性质使得 Ga 极性面的 GaN 腐蚀起来非常困难，但对于质量较差的 GaN，腐蚀过程会在位错处发生，从而形成腐蚀坑，利用腐蚀坑的密度可以评估位错密度，因此可以利用这个特性进行 GaN 的选择性腐蚀。此外，还有利用腐蚀 GaN 多量子阱结构的 P 型表面来提高发光效率的报道。

目前，对于 GaN 的湿法腐蚀主要有三种方法，分别是 H_3PO_4 的热酸腐蚀、熔融的碱性盐（KOH 或 NaOH）腐蚀以及光电化学腐蚀（PEC）。Stocker 等人探究了 H_3PO_4、熔融 KOH、溶于乙二醇的 KOH 或 NaOH 在不同温度下对 GaN 的腐蚀情况。H_3PO_4 在 195℃条件下对 GaN 有着高达 3.2 $\mu m/min$ 的腐蚀速率。而相同温度下熔融的 KOH 对 GaN 的腐蚀速率低于溶于乙二醇的

KOH 对 GaN 的腐蚀。通过计算得出，每种溶液腐蚀的激活能约为 0.9 eV，恰与 GaN 的形成能 0.9 eV 相等[50]。

Weyher 等人则研究了 H_3PO_4 和 H_2SO_4 混合溶液、熔融的 KOH 或 NaOH、PEC 对 GaN 外延薄膜的腐蚀效果。对于低位错密度的 GaN 材料，用传统的化学腐蚀能够较好地表征位错，而对于位错密度较高的 GaN 材料，可以采用 PEC 腐蚀来更好地对位错进行表征[51]。

由于 GaN 中存在不同类型的位错，而不同类型的位错可能造成不同形貌的腐蚀坑，对于其成因，目前还存在着不少的争论。Hong 等人通过 TEM 对熔融 KOH 腐蚀的 GaN 腐蚀坑进行研究，认为纳米管结构(开核螺位错)是形成腐蚀坑的主要原因，在刃位错和闭核螺位错的平面 TEM 上没有发现腐蚀坑[52]。然而，Shiojima 等人也对熔融的 KOH 腐蚀的 GaN 薄膜进行了分析，通过 AFM 和 TEM 的表征得出腐蚀坑是由混合位错引起的结论，而在纳米管上没有发现腐蚀坑[53]。这种差异产生的原因可能是 Hong 等人实验中所采用的腐蚀温度仅为 $210℃$，而 Shiojima 等人的腐蚀温度为 $360℃$，纳米管结构相比于穿透位错更容易被腐蚀，形成后者的腐蚀坑需要更高的温度以提供更大的反应能量。此外，腐蚀时间也是对腐蚀坑的来源判断以及位错密度测试的重要影响因素之一。

Hino 利用 HCl 气体对 GaN 进行了腐蚀，随后通过 AFM 表征观察到了三种不同类型的腐蚀坑形貌，如图 4.22 所示。通过在 TEM 中采用不同的衍射矢量来观察不同腐蚀坑下的位错类型，从而确定了螺位错、混合位错、刃位错三种位错类型分别对应于 α、β、γ 腐蚀坑形貌[54]。

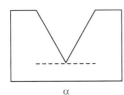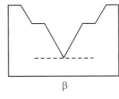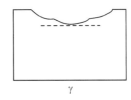

图 4.22　三种腐蚀坑的形貌示意图

Lu 等人对三种位错经熔融 KOH 腐蚀所形成的腐蚀坑形貌进行了系统的分析[55]，利用 SEM 对观察到的三种形貌的腐蚀坑进行了表征，三种形貌的腐蚀坑分别为倒梯形(α)、倒锥形(β)和两者的组合形状(γ)。之后，他们通过 AFM 以及 TEM 对腐蚀坑的形貌进行了表征，并确定了不同形貌腐蚀坑下对应的位错类型，分别为螺位错、刃位错和混合位错。Min 等人利用 H_3PO_4 和 H_2SO_4 混合溶液、熔融的 KOH 以及 HCl 气体对横向外延过生长(ELOG)的 GaN 进行腐蚀，SEM 结果显示在 ELOG 的窗口上有着大量的位错腐蚀坑，而掩膜上仅在生长接合处产生少量的位错腐蚀坑。由腐蚀坑的分布可以明显看出，ELOG 能够显著提高 GaN 材料的质量[56]。Moon 等人研究了 Si_xN_y 上 GaN 种子层的生长压力对 GaN 质量的影响，通过熔融 KOH 腐蚀的方法直观地体现了材料的生长质量，发现种子层生长压力越大的样品具有越少的腐蚀坑，即具有更好的质量。这一结论与 XRD 测试的结果一致[57]。

Lo 等人通过熔融的 KOH 对 GaN 进行选择性腐蚀，形成腐蚀坑，再沉积一层 SiO_2 并用 CMP 研磨露出平面的 GaN，从而实现了对腐蚀坑内位错的钝化，进而生长出高质量的 GaN 材料，GaN 材料的位错密度从 1×10^9 cm^{-2} 降低到 4×10^7 cm^{-2}，其钝化过程如图 4.23 所示[58]。Lee 等人也利用 SiO_2 对位错腐蚀坑进行了钝化，生长了高质量的 GaN 材料。首先通过 H_3PO_4 选择性腐蚀 GaN 形成位错腐蚀坑，再沉积一层 SiO_2 并旋涂光刻胶，之后通过干法刻蚀除去平面的 SiO_2，从而留下腐蚀坑中的 SiO_2，最后在此基板上再生长高质量的 GaN 材料，GaN 材料的位错密度从 4.0×10^8 cm^{-2} 降低到 1.7×10^8 cm^{-2}[59]。

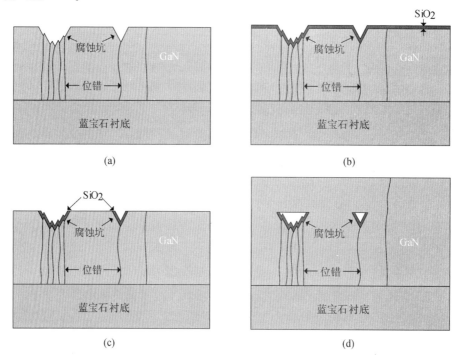

(a)   (b)

(c)   (d)

图 4.23 SiO_2 钝化位错过程示意图

除此之外，Park 等人利用硅纳米球作为腐蚀坑的掩膜，成功将 GaN 的位错密度从 5×10^9 cm^{-2} 降低到 3×10^7 cm^{-2}[60]。Hu 等人利用 SiN_x 对选择性腐蚀坑进行钝化，降低了 60％的位错密度[61]。Na 等人利用 GaN 的选择性腐蚀对 LED 的 P 型 GaN 表面进行腐蚀，提高了器件的发光效率，并降低了器件的漏电[62]。Usami 等人巧妙地利用腐蚀坑研究垂直 PN 结二极管中位错类型与漏电的关系，确定了漏电通道均为中等大小的位错腐蚀坑，结合 TEM 对腐蚀坑的表征，确定了螺位错是 PN 结二极管主要的漏电通道[63]。Yi 等人利用选择性腐蚀结合其他测试表征手段，揭示了 Mg 离子在位错中的聚集行为，为理解掺杂原子的微观行为提供了帮助[64]。

对于 N 极性面的 GaN 来说，当材料接触到碱性溶液，如 KOH 或者 NaOH 时，OH$^-$离子会破坏 Ga 原子底部的三个 Ga—N 键，使其断裂，之后被 Ga 离子吸收，OH$^-$离子进一步与 Ga 离子反应形成 Ga 的氧化物和 NH$_3$，最后，所生成的 Ga 的氧化物溶于碱性溶液中，于是便完成了一层 GaN 的腐蚀，上述腐蚀过程不断重复进行。然而，碱性溶液很难腐蚀 Ga 面 GaN，这与 Ga 面 GaN 原子排列的构型有关。对于 Ga 面 GaN 来说，当腐蚀完一层 Ga 原子后，带有三个悬挂键的 N 离子会对 OH$^-$离子产生极大的排斥力，阻止 OH$^-$离子进一步破坏 Ga—N 键，从而导致腐蚀过程的终止[65]。

4.8.2　腐蚀结果举例

这里以 MOCVD 生长的 N 型 GaN 层为例进行说明，其具体的结构示意图如图 4.24 所示。首先在蓝宝石衬底上生长 40 nm 的低温 GaN 成核层，之后在成核层上继续生长 2 μm 厚的 N 型 GaN 层，其中 Si 掺杂浓度为 $1×10^{19}$ cm^{-3}。将 N 型 GaN 样品放入 350℃熔融的 KOH 中腐蚀 10 min，观察熔融 KOH 的选择性腐蚀情况。图 4.25 是样品腐蚀后的光镜图，图 4.26 是样品腐蚀后的 SEM 图。从图 4.25 和图 4.26 中可以看出，样品表面形成了大小不同的腐蚀坑，且都呈现出规则的六方形貌。

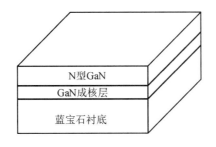

图 4.24　N 型 GaN 的外延结构示意图

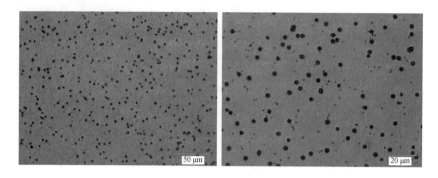

图 4.25   KOH 中腐蚀 10 min 后的 GaN 表面光镜图

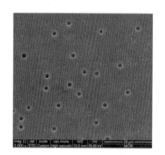

(a) 5 k 倍率下

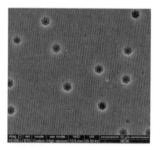

(b) 10 k 倍率下

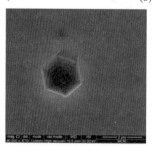

(c) 40 k 倍率下

图 4.26   KOH 中腐蚀 10 min 后的 GaN 表面 SEM 图

通过计算发现，GaN 样品腐蚀坑密度很低，约为 $1.7 \times 10^6 \ cm^{-2}$，和异质外延的位错密度明显有差别。为了验证腐蚀测试数据的可信度，这里又对样品进行了 XRD 测试，其(002)面和(102)面的摇摆曲线如图 4.27 所示。N 型 GaN 材料的(002)面摇摆曲线对应的半高宽为 302 弧秒，(102)面摇摆曲线对应的半高宽为 331 弧秒。由此可得，该 N 型 GaN 样品对应的螺位错密度为 $1.83 \times 10^8 \ cm^{-2}$，刃位错密度为 $5.81 \times 10^8 \ cm^{-2}$，总位错密度为 $7.64 \times 10^8 \ cm^{-2}$。

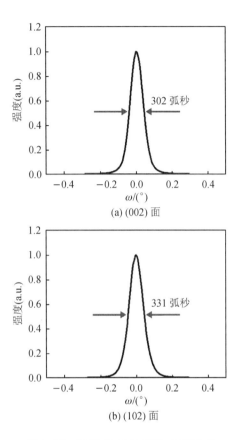

(a) (002) 面

(b) (102) 面

图 4.27　N 型 GaN 的 XRD 摇摆曲线

　　腐蚀测试所得到的位错密度和 XRD 测试相比小了两个数量级。这可能有两个方面的原因，其一是由于 XRD 的穿透深度深，可以穿过 GaN 外延层抵达蓝宝石衬底，而 GaN 中存在的大量位错在延伸到表面前就已经湮灭，这部分位错也被 XRD 测试结果计算到了总的位错密度中；其二是由于延伸到表面的位错没有被全部腐蚀。从图 4.26 中可以看出，GaN 表面依然有很多腐蚀深度很浅的小坑，有些腐蚀坑要放大很多倍才能看清，如图 4.26(c)所示的小六方坑，因此，位错密度之所以被低估，很有可能是因为腐蚀没有使位错完全显现出来。和其他表征位错密度的手段相比，腐蚀法对样品及腐蚀溶液和条件都有很高的要求，仅通过腐蚀法确定的位错密度往往不够准确。而且，腐蚀结束以后样品的表面遭到了破坏，和 CL 以及 XRD 等无损测试表征手段相比，腐蚀法的劣势很明显。

　　测试表征手段和技术多种多样，本章只列举了部分常见的内容供读者参

考。随着测试设备的不断进步，21世纪的材料检测技术正朝着科学、快速、精确、自动化、多功能等方向发展，已逐渐成为一种跨学科的综合性技术。这对推动半导体材料质量的进步、器件性能的提高和应用发挥着越来越重要的作用。

参 考 文 献

[1] 刘恩科，朱秉升，罗晋生. 半导体物理学[M]. 北京：电子工业出版社，2008.

[2] 符斯列，王春安，陈俊芳. 变温霍尔效应测量 n 型锗半导体薄膜禁带宽度[J]. 实验科学与技术，2010，8(2)：15 - 17.

[3] VAN DER PAUW L J. A method of measuring the resistivity and Hall coefficient on lamellae of arbitrary shape[J]. Philips Technical Review, 1958, 20220 - 224.

[4] 薛晓咏. 氮化镓材料的不同极性面拉曼光谱分析[D]. 西安：西安电子科技大学，2012.

[5] 吴国祯. 拉曼谱学：峰强中的信息[M]. 北京：科学出版社，2014.

[6] 张光寅. 晶格振动光谱学[M]. 北京：高等教育出版社，2001.

[7] DAOYING SONG B S. Phonons and optical properties of Ⅲ-nitride semiconductors [D]. Texas Tech University, 2007.

[8] DAVYDOV V Y, KITAEV Y E, GONCHARUK I N, et al. Phonon dispersion and Raman scattering in hexagonal GaN and AlN[J]. Physical Review B, 1998, 58(19): 12899.

[9] PERLIN P, JAUBERTHIE-CARILLON C, ITIE J P, et al. Raman scattering and X-ray-absorption spectroscopy in gallium nitride under high pressure[J]. Physical Review B, 1992, 45(1): 83.

[10] DAVYDOV V Y, EMTSEV V V, GONCHARUK I N, et al. Experimental and theoretical studies of phonons in hexagonal InN[J]. Applied Physics Letters, 1999, 75(21): 3297 - 3299.

[11] YU P Y, CARDONA M. Fundamentals of semiconductors: Physics and materials properties[M]. Berlin: Springer-Verlag, 1996.

[12] HARIMA H, NAKASHIMA S, UEMURA T. Raman scattering from anisotropic LO-phonon-plasmon-coupled mode in n-type 4H-and 6H-SiC[J]. Journal of Applied Physics, 1995, 78(3): 1996 - 2005.

[13] CARDONA M. Light scattering in solids I: Introductory concepts[M]. Berlin: Springer-Verlag, 2005.

[14] KLEIN M V, GANGULY B N, COLWELL P J. Theoretical and experimental study

of Raman scattering from coupled LO-phonon-plasmon modes in silicon carbide[J]. Physical Review B, 1972, 6(6): 2380 - 2388.

[15] IRMER G, TOPOROV V V, BAIRAMOV B H, et al. Determination of the charge carrier concentration and mobility in n-gap by Raman spectroscopy[J]. Physica Status Solidi B, 1983, 119(2): 595 - 603.

[16] PERLIN P, CAMASSEL J, KNAP W, et al. Investigation of longitudinal-optical phonon-plasmon coupled modes in highly conducting bulk GaN[J]. Applied Physics Letters, 1995, 67(17): 2524 - 2526.

[17] WETZEL C, WALUKIEWICZ W, HALLER E E, et al. Carrier localization of as-grown n-type gallium nitride under large hydrostatic pressure[J]. Physical Review B, 1996, 53(3): 1322.

[18] YUGAMI H, NAKASHIMA S, MITSUISHI A, et al. Characterization of the free-carrier concentrations in doped β-SiC crystals by Raman scattering[J]. Journal of Applied Physics, 1987, 61(1): 354 - 358.

[19] FAUST W L, HENRY C H. Mixing of visible and near-resonance infrared light in GaP[J]. Physical Review Letters, 1966, 17(25): 1265.

[20] EJDER E. Refractive index of GaN[J]. Physica Status Solidi A, 1971, 6(2): 445 - 448.

[21] KOSICKI B B, POWELL R J, BURGIEL J C. Optical absorption and vacuum-ultraviolet reflectance of GaN thin films[J]. Physical Review Letters, 1970, 24(25): 1421.

[22] HARIMA H, INOUE T, NAKASHIMA S, et al. Electronic properties in p-type GaN studied by Raman scattering[J]. Applied Physics Letters, 1998, 73(14): 2000 - 2002.

[23] DEMANGEOT F, FRANDON J, RENUCCI M A, et al. Coupled longitudinal optic phonon-plasmon modes in p-type GaN[J]. Solid State Communications, 1998, 106(8): 491 - 494.

[24] POPOVICI G, XU G Y, BOTCHKAREV A, et al. Raman scattering and photoluminescence of Mg doped GaN films grown by Molecular Beam Epitaxy[J]. MRS Online Proceedings Library, 1997, 468219 - 224.

[25] MANUEL C, GERNOT G. Light Scattering in Solids Ⅱ[M]. Berlin Heidelberg Gmbh: Springer-Verlag, 1982.

[26] 郝跃, 张金风, 张进成. 氮化物宽禁带半导体材料与电子器件[M]. 北京: 科学出版社, 2013.

[27] XIE K, SUN Z, ZHU Y, et al. Magnetic entropy change in $(Gd_{1-x}D_x)$Si-4 compounds [J]. Journal of Alloys and Compounds, 2004, 372(1 - 2): 49 - 51.

[28] 冯再, 吴卫, 郭立君. RE 对$(Gd_{1-x}RE_x)$5Si4 合金晶体结构及居里温度的影响[J]. 稀有金属材料与工程, 2006, 35(2): 316 - 319.

[29] 游达, 王庆学, 汤英文, 等. 高 Al 含量 AlGaN 多层外延材料的应变与位错密度研究

[J]. 激光与红外，2005，35(11)：880 - 882.

[30] SAFRIUK N V，STANCHU G V，KUCHUK A V，et al. X-ray diffraction investigation of GaN layers on Si(111) and Al_2O_3(0001) substrates.[J]. Semiconductor Physics Quantum Electronics & Optoelectronics，2013，16(3)：265 - 272.

[31] 符梦笛. 复合缓冲层 GaN 基异质结材料与器件研究[D]. 西安：西安电子科技大学，2017.

[32] 黄孝瑛. 材料微观结构的电子显微学分析[M]. 北京：冶金工业出版社，2008.

[33] WILLIAMS，D B，CARTER C B. 透射电子显微学：材料科学教材[M]. 北京：清华大学出版社，2007.

[34] FULTZ B，HOWE J M. Transmission electron microscopy and diffractometry of materials[M]. Berlin：Springer，2012.

[35] HIRSCH P. 薄晶体电子显微学[M]. 北京：科学出版社，1983.

[36] PENNYCOOK S J，NELLIST P D. Scanning Transmission Electron Microscopy：Imaging and Analysis[M]. Berlin：Springer，2011.

[37] 黄孝瑛. 透射电子显微学[M]. 上海：透射电子显微学，1987.

[38] 李方华. 电子晶体学与图像处理[M]. 上海：上海科学技术出版社，2009.

[39] 王蓉. 电子衍射物理教程[M]. 北京：冶金工业出版社，2002.

[40] 章效锋. 显微传：清晰的纳米世界[M]. 北京：清华大学出版社，2015.

[41] MARKURT T. Transmission electron microscopy investigation of growth and strain relaxation mechanisms in GaN(0001) films grown on silicon(111) substrates[D]. Berlin：Humboldt-Universität zu Berlin，Mathematisch-Naturwissenschaftliche Fakultät，2016.

[42] ROSE H. Outline of a spherically corrected semiaplanatic medium-voltage transmission electron microscope[J]. Optik，1990，8519 - 24.

[43] ROSE H. Correction of aberrations，a promising means for improving the spatial and energy resolution of energy-filtering electron microscopes[J]. Ultramicroscopy，1994，56(1 - 3)：11 - 25.

[44] JIA C，LENTZEN M，URBAN K. High-resolution transmission electron microscopy using negative spherical aberration[J]. Microscopy and Microanalysis，2004，10(2)：174 - 184.

[45] JIA C L，URBAN K. Atomic-resolution measurement of oxygen concentration in oxide materials[J]. Science，2004，303(5666)：2001 - 2004.

[46] COCKAYNE D，RAY I，WHELAN M J. Investigations of dislocation strain fields using weak beams[J]. Philosophical Magazine，1969，20(168)：1265 - 1270.

[47] 许振嘉. 半导体的检测与分析[M]. 北京：科学出版社，2007.

[48] DARAKCHIEVA V，BECKERS M，XIE M Y，et al. Effects of strain and composition on

the lattice parameters and applicability of Vegard's rule in Al-rich Al$_{1-x}$In$_x$N films grown on sapphire[J]. Journal of Applied Physics, 2008, 103(10): 1752 - 1759.

[49] XU S, JIANG T, LIN Z, et al. Current mapping of nonpolar a-plane and polar c-plane GaN films by conductive atomic force microscopy[J]. Journal of Crystal Growth, 2016, 451: 13 - 17.

[50] STOCKER, D. A, SCHUBERT, et al. Crystallographic wet chemical etching of GaN. [J]. Applied Physics Letters, 1998, 73(18): 2654 - 2656.

[51] WEYHER J L, BROWN P D, ROUVIERE J L, et al. Recent advances in defect-selective etching of GaN[J]. Journal of Crystal Growth, 2000, 210(1 - 3): 151 - 156.

[52] HONG S K, YAO T, KIM B J, et al. Origin of hexagonal-shaped etch pits formed in (0001) GaN films[J]. Applied Physics Letters, 2000, 77(1): 82 - 84.

[53] SHIOJIMA K. Atomic force microscopy and transmission electron microscopy observations of KOH-etched GaN surfaces[J]. Journal of Vacuum & Technology B, 2000, 18(1): 37 - 40.

[54] HINO T, TOMIYA S, MIYAJIMA T, et al. Characterization of threading dislocations in GaN epitaxial layers[J]. Applied Physics Letters, 2000, 76(23): 3421 - 3423.

[55] LU L, GAO Z Y, SHEN B, et al. Microstructure and origin of dislocation etch pits in GaN epilayers grown by metal organic chemical vapor deposition[J]. Journal of Applied Physics, 2008, 104(12): 123525.

[56] MIN L, XIN C, HUI-ZHI F, et al. Etch-pits and threading dislocations in thick LEO GaN films on sapphire grown by MOCVD[J]. Physica Status Solidi C, 2004, 1(10): 2438 - 2440.

[57] MOON Y T, XIE J, LIU C, et al. A study of the morphology of GaN seed layers on in situ deposited Si$_x$N$_y$ and its effect on properties of overgrown GaN epilayers[J]. Journal of Crystal Growth, 2006, 291(1): 301 - 308.

[58] LO M H, TU P M, WANG C H, et al. Defect selective passivation in GaN epitaxial growth and its application to light emitting diodes[J]. Applied Physics Letters, 2009, 95(21): 211103.

[59] LEE J W, SONE C, PARK Y, et al. High efficiency GaN-based light-emitting diodes fabricated on dielectric mask-embedded structures[J]. Applied Physics Letters, 2009, 95(1): 11108.

[60] PARK Y J, KIM H G, KIM H Y, et al. Selective defect blocking by self-assembled silica nanospheres for high quality GaN template[J]. Electrochemical and Solid-State Letters, 2010, 13(8): H287 - H289.

[61] HU W, DIE J, WANG C, et al. The substantial dislocation reduction by preferentially passivating etched defect pits in GaN epitaxial growth[J]. Applied Physics Express, 2019,

12(3)：35502.

[62] NA S, HA G, HAN D, et al. Selective wet etching of p-GaN for efficient GaN-based light-emitting diodes[J]. IEEE Photonics Technology Letters, 2006, 18(14)：1512 – 1514.

[63] USAMI S, ANDO Y, TANAKA A, et al. Correlation between dislocations and leakage current of p-n diodes on a free-standing GaN substrate[J]. Applied Physics Letters, 2018, 112(18)：182106.

[64] YI W, KUMAR A, UZUHASHI J, et al. Mg diffusion and activation along threading dislocations in GaN[J]. Applied Physics Letters, 2020, 116(24)：242103.

[65] LI D, SUMIYA M, FUKE S, et al. Selective etching of GaN polar surface in potassium hydroxide solution studied by X-ray photoelectron spectroscopy[J]. Journal of Applied Physics, 2001, 90(8)：4219 – 4223.

第 5 章

氮化物蓝光 LED 材料与器件

氮化物蓝光 LED 是目前同类器件中效率最高的，但它的发展历程非常曲折。首先面临的问题是外延过程中晶体质量较差，两步法、图形衬底等技术的采用显著提升了晶体质量。其次，氮化物的 P 型掺杂是长期困扰研究人员的一大难题，直接导致氮化物 LED 无法应用。1989 年天野浩等人采用低能电子束辐射首次实现了氮化物的有效 P 型掺杂，证明了氮化物 P 型掺杂的可行性。在此基础上，中村修二采用退火技术实现了高浓度的 P 型掺杂，并被沿用至今。最后，随着多量子阱、电子阻挡层、电流扩展层等外延结构的不断优化以及器件工艺的不断进步，氮化物蓝光 LED 的性能达到了新的高度，成为目前白光照明的核心器件。本章主要介绍氮化物材料晶体质量提升的方法、高浓度 P 型掺杂的有效途径以及 LED 的能带设计。

5.1　高质量材料外延技术

高质量半导体材料是制备高性能半导体器件的基础，由于目前氮化物的晶体质量不高，因此获得高质量的氮化物材料显得格外关键。由于氮化物单晶衬底存在高成本、尺寸小以及杂质含量高等问题，因此目前大规模应用的氮化物器件基本上是在碳化硅、蓝宝石和硅上异质外延实现的。本节将详细介绍提升氮化物异质外延晶体质量的方法，包括已经被广泛采用的两步法，能够阻挡位错延伸以及诱导位错弯曲和湮灭的图形衬底技术和磁控溅射 AlN 技术等。采用上述方法之后，异质外延氮化物的晶体质量得到了显著提升，基于上述技术制备的器件已经被广泛应用于照明、显示、探测、快充和杀菌消毒等领域。

5.1.1　两步法

两步法是目前被广泛采用的外延方法。由于异质外延衬底和氮化物之间存在较大的晶格失配和热失配，因此直接在衬底上外延会导致大量缺陷产生。1986 年，赤崎勇和天野浩等提出了两步外延的方法，提高了晶体质量[1]。首先在蓝宝石衬底上生长一层低温 AlN 成核层，然后在低温 AlN 成核层上外延一层高温 GaN。由于低温 AlN 层释放了部分应力，并且低温成核层的 3D 形貌有利于随后外延过程中位错的弯曲和湮灭，因此外延得到的 GaN 薄膜的晶体质量显著改善。类似地，日亚公司的中村修二采用低温 GaN 作为成核层外延了高温 GaN 层，晶体质量也获得了显著的提升[2]。随着外延技术的发展，针对晶体质量提升的不同研究相继出现，但都是以两步法作为基础来提出和设计的。

为了直观地展示采用两步法的优势，图 5.1 给出了两个 GaN 样品的表现形貌图。第一个样品采用 550℃ 的低温 GaN 作为缓冲层，然后在上面生长 3 μm 厚的 GaN 薄膜。第二个样品是直接生长 3 μm 厚的 GaN 薄膜，没有低温成核层。从图中可以看出，采用低温成核层生长的 GaN 薄膜表面十分平整，证明应力得到了充分释放。而直接进行高温生长的 GaN 薄膜表面非常粗糙，上面有六方的结构缺陷，部分呈现六角锥的形貌，部分顶面相对平缓。产生这种形貌的原因是生长初期的温度较高，在较高的温度下 NH₃ 对衬底进行了过度氮化，诱导极性发生翻转，变成了 N 极性的 GaN 薄膜。因此，低温成核层除了能缓解应力，提升晶体质量以外，还可以有效地防止衬底被过度氮化。

(a) 采用低温成核层生长的GaN薄膜　　　　　(b) 直接进行高温生长的GaN薄膜

图 5.1　两个 GaN 样品的表面形貌图

5.1.2　图形衬底技术

在平面蓝宝石衬底上异质外延 GaN 的过程中，由于 GaN 材料与蓝宝石衬底之间存在较大的晶格失配和热失配，导致外延的 GaN 薄膜内产生了约 $10^8 \sim 10^{10}$ cm^{-2} 的线位错密度，大量的缺陷导致 LED 发光效率降低和可靠性下降。此外，蓝宝石、GaN 晶体和空气折射率的明显差异导致大量光子在蓝宝石/GaN/空气界面层之间发生全反射，降低了器件的光提取效率。

针对以上这些问题，近年来发展起来的图形蓝宝石衬底(Patterned Sapphire Substrate，PSS)技术在减少 GaN 外延层缺陷以及提高 LED 发光效率方面均有很好的效果。图形蓝宝石衬底技术是指在蓝宝石晶片表面制作具有微纳结构的周期性阵列图形。图形的存在能够诱导 GaN 进行横向生长，使 GaN 外延薄膜的线位错密度降低 1~2 个数量级，从而显著提高 GaN 的晶体质量；同时，突

起的图形侧壁可以改变光子的方向，增加光的漫反射，提高器件的光提取效率，减少器件工作时产生的热量。

1. 图形衬底的制备

图形蓝宝石衬底是由平面蓝宝石衬底经沉积、光刻和蚀刻等工艺制备而成的。其制备包含两个关键过程，一是掩膜制备，二是掩膜图形的转移。掩膜制备是指在蓝宝石衬底晶片上制备出带有周期性图案的掩膜图形，用于保护图形下的蓝宝石晶片；掩膜图形的转移是指将掩膜图形转移到蓝宝石衬底上，在蓝宝石衬底上制作出周期性图案。

Ni 经常被用于掩膜制备，通常是在蓝宝石表面蒸镀一层金属膜作为刻蚀掩膜，然后通过光刻工艺制备出图案化的 Ni 掩膜，其图案和尺寸取决于掩膜板[3]。也可以利用等离子体增强化学气相沉积（PECVD）技术在蓝宝石衬底上沉积一层 SiN_x 薄膜作为刻蚀掩膜，通过有机玻璃在深紫外灯定位器下制作阵列图形，最后通过反应离子刻蚀（RIE）将图形转移至 SiN_x 掩膜[4-5]。或者利用 PECVD 沉积一层 SiO_2 薄膜，再通过标准光刻工艺和刻蚀技术制作图形化 SiO_2 掩膜，通常采用电感耦合等离子体刻蚀（ICP）对未保护的 SiO_2 进行去除，从而在 SiO_2 掩膜上制备图形。此外，若在 SiO_2 薄膜上涂布单层纳米球，则可用于制作纳米级图形化蓝宝石衬底的掩膜图形。除了 ICP，也可通过缓冲氧化刻蚀剂（BOE）制作图形化 SiO_2 掩膜。除此之外，硅工艺中使用的光刻胶也经常作为掩膜使用。

掩膜图形的转移可采用干法刻蚀。干法刻蚀是利用射频放电反应气体产生的等离子体对衬底表面进行刻蚀。ICP 具有刻蚀剖面高度各向异性、刻蚀速率较快、易于控制等优点，是目前主流的蓝宝石刻蚀设备。通过改变 ICP 刻蚀工艺的射频功率、偏压功率、气体配比（BCl_3、Cl_2 和 CF_4 等）和压强等参数[6]，可实现蓝宝石衬底刻蚀速率和图案选择比的精确调控。ICP 刻蚀过程由化学和物理两个过程组成。化学过程是比较复杂的，主要分为两步：第一步是刻蚀气体在电磁场的作用下产生等离子体；第二步是产生的等离子体与衬底表面相互作用。ICP 刻蚀过程中涉及的物理过程主要是产生等离子体，然后利用产生的等离子体实现对衬底表面的轰击。与溅射刻蚀过程不同，ICP 刻蚀的物理过程辅助刻蚀气体与衬底表面的化学反应，动能较大的粒子不但能打断衬底分子间的化学键，起到刻蚀的作用，同时还能对吸附在衬底表面的反应生成物进行轰击，使这些生成物脱离衬底表面，促进被刻蚀衬底表面的化学反应顺利进行。以刻蚀蓝宝石衬底为例，在偏置电场作用下，腔室中的气体电离产生等离子体，这些等离子体对蓝宝石进行刻蚀，使蓝宝石的 Al—O 键断裂，并通过离子间的化学反应获得具有一定图形结构的蓝宝石衬底。一般以 Cl 基气体作为刻蚀气体，通过改变刻蚀过程中的工艺参数，从而实现对刻蚀速率和均匀性的控制[7]。

目前主流的 PSS 图案是锥形，锥形刻蚀的关键是提高刻蚀选择比。只有刻蚀选择比更大的刻蚀工艺才能将图形占比做大、弧度做小。在提升刻蚀选择比的各项工艺中，三氟甲烷（CHF_3）在刻蚀过程中可以与光刻胶发生反应生成聚合物，有效阻止等离子体对光刻胶的刻蚀，显著提高刻蚀选择比[8]。

除了干法刻蚀以外，还可以采用湿法刻蚀以得到图形衬底，湿法刻蚀是利用高温腐蚀性溶液对衬底进行不同晶面的刻蚀。通常采用 $230 \sim 320℃$ 的 H_2SO_4 和 H_3PO_4 混合溶液刻蚀覆盖有惰性掩膜的平片 c 面蓝宝石衬底来制备图形衬底，主要反应式有[6]

$$Al_2O_3 + 3H_2SO_4 \longrightarrow Al_2(SO_4)_3 + 3H_2O \qquad (5-1)$$

$$Al_2O_3 + 2H_3PO_4 \longrightarrow 2AlPO_4 + 3H_2O \qquad (5-2)$$

$$Al_2O_3 + 3H_2SO_4 + 14H_2O \longrightarrow Al_2(SO_4)_3 \cdot 17H_2O(\downarrow) \qquad (5-3)$$

$$Al_2(SO_4)_3 \cdot 17H_2O(\downarrow) + 2H_3PO_4 \longrightarrow 2AlPO_4 + 17H_2O + 3H_2SO_4$$

$$(5-4)$$

湿法刻蚀工艺具有装置简单、成本低、效率高以及表面损伤小等优点。改变刻蚀时间、H_2SO_4 和 H_3PO_4 的比例以及温度等参数，可对刻蚀的图形形貌、尺寸和刻蚀速率进行调控。但湿法刻蚀存在横向腐蚀的问题，在掩膜图形转移到蓝宝石衬底的过程中，横向腐蚀会使图形产生一定程度的失真。此外，湿法刻蚀制备图形衬底需要准确控制刻蚀的工艺参数，因为图形的制备对工艺参数很敏感。

2. 图形衬底对出光的影响

图形衬底可以抑制 GaN 基光电器件有源区产生全反射现象，从而显著提升光电器件的光提取效率。蓝宝石、GaN 晶体和空气的折射率分别为 1.78、2.50 和 1.00，根据斯涅耳定律，出射角度大于 $23.6°$ 的光子在器件内部发生全反射，内部全反射的光子最终转化为热能，从而显著降低器件的光提取效率和寿命。但由于图形衬底上存在微结构，原本不能出射的光子通过蓝宝石衬底的多次反射，改变了传播路径，当角度处于逃逸角范围内时，光子便成功逃逸，因此，图形蓝宝石衬底能够增加光子的逃逸概率，使得 LED 光提取效率增加[9]。图形衬底对出光的影响示意图如图 5.2 所示。

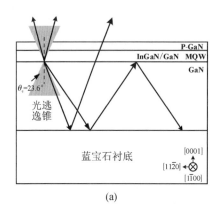

(a)

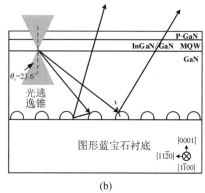

(b)

图 5.2　图形衬底对出光的影响示意图

3. PSS 的图形设计

随着图形衬底思路的提出，衬底上图案的设计成为 PSS 技术的关键环节，图形的形貌、尺寸搭配直接决定了 LED 的性能。二维排布的沟槽形图案由于加工难度小，是最早应用于 PSS 的图案，比如直槽、斜槽、V 槽等。GaN 优先在蓝宝石(0001)面成核，因此不同槽形上 GaN 的生长方式不同。直槽、斜槽由于图案顶部和底部均为(0001)面，GaN 会同时在上、下平台成核；而 V 槽只有图案顶部为(0001)面，GaN 经退火后会选择在 V 槽顶部横向生长并合并，导致 V 槽处产生条状空隙。外延层与蓝宝石衬底的接触面积变小，也在一定程度上降低了外延层位错密度。对沟槽形图案而言，光提取效率的提升主要靠沟槽侧壁，不过受沟槽形图案线性排布的影响，对光反射起积极作用的晶面单一，加上图案密集度低，沟槽形图案的提升效果不够明显。随后出现的六边形图形衬底是为了扩大图形密度而尝试的新图形。与沟槽形图案不同，六边形图形与 GaN 六方结构类似，加工并不复杂。有研究表明[10]，六边形图形不仅能增强光反射/散射效应，而且更有利于 GaN 横向外延，提高薄膜的晶体质量。

半球形图形充分发挥了自由曲面的优势，是后来兴起的一种图形。与三棱锥图形相比，半球形图形的侧面能全方位反射入射衬底的光线，光提取效果更佳。有研究指出，没有尖角的半球形图案，能更大限度地释放应力，削弱量子阱极化电场；另外，半球体的密排布对横向外延更有利，材料的晶体质量会显著提升。对半球形图形衬底而言，GaN 晶粒大部分生长在半球底部的(0001)面，少量的 GaN 晶粒在半球顶部。随着外延的进行，来自底部的 GaN 易受顶部 GaN 晶粒的影响[11]。后续有研究表明，微图形面积的增加会使得来自量子阱有源区发射光的反射率增加，最终制备出发光效率较高的 LED。同时，当 PSS 微图形的形貌为圆锥形时，制备出的 LED 的发光效率相比平面衬底制备的 LED 的 发光效率提高了 35%[12]。在高占空比圆锥图形的基础上，将 PSS 微图形的侧壁弧形尺寸控制在 (150 ± 10) nm 时，LED 的出光效率将提高 8.9%[13]。上述研究表明，高占空比、小弧度的 PSS 图形能够提高 LED 的发光效率，这也是目前主流的 PSS 图形。锥状图形衬底的 SEM 形貌如图 5.3 所示。

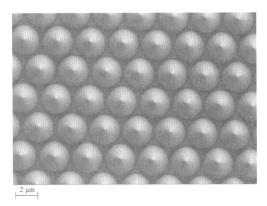

图 5.3　蓝宝石锥状图形衬底

在研究图形蓝宝石衬底的初期阶段，一般制备的都是微米级图形。随着纳米压印刻蚀技术(NIL)的发展和电子束直写技术的进步，人们开始对纳米级图形蓝宝石衬底进行研究。大量研究表明，纳米级图形蓝宝石衬底(NPSS)在光提取效率方面相比于微米级图形蓝宝石衬底(MPSS)更具优势，原因在于随着图形尺寸的缩小，单位面积内所具有的斜面更多，所以光在外延层中有更大的概率射出[14]。纳米级图形衬底的图形尺寸很小，适用于横向外延效果不佳的材料。比如 AlN 材料的横向外延速度很慢，采用微米级别的衬底很难在几个微米范围内合并，从而形成平整的薄膜，所以 AlN 薄膜和高 Al 组分 AlGaN 经常采用纳米级图形衬底来进行外延。纳米级凹槽形蓝宝石衬底的 SEM 图像如图 5.4 所示，这种衬底的图形尺寸很小，GaN 在平坦的区域成核，然后横向生长，接着在凹槽的上方合并，一般 GaN 难以在凹槽中生长，所以会有空洞出现。

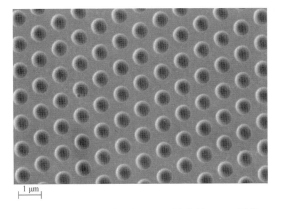

图 5.4　纳米级凹槽形蓝宝石衬底的 SEM 图像

4. 图形衬底对晶体质量的改善

图形衬底对材料晶体质量的改善效果是非常显著的，主要原因有两个：一是相比于平坦的区域，氮化物材料在凸起的区域很难结晶，凸起区域和传统ELOG 技术中的掩膜类似，材料横向生长之后在丘上合并，图案本身已经阻挡了大部分位错；二是由于外延生长主要是在平坦区域进行的，随着晶粒的不断长大，部分位错会向图形侧壁的方向弯曲，进一步降低外延薄膜中的位错密度。从图 5.5 中可以看出，位错在平坦区域的密度相对较高，有一些位错弯向了侧壁，这部分位错很难延伸到外延层中，从而降低了外延层中的位错密度，值得注意的是，在图形衬底的顶端可以清晰地看到一个新生位错的出现。图形衬底上的外延主要从平坦区域开始结晶生长，最终在丘顶合并，丘的顶端高达 $1.5 \sim 2~\mu m$。不同的平坦区域外延生长的晶粒会有不同的倾向，在合并相遇时晶格很难"无缝衔接"，接触的地方会产生新的位错。

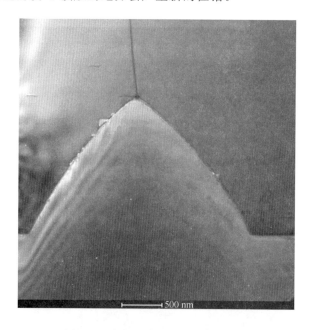

图 5.5 纳米级图形衬底的 TEM 图

5.1.3 磁控溅射 AlN 技术

晶体质量一直是制约 GaN 薄膜进一步应用的关键问题，成核层对 GaN 外延层的晶体质量有非常大的影响。传统的成核层包括在蓝宝石衬底上生长的低温 AlN 和 GaN。在采用磁控溅射的 AlN 作为成核层之后，外延的晶体质量得到了显著改善，因此，磁控溅射 AlN 是目前 LED 中最常用的成核层。

蓝宝石衬底上溅射 AlN 成核层的 AFM 图像如图 5.6 所示，从 AFM 的测试结果可以看出样品表面呈颗粒状。同时，在溅射 AlN 成核层的摇摆曲线中，峰的强度很低、半高宽很大，表明其晶体质量并不理想。在晶体质量不佳的 AlN 上生长出晶体质量较好的 GaN 更能体现出它的价值。

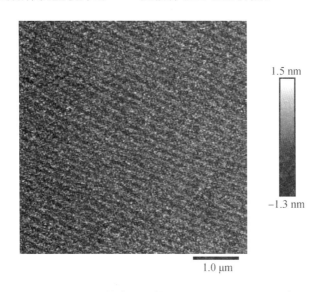

图 5.6 蓝宝石衬底上溅射 AlN 成核层的 AFM 形貌

1. 磁控溅射 AlN 上外延氮化物的研究进展

磁控溅射 AlN 最早出现于 1994 年，是 Meng 等人为了解决如何在 Si 衬底上生长 AlN 而引入的方法[15]。但是不断有学者指出，磁控溅射技术生长的 AlN 的晶向很难确定，生长出来的 AlN 薄膜呈多晶态[16-17]。直至 2009 年，东京大学 Sato 等人用磁控溅射技术实现了 SiC 衬底上高质量 AlN 薄膜的制备[18]。

磁控溅射设备工作时处于高真空状态，底部为固定衬底的基底。铝靶固定在腔室上方，背面连接水冷系统(用于工作过程中的冷却降温)，同时连接电源阴极。反应气体为 Ar 和 N_2 的混合气体。其工作原理是电子在电场作用下加速飞向基底，与腔室中的 Ar 原子发生碰撞，使其电离出 Ar^+ 和新的电子，而电离出的 Ar^+ 在电场作用下高速撞击靶材表面，使得铝靶表面溅射出的 Al 原子或者 Al 离子与腔室中被电场离子化的 N^+ 结合形成 AlN 薄膜并沉积在衬底表面。

虽然磁控溅射技术无法直接实现 AlN 薄膜的单晶生长，但是却可以作为成核层技术来解决后续氮化物薄膜生长过程中晶体质量差的问题。氮化物材料异质外延的首要问题是如何有效地在衬底表面成核生长，而 AlN 材料的润湿性非常好，可以有效地在衬底表面成核。但是 Al 原子表面迁移能力很弱，所以 AlN 成核层在低温下合并难度较大，表面比较粗糙。2000 年，Tungasmita 等人使用了磁控溅射 AlN 技术，成功在 SiC 表面生长出平整的 AlN 薄膜[19]。2001 年，Tang 等人使用磁控溅射 AlN 作为成核层在 SiC 衬底上进行 GaN 薄膜的外延，并且实现了器件的制备[20-21]。对于 Si 衬底而言，巨大的晶格失配和热失配不利于氮化物的生长。磁控溅射 AlN 的生长温度相较于 MOCVD 要低很多，可以减少生长成核层时的热失配。有学者指出，使用磁控溅射 AlN 作为成核层可以改善氮化物材料在 Si 衬底上的质量。1997 年，Malengreau 等人使用磁控溅射技术在 Si(111) 衬底上实现了高平整度 AlN 薄膜的外延[22]。2001 年，Wan 等人使用磁控溅射 AlN 作为成核层，在 Si(100) 上实现了 GaN 薄膜的外延。这说明磁控溅射 AlN 作为成核层适用于不同类型衬底上氮化物薄膜的异质外延[23]。但由于对磁控溅射技术的理解不够深入，很长一段时间以来，很多学者认为磁控溅射 AlN 作为成核层不利于 Si 衬底上 GaN 薄膜的生长，尤其是 Si(111) 衬底。2013 年，名古屋大学的天野浩团队指出，在 Si 衬底上磁控溅射 AlN 时，预溅射 1 nm 厚度的 Al 原子层，将大幅度提升后续 GaN 薄膜的晶体质量[24]。天野浩团队在 2016 年使用磁控溅射 AlN 成核层和 AlN/GaN 超晶格在 Si(111) 上外延了高质量的半极性 GaN(10$\bar{1}$3) 薄膜[25]。

目前，磁控溅射 AlN 技术已经被广泛应用于在蓝宝石衬底上异质外延 GaN。2000 年，Valcheva 等人使用磁控溅射 AlN 作为成核层，有效地降低了 GaN 的表面粗糙度，提高了 GaN 的晶体质量[26]。随着蓝宝石衬底上 GaN 薄膜质量的不断提升，以及对 GaN 基光电器件性能需求的不断增加，出现了大量在图形化蓝宝石衬底上采用磁控溅射 AlN 外延 GaN 的研究[27-29]。有研究表明，在没有溅射 AlN 的 PSS 上，GaN 主要从 PSS 的平坦区域向上生长，在图形的侧壁上形成小的多晶颗粒，这些多晶颗粒的晶向与平坦区域向上生长的 c 轴晶向有所差异，因此当薄膜向上生长并与晶粒发生合并时会产生位错[12, 27, 30-34]。Chang 等人发现，溅射 AlN 成核层的表面十分平整，可以减少在 PSS 上外延过程中图形表面晶粒的产生，从而提升薄膜的质量[35]。随后又有学者研究了溅射 AlN/PSS 上 GaN 薄膜及其光电器件的外延机理。Wu 等人研究了溅射 AlN 出现在图形上不同位置对 GaN 外延薄膜晶体质量的影响[36]。Hu 等人研究了在溅射 AlN 成核层/PSS、低温 AlGaN 成核层/PSS 上制备 GaN 基 LED 的生长过程以及器件性能的差异[34]。逐渐有更多学者开始使用溅射 AlN 作为 GaN 基器件的成核层材料[37-38]。He 等人通过优化生长条件，在使用溅射 AlN 成核层之后，得到了高质量的 GaN 薄膜，HRXRD 测试得到的 (002) 面和

(102)面的半高宽分别为 150 弧秒 和 125 弧秒[39]。Peng 等人[40] 提出了"海啸式"生长模式，在使用溅射 AlN 成核层的基础上进一步提升了薄膜的晶体质量，采用"海啸式"生长的 GaN 薄膜，(002)面和(102)面的半高宽分别为 58 弧秒和 90 弧秒。综上所述，溅射 AlN 成核层对蓝宝石上 GaN 薄膜质量和器件性能的提升效果显著。

2. 磁控溅射 AlN 对 GaN 外延层质量的影响

为了研究磁控溅射 AlN 对于 GaN 外延层晶体质量的影响，这里采用 MOCVD 系统在完全相同的生长条件下生长没有磁控溅射 AlN 和磁控溅射 25 nm 厚的 AlN 的蓝宝石衬底上外延的 GaN 薄膜。实验采用三甲基镓 (TMGa)和氨气(NH$_3$)分别作为 Ga 源和 N 源，氢气(H$_2$)作为载气。首先在 540℃温度条件下，保持 Ga 源流量为 90 sccm，NH$_3$ 流量为 75 sccm，生长约 30 nm 厚的 GaN 缓冲层，然后将温度升至约 1000℃，生长约 1.7 μm 厚的 GaN 外延层。完成生长后，分别采用 HRXRD、AFM、拉曼测试以及 PL 测试等方法对 GaN 薄膜进行表征。

通过 HRXRD 对 GaN 晶体中的位错密度进行表征，X 射线波长为 0.154 nm，测试得到的摇摆曲线如图 5.7 所示。无溅射 AlN 的蓝宝石衬底上生长的 GaN 外延层的(002)面和(102)面摇摆曲线半高宽分别为 579 弧秒和 1815 弧秒，计算出对应的螺位错密度和刃位错密度分别为 6.72×10^8 cm^{-2} 和 1.75×10^{10} cm^{-2}，总位错密度为 1.82×10^{10} cm^{-2}；有溅射 AlN 的蓝宝石衬底上生长的 GaN 外延层的(002)面和 (102)面摇摆曲线半高宽分别为 302 弧秒和 667 弧秒，计算出对应的螺位错密度和刃位错密度分别为 1.83×10^8 cm^{-2} 和 2.36×10^9 cm^{-2}，总位错密度为 2.54×10^9 cm^{-2}。由此可以看出，磁控溅射 AlN 成核层的引入使 GaN 外延层的位错密度从 1.82×10^{10} cm^{-2} 降至 2.54×10^9 cm^{-2}，降低了近一个数量级，说明磁控溅射 AlN 成核层对外延层中位错密度的降低作用显著。

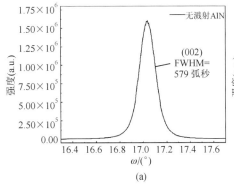

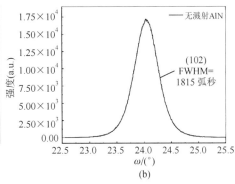

(a)　　　　　　　　　　(b)

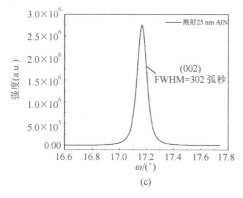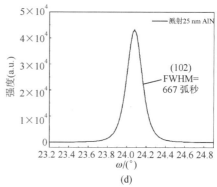

(c)　　　　　　　　　　　　　　(d)

图 5.7　有无溅射 AlN 的 GaN 薄膜摇摆曲线

通过 AFM 测试对样品的表面形貌进行表征，结果如图 5.8 所示。两组样品均呈现了原子台阶流形貌，对于没有磁控溅射 AlN 的样品，GaN 外延层表面均方根粗糙度为 0.70 nm；对于有磁控溅射 AlN 的样品，GaN 外延层表面均方根粗糙度为 0.28 nm，说明溅射 AlN 成核层有利于 GaN 平滑形貌的演化。

(a) 无磁控溅射 AlN　　　　　(b) 磁控溅射 25 nm AlN

图 5.8　GaN 外延层 5 μm×5 μm 范围的 AFM 表面形貌图

通过拉曼测试对样品所受应力状态进行分析，测试采用共焦 Jobin Yvon LavRam HR800 微型拉曼光谱仪，该光谱仪带有电荷耦合器件检测器和光学显微镜系统。测试温度为室温，激光波长为 633 nm，激光功率约 2 mW，测试结果如图 5.9 所示。拉曼光谱中 E_2(high)峰的频率对应力极其敏感，无应力 GaN 薄膜 E_2(high)峰的峰位在 567.6 cm^{-1} 处。从测试结果可以看出，无溅射 AlN 的 GaN 外延层 E_2(high)峰的峰位在 569.6 cm^{-1} 处，有溅射 AlN 的 GaN 外延层 E_2(high)峰的峰位在 569.95 cm^{-1} 处，二者均表现出一定程度的红移，说明两个样品都受到了压应力，后者受到的压应力更大，这是因为 GaN 外延层中的位错可以释放一部分应力，而在溅射 AlN 的 GaN 中，位错密度大幅降低，应力的释放作用被减弱。

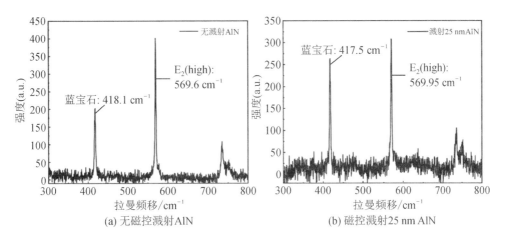

图 5.9　GaN 外延层的拉曼散射光谱图

通过光致发光(PL)测试对样品的光学特性进行分析，测试采用的激光波长为 325 nm，结果如图 5.10 所示。

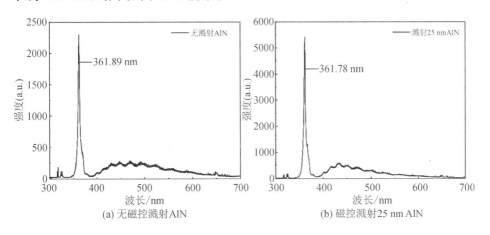

图 5.10　GaN 外延层的 PL 谱

无溅射 AlN 的 GaN 外延层的发光峰位在 361.89 nm 处，有溅射 AlN 的 GaN 外延层的发光峰位在 361.78 nm 处，且后者的发光峰强度明显高于前者，这是因为位错可以作为非辐射复合中心，当引入了溅射 AlN 成核层以后，GaN 外延层的位错密度显著降低，载流子发生非辐射复合的概率降低，所以发光强

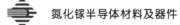

度得到增强。此外，两组样品在 400～500 nm 波长范围内均有较为明显的发光带出现，这是由非故意掺杂的杂质所导致的。

5.1.4　斜切衬底技术

常规衬底的表面垂直于蓝宝石的 c 轴，如果在制作蓝宝石衬底的过程中使表面稍微偏离 c 轴方向，往往对位错有很好的抑制效果。相比于图形衬底技术，斜切衬底技术所要求的外延厚度较小，工艺周期大大缩短，对一些横向生长速率较差的材料更有实际意义。

1. 斜切衬底外延氮化物的研究进展

Davis 等人[41]采用 MOCVD 法在斜切（c 偏 $\langle11\bar{2}0\rangle$ 方向 $3°\sim4°$）和非斜切 6H-SiC(0001) 面衬底上生长了 AlN、GaN 以及 AlGaN 薄膜，并对晶体质量和光学特性进行了表征分析。其中，两种衬底上生长的 AlN 薄膜都是多晶，生长于高温 AlN 缓冲层上的 GaN 在几百埃厚度时就已经合并成薄膜，斜切衬底上生长的 GaN 的位错密度随着厚度的增加而减小，其(004)面半高宽从 151 弧秒降低到 66 弧秒。两种衬底上生长的 GaN 薄膜的 PL 谱均出现了带边峰，AlGaN 薄膜的 CL 谱表明其带边峰的半高宽与 Al 组分有关，且斜切衬底上生长的 AlGaN 薄膜的 CL 峰的强度高于非斜切衬底上生长的。XRD 和 CL 测试结果均表明相比于在非斜切衬底上，在斜切衬底上外延的薄膜晶体质量更好。

Fatemi 等人[42]采用 MOCVD 法在不同角度斜切（a 偏 m 面，a 偏 c 面）和 a 面蓝宝石衬底上生长了 GaN 薄膜，发现在斜切衬底上生长的薄膜的电学特性和晶体质量有较大的改善。当斜切角度为 $1.5°$ 时，薄膜的室温霍尔迁移率和摇摆曲线半高宽相比 a 面衬底上生长的均提高约两倍。TEM 测试表明，斜切衬底上生长的 GaN 薄膜具有更低的刃位错密度和更好的晶粒排列。PL 测试表明，在斜切衬底和 a 面衬底上生长的 GaN 薄膜在黄光带方面差异显著。

Shen 等人[43]通过 MBE 法在斜切（c 偏 a 面 $0.5°$、c 偏 a 面 $1°$）和 c 面蓝宝石衬底上生长了 AlN 薄膜，(002)面半高宽分别为 70 弧秒、75 弧秒和 90 弧秒。77K 条件下 CL 测试发现斜切衬底上的 AlN 薄膜存在自由激子和束缚激子复合的发光峰。当斜切角度为 $0.5°$ 时，AlN 表面螺旋生长特征得到了显著抑制，并且形成了有序的单原子层台阶。当斜切角度为 $1°$ 时，AlN 表现出多原子层大台阶形貌，如图 5.11 所示。综上，采用斜切衬底可以明显改善薄膜的表面形貌和晶体质量。

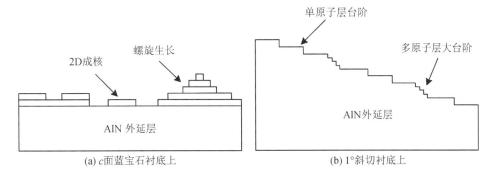

（a）*c* 面蓝宝石衬底上　　　　　　　　（b）1°斜切衬底上

图 5.11　生长的 AlN 外延层的特征示意图

Shen 等人[44]通过 RF-MBE 法在斜切（*c* 偏 *m* 面 0°~2°）和 *c* 面蓝宝石衬底上生长了 GaN 薄膜。通过 XRD 测试发现，当斜切角度大于 0.5°时，随着多原子层大台阶的形成，GaN 薄膜的倾斜和扭转晶粒特征都得到了显著改善，（002）面半高宽随着斜切角度的增加从 155 弧秒降低到 46 弧秒，（102）面的半高宽也随着斜切角度的增加而降低，在斜切角度为 2°时达到了 389 弧秒。TEM 测试表明，对于斜切角度为 0.5°的衬底，GaN 表面没有台阶束，穿透位错一直沿着生长方向延伸且随着 GaN 的生长并没有过多减少；对于斜切角度为 2°的衬底，GaN 表面存在台阶束且穿透位错分为"垂直"和"倾斜"类型，"倾斜"型穿透位错通常在表面大台阶处终止并且可以阻挡"垂直"型穿透位错向上延伸到表面（二者相互作用导致位错湮灭），使得上层 GaN 的质量得以提升。

Shen 等人[45]通过 MBE 法在斜切（*c* 偏 *m* 面 0.5°和 2°）蓝宝石衬底上生长了 AlGaN/GaN 异质结。他们发现，斜切角度为 2°时，异质结的 2DEG 的电特性要优于斜切角度为 0.5°时的，同时发现在 2°斜切衬底上外延的异质结中，2DEG 的迁移率与表面大台阶形貌的各向异性等特点密切相关（沿着大台阶方向的迁移率比垂直大台阶方向的迁移率大），在室温下 2DEG 沿平行于大台阶方向有着高达 2018 $cm^2/(V \cdot s)$ 的迁移率。

Chang 等人[46]通过 MOCVD 法，在斜切（*c* 偏 *a* 面 1°）蓝宝石衬底和 *c* 面蓝宝石衬底上生长了 AlGaN/GaN HEMT。他们发现在反向偏置下，斜切衬底上 HEMT 器件的栅泄漏电流更小（V_{GS} 为 -20 V 时，基于斜切衬底 HEMT 的栅泄漏电流为 278 nA、基于 *c* 面衬底 HEMT 的栅泄漏电流为 1710 nA），这是因为斜切衬底降低了外延层中的位错密度，使得与位错相关的电子态供给陷阱辅助隧穿路径减少。同时，他们还发现斜切衬底上 HEMT 器件的源漏泄漏（缓冲层漏电)电流更小(V_{GS} 为 -4 V 时，基于斜切衬底 HEMT 器件的源漏泄漏电流密度为 $(1\sim7)\times10^{-3}$ mA/mm、基于 c 面衬底的 HEMT 器件的源漏泄漏电流密度为 $(2\sim5)\times10^{-1}$ mA/mm)。

Lin 等人[47]通过 MOCVD 法，在斜切(c 偏 m 面 4°)蓝宝石衬底上生长了 N 极性 GaN 薄膜。SEM 测试表明，在斜切衬底上可获得表面光滑的 GaN 薄膜。TEM 测试表明，斜切衬底上生长的 GaN 中的基平面堆垛层错阻挡了位错向上延伸，从而降低了位错密度。此外，通过 PL 测试发现，与 c 面蓝宝石衬底相比，斜切衬底上生长的 N 极性 GaN 的黄光带较弱，这是因为斜切衬底上生长的 N 极性 GaN 的表面并未出现六方凸起形貌，抑制了 C 原子替换 N 原子形成 C_N。

Peng 等人[48]通过 MOCVD 法，在斜切(c 偏 m 面 4°)蓝宝石衬底和 c 面蓝宝石衬底上生长了绿光 InGaN/GaN 多量子阱。他们发现，与 c 面衬底上的多量子阱相比，斜切衬底上生长的多量子阱的光致发光强度提高了约一个数量级。AFM 和 SEM 测试发现，斜切衬底上生长的多量子阱中产生了大量的 V 形坑。拉曼测试表明，c 面蓝宝石衬底上生长的多量子阱中存在更大的残余应力。XRD 及 TEM 测试均表明，斜切衬底促进了位错的湮灭(增加了位错相遇的概率)，从而提升了多量子阱的晶体质量。斜切和 c 面衬底上生长的多量子阱(002)面摇摆曲线半高宽分别为 370 弧秒和 475 弧秒。此外，斜切衬底上生长的多量子阱中的 V 形坑侧壁对于发光强度的提升有着重要作用(增加了多量子阱的面积，但是会降低 In 组分从而导致发光波长蓝移)。

Du 等人[49]采用 MOCVD 法在斜切(c 偏 m 面 4°)蓝宝石衬底和 c 面蓝宝石衬底上生长了 N 极性绿光 InGaN/GaN 多量子阱。他们发现，斜切衬底上生长的 N 极性多量子阱结构表面形貌更好、晶体质量更好、发光强度更高、残余应力更小。TEM 测试表明斜切衬底有助于抑制反型畴以及位错的延伸。此外，他们还明确了斜切衬底和反型畴之间的关系。

Zhang 等人[50]对比了在不同斜切角度(c 偏 m 面 0.2°、1.0°、4.0°)的蓝宝石衬底上通过 MOCVD 法生长的 AlGaN/GaN HEMT 的电特性。随着斜切角度从 0.2°、1.0°增加到 4.0°，样品表面台阶的宽度和高度逐渐增加，电子迁移率从 957 $cm^2/(V \cdot s)$、1123 $cm^2/(V \cdot s)$ 增加到 1246 $cm^2/(V \cdot s)$，2DEG 的面密度分别为 1.45×10^{13} cm^{-2}、1.32×10^{13} cm^{-2}、1.28×10^{13} cm^{-2}。观察到最大输出电流密度(I_{Dmax})从 300 mA/mm(0.2°斜切衬底)大幅度提高至 650 mA/mm(4.0°斜切衬底)。1.0°和 4.0°斜切衬底上生长的 HEMT 器件在电学特性方面表现出各向异性：沿$[11\bar{2}0]$方向的 I_{Dmax} 大于沿$[10\bar{1}0]$方向的 I_{Dmax}。随着斜切

角度的增加，各向异性愈发突出，这是因为电子沿 $[10\bar{1}0]$ 方向输运的势垒随台阶高度的增加而增大。

2. 斜切衬底外延 GaN 研究

这里分别在平面蓝宝石衬底和 c/a 斜切 $0.7°$ 蓝宝石衬底上采用 MOCVD 法生长约 30 nm 厚的（1000℃）GaN 成核层和 1.7 μm 厚的 GaN 外延层。生长完成之后，分别采用 HRXRD、AFM、拉曼散射以及 PL 测试等方法对样品质量、形貌、应力等特性进行表征。HRXRD 测试设备为 Bruker D8 Discover，X 射线的波长为 0.154 nm。样品的摇摆曲线如图 5.12 所示。平面蓝宝石衬底上生长的 GaN 外延层（002）面和（102）面摇摆曲线的半高宽分别为 70 弧秒和 510 弧秒，计算得出对应的螺位错密度和刃位错密度分别为 9.83×10^6 cm^{-2} 和 1.38×10^9 cm^{-2}，总位错密度为 1.39×10^9 cm^{-2}；斜切蓝宝石衬底上生长的 GaN 外延层（002）面和（102）面摇摆曲线的半高宽分别为 54 弧秒和 367 弧秒，计算得出对应的螺位错密度和刃位错密度分别为 5.85×10^6 cm^{-2} 和 7.14×10^8 cm^{-2}，总位错密度为 7.20×10^8 cm^{-2}。由此可以看出，斜切衬底的使用对

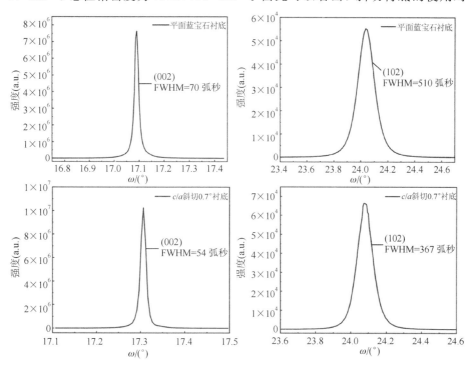

图 5.12　GaN 外延层的（002）面和（102）面摇摆曲线

于 GaN 外延层的螺位错和刃位错均有明显的抑制作用，总位错密度相比于平面蓝宝石衬底上生长的 GaN 降低了约 1/2。

AFM 测试设备为 8 inch/Dimension Icon，采用轻敲模式进行测试，测试结果如图 5.13 所示。平面蓝宝石衬底上生长的 GaN 外延层的表面均方根粗糙度为 0.21 nm，斜切蓝宝石衬底上生长的 GaN 外延层的表面均方根粗糙度为 0.43 nm，这是因为斜切衬底本身的偏角导致样品表面的起伏要比平面上的大一些。

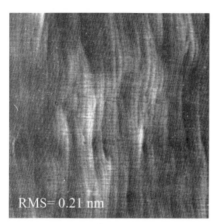

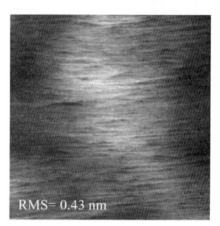

(a) 平面蓝宝石衬底   (b) 斜切蓝宝石衬底

图 5.13   不同衬底上外延 GaN 的 AFM 表面形貌图

拉曼测试结果如图 5.14 所示。从图中可以看出，平面蓝宝石衬底上 GaN 外延层的 E_2(high) 峰位在 570.88 cm^{-1} 处，斜切衬底上生长的 GaN 外延层的 E_2(high) 峰位在 570.30 cm^{-1} 处，与无应力 GaN 薄膜的 E_2(high) 峰位（567.6 cm^{-1}）相比，两组样品的 E_2(high) 峰均发生红移，说明两组 GaN 外延层均处于压应力状态，而蓝宝石衬底上外延的 GaN 一般也受到压应力。异质外延 GaN 中的残余应力主要来自衬底与 GaN 外延层之间的晶格失配和热失配，在蓝宝石衬底上外延 GaN 时，蓝宝石的晶格常数 $a=0.4758$ nm，GaN 的晶格常数 $a=0.3189$ nm，在只考虑晶格失配的情况下，GaN 外延层会受到来自衬底的张应力。但是，由于蓝宝石的热膨胀系数（7.5×10^{-6} K^{-1}）大于 GaN 的热膨胀系数（5.6×10^{-6} K^{-1}），当温度从外延时的高温逐渐冷却至室温时，蓝宝石的晶格常数减小速度更快，最终热失配会导致 GaN 外延层受到来自衬底的压应力。此外，相比而言，斜切衬底上外延层受到的压应力略小，说明斜切衬底上 GaN 薄膜中的残余应力得到了充分释放。

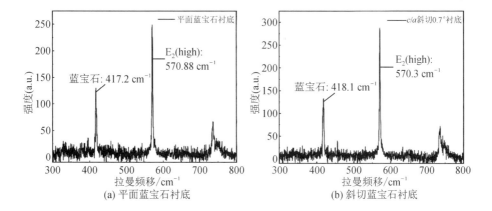

图 5.14　GaN 外延层的拉曼散射光谱

样品的 PL 谱如图 5.15 所示。平面蓝宝石衬底上生长的 GaN 外延层的发光峰的峰位在 361.31 nm（3.43 eV），斜切衬底上生长的 GaN 外延层发光峰的峰位在 361.36 nm（3.43 eV），而且后者峰强更高。这是因为 GaN 外延层中位错的减少使得位错对光的吸收减小，同时斜切衬底上生长的 GaN 外延层的界面更加粗糙，加强了界面散射，促使光逃逸的概率增大，发光强度明显增强。此外，两组样品均有较为明显的黄光带出现。黄光带在 GaN 的 PL 谱中经常出现，其成因主要与刃位错密度、Ga 空位、C 杂质的存在有关。

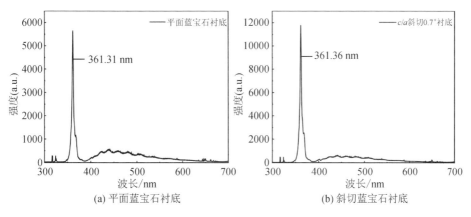

图 5.15　GaN 外延层的 PL 谱

5.1.5　横向外延过生长技术

横向外延过生长（ELOG）技术能够有效降低 GaN 外延层中的缺陷密度。

发展至今，ELOG 衍生了多种方式，通常使用具有条纹、柱状、球形、锥形等形状的原位/非原位、微/纳米尺度 SiN_x/SiO_2 图案化掩膜或图形衬底。最近几年还有尝试使用碳纳米管、石墨烯和氮化硼涂层的杂化基板。

1. 传统的 ELOG 技术改善晶体质量

ELOG 的基本思想首先被用于 GaAs 衬底上 GaAs 的 LPE 生长和 Si 衬底上 GaAs 的 LPE 生长[51-52]。Nagahara 等人最早把 ELOG 技术引入 GaN 生长中，在 SiO_2 图形化 GaAs 衬底上采用 MOVPE 法实现了立方相 GaN 的生长[53]，与不使用 ELOG 技术得到的立方 GaN 相比，此方法外延的立方 GaN 晶体质量得到了很大提升（晶粒更大，XRD 的 FWHM 更窄）。Kato 等人[54]在 c 面蓝宝石衬底上用 MOVPE 法生长了 c 面 GaN，随后在其表面溅射了一层 100 nm 的 SiO_2 掩膜，条纹沿$[1\bar{1}00]$和$[11\bar{2}0]$方向在该基板上进行横向外延，成功实现了纤锌矿 GaN 的生长，他们还发现当条纹沿$[1\bar{1}00]$方向时，可以观察到混合面，当条纹沿$[11\bar{2}0]$方向时无法观察到一致的面。Usui 等人[55]采用 HVPE 法，在 GaN 基板上用 ELOG 技术外延出了无裂纹、表面呈镜面的约 30 μm 厚的 GaN 外延层，位错密度降至 6×10^7 cm^{-2}。当时采用传统 HVPE 法生长的 GaN，其位错密度在 $10^9 \sim 10^{10}$ cm^{-2} 范围，ELOG 技术直接将 GaN 的位错密度降低了 2 至 3 个数量级。Nakamura 采用 MOCVD 法，通过 ELOG 得到了低位错密度的 GaN，并在此基础上制备了蓝色发射激光二极管，寿命超过 1150 h[56]。激光器对位错要求极为严格，激光二极管寿命的提升反映了 ELOG 技术对 GaN 晶体质量的提升效果显著，该技术有效地推动了氮化物激光二极管的商业化应用。

2. 悬臂外延改善 GaN 晶体质量

悬臂外延（Pendeo Epitaxy，PE）是北卡罗莱纳州立大学 Zheleva 等人[57]提出的一种横向外延生长技术，它是基于 ELOG 的一项改进技术。PE 分为两种外延方式，一种是有掩膜的 PE，另一种是无掩膜的 PE。如图 5.16 所示，在无掩膜的 PE 中，主要涉及三个步骤：① 在 SiC 衬底上生长 GaN 缓冲层（见图 5.16(a)）；② 通过反应离子刻蚀方法将部分 GaN 完全去除，露出 SiC 衬底，形成交替的 GaN/AlN 条纹和沟槽（见图 5.16(b)）；③ 悬臂外延 GaN 层（见图 5.16(c)）。在 GaN 外延的初始阶段，GaN 不能在 SiC 衬底上直接成核，而在图形表面更易成核，因此 GaN 进行了选择性生长。由于相邻 GaN 条纹之间的 SiC 衬底上没有 GaN 生长，所以该区域上方悬空，GaN 外延层悬挂于 GaN 条纹之上，悬臂外延因此得名。有研究结果表明，从条纹衬底上垂直生长的 GaN

中的位错密度为 $10^9 \sim 10^{10}\ \mathrm{cm}^{-2}$，而横向生长的 GaN 位错密度则相对低出
4～5 个数量级。

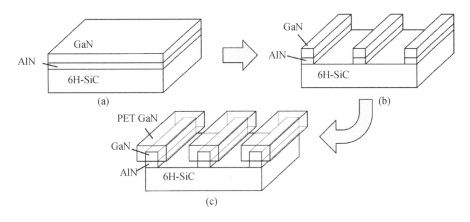

图 5.16　悬臂外延 GaN 生长的示意图

无掩膜的 PE 生长技术消除了掩膜对横向外延 GaN 晶体的影响，特别是对杂质和界面应力的影响，因而外延层的晶体质量更好。因为 SiO_2 掩膜中的 Si 和 O 在 GaN 中都是施主杂质，会提供电子，导致外延的 GaN 是 N 型的，同时，嵌入的掩膜层在升降温的过程中会引入应力，导致材料畸变或者开裂。

对于有掩膜的 PE，Davis 等人[58]用氮化硅掩膜层覆盖 GaN 籽晶，防止 GaN 在 (0001) 面上垂直生长，使得 GaN 在生长初期被迫选择在 GaN 缓冲层的侧壁上横向生长，如图 5.17 所示。这种外延方式主要包括三个步骤：

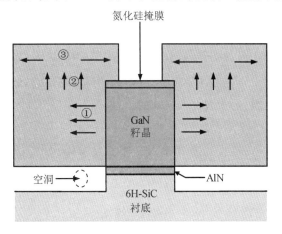

图 5.17　有掩膜的悬臂外延 GaN 生长示意图[58]

① 悬臂外延 GaN 从 GaN 籽晶侧壁开始横向生长；② 悬臂外延 GaN 垂直生长；③ 悬臂外延 GaN 在氮化硅掩膜上方横向生长并发生合并。通过该方法制备的 GaN 质量很好，原因在于 GaN 从一开始便横向生长，大幅度提升了窗口区的晶体质量，解决了直接掩膜法在窗口区位错密度高的问题。

3. 晶面诱导横向外延过生长(FIELO)

FIELO 方法的核心思想是利用了 GaN 在横向外延过生长过程中自发形成的倾斜面。因为位错是按照能量最小的路径延伸，所以斜面可以促使位错发生弯曲进而湮灭，从而达到降低外延层中位错密度的目的。但是采用 FIELO 方法生长 GaN 时，GaN 层需要几十微米的厚度才能实现位错密度的降低。

Usui 等人[59]通过 FIELO 方法生长 GaN，发现 GaN 基板中的位错在生长过程中沿水平方向弯曲，当 GaN 厚度约为 30 μm 时，转变为完全平整的表面((0001)面)生长。通过采用 FIELO 方法，GaN 的位错密度大幅下降至约 10^7 cm^{-2}，随着生长的进行，位错继续逐渐减少，当 GaN 厚度为 400 μm 时，GaN 的位错密度达到约 1.4×10^7 cm^{-2}。基于微米尺寸的 FIELO 方法，部分位错会从 GaN 基板的窗口中传播。此外，由于形成了微米大小的刻蚀面，因此需要生长相对较厚的外延层才会恢复平整表面，当厚度约为 100 μm 时才获得均匀的位错分布，这与掩膜图案无关。为了解决 GaN 厚度较厚的问题，Usui 等人[60]采用了基于纳米尺寸窗口的 FIELO 方法制备了厚度约为 20 μm 的 GaN，位错密度低至约 4.5×10^7 cm^{-2}，外延层厚度和工艺成本大幅度降低，生长周期进一步缩短。

4. 晶面控制的横向外延过生长(FACELO)

Hiramatsu 等人提出了一种新的 ELOG，即晶面控制的横向外延过生长 (Facet-Controlled Epitaxial Lateral Overgrowth，FACELO)[61]。该方法主要通过改变 ELOG 过程中的生长条件来控制 GaN 晶体。FIELO 利用 ELOG 过程中自发形成的倾斜面，成功地降低了 GaN 外延层中的位错密度，而 FACELO 则是通过控制 ELOG 的生长条件来人工诱导晶面的形成，进而促使位错弯曲和湮灭。通过 FIELO 生长 GaN 时，GaN 需要数十微米厚度才能实现位错密度的降低，但对于 FACELO 方法而言，几微米 GaN 便可实现位错密度的降低。通过 FACELO 方法生长 GaN 时，GaN 的位错密度比常规通过 ELOG 生长的位错密度低，而且在掩膜区域未观察到 c 轴倾斜，GaN 具有良好的光学性能。

FACELO 有两种典型模式，如图 5.18 所示。在模式 A 中，第一步 ELO

具有 $\{11\bar{2}0\}$ 的垂直面；在第二步 ELO 中，通过改变生长条件来增加横向生长速率，SiO_2 掩膜逐渐被掩埋，这一过程通过使用低压或高温条件来实现，然而位错并不会在这一过程中发生弯曲，因此位错会穿透至外延层表面，但仅存在于窗口区域而不存在于掩膜区域。在模式 B 中，第一步 ELO 具有 $\{11\bar{2}2\}$ 的倾斜面；在第二步 ELO 中，通过改变生长条件增加横向生长速率，位错在这一过程中发生弯曲并湮灭，最终导致窗口区域上的位错密度降低。在模式 A 中，位错仅集中在窗口区域，而在模式 B 中，位错仅集中在掩膜中心的聚结区域，GaN 晶体的位错密度急剧下降至 10^6 cm^{-2} 量级，显著小于模式 A 中的位错密度。

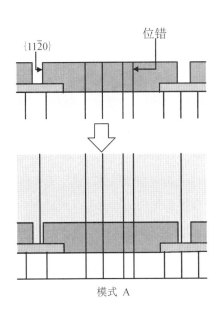

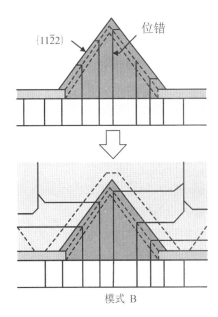

图 5.18　FACELO 的生长模式

Bohyama 等人[62]提出了一种改进的 FACELO 方法，该方法与 FACELO 的模式 B 类似，不同点在于在 GaN 的 $(11\bar{2}2)$ 面覆盖了一层掩膜，使得弯曲的位错在 ELOG 过程中终止于掩膜处，从而进一步降低位错密度，翼区的位错密度可以小于 10^6 cm^{-2}。此外，该方法有助于从蓝宝石衬底上分离厚的 GaN 薄膜。如图 5.19 所示，改进的 FACELO 的主要步骤如下：① 先在蓝宝石衬底上沉积一层 GaN 和 SiO_2 掩膜，并光刻出条纹图案；② 进行选择性外延，GaN 沿着倾斜面侧向生长，形成 $(11\bar{2}2)$ 面；③ 再沉积一层 SiO_2 掩膜，并去除顶部的掩膜；④ 通过 MOVPE 或 HVPE 在未覆盖的 GaN 籽晶上生长 GaN。Bohyama 等人的研究表明位错主要存在于合并区域，除合并边界外，表面的位错密度小于 $10^6\ cm^{-2}$，整个区域的位错密度为 $1\times10^7\ cm^{-2}$。

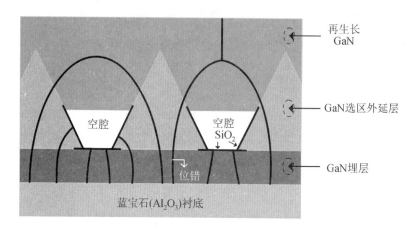

图 5.19　改进的 FACELO 生长示意图

5. ELOG 的应用举例

ELOG 是目前提升晶体质量最有效的方法之一，在此举一个例子说明 ELOG 对位错的抑制作用[63]。由于在蓝宝石衬底上异质外延生长 GaN 时存在较大的晶格失配和热失配，GaN 材料中通常存在较高密度的位错，位错的存在会影响材料质量，进而影响器件性能和可靠性[39-40, 64-68]。首先，在蓝宝石衬底上生长的 GaN 基板上沉积一层 SiO_2 或 Si_3N_4 薄膜，之后采用传统光刻技术刻蚀 SiO_2 或 Si_3N_4 薄膜得到特定的图形窗口，并露出 GaN 基板，最后再进行外延生长。GaN 会从窗口位置向上生长，掩膜遮住的区域则不会生长 GaN，从窗口区生长出来的 GaN 在掩膜区域上方横向生长并合并，在这个过程中部分位错发生弯曲，从而相遇湮灭，同时，掩膜的存在也直接阻挡了底部位错向上延伸。

ELOG 过程中存在大面积的横向生长区域，而在 GaN 生长过程中，温度对其横向生长速率、生长后的形貌以及质量的影响非常重要，因此，首先对 ELOG 过程中的温度进行优化。这里采用 MOCVD 在两片 c 面蓝宝石衬底上生长厚度为 3 μm 左右的 GaN 薄膜作为基板，分别命名为样品 A 和样品 B。之后，在上述 GaN 基板上利用 PECVD 沉积一层厚度为 30 nm 的 Si_3N_4 薄膜，并采用传统光刻技术对 Si_3N_4 薄膜进行刻蚀，使用的光刻板图案为条纹，条纹的宽度即为掩膜的宽度，为 4 μm，窗口区域的宽度为 2 μm。条纹的方向垂直于衬底的基准边。光刻完成之后，采用 MOCVD 再生长厚度为 7 μm 的 GaN 材料，样品 A 的 GaN 生长温度为 1080℃，样品 B 的 GaN 生长温度在样品 A 的基础上降低 15℃，即生长温度为 1065℃，而其他生长条件均保持不变。

生长完成后，利用 SEM 对两个样品的形貌进行表征，验证一下表面合并的情况。样品表面形貌如图 5.20 所示，从 SEM 图中可以看出，两个样品有相同的变化趋势，ELOG 后的 GaN 表面基本完成合并，但仍有六角坑出现，六角坑尺寸较小，呈线性排列，且排列较为整齐，两排之间的间距恰好为 6 μm，等于两个相邻掩膜中心的间距，这说明六角坑恰好位于 GaN 横向生长的合并位置。相比于平坦的样品 B，样品 A 表面有台阶状的形貌，合并位置的三角坑长且大，这一结果说明，略低的温度有利于 ELOG 的合并，进而得到更平坦的样品表面。

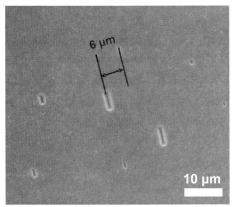

(a) 样品A

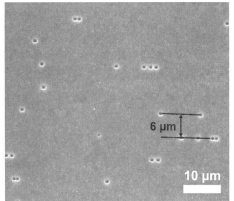

(b) 样品B

图 5.20　ELOG 之后的 SEM 图

为了更准确地反映样品中的位错分布及位错延伸情况，利用 CL 测试对样品的质量进行表征。位错作为非辐射复合中心，在 CL 测试中，在浅色背景上显示为黑点，每一个黑点可以代表一个位错，因此，CL 测试图中黑点的数量可以反映该区域位错的多少。利用 CL 测试图中的黑点数量，可以计算出该区域的位错密度。为了使位错密度的计算更加精确，在 2 英寸的样品表面选择 9 个测试点，样品上不同位置的 CL 测试结果如图 5.21 所示。对 CL 测试图中的黑点进行计数，根据测试面积对位错密度进行计算，得到样品上不同位置的位错密度值。经计算样品 B 经过 ELOG 之后，平均位错密度为 4.72×10^7 cm^{-2}，

CL 测试得到的位错密度比 HRXRD 测试得到的位错密度小很多，这是因为 X 射线具有很深的穿透深度，这会加大半高宽的宽度。

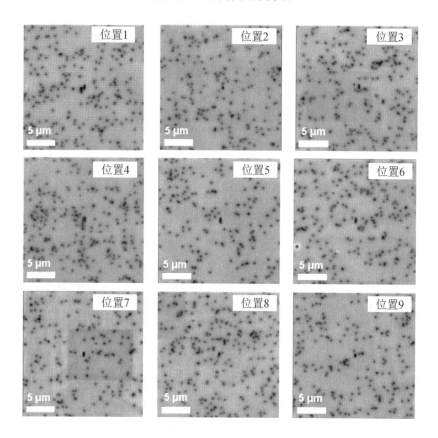

图 5.21　ELOG 后样品 B 表面不同位置的 CL 测试图

　　尽管 ELOG 取得了很好的效果，样品 B 的位错密度约降低了一半，但是，根据 ELOG 原理可以发现，掩膜对位错的阻挡作用是有限的。虽然掩膜下方的位错得到了很好的抑制，掩膜上方几乎没有位错延伸上去，但是窗口区域的位错密度仍然很高，且位错集中，这非常不利于后续结构的生长以及器件的制备。因此，在此基础上，对 ELOG 后的样品 B 进行第二次 ELOG，将第二次 ELOG 的掩膜放在第一次 ELOG 的窗口区域上方，这样从窗口区域延伸上来的位错在第二次 ELOG 时被有效阻挡。从图 5.22 中可以明显地看出，样品 B 的位错密度进一步降低，计算得到第二次 ELOG 之后样品的平均位错密度为 $1.72 \times 10^7 \ \mathrm{cm}^{-2}$，相比于第一次 ELOG 后的样品，其位错密度降低了一半以上。

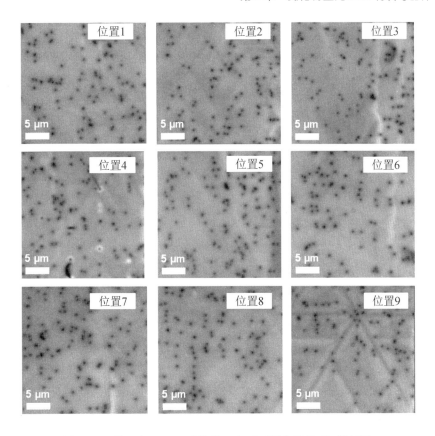

图 5.22　第二次 ELOG 后样品 B 表面不同位置的 CL 测试图

5.2　蓝光 LED 的 P 型掺杂的研究进展

　　LED 发光需要电子和空穴两种类型的载流子，电子获取相对容易，一般非故意掺杂的 GaN 薄膜均是 N 型的。但 P 型 GaN 在很长一段时间都无法实现，所以对氮化物 LED 的研究也一度停滞。1989 年，P 型 GaN 的研究取得了突破性的进展，Amano 等人采用低能电子束照射 GaN 样品，获得了空穴浓度为 2×10^{16} cm^{-3} 的 P 型 GaN[69]，虽然获得的浓度较低，但是为 P 型氮化物 LED 的应用奠定了基础。Amano 采用的方法的缺陷在于，每次生长完 Mg 掺杂的 GaN 以后都需要把样品从反应室中取出，然后进行电子束照射，增加了工艺步骤，同时 P 型的浓度也不足以满足 LED 应用的需求。为了解决这些问题，人们研究了更为简单的退火等相关技术。

在 GaN 基 LED 中，Mg 通常用作 GaN 的 P 型掺杂剂。但在 GaN 中，Mg 在室温下具有较大的受主电离能 E_A（约为 200 meV），该电离能远远大于 N 型掺杂剂（一般为 Si，E_D 约为 15 meV）的电离能[70]。低的受主电离率导致了低的空穴浓度，加上氮化物材料中空穴的有效质量大，空穴迁移率低，因此，P 型 GaN 的电阻率很大，这严重制约了氮化物 LED 的性能。因为 Mg 的受主电离率低，只能通过增大 Mg 的掺杂浓度来提高空穴浓度，但高的 Mg 掺杂会使材料的晶体质量退化，同时，过高的 Mg 掺杂会导致产生自补偿效应，反而降低了空穴浓度。虽然人们制备出了氮化物 LED，但 P 型 GaN 的低电导率是制约 GaN 进一步发展和应用的障碍之一。

对于 GaN 的 P 型掺杂，一般采用的掺杂剂是 Mg，该方法外延得到的材料一般为高阻材料。为了解决上述电子束照射工艺复杂和 P 型浓度低的问题，S. Nakamura 采用了更简单的退火技术实现了浓度更高的 P 型掺杂。掺 Mg 的 GaN 薄膜需要进一步处理的原因是掺杂的受主 Mg 原子会与残留的 H 原子形成 Mg—H 络合物，H 的钝化作用使 Mg 失去了活性。无论是退火还是电子束照射都是为了打断 Mg—H 键，使 Mg 能提供空穴。目前，外延 LED 后直接在 MOCVD 反应室中进行退火获取 P 型已经是工业界普遍采用的方法。

1989 年，Amano 等人[69]利用低能电子束辐射技术处理掺入 Mg 杂质的 GaN 薄膜，使 Mg 原子激活，获得了 2×10^{16} cm^{-3} 的空穴浓度、8 cm^2/(V·s) 的迁移率，电阻率减少了 5～6 个数量级，为 35 Ω·cm。其中，Mg 的掺杂浓度为 10^{20} cm^{-3}，激活率为 2×10^{-4}。该处理方法不会改变 GaN 的单晶结构和缺陷特征，此外，使用低能电子束辐射技术激活 GaN 中 Mg 杂质是一种表面处理技术，对于薄层 GaN 有作用，但对于较厚的 GaN，激活效果不佳。

Shuji 等人[71]对 P 型 GaN 分别在 NH$_3$ 和 N$_2$ 的氛围下进行快速热退火（RTA），发现高温条件下，NH$_3$ 氛围中 GaN 的电阻远高于 N$_2$ 氛围中的 GaN。他们分析认为 NH$_3$ 在 200℃ 以上时会分解为 N$_2$ 和 H$_2$，NH$_3$ 氛围中引入的 H 原子，与掺杂剂 Mg 形成络合物，严重影响了 Mg 的激活。在 700℃ 的 N$_2$ 氛围下退火就能使 Mg—H 络合物分解，从而获得低电阻率的 P 型 GaN。随后，他们继续研究了不同温度的 N$_2$ 氛围中利用 RTA 激活 Mg 杂质。调控退火温度从室温升高至 1000℃，时间为 20 min，最终在 700℃ 的 N$_2$ 氛围中获得了高效的 P 型 GaN，空穴浓度为 3×10^{17} cm^{-3}，迁移率为 10 cm^2/(V·s)，电阻率为 2 Ω·cm。

W. Kim 等人[72]使用分子束外延系统制备出 Mg 掺杂的 P 型 GaN，在 600℃ 的 NH$_3$ 氛围中退火 10 min，Mg 掺杂浓度为 5×10^{18} cm^{-3}，获得的空穴

浓度为 3×10^{17} cm^{-3}，Mg 激活率达到了 6%。通过该技术获得的空穴浓度最高达到 4.5×10^{17} cm^{-3}，迁移率为 6 cm^2/(V·s)。1996 年，波士顿大学的 E. F. Schubert 等人[73]采用超晶格掺杂的方法提高了空穴浓度，由于超晶格的极化效应使价带发生弯曲，从而提高了掺杂剂的电离率，空穴阱中有效的空穴浓度达到了 5×10^{17} cm^{-3}，杂质的电离率提高到了 50%。

加州大学圣塔芭芭拉分校的 P. Kozodoy 等人[74]利用 MOCVD 法制备了 Mg 均匀掺杂的 AlGaN/GaN 超晶格。Mg 掺杂浓度为 5×10^{19} cm^{-3}，室温下 P 型 GaN 的空穴浓度达到了 2.5×10^{18} cm^{-3}，电阻率为 0.2 Ω·cm，电阻率相比其他退火方式降低了几个数量级，且电阻率对温度的依赖性明显减小。这是因为极化效应在 Mg 杂质电离过程中发挥了重要作用，从而减小了对温度的依赖。同年，P. Kozodoy[75]又利用 MBE 法制备了调制掺杂的 AlGaN/GaN 超晶格，仅在 AlGaN 势垒一侧掺杂 Mg 杂质，检测到的空穴浓度高达 1.9×10^{18} cm^{-3}，空穴迁移率为 19 cm^2/(V·s)。

W. Lai 等人[76]采用激光退火技术激活 GaN 中的 Mg 杂质，激活原理同快速热退火和低能电子束辐射技术一样。激光退火技术的优点在于可以实现选择性区域的退火。他们发现，当激光功率超过 7.5 W 时，空穴浓度超过 10^{17} cm^{-3}；当激光功率超过 6 W 时，电阻率从 10^5 Ω·cm 快速下降到 2~3 Ω·cm。P. Kozodoy 对 GaN 中 Mg 的重掺杂进行了研究，空穴浓度随 Mg 掺杂浓度的增加而增加，直到 Mg 掺杂浓度达到 2×10^{20} cm^{-3}，继续重掺杂会导致效率下降，并且在非常高的掺杂水平下，P 型 GaN 的形貌发生了明显的变化，所以仅靠提高受主浓度来提高空穴浓度是远远不够的。

C. H. Kuo 等人[77]在 400℃ 低温 O$_2$ 氛围中进行退火来激活 GaN 中的 Mg 原子，获得了 3.0×10^{17} cm^{-3} 的空穴浓度，电阻率低至 2 Ω·cm。这一结果与 700℃ 下 N$_2$ 氛围中的热退火结果接近，实现了低温退火条件下的高浓度 P 型 GaN，拓展了退火的气氛类型。

I. Waki 等人[78]在 GaN 表面沉积一层 Ni 金属后再在 N$_2$ 氛围下低温退火，结果表明 Ni 有利于 GaN 中的 H 脱附，利于提高 Mg 杂质的激活率。在 200℃ 的低温退火条件下就能获得 P 型的 GaN；在 400℃ 的退火温度下，空穴浓可以达到 2.0×10^{17} cm^{-3}；在 600℃ 的退火温度下，空穴浓度最高达到 7.0×10^{17} cm^{-3}，空穴迁移率达 2.4 cm^2/(V·s)。

S. Chang 等人[79]提出了一种不同于热退火和低能电子束照射的微波处理方法，用于激活 P 型 GaN 外延层中的 Mg 杂质，P 型 GaN 中的 Mg—H 键可以通过吸收微波能量后断裂，最终获得的空穴浓度在 9.75×10^{17} cm^{-3} 至 2.15×

10^{18} cm^{-3} 范围内。

超晶格技术中的极化电场有利于 Mg 在氮化物中产生二维空穴气,这种二维空穴在平行于异质结界面方向的电导率较高,但在垂直于界面方向,由于价带势垒的存在,电导率依然不高,而 LED 正常工作时载流子是沿垂直方向输运的。一种没有潜在势垒的空穴掺杂思路有助于电导率的提高,例如组分渐变的 P 型超晶格结构,使得空穴分布从 2D 变为 3D,进一步提高了垂直方向的电导率,从而增加了空穴的浓度。对于从 GaN 到 AlGaN 组分渐变的 $[000\bar{1}]$ 取向的 N 极性晶体,极化束缚电荷为负,可以诱导形成一个密度很高的三维空穴分布。J. Simon 等人利用 $[000\bar{1}]$ 取向的、组分渐变的 N 极性 AlGaN 超晶格的极化场诱导产生了 3D 分布空穴,大幅度提升了 P 型层的导电能力[80-81],而且三维空穴气的浓度表现出微弱的温度依赖性。研究发现,极化诱导 P 型层产生了更高的空穴浓度且受温度影响较弱,在低温下依然可以实现较高的迁移率,因此,通过极化掺杂制备的 LED 具有更高的发光效率和光输出功率。除了提高 P 型电导率外,组分渐变的 P 型 AlGaN 层也增强了阻挡电子的能力,但不增加空穴势垒。此外,组分渐变的过程也对折射率提供了额外的自由度,这些优势均有利于紫外 LED 的应用。

E. Galopin 等人[82]研究了采用 MBE 法在外延生长的 AlN 上生长的渐变的 $Al_x Ga_{1-x} N (x = 0.7 \sim 1)$ 层中的极化掺杂(掺杂剂为 Be)。结果表明,通过 MBE 法生长的线性渐变的 $Al_x Ga_{1-x} N (x = 0.7 \sim 1)$ 层中,极化效应导致 Be 电离产生空穴,获得了 10^{18} cm^{-3} 数量级以上的空穴浓度,而传统的 $Al_{0.7} Ga_{0.3} N$ 层中由于没有极化效应,并不导电。极化掺杂克服了使用高 Al 组分的 P 型 AlGaN 制备深紫外器件的障碍之一。

L. Yan 等人[83]利用极化掺杂,采用 MOCVD 法实现了 N 极性 P 型 AlGaN 的生长。在 300 K 下,通过 MOCVD 生长的 N 极性的 Al 组分线性渐变 AlGaN 中的空穴浓度显著提高,比相同条件下外延的 N 极性 P 型 AlGaN 中的空穴浓度增加了 17 倍,温度相关的拟合结果表明,渐变 P 型 AlGaN 层中的空穴同时包括极化诱导和热激活的空穴。通过优化生长条件,渐变 P 型 AlGaN 层的空穴浓度可以进一步提高至 9×10^{17} cm^{-3}。XRD 结果表明,利用 MOCVD 法在生长过程中对组分渐变 P 型 AlGaN 层的组分和厚度进行精确控制,低温下就可获得温度依赖性低的高空穴浓度,此时空穴主要是由极化诱导产生的,高温下空穴浓度的增加可以归因于热激活效应。

M. Miyoshi 等人[84]通过 MOCVD 法生长组分渐变的 AlInN,证实了极化诱导产生空穴。他们将 AlInN 并将其应用于具有 GaInN 多量子阱(MQW)的蓝光二极管(LED)中。对温度的低依赖性研究结果表明，空穴由极化诱导产生而非热激活，电致发光光谱呈现出单峰蓝光发射，此外，LED 仿真结果表明，杂质和极化掺杂有效地补偿了 AlInN 层中的残氧施主，促进了发光区域的载流子复合。

5.3　LED 的关键指标参数

LED 的关键指标参数有光输出功率 P_{out}、外量子效率 η_{EQE} 和功率转换效率(WPE)。一般情况下，LED 的 WPE 定义为 P_{out} 与电输入功率的比值，即工作电流 I_{op} 与驱动电压 V 的乘积，即

$$\text{WPE} = \frac{P_{\text{out}}}{I_{\text{op}} \times V} = \eta_{\text{EQE}} \frac{h\nu}{eV} \tag{5-5}$$

式中，e 为电荷量，$h\nu$ 为光子能量，η_{EQE} 为 LED 的外量子效率。

注入效率 η_{inj} 表征载流子向量子阱的输运效率，即到达有源区的载流子，也即电子和空穴相对于注入器件中的总电流的比值。辐射复合效率 η_{rad} 表示通过辐射复合产生光子的效率。光提取效率 η_{ext} 定义为 LED 有源区中所出射的光子中能有效逃逸出的光子占比，表征了由于金属/半导体接触和半导体内反射导致的光损失。η_{EQE} 可以表示为

$$\eta_{\text{EQE}} = \eta_{\text{inj}} \times \eta_{\text{rad}} \times \eta_{\text{ext}} = \eta_{\text{IQE}} \times \eta_{\text{ext}} \tag{5-6}$$

式中，η_{IQE} 为内量子效率，为 η_{rad} 与 η_{inj} 的乘积。不难理解 η_{IQE} 为辐射复合的载流子数目与注入载流子数目的比值，可以通过光致发光进行测量。

为了进一步研究影响发光效率的因素，可以将辐射复合效率表示为

$$\eta_{\text{rad}} = \frac{R_{\text{sp}}}{R_{\text{sp}} + R_{\text{nr}}} \tag{5-7}$$

式中，R_{sp} 与 R_{nr} 分别表示辐射复合效率和非辐射复合效率。非辐射复合效率一般可以表示为 SRH 复合与俄歇(Auger)复合，即

$$R_{\text{nr}} = An + Cn^3 \tag{5-3}$$

式中：A 为 SRH 复合系数，C 为 Auger 复合系数；n 为量子阱中载流子密度。

辐射复合效率表示为

$$R_{\text{sp}} = Bn^2 \tag{5-9}$$

式中，B 为双分子复合系数。B 的取值很大程度上取决于有源区的设计，例如量子阱宽度、量子垒组分以及阱中极化场的大小。

从以上 LED 的关键指标参数中不难看出，提升 LED 外量子效率的关键是

尽可能增大内量子效率和光提取效率。其中,内量子效率主要由载流子注入效率和辐射复合效率来决定,因此需要增强载流子注入效率,降低载流子的非辐射复合,以此提升内量子效率。

5.4 蓝光 LED 的能带设计

提高晶体质量且实现高浓度的 P 型 GaN 之后,蓝光 LED 的能带设计就显得非常重要。能带是决定载流子输运的重要因素,对 LED 的发光效率有着至关重要的影响。本节首先讨论多量子阱结构设计对 LED 性能的影响,多量子阱可以把电子和空穴收集到特定的区域中,显著提高电子和空穴复合的概率,进而提高发光效率。其次讨论电流扩展的作用,因为在目前使用最多的 LED 结构中,P 型电极与 N 型电极不对称,这种结构的一个主要问题是电流在靠近 N 型电极的刻蚀侧壁附近流过,造成了电流拥堵,降低了发光效率,而电流扩展有效解决了电流拥堵问题,对提升 LED 发光效率起到重要作用。最后,讨论电子阻挡层(EBL)的作用,由于 GaN 中电子的迁移率高于空穴,在偏置状态下,电子有较大的概率从量子阱中直接溢出,造成了电子的泄漏,降低了电子和空穴复合的概率。在最后一个量子垒之上引入一层禁带宽度更大的 AlGaN 便可以有效抑制电子的溢出,因为电子阻挡层在导带上引入了一个更高的势垒,这对电子的阻挡作用更强。此外,电子阻挡层对电子的扩展也有一定的促进效果,最终实现 LED 发光效率的提升。

5.4.1 多量子阱结构

目前蓝光 LED 器件中最成功的设计之一就是多量子阱结构,早期蓝光 LED 的原型都是单量子阱结构,但是单量子阱结构对载流子的限域作用有限,导致大量载流子溢出,严重影响了发光效率[85]。

为了分析多量子阱结构的优势,这里利用先进的 APSYS 仿真软件,分析 MQW 数量对蓝光 LED 器件性能的影响。器件结构如图 5.23 所示,蓝宝石衬底上是一层 4 μm 厚的 N 型 GaN,Si 掺杂浓度为 5×10^{18} cm^{-3},其上分别是 1 个和 7 个周期的 MQW 结构,阱为 1.5 nm 厚的 In$_{0.23}$Ga$_{0.77}$N,垒为 15 nm 厚的 GaN。在 MQW 之上是 20 nm 厚的 P 型电子阻挡层结构,Mg 掺杂浓度为 5×10^{18} cm^{-3}。最上层为 200 nm 厚的 P 型 GaN,Mg 掺杂浓度为 5×10^{18} cm^{-3}。仿真参数设置如下:器件的尺寸为 350 μm × 350 μm,俄歇复合系数为 1×10^{-30} cm^2/s,电子和空穴的寿命为 10 ns,考虑材料中位错缺陷对极化电荷的屏蔽效应，屏蔽系数设置为 0.5。

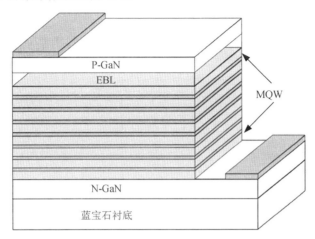

图 5.23　蓝光 LED 器件结构示意图

图 5.24 显示了器件的 I-V 特性与光输出功率曲线。从图 5.24(a)中可以看出，在 20 mA 电流下，单量子阱与多量子阱 LED 器件电压分别为 3.58 V 与 3.63 V，多量子阱器件电压略微增大，这是由于量子阱周期数的增加导致串联电阻增加。从图 5.24(b)中可以看出，在 20 mA 电流下，两个器件的光输出功率分别为 24 mW 与 53.5 mW，与单量子阱 LED 器件相比，多量子阱器件的光输出功率提升 122.9%。由此表明多量子阱结构能够有效地提升 LED 器件的光学性能。

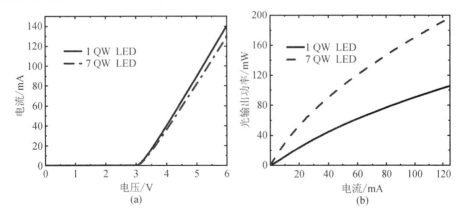

图 5.24　蓝光 LED 的 I-V 和光输出功率特性曲线

图 5.25 显示了器件的内量子效率和电致发光曲线，从图 5.25(a)中可以看出，随着注入电流的增加，内量子效率先迅速增加再逐渐降低。在 20 mA 的

电流下，单量子阱与多量子阱器件的内量子效率分别为 38.6% 与 70%。此外，由图 5.25(b)可知，在 20 mA 电流下，两个器件的发光波长均位于 461 nm 处，属于蓝光的波段，但多量子阱器件的电致发光强度是单量子阱器件的 1.6 倍。

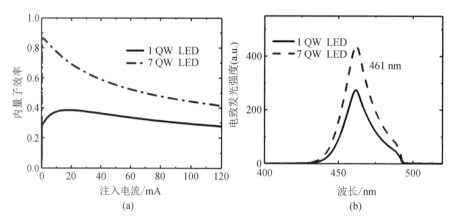

图 5.25　蓝光 LED 的内量子效率和电致发光曲线

图 5.26 展示了器件的归一化电子电流和电子浓度曲线。如图 5.26(a)所示，多量子阱的 LED 器件具有更低的电子泄漏，这是由于多量子阱结构引入了更多的势垒，对载流子的限制作用更强，使得更多的载流子发生辐射复合，从而减少了电子泄漏。从图 5.26(b)可以看出，多量子阱 LED 的电子在有源区的浓度大于单量子阱 LED 的，因此有更多的载流子参与有效的辐射复合，从而增强 LED 器件的发光效率。

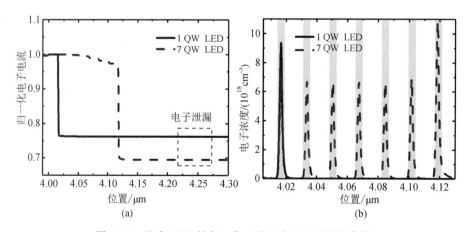

图 5.26　蓝光 LED 的归一化电子电流和电子浓度曲线

综上所述，多量子阱结构可以有效地减少电子泄漏、提升有源区的电子浓度，从而增大 LED 器件的光输出功率。此外，多量子阱 LED 器件的电压略有增加，这是由于量子阱周期数增加使得串联电阻一并增大，但是，在 20 mA 电流下，多量子阱 LED 器件的光输出功率相比单量子阱 LED 器件的提升 122.9%。由此表明多量子阱结构能够有效地提升 LED 器件的光学性能。多量子阱结构基于其诸多优势成了 LED 能带设计中最常用的结构，但针对不同波段的 LED 需要设计不同周期数和阱垒组分的量子阱结构来进一步提升器件性能。

5.4.2　电流扩展

目前，LED 器件主体结构是在蓝宝石衬底上逐层外延得到的，P 型电极最后被沉积在 P 型 GaN 层上形成欧姆接触。对于 N 型电极，需要先对器件进行刻蚀，使中间的 N 型 GaN 层暴露出来，并在其上制备 N 型电极。由于这两种电极在结构上不对称，而且电流会优先选择从电阻率较低的路径通过，这就导致电阻率较低的地方电流密度较高，形成电流拥堵，电流的聚集又导致热量积累，此外，量子阱的利用率也会降低。大注入电流下，电流拥堵现象较严重，热量会在电流密度高的地方快速积累，最终影响 LED 的寿命和性能。因此，电流扩展对避免电流拥堵、提升 LED 的效率至关重要。这里通过 APSYS 软件对 LED 器件中电流扩展层的作用进行仿真和分析，在 N 型 GaN 层中间插入一层电流扩展层，该层结构会产生一个针对电子的势垒，来自 N 型 GaN 层的电子在进入有源区之前由于受到势垒阻挡，先向水平方向扩展，使电子更加均匀地进入有源区。

仿真结构如图 5.27 所示，结构 A 从下往上分别是：蓝宝石衬底；4 μm 厚的 N 型 GaN 层，Si 掺杂浓度为 5×10^{18} cm^{-3}；周期数为 5 的 GaN/In$_{0.15}$Ga$_{0.85}$N 多量子阱（MQW），量子阱和量子垒的厚度分别为 3 nm 和 12 nm；20 nm 的 P 型 Al$_{0.2}$Ga$_{0.8}$N 电子阻挡层（EBL）；Mg 掺杂浓度为 5×10^{18} cm^{-3}、厚度为 200 nm 的

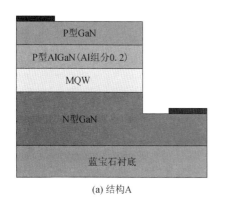

(a) 结构A

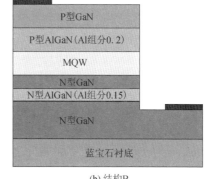

(b) 结构B

图 5.27　仿真结构示意图

P 型 GaN 层。结构 B 是在结构 A 的基础上在 N 型 GaN 层中插入了一层 70 nm 厚的 $Al_{0.15}Ga_{0.85}N$，Si 掺杂浓度为 5×10^{18} cm^{-3}。$Al_{0.15}Ga_{0.85}N$ 上层 GaN 厚度为 0.13 μm，$Al_{0.15}Ga_{0.85}N$ 下层 GaN 厚度为 3.8 μm，N 型电极垂直距离 $Al_{0.15}Ga_{0.85}N$ 层底部 0.3 μm。

图 5.28 显示了两种结构 LED 的能带图，图(a)中从左到右依次为 N 型 GaN、MQW、EBL、P 型 GaN，输入电流为 52.5 mA。由图 5.28(b)可以看出在结构 B 中，电流扩展层的导带结构中存在一个电子势垒，当注入的电子经过此处时，势垒起到了阻挡作用，从而使电子横向扩展开来。

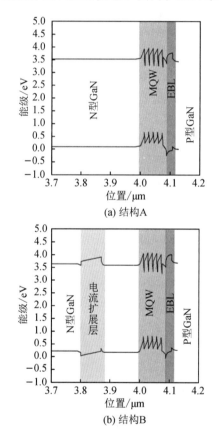

图 5.28　结构 A 和结构 B 的能带图

图 5.29 显示了结构 A 和结构 B 的各个量子阱中的横向电子分布，量子阱从下至上分别命名为 QW1、QW2、QW3、QW4、QW5。在 QW1 中结构 A 的电子浓度峰值为 2.618×10^{18} cm^{-3}，结构 B 的电子浓度峰值为 2.417×10^{18} cm^{-3}，电子浓度尖峰的下降说明电子已经得到了横向扩展，其余的量子阱也具有类似特征。

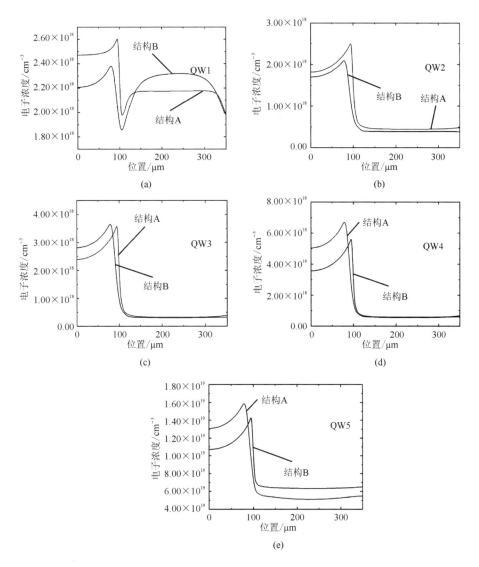

图 5.29　结构 A 和结构 B 量子阱中的横向电子分布图

图 5.30 展示了结构 A 和结构 B 的电致发光光谱图，两种结构的发射峰位均在 430 nm 处，在 52.5 mA 的输入电流下，结构 B 的峰值强度比结构 A 的高 10.53%。

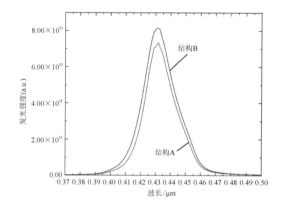

图 5.30 结构 A 和结构 B 的电致发光光谱图

图 5.31 展示了结构 A 和结构 B 的光输出功率曲线图。在 20 mA 的输入电流下，结构 A 的输出功率为 20.34 mW，结构 B 的输出功率相比于结构 A 的提升了 36.82%，为 27.83 mW。

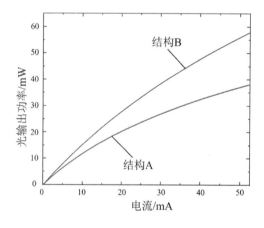

图 5.31 结构 A 和结构 B 的光输出功率曲线图

图 5.32 展示了结构 A 和结构 B 的内量子效率(η_{IQE})曲线图，结构 A 的内量子效率在输入电流为 2.1 mA 时达到峰值，为 60.12%，当输入电流增加至 20 mA 时，内量子效率降低至 45.06%；结构 B 的内量子效率在输入电流为 4.07 mA 时达到峰值，为 72.09%，当输入电流增加至 20 mA 时，内量子效率降低至 62.20%。在 20 mA 的输入电流下，结构 B 的内量子效率比结构 A 的提升了 38.04%，并且内量子效率的降低幅度减小。

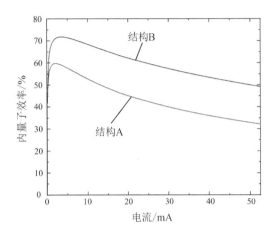

图 5.32　结构 A 和结构 B 的内量子效率曲线图

图 5.33 展示了结构 A 和结构 B 的 I-V 特性曲线图，结构 A 获得 20 mA 输入电流所需的外加电压为 3.755 V，结构 B 获得 20 mA 输入电流所需的外加电压为 3.830 V。结构 B 比结构 A 的外加偏压增大了 0.075 V，这是因为电流扩展层引入了额外的电子势垒，所以相同的工作电流所需的外加电压更大。

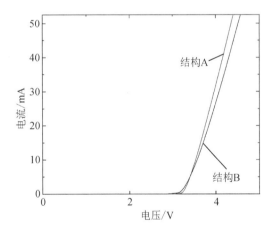

图 5.33　结构 A 和结构 B 的 I-V 特性曲线图

以上结果表明，在 N 型 GaN 层中插入 AlGaN 电流扩展层可以提供电子势垒来提高载流子分布的均匀性，从而有效提高器件的输出功率及发光效率。电流扩展层已经是 LED 中普遍采用的结构，对 LED 性能的提升起着重要的作用。

5.4.3 电子阻挡层

GaN 基 LED 中存在 droop 效应，即随着电流密度的增大其量子效率会迅速下降。产生 droop 效应的原因较为复杂，包括俄歇复合、载流子注入效率低、极化效应、缺陷引起的非辐射复合和电子泄漏[86-87]。其中电子泄漏是引起 droop 效应的一个重要因素。电子泄漏是指一部分电子进入 P 型区和空穴发生复合。为了解决 LED 器件中电子泄漏的现象，减小 droop 效应，通常选择在多量子阱(MQW)与 P 型 GaN 之间生长一层 AlGaN 电子阻挡层(EBL)，AlGaN 电子阻挡层与量子阱中最后一层量子垒(LQB)接触形成 EBL/LQB 界面，其势垒高度使得量子阱内的电子难以越过，有效地将电子限制在有源区内，降低电子进入 P 型区与空穴发生复合的概率，从而提高了 LED 器件的内量子效率。在不考虑极化电场的情况下，有电子阻挡层和没有电子阻挡层的 LED 中载流子分布示意图如图 5.34 所示，电子阻挡层的阻挡作用，使泄漏到 P 型区的电子数量大幅减少，提高了载流子在量子阱中复合的概率。但是需要注意的是，EBL 也会在价带中引入带阶，空穴向量子阱输运时亦会受到 EBL 的阻碍，使得空穴注入量子阱的效率下降。所以，对 EBL 层中所用材料的组分、厚度、组合方式等都要进行系统优化。

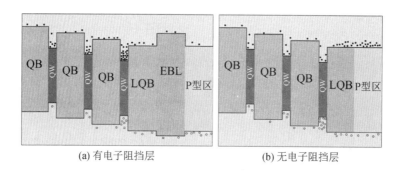

(a) 有电子阻挡层　　　　　　　　(b) 无电子阻挡层

图 5.34　有电子阻挡层和无电子阻挡层的载流子分布示意图

1. 电子阻挡层的研究进展

Grzanka 等人[88]通过研究发现电子阻挡层在蓝/紫 LED 的电致发光强度方面起着决定性的作用。Han 等人[89]研究了 P 型 AlGaN EBL 对 InGaN/GaN 多量子阱结构 LED 效率下降的影响。在低电流密度下，有 EBL 的 LED 比没有 EBL 的 LED 具有更高的外量子效率。然而，没有 EBL 的 LED 在高电流密度下表现出更高的外量子效率。分别对比于具有 P 型 $Al_{0.22}Ga_{0.78}N$ 和 P 型 $Al_{0.32}Ga_{0.68}N$ EBL 的 LED,没有 EBL 的 LED 在 90 A/cm^2 注入电流下的外量子效率增量分别为 5.6% 和 8.6%。这是因为在高电流密度下,没有 EBL 的 LED 的空穴注入效率更高。Kuo 等人[90]通过数值计算研究了极化匹配的 $Al_{0.38}Ga_{0.46}In_{0.16}N$ 电子阻挡层和势垒层对 InGaN 基蓝光发光二极管光学性能的影响,利用极化匹配的 AlGaInN 电子阻挡层和势垒层来降低有源区内的极化效应。仿真结果表明,极化匹配的 AlGaInN 电子阻挡层有利于将电子限制在量子阱区域内,电子和空穴波函数的重叠概率增加,使得光学性能大幅提升。

Kim 等人[91]将 P 型 AlGaN/GaN/InGaN 超晶格加入 InGaN 基蓝光 LED 中作为电子阻挡层,降低了光输出功率对温度的依赖性。在 10～100℃ 温度区间内,工作电流为 350 mA 时,外量子效率的变化量小于 0.5%。光输出功率的温度稳定性提高,这是因为多量子阱与 AlGaN/GaN/InGaN 超晶格之间对电子的阻挡作用得到加强,同时空穴通过 EBL 被运输到多量子阱中的效率提高。乔治亚理工学院的 Suk Choi 等人[92]采用 InAlN 作为电子阻挡层来提高氮化物基可见光 LED 的发光强度并缓解了 droop 效应。与没有 EBL 或采用 $Al_{0.2}Ga_{0.8}N$ 作为 EBL 的 LED 相比,使用 $In_{0.18}Al_{0.82}N$ 作为 EBL 的 LED 的电致发光强度获得了显著提升,并且 droop 效应降低。这说明,与传统的 AlGaN EBL 相比,InAlN EBL 在抑制 droop 效应方面更有效。Wang 等人[93]采用能带工程技术,设计了一种沿 (0001) 方向 Al 组分增加的渐变组分电子阻挡层 (GEBL)。仿真结果表明,MQW 中的空穴浓度显著增加,而 GEBL 区域和 P 型 GaN 内的电子分布大幅降低。该团队利用 MOCVD 法制备了具有 GEBL 结构的 LED,与传统 LED 相比,具有 GEBL 的 LED 在高电流密度下表现出更低的正向电压、串联电阻和更高的输出功率。同时,在注入电流密度为 200 A/cm^2 的条件下,droop 效应得到明显改善。

Zhang 等人[94]通过数值计算和实验分析了具有渐变 Al 组分 AlGaN 超晶格电子阻挡层的氮化物蓝光 LED 的特性。EBL 包括 10 个周期的 AlGaN/GaN,Al 组分从 0% 逐渐增加到 20%,然后又逐渐下降到 0%。结果表明,与传统的矩形 AlGaN EBL 或常规的 AlGaN/GaN EBL 相比,渐变 Al 组分 AlGaN/GaN EBL 结构的 LED 具有更高的空穴注入效率、更少的电子泄漏和更小的静电场。Xia 等人[95]对具有传统 AlGaN 电子阻挡层和 AlGaN-GaN-AlGaN(AGA)电子阻挡层的蓝光 LED 进行了仿真研究。结果表明,相比于传统的 AlGaN EBL,具有 AGA EBL 的 LED 表现出更高的输出功率和更低的 droop 效应,这是由于 AGA EBL 的强静电场和隧道效应增强了对电子的限制作用，同时还提升了空穴从 P 型区域的注入效率。Liu 等人[96]提出了一种 P 型 InGaN/AlGaN EBL，并通过实验和理论研究了 P 型 InGaN/AlGaN EBL 对 InGaN/GaN LED 的电学和光学性能的影响。结果表明，与传统的 AlGaN EBL 相比，P 型 InGaN/AlGaN EBL 对载流子溢出的抑制作用更强。由于空穴注入的提高和电子限制的增强，具有 P 型 InGaN/AlGAN EBL 的 LED 在很大的载流子浓度范围内都表现出更好的光学性能。总之，实验和理论研究的结果均表明，电子阻挡层的设计和优化可以显著提升 LED 器件的性能[97-101]。

2. 电子阻挡层设计的仿真实例

这里利用 APSYS 软件对有无电子阻挡层的两种蓝光 LED 器件进行仿真。器件结构如图 5.35 所示，蓝宝石衬底之上是一层厚度为 4 μm 的 N 型 GaN 薄膜（作为电子注入层），其 N 型掺杂浓度为 5×10^{18} cm^{-3}。在 N 型 GaN 之上为 5 个周期的多量子阱结构，阱为 1.5 nm 厚的 In$_{0.2}$Ga$_{0.8}$N，垒为 3 nm 厚的 GaN，量子垒的 N 型掺杂浓度为 3×10^{17} cm^{-3}。在最后一层量子垒之上是 20 nm 厚的 P 型电子阻挡层，对应的 P 型掺杂浓度为 5×10^{18} cm^{-3}。EBL 之上是作为空穴注入层的 P 型 GaN，厚度为 200 nm，P 型掺杂浓度为 5×10^{18} cm^{-3}。

在利用 APSYS 进行仿真的过程中，所用的器件尺寸为 350 μm×350 μm。考虑量子阱区存在非辐射复合，设置俄歇复合系数为 1×10^{-30} cm^2/s，电子和空穴的寿命为 20 ns，异质结界面处的带阶 ΔE_{C}∶$\Delta E_{\mathrm{V}}=0.7$∶$0.3$。除此之外，极化电荷的比例设置为 0.5，对于超晶格结构，考虑了量子隧穿效应，仿真所设置的工作温度为 300 K。

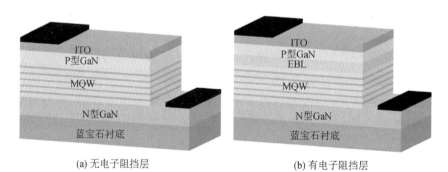

(a) 无电子阻挡层　　　　　(b) 有电子阻挡层

图 5.35　有无电子阻挡层结构的器件结构示意图

图 5.36 展示了两种器件的输出功率和电致发光强度曲线。从图中可以看出，两种器件的输出功率均随着注入电流的增大而增大，在 140 mA 的驱动电

流下，无电子阻挡层结构和具有电子阻挡层结构器件的输出功率分别为 27 mW 和 80 mW。相比于没有电子阻挡层结构的器件，具有 AlGaN 电子阻挡层的器件的光输出功率提升了 196%。图 5.36(b)为两种器件的电致发光光谱图，在 140 mA 的注入电流下，两种器件的峰值发射波长均为 460 nm。其中，具有电子阻挡层结构的器件相对于没有电子阻挡层的器件发光强度增强了 140%，这表明电子阻挡层结构可以很好地改善蓝光 LED 器件的发光性能。

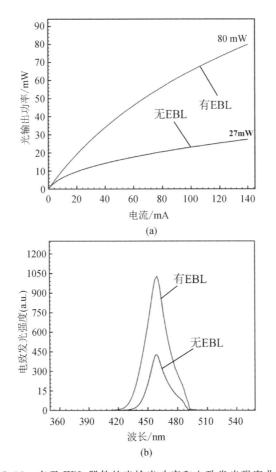

图 5.36　有无 EBL 器件的光输光功率和电致发光强度曲线

图 5.37 中展示了两种器件的内量子效率和电流分布曲线，从图 5.37(a)中可以看出，在大电流下，器件的内量子效率均随着驱动电流的增大而降低，这表明两种器件都存在 droop 效应。无电子阻挡层和具有电子阻挡层结构的器件的内量子效率衰减量分别为 81.8% 和 50.8%。电子从量子阱中泄漏进入 P

型 GaN 层与空穴发生复合是量子效率衰减的主要原因。图 5.37(b)给出了两种器件在 140 mA 驱动电流下归一化的电子电流分布，由图可以看出，没有 EBL 结构的器件在 P 型 GaN 层一侧的泄漏电流远远大于具有电子阻挡层结构的器件。这说明引入 EBL 结构可以有效抑制电子泄漏，提高电子和空穴的辐射复合概率，从而改善大电流下的效率衰减现象。

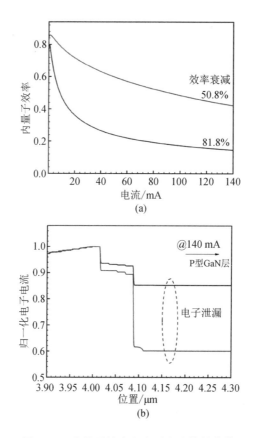

图 5.37　内量子效率和电子电流特性曲线

　　无论是多量子阱结构、电子阻挡层结构还是电流扩展层结构都可以在一定程度上提升蓝光 LED 的性能，这些结构主要通过能带工程来调节载流子的分布或者输运。

　　总之，随着图形衬底和 ELOG 等技术的应用，氮化物材料的晶体质量不断提高，加上能带工程及器件结构的优化，氮化物蓝光 LED 的性能已经达到同类器件中的最高水平。随着整体设计水平的进一步提升，蓝光 LED 的性能也会越来越好。

参 考 文 献

［1］　AMANO H, SAWAKI N, AKASAKI I, et al. Metalorganic vapor phase epitaxial growth of a high quality GaN film using an AlN buffer layer［J］. Applied Physics Letters, 1986, 48(5): 353 - 355.

［2］　NAKAMURA S N S. GaN growth using GaN buffer layer［J］. Japanese Journal of Applied Physics, 1991, 30(10A): L1705.

［3］　黄成强, 夏洋, 陈波, 等. 图形化蓝宝石衬底工艺研究进展［J］. 半导体技术, 2012, 37(7): 497 - 503.

［4］　MEISCH T, ALIMORADI-JAZI M, NEUSCHL B, et al. Crystal quality improvement of semipolar (20 - 21) GaN on patterned sapphire substrates by in-situ deposited SiN mask［J］. SPIE, 2014: 28 - 34.

［5］　CHAN C, HOU C, TSENG S, et al. Improved output power of GaN-based light-emitting diodes grown on a nanopatterned sapphire substrate［J］. Applied Physics Letters, 2009, 95(1): 11110.

［6］　申健. 图形化蓝宝石衬底的酸蚀刻行为及其 GaN 和 InGaN 外延生长研究［D］. 哈尔滨: 哈尔滨工业大学, 2021.

［7］　李燕, 曹亮, 李晖, 等. 图形化蓝宝石基底的 ICP 刻蚀工艺研究［A］//2013 中国西部声学学术交流会论文集(上)［C］. 中国甘肃敦煌, 2013: 4.

［8］　侯想, 刘熠新, 钟梦洁, 等. 图形化蓝宝石衬底干法刻蚀工艺研究［J］. 中国机械工程, 2021, 32(24): 3001 - 3007.

［9］　TADATOMO K. Epitaxial growth of GaN on patterned sapphire substrates［M］. Singapore: Springer, 2017: 69 - 92.

［10］　TÖRMÄ P T, ALI M, SVENSK O, et al. InGaN-based 405 nm near-ultraviolet light emitting diodes on pillar patterned sapphire substrates［J］. CrystengComm, 2010, 12(10): 3152 - 3156.

［11］　BO LEE S, KWON T, LEE S, et al. Threading-dislocation blocking by stacking faults formed in an undoped GaN layer on a patterned sapphire substrate［J］. Applied Physics Letters, 2011, 99(21): 211901.

［12］　LEE J, LEE D, OH B, et al. Comparison of InGaN-based LEDs grown on conventional sapphire and cone-shape-patterned sapphire substrate［J］. IEEE Transactions on Electron Devices, 2009, 57(1): 157 - 163.

［13］　付星星, 刘扬, 张国义. PSS 侧壁弧度优化及对 GaN 基 LED 出光效率的影响［J］. 微纳电子技术, 2016, 53(5): 321 - 325.

［14］　赖志远, 张江涛, 胡中伟, 等. 图案化蓝宝石衬底的制备方法及关键技术分析［J］. 材

料科学, 2020, 10(1): 63 – 74.

[15] MENG W J, SELL J A, PERRY T A, et al. Growth of aluminum nitride thin films on Si (111) and Si (001): Structural characteristics and development of intrinsic stresses[J]. Journal of Applied Physics, 1994, 75(7): 3446 – 3455.

[16] WANG B, ZHAO Y N, HE Z. The effects of deposition parameters on the crystallographic orientation of AlN films prepared by RF reactive sputtering[J]. Vacuum, 1997, 48(5): 427 – 429.

[17] YONG Y, LEE J, KIM H S, et al. High resolution transmission electron microscopy study on the microstructures of aluminum nitride and hydrogenated aluminum nitride films prepared by radio frequency reactive sputtering[J]. Applied Physics Letters, 1997, 71(11): 1489 – 1491.

[18] SATO K, OHTA J, INOUE S, et al. Room-temperature epitaxial growth of high quality AlN on SiC by pulsed sputtering deposition[J]. Applied Physics Express, 2009, 2(1): 11003.

[19] TUNGASMITA S, BIRCH J, PERSSON P A, et al. Enhanced quality of epitaxial AlN thin films on 6H-SiC by ultra-high-vacuum ion-assisted reactive dc magnetron sputter deposition[J]. Applied Physics Letters, 2000, 76(2): 170 – 172.

[20] TANG H, BARDWELL J A, WEBB J B, et al. Selective growth of GaN on a SiC substrate patterned with an AlN seed layer by ammonia molecular-beam epitaxy[J]. Applied Physics Letters, 2001, 79(17): 2764 – 2766.

[21] WEBB J B, TANG H, BARDWELL J A, et al. Growth of high mobility GaN and AlGaN/GaN high electron mobility transistor structures on 4H-SiC by ammonia molecular-beam epitaxy[J]. Applied Physics Letters, 2001, 78(24): 3845 – 3847.

[22] MALENGREAU F E D E, HAG E GE S, SPORKEN R, et al. UHV reactive sputtering of AlN (0001) single crystals on Si (111) at high temperature by a two-step growth method[J]. Journal of the European Ceramic Society, 1997, 17(15~16): 1807 – 1811.

[23] WAN J, VENUGOPAL R, MELLOCH M R, et al. Growth of crack-free hexagonal GaN films on Si (100)[J]. Applied Physics Letters, 2001, 79(10): 1459 – 1461.

[24] YAMADA T, TANIKAWA T, HONDA Y, et al. Growth of GaN on Si (111) substrates via a reactive-sputter-deposited AlN intermediate layer[J]. Japanese Journal of Applied Physics, 2013, 52(8S): 08JB16.

[25] LEE H, BAE S, LEKHAL K, et al. Improved crystal quality of semipolar (10$\bar{1}$3) GaN on Si (001) substrates using AlN/GaN superlattice interlayer[J]. Journal of Crystal Growth, 2016, 454114 – 454120.

[26] VALCHEVA E, PASKOVA T, TUNGASMITA S, et al. Interface structure of hydride vapor phase epitaxial GaN grown with high-temperature reactively sputtered

AlN buffer[J]. Applied Physics Letters，2000，76(14)：1860 - 1862.

[27] WUU D，WU H，CHEN S，et al. Defect reduction of laterally regrown GaN on GaN/ patterned sapphire substrates[J]. Journal of Crystal Growth，2009，311(10)：3063 - 3066.

[28] LEE J，OH J T，KIM Y C，et al. Stress reduction and enhanced extraction efficiency of GaN-based LED grown on cone-shape-patterned sapphire[J]. IEEE Photonics Technology Letters，2008，20(18)：1563 - 1565.

[29] GAO H，YAN F，ZHANG Y，et al. Enhancement of the light output power of InGaN/GaN light-emitting diodes grown on pyramidal patterned sapphire substrates in the micro-and nanoscale[J]. Journal of Applied Physics，2008，103(1)：14314.

[30] XU S R，LI P X，ZHANG J C，et al. Threading dislocation annihilation in the GaN layer on cone patterned sapphire substrate[J]. Journal of Alloys and Compounds，2014，614360 - 614363.

[31] SONG J，LEE S，LEE I，et al. Characteristics comparison between GaN epilayers grown on patterned and unpatterned sapphire substrate (0001)[J]. Journal of Crystal Growth，2007，308(2)：321 - 324.

[32] KIM Y H，RUN H，NOH Y K，et al. Microstructural properties and dislocation evolution on a GaN grown on patterned sapphire substrate：A transmission electron microscopy study[J]. Journal of Applied Physics，2010，107(6)：83121.

[33] CHEN Y，CHEN Z，LI J，et al. A study of GaN nucleation and coalescence in the initial growth stages on nanoscale patterned sapphire substrates via MOCVD[J]. Crystengcomm，2018，20(42)：6811 - 6820.

[34] HU H，ZHOU S，LIU X，et al. Effects of GaN/AlGaN/Sputtered AlN nucleation layers on performance of GaN-based ultraviolet light-emitting diodes[J]. Scientific Reports，2017，7(1)：44627.

[35] CHANG L，CHEN Y，KUO C. Spatial correlation between efficiency and crystal structure in GaN-based light-emitting diodes prepared on high-aspect ratio patterned sapphire substrate with sputtered AlN nucleation layer[J]. IEEE Transactions on Electron Devices，2014，61(7)：2443 - 2447.

[36] WU P，LI J，HSU L，et al. Effect of sputtered AlN location on the growth mechanism of GaN[J]. ECS Journal of Solid State Science and Technology，2017，6(9)：R131.

[37] CHEN S，LI H，LU T. Improved performance of GaN based light emitting diodes with ex-situ sputtered AlN nucleation layers[J]. AIP Advances，2016，6(4)：45311.

[38] LAI W C，YEN C H，YANG Y Y，et al. GaN-based ultraviolet light emitting diodes with ex situ sputtered AlN nucleation layer[J]. Journal of Display Technology，2013，9(11)：895 - 899.

[39] HE C，ZHAO W，ZHANG K，et al. High-quality GaN epilayers achieved by facet-controlled epitaxial lateral overgrowth on sputtered AlN/PSS templates[J]. ACS

Applied Materials & Interfaces, 2017, 9(49): 43386 - 43392.

[40] PENG R, MENG X, XU S, et al. Study on dislocation annihilation mechanism of the high-quality GaN grown on sputtered AlN/PSS and its application in green light-emitting diodes[J]. IEEE Transactions on Electron Devices, 2019, 66(5): 2243 - 2248.

[41] DAVIS R F, BREMSER M D, PERRY W G, et al. Growth of AlN, GaN and $Al_xGa_{1-x}N$ thin films on vicinal and on-axis 6H-SiC (0001) substrates[J]. Journal of the European Ceramic Society, 1997, 17(15 - 16): 1775 - 1779.

[42] FATEMI M, WICKENDEN A E, KOLESKE D D, et al. Enhancement of electrical and structural properties of GaN layers grown on vicinal-cut, a-plane sapphire substrates[J]. Applied Physics Letters, 1998, 73(5): 608 - 610.

[43] SHEN X Q, SHIMIZU M, OKUMURA H. Impact of vicinal sapphire (0001) substrates on the high-quality AlN films by plasma-assisted molecular beam epitaxy[J]. Japanese Journal of Applied Physics, 2003, 42(11A): L1293.

[44] SHEN X Q, MATSUHATA H, OKUMURA H. Reduction of the threading dislocation density in GaN films grown on vicinal sapphire (0001) substrates[J]. Applied Physics Letters, 2005, 86(2): 21912.

[45] SHEN X Q, OKUMURA H, FURUTA K, et al. Electrical properties of AlGaN/GaN heterostructures grown on vicinal sapphire (0001) substrates by molecular beam epitaxy[J]. Applied Physics Letters, 2006, 89(17): 171906.

[46] CHANG P, YU C. The influence of vicinal-cut sapphire substrate on AlGaN/GaN heterostructure by MOCVD[J]. Journal of the Electrochemical Society, 2008, 155(6): H369.

[47] LIN Z, ZHANG J, XU S, et al. Influence of vicinal sapphire substrate on the properties of N-polar GaN films grown by metal-organic chemical vapor deposition [J]. Applied Physics Letters, 2014, 105(8): 82114.

[48] PENG R, BAI J, XU S, et al. Effects of 4° misoriented sapphire substrate on optical property of green InGaN/GaN multiple quantum wells [J]. Superlattices and Microstructures, 2018, 113519 - 113523.

[49] DU J, XU S, LIN Z, et al. Improvement of crystalline quality of N-polar green InGaN/GaN multiple quantum wells on vicinal substrate[J]. Materials Science in Semiconductor Processing, 2019, 96167 - 96172.

[50] ZHANG H, SUN Y, SONG K, et al. Demonstration of AlGaN/GaN HEMTs on vicinal sapphire substrates with large misoriented angles[J]. Applied Physics Letters, 2021, 119(7): 72104.

[51] NISHINAGA T, NAKANO T, ZHANG S. Epitaxial Lateral Overgrowth of GaAs by LPE[J]. Japanese Journal of Applied Physics, 1988, 27(6): L964 - L967.

[52] UJIIE Y, NISHINAGA T. Epitaxial lateral overgrowth of GaAs on a Si substrate[J]. Japanese Journal of Applied Physics, 1989, 28(3A): L337 - L339.

［53］ NAGAHARA M，MIYOSHI S，YAGUCHI H，et al. Selective growth of cubic GaN in small areas on patterned GaAs（100）substrates by metalorganic vapor phase epitaxy［J］. Japanese Journal of Applied Physics，1994，33(1B)：694 - 697.

［54］ KATO Y，KITAMURA S，HIRAMATSU K，et al. Selective growth of wurtzite GaN and $Al_xGa_{1-x}N$ on GaN/sapphire substrates by metalorganic vapor phase epitaxy［J］. Journal of Crystal Growth，1994，144(3 - 4)：133 - 140.

［55］ USUI A，SUNAKAWA H，SAKAI A，et al. Thick GaN epitaxial growth with low dislocation density by hydride vapor phase epitaxy［J］. Japanese Journal of Applied Physics，1997，36(7B)：L899 - L902.

［56］ NAKAMURA S. Ⅲ-Ⅴ nitride-based blue LDs with modulation-doped strained-layer superlattices. IEEE，1997：1 - 4.

［57］ ZHELEVA T S，SMITH S A，THOMSON D B，et al. Pendeo-epitaxy：A new approach for lateral growth of gallium nitride films［J］. Journal of Electronic Materials，1999，28(4)：L5 - L8.

［58］ DAVIS R F，GEHRKE T，LINTHICUM K J. Pendeo-epitaxial growth of thin films of gallium nitride and related materials and their characterization［J］. Journal of Crystal Growth，2001，225(2/4)：134 - 140.

［59］ USUI A. Gallium nitride crystals grown by hydride vapor phase epitaxy with dislocation reduction mechanism［J］. ECS Journal of Solid State Science and Technology，2013，2(8)：N3045.

［60］ USUI A，MATSUEDA T，GOTO H，et al. GaN lateral overgrowth by hydride vapor phase epitaxy through nanometer-size channels fabricated with nanoimprint lithography［J］. Japanese Journal of Applied Physics，2013，52(8S)：08JB02.

［61］ HIRAMATSU K，NISHIYAMA K，ONISHI M，et al. Fabrication and characterization of low defect density GaN using facet-controlled epitaxial lateral overgrowth（FACELO）［J］. Journal of Crystal Growth，2000，221(1 - 4)：316 - 326.

［62］ BOHYAMA S，MIYAKE H，HIRAMATSU K，et al. Freestanding GaN substrate by advanced facet-controlled epitaxial lateral overgrowth technique with masking side facets［J］. Japanese Journal of Applied Physics，2004，44(1L)：L24 - L26.

［63］ 杜金娟. GaN 微/纳结构及 GaN 基 MQWs 结构研究［D］. 西安电子科技大学，2023.

［64］ ROMANITAN C，MIHALACHE I，TUTUNARU O，et al. Effect of the lattice mismatch on threading dislocations in heteroepitaxial GaN layers revealed by X-ray diffraction［J］. Journal of Alloys and Compounds，2021，858157723.

［65］ FAN T，JIA W，TONG G，et al. Influence of in-situ deposited SiNx interlayer on crystal quality of GaN epitaxial films［J］. Superlattices and Microstructures，2018，11757 - 11764.

［66］ CHEN S，YANG Y，WEN W，et al. Significant improvement of GaN crystal quality with ex-situ sputtered AlN nucleation layers[J]. SPIE, 2016: 146 – 154.

[67] LEE C, TZOU A, LIN B, et al. Efficiency improvement of GaN-based ultraviolet light-emitting diodes with reactive plasma deposited AlN nucleation layer on patterned sapphire substrate[J]. Nanoscale Research Letters, 2014, 91 – 106.

[68] ZHANG Y, XING Z, MA Z, et al. Threading dislocation density comparison between GaN grown on the patterned and conventional sapphire substrate by high resolution X-ray diffraction[J]. Science China Physics, Mechanics and Astronomy, 2010, 53465 – 468.

[69] AMANO H, KITO M, HIRAMATSU K, et al. P-type conduction in Mg-doped GaN treated with low-energy electron beam irradiation (LEEBI)[J]. Japanese Journal of Applied Physics, 1989, 28(12A): L2112 – L2114.

[70] SIMON J, PROTASENKO V, LIAN C, et al. Polarization-induced hole doping in wide band-gap uniaxial semiconductor heterostructures [J]. Science, 2010, 327 (5961): 60 – 64.

[71] SHUJI N, TAKASHI M, MASAYUKI S, et al. Thermal annealing effects on p-type Mg-doped GaN films[J]. Japanese Journal of Applied Physics, 1992, 31(2): L139 – L142.

[72] KIM W, SALVADOR A, BOTCHKAREV A E, et al. Mg-doped p-type GaN grown by reactive molecular beam epitaxy[J]. Applied Physics Letters, 1996, 69(4): 559 – 561.

[73] SCHUBERT E F, GRIESHABER W, GOEPFERT I D. Enhancement of deep acceptor activation in semiconductors by superlattice doping[J]. Applied Physics Letters, 1996, 69(24): 3737 – 3739.

[74] KOZODOY P, HANSEN M, DENBAARS S P, et al. Enhanced Mg doping efficiency in $Al_{0.2}Ga_{0.8}N$/GaN superlattices[J]. Applied Physics Letters, 1999, 74(24): 3681 – 3683.

[75] KOZODOY P, SMORCHKOVA Y P, HANSEN M, et al. Polarization-enhanced Mg doping of AlGaN/GaN superlattices[J]. Applied Physics Letters, 1999, 75(16): 2444 – 2446.

[76] LAI W, YOKOYAMA M, CHANG S, et al. Optical and electrical characteristics of CO_2-laser-treated Mg-doped GaN film [J]. Japanese Journal of Applied Physics, 2000, 39(11B): L1138.

[77] KUO C H, CHANG S J, SU Y K, et al. Low temperature activation of Mg-doped GaN in O_2 ambient[J]. Japanese Journal of Applied Physics, 2002, 41(2A): L112.

[78] WAKI I, FUJIOKA H, OSHIMA M, et al. Low-temperature activation of Mg-doped GaN using Ni films[J]. Applied Physics Letters, 2001, 78(19): 2899 – 2901.

[79] CHANG S, SU Y, TSAI T, et al. Acceptor activation of Mg-doped GaN by microwave treatment[J]. Applied Physics Letters, 2001, 78(3): 312 – 313.

[80] SIMON J, PROTASENKO V, LIAN C X, et al. Polarization-induced hole doping in wide-band-gap uniaxial semiconductor heterostructures[J]. Science, 2010, 327(5961): 60 – 64.

[81] ZHANG L, WEI X C, LIU N X, et al. Improvement of efficiency of GaN-based polarization-doped light-emitting diodes grown by metalorganic chemical vapor deposition[J]. Applied Physics Letters, 2011, 98(24): 241111.

[82] GALOPIN E, LARGEAU L, PATRIARCHE G, et al. Morphology of self-catalyzed GaN nanowires and chronology of their formation by molecular beam epitaxy[J]. Nanotechnology, 2011, 22(24): 245606.

[83] YAN L, ZHANG Y, HAN X, et al. Polarization-induced hole doping in N-polar Ⅲ-nitride LED grown by metalorganic chemical vapor deposition[J]. Applied Physics Letters, 2018, 112(18): 182104.

[84] MIYOSHI M, NAKABAYASHI T, TAKADA H, et al. Demonstration of polarization-induced hole conduction in composition-graded AlInN layers grown by metalorganic chemical vapor deposition[J]. Applied Physics Letters, 2021, 118(16): 162102.

[85] CHO Y H, GAINER G H, FISCHER A J, et al. "S-shaped" temperature-dependent emission shift and carrier dynamics in InGaN/GaN multiple quantum wells[J]. Applied Physics Letters, 1998, 73(10): 1370 – 1372.

[86] VAMPOLA K J, IZA M, KELLER S, et al. Measurement of electron overflow in 450 nm InGaN light-emitting diode structures[J]. Applied Physics Letters, 2009, 94(6): 61116.

[87] SCHUBERT M F, CHHAJED S, KIM J K, et al. Effect of dislocation density on efficiency droop in GaInN/ GaN light-emitting diodes[J]. Applied Physics Letters, 2007, 91(23): 231114.

[88] GRZANKA S, FRANSSEN G, TARGOWSKI G, et al. Role of the electron blocking layer in the low-temperature collapse of electroluminescence in nitride light-emitting diodes[J]. Applied Physics Letters, 2007, 90(10): 103507.

[89] HAN S H, LEE D Y, LEE S J, et al. Effect of electron blocking layer on efficiency droop in InGaN/GaN multiple quantum well light-emitting diodes[J]. Applied Physics Letters, 2009, 94(23): 1274.

[90] KUO Y K, TSAI M C, YEN S H. Numerical simulation of blue InGaN light-emitting diodes with polarization-matched AlGaInN electron-blocking layer and barrier layer [J]. Optics Communications, 2009, 282(21): 4252 – 4255.

[91] KIM K S, KIM J H, JUNG S J, et al. Stable temperature characteristics of InGaN blue light emitting diodes using AlGaN/GaN/InGaN superlattices as electron blocking layer[J]. Applied Physics Letters, 2010, 96(9): 91104.

[92] CHOI S, KIM H J, KIM S, et al. Improvement of peak quantum efficiency and efficiency droop in Ⅲ-nitride visible light-emitting diodes with an InAlN electron-blocking layer[J]. Applied Physics Letters, 2010, 96(22): 221105.

[93] WANG C H, KE C C, LEE C Y, et al. Hole injection and efficiency droop improvement in InGaN/GaN light-emitting diodes by band-engineered electron blocking layer[J].

Applied Physics Letters, 2010, 97(26): 261103.

[94] ZHANG Y Y, YIN Y A. Performance enhancement of blue light-emitting diodes with a special designed AlGaN/GaN superlattice electron-blocking layer[J]. Applied Physics Letters, 2011, 99(22): 89901.

[95] XIA C S, LI Z M S, LU W, et al. Efficiency enhancement of blue InGaN/GaN light-emitting diodes with an AlGaN-GaN-AlGaN electron blocking layer[J]. Journal of Applied Physics, 2012, 111(9): 907.

[96] LIU Z, MA J, YI X, et al. P-InGaN/AlGaN electron blocking layer for InGaN/GaN blue light-emitting diodes[J]. Applied Physics Letters, 2012, 101(26): 956 – 4255.

[97] DING B, ZHAO F, SONG J, et al. Performance improvement of blue InGaN light-emitting diodes with a specially designed n-AlGaN hole blocking layer[J]. Chinese Physics B, 2013, 22(8): 88503.

[98] LIN B, CHEN K, WANG C, et al. Hole injection and electron overflow improvement in InGaN/GaN light-emitting diodes by a tapered AlGaN electron blocking layer[J]. Optics Express, 2014, 22(1): 463 – 469.

[99] LIN Z, WANG H, CHEN S, et al. Achieving high-performance blue gan-based light-emitting diodes by energy band modification on $Al_x In_y Ga_{1-x-y}$ N electron blocking layer[J]. IEEE Transactions on Electron Devices, 2016, 64(2): 472 – 480.

[100] ZHANG Z, SUN H, LI X, et al. Performance enhancement of blue light-emitting diodes with an undoped AlGaN electron-blocking layer in the active region[J]. Journal of Display Technology, 2017, 12(6): 573 – 576.

[101] CHENG C, LEI Y, LIU Z, et al. Performance improvement of light-emitting diodes with double superlattices confinement layer[J]. Journal of Semiconductors, 2018, 39(11): 114005.

第 6 章

氮化物紫外和深紫外 LED 材料与器件

随着蓝光 LED 数十年的长足发展，日常照明光源已经逐步被替换为 GaN 基 LED，从而开启了固态照明的新时代。目前，照明显示仅占了氮化物发光器件应用的一小部分，氮化物发光器件在非照明领域的应用仍需挖掘。通过改变 AlGaN 合金中的 Al 组分，AlGaN 的禁带宽度可以在 3.4～6.2 eV 范围连续调节，对应的发光波长可以覆盖整个紫外光谱范围。紫外光谱按照波长可以分为 UVA(320～400 nm)、UVB(280～320 nm) 和 UVC(200～280 nm) 三个波段[1]，不同波段都有广泛的应用场景(如图 6.1 所示)。紫外固态光源已经成为 Ⅲ 族氮化物一个非常重要的应用领域。2020 年来受新型冠状病毒的影响，且得益于 UVC 波段的 LED 在快速杀菌消毒领域的优势，AlGaN 基固态紫外光源迅猛发展。据调查，2025 年紫外 LED 整体产值将破百亿元人民币，2021—2025 年的复合增长率将达到 39.26%。与 InGaN 基可见光波长 LED 相比，目前 AlGaN 基紫外 LED 的发光效率和输出功率仍然处于较低水平。AlGaN 材料晶体质量的提高、紫外 LED 器件的结构优化和光提取效率的提升，使得紫外 LED 有望在输出功率和发光效率上有大幅提升，以满足市场不同的应用场景。

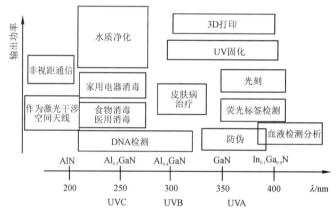

图 6.1　各个波段紫外 LED 的应用[2]

6.1　紫外 LED 的应用及发展

和现有的紫外光源相比，氮化物紫外 LED 有着广阔的应用前景，它具有体积小、无污染、工作电压低、易于集成等优势，是理想的紫外光源。但是氮化物紫外 LED 的发展仍面临诸多挑战。本节从紫外 LED 的优势、研究现状、器件基本结构以及目前存在未解决的问题等方面进行详细介绍,以便读者更充分地了解目前紫外 LED 所面临的挑战。

6.1.1 紫外 LED 及其应用

AlGaN 以及四元合金 InAlGaN 随着 Al、In 组分的变化(InAlGaN 中)可以实现禁带宽度的连续可调并且可以有效覆盖紫外光谱,它们是制备紫外光电器件的理想材料。紫外发光二极管(UV LED)相比较于传统的紫外光源如低、中压汞灯有很多优势,主要体现在以下几个方面:① UV LED 无污染并且有很长的使用寿命,可靠性强;② UV LED 不需要任何的预热时间(这也是固态光源的一大优势),可以以几十纳秒甚至更快的速度来完成开启或者关闭,切换速度很快;③ UV LED 体积小,可以与现有的电器集成以实现高效、低成本的日常杀菌消毒。这些独特的优势使其作为许多新的应用的关键组件,这是传统紫外光源无法实现的。例如,UV LED 的快速开关能力实现了先进的测量检测算法和改进的基线校准,可以显著提高系统灵敏度。表 6.1 给出了 UV LED 与传统紫外光源的性能和特征比较,显然,UV LED 的优势较多且性能突出,无论是应用场景还是稳定性都要远远优于传统紫外光源。

表 6.1　UV LED 与其他传统紫外光源的比较

性能	UV LED	氙灯	氘灯	汞灯
光谱特性	特定波长单峰	宽谱	宽谱	宽谱
稳定性	特别好	好	较差	较差
预热	不需要	20～30 min	不需要	1～15 min
成本	低	高	高	低
驱动装置	简单	复杂	复杂	复杂
产生污染	否	是	是	是
安全性	低压、冷光源	高压	高压	高压、汞污染
寿命/h	>1000	—	—	100～2000

UVA 波段的 LED 可用于进行物质的固化,如油墨、涂料、树脂、聚合物和黏合剂的固化。此外,其在快速原型和轻型结构的 3D 打印、彩色打印、光刻以及日常生活和工业生产中有着广泛的应用。UVA 波段的 LED 的其他应用

还包括安全检测(如身份证和纸币真伪查验)以及医疗应用(如血液检测分析)[3]。UVB 波段的紫外光源的主要应用是光疗(特别是牛皮癣、白癜风的治疗)以及植物的生长照明,例如靶向触发次生植物代谢物[4-6]。由于 UVC 波段的紫外光源能够破坏微生物的 DNA 和 RNA 并将其消灭,可以实现高效快速广谱的杀菌效果,因此 UVC 波段的 LED 广泛应用于各种场合的空气、水、物体表面的消毒杀菌[7-8]。UVC 波段的紫外光能够促进大分子污染物的分解,因此也被广泛应用于水质净化。另外,许多气体分子以及有机大分子如 SO_2、NO_x、NH_3,在 UVB 和 UVC 波段有很强的光学共振,因而紫外光也可以用于气体探测和生化检测[9-10]。由瑞利散射原理可知,短波长的光容易被散射,而且容易被空气吸收,因此 UVC LED 还可以用于非视距通信[11]。当前,紫外杀菌消毒应用领域有两大类型的技术产品,分别是低气压紫外杀菌汞灯产品和 UVC LED。低气压紫外杀菌汞灯产品的寿命约为 8000 h,主波长一般为 253.7 nm,以单端 18 W 为例,其辐射效率在 23% 以上,功率高的可达 30%～40%,功率从 1 W 到 300 W 不等,可以满足不同使用场景的需求,光维持率较高。低气压紫外杀菌汞灯分为石英管和高硼玻璃两大类。石英管是目前对紫外线透过率最高的材料,可透过 90% 以上的 253.7 nm 紫外线。高硼玻璃仅能透过 50% 左右的 253.7 nm 紫外线。低气压紫外杀菌汞灯的最大问题是"含汞",根据联合国环境规划署制定的《水俣公约》条款,我国作为《水俣公约》主要缔约国之一,也禁止含汞灯具的生产。

6.1.2 紫外 LED 的研究进展

国际上关于紫外 LED 的研究最早开始于 20 世纪 90 年代。1998 年 Sandia 实验室的 Han 等人采用 AlGaN/GaN 量子阱实现了 353 nm 的紫外光出射,在 20 mA 电流驱动下输出功率达到 13 μW[12]。自此开始,AlGaN 基紫外 LED 引起了大量研究人员的兴趣,AlGaN 基紫外 LED 的发光波长也不断降低。A. Kinoshita 等人通过 $Al_{0.03}Ga_{0.97}N/Al_{0.25}Ga_{0.75}N$ 量子阱结构于 2000 年实现了 333 nm 紫外 LED[13]。2001 年,日本 NTT 研究组的 Nishida 等人制备得到了发光波长为 350 nm 的紫外 LED,其发光峰半高宽小于 9 nm,最大输出功率可以达到 110 μW[14]。之后该研究组通过采用 GaN 同质衬底将 352 nm 波长下的内量子效率提升至 80%[15]。同年,南卡罗莱纳州立大学的 V. Adivarahan 等人在蓝宝石衬底上采用四元合金 AlInGaN 作为量子阱实现了发射波长为 305 nm 的紫外 LED,这也是第一支 UVB 波段的 LED[16]。2002 年,该小组采用 AlN/AlGaN 超晶格技术生长了 2 μm 厚 Si 重掺杂的 $Al_{0.4}Ga_{0.6}N$ 薄膜,并在此基础上采用单量子阱设计制备了 285 nm 的紫外 LED，紫外 LED 的发光波长进一步降低到 UVC 波段，200 μm×200 μm 大小的器件在 50 mA 的脉冲电流驱动下输出功率达到 0.25 mW[17]。2003 年，美国西北大学的 Yasan 等人报道了发光波长为 267 nm 的紫外 LED，300 μm×300 μm 尺寸芯片开启电压为 6.9 V，在脉冲电流驱动下，该 LED 的外量子效率在 300 mA 时达到最大值，即 0.1%，采用四个芯片的模组在 1 A 脉冲电流注入下输出功率达到 4.5 mW[18]。2004 年，南卡罗莱纳州立大学 V. Adivarahan 等人采用表面迁移增强金属有机物化学气相外延(MEMOCVD)技术生长了 300 nm 厚的 AlN 基板，结合 20 nm 的 P 型 Al$_{0.58}$Ga$_{0.42}$N 电子阻挡层，实现了波长为 269 nm 的紫外 LED，倒装结构的 100 μm×100 μm 器件在 20 mA 直流偏置下输出功率达到 0.25 mW，外量子效率达到 0.32%，在脉冲工作方式下，200 mA 时输出功率可达 3.5 mW，电光转换效率达到 0.14%[19]。2006 年，日本 NTT 研究组的 Y. Taniyasu 等人采用基于 AlN 材料的 P-I-N 结构实现了 210 nm 的紫外光出射，这也是目前报道的波长最短的氮化物基 LED[20]。至此，通过调节有源区 AlGaN 材料的 Al 组分，可以实现 210~400 nm 波段的紫外光出射。目前对波长在 280 nm 左右的紫外 LED 进行的研究相当多，主要集中于外量子效率以及输出功率的提升上。因为此波长范围在水质净化以及消毒领域效果最为理想，并具有巨大的应用市场。2007 年，日本理化学研究所(RIKEN)的 H. Hirayama 等人报道了厚度达 3.3 μm 的 AlN 基板，在其上生长的 AlGaN 外延层中螺位错和刃位错密度可降至 3.5×10^8 cm^{-2} 和 3.2×10^9 cm^{-2}，他们在此基础上实现了 231~261 nm 的紫外 LED，制备的 261 nm(231 nm)紫外 LED 的最大输出功率和外量子效率分别达到 1.65 mW 和 0.23%(5 μW 和 0.001%)[21]。2009 年，他们又报道了在此高质量 AlN 基板上实现了 222~282 nm 的紫外 LED，对于 241 nm 和 256 nm 的紫外 LED，连续电流下最大输出功率分别为 1.1 mW 和 4 mW，而对于 227 nm 和 222 nm 的紫外 LED，脉冲电流下最大输出功率分别为 0.15 mW 和 0.014 mW，227 nm 紫外 LED 的外量子效率达到了 0.2%，此外，他们通过将 InAlGaN 量子阱引入 280 nm 紫外 LED 中，实现了高达 86% 的内量子效率，最大输出功率和外量子效率也分别达到了 10.6 mW 和 1.2%[22]。2010 年，H. Hirayama 等人采用窄量子阱的设计实现了沿 c 轴出光的 222 nm 紫外 LED，其最大输出功率和外量子效率分别达到了 14 μW 和 0.003%[23]。2010 年，他们还报道了在 250 nm 紫外 LED 结构中采用了多量子垒的电子阻挡层技术，室温条件工作时，连续电流注入下输出功率和外量子效率分别达到 4.8 mW 和 1.18%[24]。2011 年，日本 UV Craftory 公司的 C. Pernot 等人再次将 280 nm 紫外 LED 的外量子效率提高至 5.1%，500 mA 直流驱动下输出功率高达 77 mW[25]。2012 年，Sensor Electronic Technology 公司的 M. Shatalov 等人于 1300℃ 高温下采用 MEMOCVD 法在蓝宝石上生长了 10 μm 厚的 AlN 基板，并在此基础上生长了 278 nm 的高效率 LED，350 μm×350 μm 倒装结构在 20 mA 直流偏置下的外量子效率高达 10.4%[26]。2012 年，日本 Tokuyama 公司的 Kinoshita 等人通过采用 HVPE 法生长的 AlN 作为衬底实现了 250 mA 直流偏置条件下 2.4% 的外量子效率，发光波长为 261 nm[27]。2014 年，日本的 UV Craftory 公司实现了 2 mA 直流偏置下 14.3% 的外量子效率，波长为 285 nm[28]。2017 年，日本 RIKEN 报道了具有透明的 AlGaN：Mg 接触层、Rh 镜面电极、图形蓝宝石衬底上生长的 AlN 基板以及高 UV 透过率树脂封装的 275 nm 紫外 LED，通过多种技术的结合实现了 20 mA 直流偏置下高达 20.3% 的外量子效率。

国内紫外 LED 的研究工作起步比较晚，但也有一些重要进展。2009 年，北京大学 Sang 等人报道了发光波长为 262~317 nm 的紫外 LED，通过采用脉冲原子层技术生长 AlN 基板，在 AlGaN 与 AlN 界面处采用低温 GaN 插入层，P 型区的 Mg 掺杂采用 In 辅助掺杂技术，获得了多个波长的单一窄谱发光紫外 LED[29]。2011 年，中国科学院半导体研究所的 Yan 等人采用多层组分逐级渐变的 P 型区，实现了 299 nm 紫外 LED 的外量子效率提升[30]。2012 年，厦门大学 Gao 等人利用表面等离子体增强的方式，提高了波长 294 nm 紫外 LED 的光提取效率。利用此方法，器件的发光强度比传统结构提高了 2 倍[31]。2013 年，中国科学院半导体研究所的 Yan 等人报道了在纳米图形蓝宝石衬底上生长的 282 nm 紫外 LED，在 20 mA 电流驱动下，输出功率达到 3.03 mW，对应外量子效率为 3.43%[32]。2015 年，他们成功制备出发光波长为 284.5 nm 的深紫外 LED，当注入 20 mA 电流时输出功率为 3.03 mW[33]。2019 年，中国科学技术大学的 Sun 等人通过在具有 4° 斜切角度的蓝宝石衬底上生长氮化物薄膜并生长 LED 结构以提高载流子的局域性[34]。2019 年，华中科技大学的 Wang 等人将 P 型层同质集成技术替换为一个 P-I-N 光电管，使其能吸收部分有源区发射的深紫外光子，产生空穴电子对的同时将空穴输入有源区，提高空穴注入效率[35]。青岛杰生电气有限公司也实现了输出功率达到毫瓦量级的紫外 LED。

在波长为 365~400 nm 范围内，很多公司已经推出了性能较好的 UVA LED，如日亚化学工业株式会社（日本）、首尔半导体（韩国）、旭明光电股份有限公司（中国）等。而在 UVB 波段的商业化紫外 LED 就相对较少，主要是 Nikkiso（日本）、UV photonics（德国）、Dowa（日本）等公司提供商业化 320~280 nm UVB 波段的紫外 LED。而对于 UVC 范围内的商用 LED，仅有 Nitek

（美国）、LG Electronics（韩国）、UV photonics（德国）等几家公司在售。对于
UVB 和 UVC 波长范围的紫外 LED，外量子效率比较低，大部分都在百分之
几左右甚至百分之零点几并且输出功率在几或者十几毫瓦左右。此外，虽然紫
外 LED 已经有部分公司能够实现商业化，但是与成熟的蓝绿光 LED 相比，目
前无论是内量子效率还是光提取效率以及输出功率都仍然很低。中国中科潞安
制备出的大功率深紫外 LED 芯片，发光功率超过 40 mW，他们还开发出输出
功率超过 1 W 的深紫外 LED 模组，模组寿命超过 5000 h[55]。国星光电宣称
UVC LED 关键技术在国内率先突破，中小功率 UVC LED 的 WPE 已提升至
5.6%[56]。深紫科技也宣称其公司 UVC LED 产品的平均 WPE 可达到 5% 以上，
可实现 12 mW@40mA、30 mW@100mA、100 mW@350mA 的功率输出[57]。

　　图 6.2 总结了现有报道的紫外 LED 外量子效率，波长覆盖了整个紫外波
段。由图可以看出在波长低于 365 nm 之后，外量子效率出现了明显的降低。
而 365 nm 也对应着由 InGaN 量子阱到 AlGaN 量子阱的转变。InGaN 基 LED
得益于蓝光 LED 的快速发展，所以在材料生长、器件结构设计方面都比较成
熟，因此在 365～400 nm 波长范围内的紫外 LED 的外量子效率较高。当有源
区转变为 AlGaN 基 LED 后，外量子效率大大降低。虽然近十几年紫外 LED
在外量子效率上以及输出功率得到了长足的发展，可是仍然无法适用大功率的
应用场景，发光效率也相对较低，这限制了其应用范围。

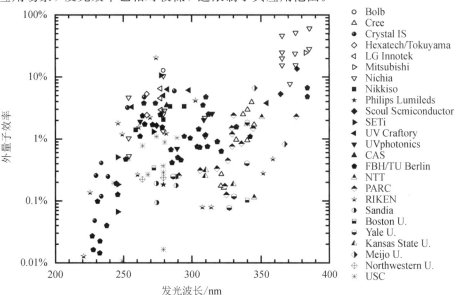

图 6.2　不同波长范围内紫外 LED 的外量子效率[1, 3, 19-22, 24, 26, 32, 36-54]

6.1.3　紫外 LED 效率提升的关键因素

图 6.3 给出了常规的紫外 LED 结构。自下而上分别为衬底、Al(Ga)N 基板、N 型 Al(Ga)N 层、(In)AlGaN 多量子阱、P 型 AlGaN 电子阻挡层、P 型 Al(Ga)N 空穴供给层。绝大多数的 UV LED 结构基于 c 面取向的蓝宝石衬底外延得到，蓝宝石衬底尺寸直径在 2～8 英寸范围。得益于蓝光 LED 的蓬勃发展，蓝宝石衬底的价格也十分具有竞争力，已经被广泛应用。更为重要的是，蓝宝石衬底对于所有波长的紫外光均透明，不会吸收 UV 光子，也因此在 UV LED 的外延中被广泛采用。

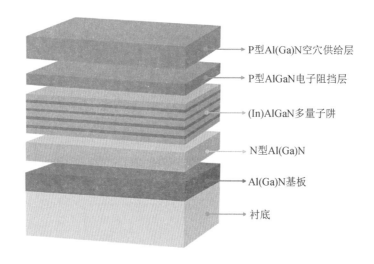

P型Al(Ga)N空穴供给层
P型AlGaN电子阻挡层
(In)AlGaN多量子阱
N型Al(Ga)N
Al(Ga)N基板
衬底

图 6.3　常规(In)AlGaN MQW UV LED 结构示意图

目前 UV LED 的生长方式仍然是以金属有机物化学气相沉积(MOCVD)为主，使用三甲基镓(TMGa)、三乙基镓(TEGa)、三甲基铝(TMAl)和三甲基铟作为Ⅲ族源；氨气(NH$_3$)作为Ⅴ族源；硅烷(SiH$_4$)和二戊镁(Cp$_2$Mg)作为 N 型和 P 型掺杂剂；载气使用氢气或者氮气。MOCVD 外延生长 UV LED 大致过程如下。首先在衬底上生长约几微米厚的 Al(Ga)N 基板，温度一般在 1500℃左右。对于发光波长较短的深紫外 LED，采用 AlN 作为基板进行后续的外延生长，由于 AlN 与 n 型 AlGaN 之间的晶格常数差异较大，因此 AlN 和 N 型 AlGaN 层之间通常插入 Al$_x$Ga$_{1-x}$N 过渡层来进行应变调控。随后生长 Si 掺杂的 N 型 AlGaN 层以提供电子。在 N 型 AlGaN 生长结束之后，进行多量子阱有源区的生长，有源区一般由几纳米厚的 AlGaN 量子阱(QW)层和间隔的量子垒(QB)周期排列组成，LED 的发光波长由量子阱材料的禁带宽度决定。多量子阱有源区之上覆盖 P 型 AlGaN 层作为电子阻挡层，以阻挡有源区中的电子泄漏到 P 型区。接着是 Mg 掺杂的 P 型 AlGaN 层作为空穴供给层和一个高掺杂的 P 型 GaN 层用于电极的接触，由于 GaN 会吸收紫外光，所以一般 P 型 GaN 帽层较薄。以上便是常规 UV LED 结构外延的过程。不难看出，UV LED 结构的外延工艺比较复杂，整体延续了蓝光 LED 的基本结构，但面临着一些新的挑战。

1. 高质量 Al(Ga)N 材料的异质外延

目前氮化物发展中的一个最大问题便是晶体质量。同成熟的 InGaN 基蓝光 LED 一样，位错密度始终在器件辐射复合中产生至关重要的影响。而又不同于蓝光 LED 中的 InGaN 材料所起到的载流子局域作用，即在蓝光 LED 中，位错似乎不会对发光效率起到决定性的作用，AlGaN 基 UV LED 对于位错十分敏感，从 UV LED 的外延过程中可以发现，高质量材料的外延对于后续量子阱的生长是十分关键的，直接影响辐射复合效率。AlGaN 材料的外延是获得高性能紫外发光器件的核心。主流的氮化物材料是在蓝宝石衬底上通过异质外延获得的，因此存在晶格失配和热失配，导致外延层存在大量的缺陷。此外，由于 Al 原子在衬底和氮化物表面的迁移率很低，且易产生预反应等，导致高质量高 Al 组分 AlGaN 的外延非常困难。因此，蓝宝石衬底上获得的 AlGaN 材料的穿透位错（Threading-Dislocation Densities，TDD）通常为 $10^{10} \sim 10^{11}$ cm^{-2}[58]。缺陷会作为非辐射复合中心，随着位错密度的增大，内量子效率明显降低。根据 Karpov 等人提出的位错密度与非辐射复合模型，图 6.4 给出

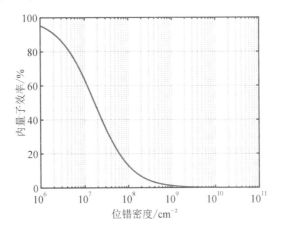

图 6.4　内量子效率随位错密度变化的关系

了载流子浓度为 10^{18} cm^{-3} 下内量子效率随位错密度的变化关系，由图可以明显看出，只有当位错密度较低时，才可以达到一定的内量子效率[59]。因此，不断提升 AlN 和 AlGaN 晶体质量对提高紫外 LED 的内量子效率至关重要。

2. AlGaN 的高效 N 型与 P 型掺杂

LED 以电子与空穴发生辐射复合产生光子为工作基础，高浓度的空穴与电子是实现高效率 UV LED 的必要条件，因此有效的 N 型与 P 型掺杂是实现高效 UV LED 的基础。氮化物常用的 P 型和 N 型掺杂剂分别是 Mg、Si 元素。由于 AlGaN 材料中的施主和受主杂质能级相比于 GaN 更深，并且随着 Al 组分的增加，AlGaN 的禁带宽度也在增加，施主/受主的激活能也越大，导致掺杂剂的激活率和载流子的浓度降低[60-61]，因此为了获得高的载流子浓度，通常会对 AlGaN 进行高浓度掺杂，但是过量的掺杂会导致晶体质量变差，缺陷补偿效应加剧，载流子迁移率下降，进而导致掺杂 AlGaN 外延层的电导率下降，UV LED 的载流子注入效率降低，LED 发光效率降低。对于 AlGaN 的 N 型掺杂，抑制自补偿缺陷的形成可以显著提高 AlGaN 的 N 型掺杂效率。高 Al 组分（>40%）AlGaN 的 N 型掺杂电子浓度达到 $10^{18} \sim 10^{20}$ cm^{-3} 很容易。但是 P 型掺杂对于 AlGaN 仍然十分困难。室温下 AlGaN 材料中 Mg 的激活能最高可达 510~600 meV，其激活率仅约为 1%，空穴浓度通常小于 10^{18} cm^{-3}。因此在高 Al 组分的深紫外 LED 中还需要进一步改善 P 型掺杂效率，以提升空穴浓度。

3. UV LED 中低载流子注入效率和电子泄漏

由于氮化物中存在强极化场，因此 UV LED 中也存在多量子阱垒界面极化场引起的电子与空穴波函数分离，即量子限制斯塔克效应（QCSE）。同时由于电子和空穴之间传输特性存在巨大差异，即电子的迁移率远大于空穴的迁移率，在输运上出现了不平衡，因此Ⅲ族氮化物 LED 中普遍存在的问题是电子泄漏，并且也逐渐被认为是引起 LED 效率衰减的主要原因。采用 AlGaN 电子阻挡层（EBL）对于载流子的有效注入与解决 InAlGaN LED 中的量子效率衰减至关重要[62]。图 6.5 中给出了一个典型 UV LED 结构的能带示意图。我们要注意的是，UV LED 需要有效控制区域 1 中的 N 型导电性以及区域 3、4 和 5 中的 P 型导电性。对于多量子阱区域，需考虑增强载流子的局域作用；对于 P 型层的设计，需要考虑实现空穴的有效注入；在掺杂效率仍然较低的情况下，需要采取新的结构设计，利用极化效应对能带进行调控来实现载流子有效注入 UV LED 的有源区。

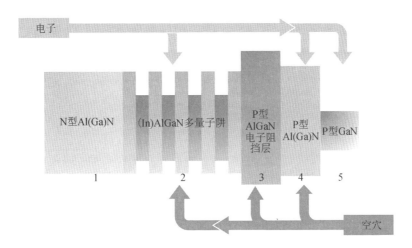

图 6.5　AlGaN 基 UV LED 的能带以及载流子输运示意图

4. UV LED 的光提取

在前面可见光 LED 的讨论中，光提取一直不是一个被重视的研究内容。因为对于 InGaN 基长波长 LED，出光模式以 TE 模式为主，可以垂直样品表面出射，出光简单。然而随着 AlGaN 基紫外 LED 的研究不断深入，人们发现在紫外 LED 中，辐射复合产生的光子难以被有效提取，这成了限制紫外 LED 外量子效率的一个很关键的因素。光提取是 AlGaN 基深紫外 LED 中的一个重要研究内容，是导致深紫外 LED 的外量子效率较低的一个重要因素。首先，由于 AlGaN 的 P 型掺杂浓度较低，欧姆接触困难，因而深紫外 LED 通常都是使用 P 型 GaN 作为接触层。但 P 型 GaN 对波长为 365 nm 以下的紫外光有着严重的吸收，很大一部分出射光子被吸收而损失掉，所以通常深紫外 LED 器件都是采用倒装结构。

主流的深紫外 LED 都是以蓝宝石作为衬底的，由于氮化物折射率相对于蓝宝石较高，因此量子阱出射光子在外延层的界面、AlN/蓝宝石界面、蓝宝石/空气界面处存在严重的反射，大量的光被限制在 LED 内部最终被材料吸收，导致光提取效率非常低。此外，随着 Al 组分的增加，深紫外 LED 发光模式由 TE 模向 TM 模转化，使得全反射更加严重，这也进一步降低了光提取效率。该过程如图 6.6 所示。氮化物材料的晶体场和自旋轨道耦合作用，导致其价带顶发生分裂，形成重空穴带（Heavy Hole，HH）、轻空穴带（Light Hole，LH）、晶体场劈裂带（Crystal-Field Split-Off Hole，CH）[63-65]。通常 TE 模是由导带和 HH/LH 之间的跃迁产生的，它主要是沿着垂直于衬底的方向传播的。

TM 模则是由导带和 CH 之间的跃迁产生的，它主要在外延层界面内传播，因而加剧了全反射。根据 Ryu 的模拟计算结果，TM 模的光提取不到 TE 模的十分之一[66]，而对于 AlGaN 基深紫外 LED，随着 Al 组分的增加，TM 模占比增加，TE 模占比减少，这成为光提取的一大障碍。此外，随着注入电流的增加，能带填充效应会比较显著，导致 TM 模的跃迁矩阵元大于 TE 模的，所以 TM 模的自发辐射速率大于 TE 模的，因而 TM 模的成分会进一步增加，更加不利于光的提取。另外，有源区所受应力状态的变化会导致价带三个分立能带位置发生变化，从而改变偏振度，这也会对光提取产生不利影响。因此，紫外 LED 设计需针对光提取效率优化，实现光提取效率的提升，从而为深紫外 LED 外量子效率的提升奠定基础。

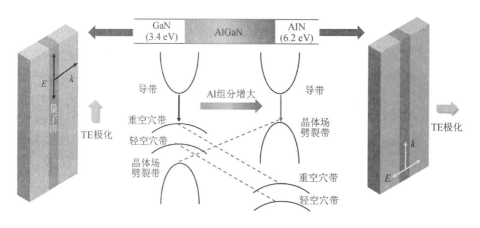

图 6.6　随 Al 组分变化能带排列顺序变化以及量子阱光极化示意图

6.2　高质量 Al(Ga)N 材料生长技术

高位错密度对 AlGaN 基紫外 LED 内量子效率有不利影响，为了实现高效的深紫外（DUV）LED，必须要完成低位错密度 AlGaN 材料的生长。AlGaN 基材料外延生长的难点主要在于 Al 原子的表面迁移率低和 AlGaN 材料与衬底之间的失配大。为了消除 AlGaN 和衬底之间较大的晶格失配和热失配，通常需要在 AlN 基板上生长 AlGaN 材料。要获得高质量的 AlGaN 材料，首先要在衬底上生长低位错密度的 AlN 基板，传统的基于蓝宝石衬底生长的 AlN 基板位错密度一般高达 10^{10} cm^{-2}。对于 AlGaN 基 DUV LED 而言，理想的衬底材料需要与外延层的性质接近，即需要有相似的晶体结构对称性、相近的晶格常数、相近的热膨胀系数、较高的热导率以及不会吸收 DUV LED 所发射出的光子等。表 6.2 给出了 AlN 材料生长中常用衬底材料的主要参数。由表可以看到常用的衬底如蓝宝石、碳化硅等都无法完全满足所有的需求。

表 6.2　AlN 和常见外延衬底材料的基本参数

材料	晶体结构	晶格常数 a/nm	与 AlN 的晶格失配	热膨胀系数 /(10^{-6} K^{-1})
AlN	六方(纤锌矿)	$a=0.3112$ $c=0.4982$	0	$\Delta a/a=4.20$ $\Delta c/c=5.30$
GaN	六方(纤锌矿)	$a=0.3189$ $c=0.5185$	2.41%	$\Delta a/a=5.59$ $\Delta c/c=3.17$
α-Al_2O_3	六方(纤锌矿)	$a=0.4758$ $c=1.2991$	-13.29%	$\Delta a/a=7.50$ $\Delta c/c=8.50$
6H-SiC	六方(闪锌矿)	$a=0.3081$ $c=1.5092$	-1.01%	$\Delta a/a=4.20$ $\Delta c/c=4.68$
Si	立方(金刚石)	$a_{(111)}=0.384$	18.96%	$\Delta a/a=2.60$

AlN 晶体的熔点和分解压强都很高,AlN 在压强 10 MPa 下的理论熔点为 3117℃,分解压强为 20 MPa[67]。这种高化学稳定性给高质量的 AlN 单晶生长带来了相当大的挑战,导致 AlN 难以在常压条件下使用常见的晶体生长方法(如提拉法、热熔法、溶液生长法等)来获取[68-69]。即使是在高氮压力下,氮在铝中的溶解度也无明显改善,因此 AlN 不能通过已成功用于生长 GaN 体单晶的高氮压溶液法来生长。但 AlN 相比于 GaN 的 N_2 平衡蒸气压较低,可以通过气相生长来实现,因此气相生长技术是 AlN 单晶生长的主要方法,如氢化物气相外延(HVPE)与物理气相输运(PVT)[70]。1915 年,Fitcher 与 Oesterheld 实现了 AlN 晶体的生长,在此后的很长一段时间中 AlN 晶体生长仍没有取得突破。1976 年,Slack 与 McNelly 采用升华法实现了 AlN 单晶的制备[71]。随后发展出 PVT 法制备 AlN 单晶[72]。PVT 法成为如今制备 AlN 单晶的主要方法。相比于 HVPE 法生长 AlN 单晶,PVT 法的优势在于生长速率高,并且在生长过程中没有有毒化学品的参与。但是 AlN 单晶制备目前还存在较多问题,技术仍然不成熟且无法用于器件的制备。因此目前仍然采用异质外延生长或者溅射 AlN 用于光电子器件的制备。AlN 单晶生长主要方法包括 HVPE、分子束外延(MBE)[73]、金属有机物化学气相沉积(MOCVD)[74]、溅

射[75]等。其中 HVPE 法的生长速率最高,可达 100 μm/h,可以生长较厚的 AlN 薄膜[76]。MBE 法的生长速率较低,约 1 μm/h,生长过程易于控制,该方法可以生长薄至数十个原子层的 AlN 薄膜。MOCVD 法适合大批量生产,也是目前 DUV LED 结构外延最常采取的方法。溅射法工艺简单、成本低,可以制备大面积的 AlN 薄膜,但是晶体质量较差。因为 AlN 单晶用于 DUV LED 的同质外延生长是最为理想的,有关 PVT 法生长 AlN 单晶的研究也十分广泛。下面分别介绍采用 PVT 法生长 AlN 单晶和 MOCVD 法异质外延 AlGaN 材料。

6.2.1 PVT 法生长 AlN 单晶

PVT 法生长 AlN 晶体可以简单描述为升华和再结晶的过程,是纯物理过程,目前块状 AlN 单晶基本都是采用 PVT 法生长得到的。受制于晶体尺寸、生长速率以及生长良率,目前采用 PVT 法生长 AlN 仍然处于研究阶段。基本生长原理为坩埚底部的 AlN 源粉末或多晶在高温下升华分解为 Al 和 N_2,受温度梯度的影响,升华后的物质从高温区转移至低温区(坩埚顶部的籽晶区域),在生长界面发生吸附、迁移、结晶和解吸附的过程,最终在低温区域重新凝结形成 AlN 晶体。

图 6.7 给出了一种 PVT 法制备 AlN 晶体的装置示意图,其中射频 RF 源用于对坩埚进行加热。晶体生长温度通常超过 2100℃。AlN 晶体中杂质的含量主要取决于 AlN 源的纯度和坩埚材料。坩埚必须采用惰性材料制备,同时需要考虑坩埚本身的热膨胀与降温时的收缩,可能会导致生长的晶体被压缩,

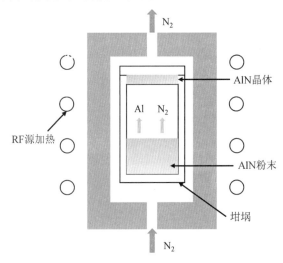

图 6.7　PVT 法制备 AlN 晶体示意图

从而引入缺陷，因此，适用于 AlN 晶体生长的坩埚材料一般是钨（W）和碳化钽（TaC）。其中 TaC 在 N_2 气氛中具有最低的蒸气压，可以用于生长纯度更高的 AlN 晶体。在升华过程中，气相组成没有发生变化，不涉及外来的反应性气体。化学计量在整个生长过程中保持不变，可以用以下反应来描述：

$$AlN(s) \longrightarrow Al(g) + \frac{1}{2}N_2(g) \tag{6-1}$$

然而由于 PVT 法制备 AlN 技术涉及许多挑战，所以只有极少数的研究机构成功获得了 AlN 体单晶。与此同时对于高纯度的 AlN 源的需求也日益增长，目前仍未完全解决。尽管通过 PVT 法制备 AlN 体单晶在过去的十年中取得了相当大的进展，实现了 1 英寸到 2.5 英寸的 AlN 生长，但是相比于其他常用的半导体单晶衬底如 SiC、GaAs、蓝宝石等都仍然存在很大的不足。

采用 PVT 法生长大尺寸 AlN 晶体，主要通过以下几种方式实现：① 自发成核；② SiC 衬底上的异质外延籽晶；③ 在自发成核得到的 AlN 籽晶上进行大尺寸 AlN 晶体的生长。

1. 自发成核

自发成核生长 AlN 单晶在过去已经有研究报道[77]。自发成核是指 AlN 晶体在坩埚顶部成核生长并且无须使用籽晶。由于晶体生长存在各向异性，晶体可以在任何方向自由成核并无须有意控制，不同晶粒的生长之间存在竞争，导致晶粒的尺寸与取向有所不同，因此生长的晶体只能达到毫米级，无法获得大尺寸的单晶。扭曲和倾斜的晶粒相互竞争生长，AlN 晶体各向异性的热膨胀系数引入了晶界应力，这些会影响晶体生长的质量[78-79]。W 和 TaC 坩埚均用于自发成核生长 AlN 单晶，温度通常在 2200℃ 左右，生长速率较高，可以达到 $200 \ \mu m \cdot h^{-1}$。另外，因为这种方式几乎接近热力学平衡条件生长，并且不存在晶格失配和热失配，所以可以得到几乎无应力和高结晶质量的晶体。Hartmann 等人研究了在高过饱和蒸气压情况下，不同生长条件对自发成核生长 AlN 晶体的生长动力学以及晶体质量的影响[80]。其研究结果表明随着生长温度的升高，AlN 晶体的生长从 N 极性 $(000\bar{1})$ 面（2080℃）转变到 m 面生长（2150℃）。当温度为 2200℃ 时生长出高质量的 AlN 晶体，生长得到的晶体尺寸为 10 mm×10 mm×12 mm，(0002)、$(10\bar{1}0)$ 面的摇摆曲线半高宽在 13～21 弧秒范围，晶体核心区域表现出非常低的缺陷密度（$<100 \ cm^{-2}$）和高的深紫外线透过率。之后 Hartmann 等人进一步研究了使用带孔钨片作为成核区实现 AlN 晶体的自发成核和生长[72]。AlN 在带孔钨片上成核，其原因在于该位置温度较高，距离底部原料较近，晶体生长区的过饱和度在 0.25～0.3 范围，

较接近热力学平衡生长条件，因此，无应力和结构完整性高的 AlN 晶体很容易在该位置生长。但是由于 AlN 晶体生长存在各向异性，AlN 晶体自发成核生长的过程中，AlN 晶粒在生长初期相互竞争，无法有效合并变大，从而形成由多个晶粒连接而成的 AlN 多晶晶锭，并且形状不受控制和限制，这种 AlN 多晶晶锭可以通过选择性加工为 AlN 晶体生长提供籽晶；这种方式获得的 AlN 晶体大小上限为 15 mm。

2. SiC 衬底上异质外延籽晶

SiC 和 AlN 都是六方纤锌矿结构，两者的 a 轴晶格失配和热失配较小，并且 SiC 的热稳定性很好，适合采用 PVT 法高温生长 AlN。此外，商业化使用的 SiC 衬底尺寸较大，这为大尺寸 AlN 晶体的制备奠定了基础。但是 SiC 衬底上采用 PVT 法生长 AlN 也存在许多问题：① SiC 和 AlN 之间的晶格失配虽然较小，但是仍然会引入位错，基于此方法得到的 AlN 单晶位错密度仍然较高（$>10^6$ cm^{-2}）；② 由于 AlN 晶体与 SiC、坩埚支架之间的热膨胀系数存在差异，AlN 晶体在冷却至室温之后会受到应力，大尺寸晶体会开裂；③ 衬底表面三维成核密度高，AlN 晶体形貌较差；④ 衬底中杂质元素会扩散到 AlN 中，引入杂质缺陷，从而改变晶体的颜色，导致 AlN 吸收可见光波长，影响光学和电学特性；⑤ 为了减少 SiC 中存在的微管缺陷引起的 SiC 分解，SiC 上生长 AlN 的典型温度为 1900℃，此温度降低了 AlN 的生长速率（生长速率为 20~30 μm/h）。

基于 SiC 衬底 PVT 法生长 AlN 单晶在大尺寸方面的独特优势，在过去的数十年中许多研究都集中于采用 PVT 法在 SiC 衬底上生长 AlN 单晶[81-85]方面。Filip 等人在 2009 年基于直径为 15 mm 的(0001)面 6H-SiC 衬底生长得到了 3 mm 厚的 AlN 晶体。他们发现当晶体厚度小于 1 mm 时，AlN 很容易开裂，并且 SiC 衬底的螺位错和面内位错等缺陷也会随生长延伸到 AlN 晶体中[86]。人们进一步研究发现较低的生长速率会抑制裂纹扩展，同时优化坩埚内部热场分布，可以防止在生长后形成新的裂纹。在以往的研究中，人们已经研究了不同的生长参数例如生长温度、N_2 压力、温度梯度、AlN 源纯度等对于 AlN 晶体质量的影响。此外，Lu 等人还研究了 SiC 衬底偏角（与 c 面成 0°、2°、4° 和 8°）对 AlN 生长模式的影响[87]。其研究结果表明，4° 和 8° 偏角的 SiC 衬底均表现出均匀的连续阶梯流生长；2° 偏角 SiC 衬底表现出螺旋生长模式；无偏角 SiC 衬底生长得到的 AlN 螺位错密度较高。上述研究结果表明，带偏角的 SiC 衬底在生长高质量 AlN 单晶方面有较大的优势。

Sumathi 等人在 2011 年和 2013 年基于(0001)面 6H-SiC 或 4H-SiC 衬底上生长了直径为 25~28 mm、厚度为 3~8 mm 的 AlN 晶体，生长速率为 20~

$40~\mu m/h^{[88-89]}$。他们阐述了 SiC 衬底上生长 AlN 晶体的机制：首先 SiC 衬底受到 Al 蒸气的热刻蚀，形成了小丘状的凸起；接着 AlN 晶粒在凸起顶端成核并且取向良好，其与衬底对应关系为面内旋转 30°；成核后的 AlN 晶粒在垂直和横向两个方向上同时生长，且晶粒与晶粒之间发生合并，在凸起顶部连续成膜；随着生长的继续，连续的薄膜逐渐生长为块状晶体。生长的过程中 AlN 各个晶粒的界面处形成六方凸起，AlN 在小丘凸起顶部尖端处成核，致使生长取向出现偏差，形成小角晶界。对称面(002)和非对称(103)面的 XRD 测试摇摆曲线半高宽分别为 72 弧秒与 200 弧秒，刻蚀坑密度为$(2\sim5)\times10^{5}~cm^{-2}$，说明位错密度较低。在 SiC 上生长得到的 AlN 晶体可以用作 PVT 法或者 HVPE 法进行进一步的同质外延的籽晶。Argunova 等人证明了在 AlN/SiC 生长界面附近存在刃位错、螺位错以及混合位错，位错倾向于形成低角度亚晶界，引入面内与面外的倾角[90]。Zhang 等人于 2019 年在 SiC 衬底上通过 PVT 法生长得到了直径为 40 mm 和厚度为 10 mm 的 AlN 晶体，生长的样品具有更高的晶体质量，其(002)面与(102)面 XRD 测试摇摆曲线半高宽分别为 76.3 弧秒与 52.5 弧秒[91]。SiC 上生长 AlN 存在 AlN 成核岛合并横向生长的过程，合并期间伴随着位错的形成以及湮灭，同时在生长过程中还伴随着杂质的结合，其中 C 和 O 是 AlN 单晶中的主要杂质元素，C 杂质为 SiC 衬底引入的。随着晶体生长厚度的增加，C 元素的含量逐渐减少。O 元素除了由生长系统引入以外，在后续晶体抛光的过程中也会不可避免地形成氧化层。通常对 AlN 晶体表面进行刻蚀和退火以降低 O 杂质的浓度，处理之后的 AlN 可以作为同质外延生长的籽晶。Guo 等人在 2020 年研究了 SiC 衬底取向、生长温度对 AlN 晶体质量的影响[92]。其研究表明，Si 面 SiC 衬底优于 C 面 SiC 衬底，因为 C 面的表面能低于 Si 面，生长过程中存在严重的表面分解，若要抑制表面分解则必须降低生长温度，这与 AlN 晶体所需的高生长温度相矛盾。为了保持相同的 AlN 生长速率，采用 4°斜切的 SiC 衬底可以使生长温度再升高(70 ± 10)℃，因此通过采用斜切的 SiC 衬底可以优化 AlN 的晶体质量。

虽然 AlN 体单晶生长在过去的时间里已经取得了很大的进步，目前也已有商用 2 英寸体单晶 AlN 衬底。但是大规模使用 AlN 体单晶仍然十分困难。AlN 单晶生长目前受到杂质以及晶体尺寸的限制，只有将这些问题解决后才有可能大规模地使用单晶 AlN 衬底。

6.2.2　MOCVD 异质外延 AlGaN 材料

MOCVD 是生长 AlGaN 材料最广泛的方式之一。MOCVD 生长 AlGaN 的原理示意图如图 6.8 所示。对于采用 MOCVD 法的 AlGaN 外延，前驱体是

Al(CH3)$_3$(TMAl)、Ga(CH3)$_3$(TMGa)和 NH$_3$。它们在低温(通常为室温)下与载气(如 H$_2$ 或 N$_2$)一起被通入 CVD 反应室中。在 CVD 的高温腔体中,这些气态前驱体进入衬底附近的高温区域并发生化学反应,完成单晶 AlGaN 薄膜的生长。此外,当同时通入掺杂源 SiH$_4$(Cp$_2$Mg)时,可以生长得到 N 型(P 型)AlGaN。反应后的副产物从表面与载气一同离开反应室。图 6.9 给出了采用 MOCVD 法生长 AlGaN 中存在的气相反应示意图。

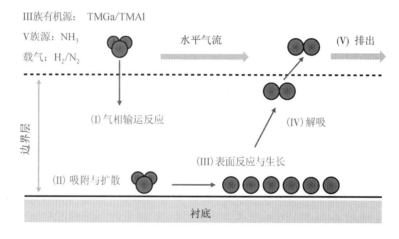

图 6.8　MOCVD 法生长 AlGaN 示意图

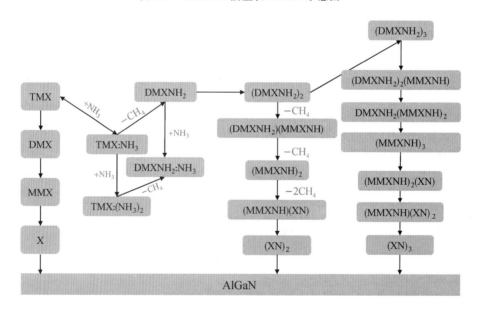

图 6.9　MOCVD 法生长 AlGaN 气相反应示意图(X 代表 Al 或 Ga)

氮化物的 MOCVD 外延技术在光电方面的应用已经比较成熟。与别的氮化物相同，AlN 也缺少同质外延的衬底，仍然以异质外延生长为主。异质外延使位错的产生不可避免，因此需要采用多种方法来降低异质外延 AlN 中的位错密度。目前 AlN 异质外延最常用的衬底是蓝宝石与 SiC，它们也是研究最为广泛的衬底材料。其他衬底例如 AlN 体单晶、Si 也有相关报道。由于 Si 的价格低廉、尺寸大、晶体质量好，并且容易去除的优点，因此有关 Si 基 III 族氮化物 LED 的研究也很广泛。但是 AlN 外延层与 Si 衬底存在较大的晶格失配以及热失配，外延薄膜容易开裂并且伴随着很高的位错密度，导致 Si 基 DUV LED 结构效率十分低下。6H-SiC、4H-SiC 衬底与 AW 之间的晶格失配与热失配较小，并且其化学稳定性好，热导率高，但是相比于蓝宝石和 Si 衬底价格高昂。GaN 衬底与 AlN 之间的失配较小，如今 2 英寸与 4 英寸的 GaN 单晶衬底都可以商用，位错密度在 10^5 cm^{-2} 左右，理论上实现基于 GaN 衬底的 AlN 外延是可行的，但是却很少被用于高 Al 组分 AlGaN 的外延生长。其主要原因在：GaN 用于 AlGaN 材料的生长时，AlGaN 薄膜呈现出张应力，容易开裂；用于深紫外光电器件时，AlN 基板对于 UV 光是透明的，而 GaN 因为禁带宽度小于 DUV 光子能量，会造成比较明显的光吸收；GaN 单晶衬底比较昂贵。对于以上衬底，如果用于 AlN 外延生长以进一步生长 AlGaN 基紫外 LED 结构时，都需要对衬底进行去除以避免出射 UV 光被吸收，因此，综合来看，蓝宝石衬底在 AlN 外延中仍然是最具优势的。

　　1971 年，MOCVD 法被用于 AlN 的生长[93]。随后在 1976 年，Rutz 观察到直流驱动下低阻 N 型 AlN 的电致发光，其光谱范围从 215 nm 展宽到蓝光范围[94]。自此之后，基于 MOCVD 外延生长 AlN 的研究越来越广泛。AlN 外延过程中与 GaN 这种成熟外延技术的主要区别在于 Al 原子在衬底表面迁移率非常低，导致成核岛密度增大，在岛合并时产生高密度的穿透位错。为了降低 MOCVD 外延 AlN 的位错密度，需要对外延生长过程进行优化。对于 AlN 的晶体质量的改善方式主要分为两大类：高温连续生长以及表面迁移增强的方式。这两大类具体包括两步法[95]、三步法[96, 97]、调控 V/III 比进行高温生长[98]、脉冲原子层外延[99]、表面迁移增强外延[100] 以及横向外延过生长（ELOG）等。近年来，基于二维范德华力实现高质量、低应力 AlN 的生长被提出并取得了很好的效果[101]。

　　与 GaN 外延相比，AlGaN 外延生长一直存在生长效率低、表面形貌差和位错密度高的问题。造成这些问题的主要原因如下：

　　(1) III 族前驱体 TMAl 与 V 族前驱体 NH$_3$ 之间存在强烈的寄生反

应[102-104]。寄生反应导致前驱体还未落到衬底表面就形成了微粒，无法在衬底表面完成高温 AlN 层生长[105-106]，最终导致 AlGaN 的生长效率远远低于 GaN，同时 AlGaN 中 Al 的组分也被降低。此外，寄生反应的存在也使得 AlGaN 薄膜的生长速率强烈依赖于温度和压力，生长窗口变窄。

（2）Al—N 键的键能在三种氮化物（Al—N、Ga—N 与 In—N 的键能分别为 2.88 eV、2.24 eV 与 1.99 eV）中是最强的，致使带有 Al 的微粒在衬底表面被吸附之后无法迁移到适合生长的位置，降低了横向生长速率[107]。在 AlGaN 中 Al 组分较高的情况下，缺陷尤为明显，并且生长模式倾向于 Volmer-Weber 模式[108]。

受制于上述问题，AlGaN 材料晶体质量随 Al 组分增大会出现明显的退化，因此改善 AlGaN 材料的晶体质量被广泛研究。下面对 AlGaN，特别是高 Al 组分 AlGaN 甚至 AlN 生长过程中面临的挑战进行进一步阐述。

一般为了促进 NH_3 的分解和尽可能地增强表面 Al 原子迁移能力，MOCVD 法生长 AlGaN 层的温度通常在 1050℃ 或更高。由于生长过程中存在气相寄生反应，温度对于 AlGaN 的生长速率和外延层中的 Al 组分有明显的影响。Ng 等人在 1040~1120℃ 生长 AlGaN 时发现：低温或 NH_3 流量较大的情况下，生长速率较高且趋于饱和；随着温度升高或 NH_3 流量减少，AlGaN 生长速率逐渐降低[109]。Kato 等人使用具有倒置衬底的水平反应室在高温（1236℃、1286℃ 和 1336℃）下生长 AlGaN，同时保持反应室入口处的 V/Ⅲ 比为 0.1，此情况下生长速率也较高，并且生长速率也随着温度升高而降低，在 1236℃ 和 1336℃ 时生长速率分别为 20 $\mu m/h$ 和 5 $\mu m/h$[110]。对于 AlGaN 生长来说，当生长温度较低时，生长速率随生长温度增高而降低。在这个温度范围内，生长速率由反应动力学限制，即受到气相或者衬底表面中最慢的反应限制。在中温区域，生长速率对于温度的变化不是很敏感。在这个区域中生长速率受到输运到衬底表面反应物的限制，因而又被称为输运控制过程。在较高的生长温度区，生长速率随温度显著降低是由多种因素共同引起的，例如薄膜的解吸、气相寄生反应与解吸后的再反应。通常情况下，适当降低温度可以提升 AlGaN 的生长速率，也可以通过改变反应室结构或者 V/Ⅲ 比以及气体流速实现高温下的高生长速率。

温度影响生长速率的同时也影响着外延层中的 Al 组分。Keller 等人分别在 1070℃、1100℃ 和 1125℃ 下生长 AlGaN，外延层中的 Al 组分分别为 0.37、0.39 和 0.42，Al 组分随温度升高而增加[108]。此后有研究人员也得出了一致的研究结论，并给出了相应的解释[110-111]。Coltrin 等人在 933℃ 到 1103℃ 下调节 V/Ⅲ比并生长 AlGaN，发现在低温范围内，Al 组分随 V/Ⅲ 比变化基本不变，但是对温度的变化十分敏感，Al 组分随着温度的升高缓慢降低，而后在高温范围内随着温度的继续升高又显著增加[112]。出现这种现象的原因是低温下寄生反应比较弱，外延层的生长接近理想的生长状态，且由于与 Al 的寄生反应能量势垒小于与 Ga 的寄生反应能量势垒，所以当温度升高时物质与 Al 的寄生反应消耗了部分 Al 源，导致 Al 组分降低，此时与 Al 的寄生反应起了主要作用。继续升高温度则寄生反应加剧，含有 Ga 的物质更容易附着在反应生成的微粒上，从而浪费更多的 Ga 源，到达表面的 Ga 物质减少，引起 Al 组分增加。此外，当 V/Ⅲ 比较低时，温度对于 Al 组分的影响可以忽略不计；而当 V/Ⅲ 比增大时，温度的影响逐渐显现出来。Kato 等人在高温下的生长结果（1236～1450℃）表明 Al 组分随着生长温度的升高显著增大。这是由于尽管在这一过程中仍然存在寄生反应，但是高温下 AlN 和 GaN 的解吸过程仍然是主要的影响因素[113]。GaN 相比较于 AlN 更容易脱附，导致外延层中 Al 组分增大，因此需要升高温度以生长 Al 组分大于 50% 的 AlGaN。

由于 AlN 和 AlGaN 生长过程中存在的寄生反应比 GaN 外延中要严重，所以通常在低压下生长 AlN 和 AlGaN[106]。Chen 等人使用 XRD 测试并分析了 AlGaN 生长过程中的卢瑟福背散射光谱，发现在 30 Torr 和 110 Torr 的压强下能观察到 AlGaN 峰位，在低压下光谱强度很高并且在 250 Torr 的压强下峰位消失[114]。Kim 等人在 100～150 Torr 的生长压强下进行了类似的测试，发现当压强超过 120 Torr 时，AlGaN 峰变得非常弱[115]，说明低压有利于 AlGaN 层的生长，压强越高，AlGaN 生长越困难。Tokungaga 等人发现当 AlGaN 层在 300～750 Torr 压强下生长时，AlGaN 的生长速率随压强增大而降低，但当 V/Ⅲ 比为 0.091 时生长速率只有微小的变化[116]。Lobanoval 和 Stellmach 等人的研究也得出了相似的结论，这是因为随着压强的增大寄生反应加剧[111, 117]。特别是 Lobanoval 等人在 AlGaN 生长过程中测量了 AlN 和 GaN 的亚生长速率和效率，发现两者都随着压强的增加而降低，在高压下情况尤为明显，并且 AlN 的亚生长速率和效率总是较大，这表明随着压强的增大，Al 源和 Ga 源的消耗量显著增加，且 Ga 源消耗得更多。此外，在约 1040℃ 的正常生长温度下，大部分生长速率小于 2 μm/h。虽然通过提高流速和降低 V/Ⅲ 比也可以实现 AlGaN 的高速生长，但是浪费了更多的生长源，难以在商业化生产中推广。目前主流的用于生长 AlGaN 的设备生长速率仍然较低。

综上所述，AlGaN 以及 AlN 的生长相比较于 GaN 的生长更困难，其生长窗口较窄，具有很大的挑战。但是作为高 Al 组分 UVC LED 所必需的基板材料，提

高 AlN 的晶体质量是必须实现的，除了在生长条件上进行优化，还需要引入新的生长方式来实现高质量 AlN 薄膜，下面对主要的几种方式进行介绍。

1. 高温 MOCVD 外延 AlN

AlN 与衬底之间的晶格失配和热失配是位错存在的主要因素。当生长温度低于 1200℃ 时，Al 原子在衬底表面迁移率非常低，因此不像 GaN 可以较容易实现二维模式生长，AlN 层在低温下（<1200℃）的生长模式很难转变到二维层状生长。当温度较低时，Al 原子的成核点几乎都在衬底台阶边缘，所以导致 AlN 以三维岛状生长模式生长，成核岛的密度较大。高密度成核岛合并时产生了大量位错，使得位错密度进一步增大。由于原子表面迁移能力与温度正相关，因此高温 MOCVD 是 AlN 生长所必需的。Brunner 等人在 2008 年采用高温 MOCVD 研究了基于蓝宝石衬底生长温度对于 AlN 生长的影响[118]，结果表明当生长温度在 1200℃ 左右时，AlN 薄膜表面出现 3D 柱状形貌；温度升高到 1300℃ 时，AlN 表面逐渐变得平整，同时表面存在高密度的六方坑；当温度继续增大到 1500℃ 时，六方坑密度急剧减小。高温生长条件除了能够获得更加平滑的形貌，还可以降低非故意掺杂杂质的浓度。在 1500℃ 条件下生长的 AlN 薄膜，二次离子质谱测试（SIMS）结果中 O 和 Si 杂质的浓度降低至 10^{17} cm^{-3} 量级；而在 1200℃ 以下生长时，杂质浓度在 $10^{18} \sim 10^{19}$ cm^{-3} 范围内。Chichibu 也报道了相似的结果[119]。

2. 脉冲法生长 AlN

一般地，为了减小 AlN 和蓝宝石衬底之间的失配，通常使用两步法生长，具体为：先在蓝宝石上生长低温缓冲层，同时保持较高 V/Ⅲ 比，这样可以保证 AlN 在衬底表面成核；接着当低温缓冲层生长结束后，将生长条件改为高温、低 V/Ⅲ 比，以增大 Al 原子在表面的迁移能力，从而提高横向生长速率，持续完成 AlN 薄膜的生长。由于降低 V/Ⅲ 比可以增大横向生长速率，促进 Al 原子向蓝宝石衬底台阶边缘移动，因此人们提出了脉冲法以改善 AlN 晶体质量。脉冲法是指在生长时对Ⅲ族源与Ⅴ族源分别调制通入反应室中，即并非常规生长中连续通入生长源。脉冲法可以有效地增大 Al 原子在表面的迁移率，缓解 AlN 生长对高温的依赖，同时这种分时通入源的方式可以进一步降低预反应。脉冲法一般有三种生长方式，分别是脉冲原子层外延生长（PALE）、NH$_3$ 脉冲生长、改进后表面迁移增强外延（MMEMOCVD）。图 6.10 所示为不同生长方式中 TMAl 源与 NH$_3$ 源调制示意图。这些生长方式都比连续生长所需要的温度低。

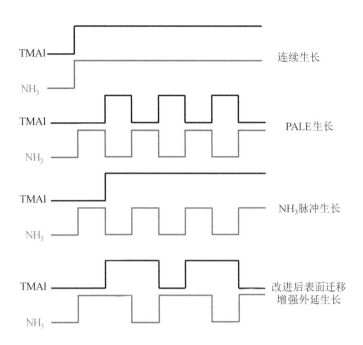

图 6.10　不同生长方式中 TMAl 源与 NH$_3$ 源调制示意图

PALE 生长方式中，NH$_3$ 在 Al 源脉冲间隙通入，即 Al 源与 NH3 不存在同时通入的时刻。PALE 生长方式中材料逐层生长，因此称为脉冲原子层外延。1992 年，Asif-Khan 等人采用脉冲原子层外延方式实现了当时晶体质量最好的 AlN 薄膜生长[120]。随后 PALE 生长方式被广泛应用于 AlN 薄膜的生长。2002 年，Asif-Khan 课题组率先报道了基于 PALE 方式在平面蓝宝石衬底上生长的 AlN 薄膜结果，在 1070℃的温度下生长得到的 AlN(0002)面与(11$\bar{2}$4)面半高宽分别为 18 弧秒和 210 弧秒，AlN 的结晶质量较好且表面平整[99]。PALE 这种Ⅲ族源与 V 族源交替通入的方式有效地降低了生长过程中两种源的预反应，并且拥有脉冲法生长的优点，即增强了 Al 原子在衬底表面的迁移率，缓解了 AlN 生长对高温的依赖。2019 年 Long 等人采用低压 MOCVD，在 1045℃温度下结合 PALE 生长方式生长了 600 nm 的 AlN 缓冲层，并在此基础上生长厚度为 10.6 μm 的 AlN，最终 AlN 的(002)与(102)面半宽分别为 165 弧秒和 185 弧秒[121]。

PALE 生长方式虽然可以生长高质量的 AlN 材料，但是生长速率很低。为了克服这个缺点，人们开发了 NH$_3$ 脉冲生长方式。NH$_3$ 脉冲生长方式是指周期性脉冲调制 NH$_3$ 通入的占比，同时保持 Al 源持续通入，以确保生长过程中富 Al 的环境从而抑制 N 极性的出现，并且提高薄膜生长速率。Hirayama 等人

通过周期性 NH_3 脉冲的通入，在蓝宝石上获得了低位错密度的 AlN 薄膜，XRD 测试得到螺位错密度与刃位错密度分别降低至 3.8×10^7 cm^{-2} 与 7.5×10^8 cm^{-2}[22]。

MMEMOCVD 一般在高温（大于 1200℃）、低压（小于 100 Torr）的生长条件下采用[122]。不同于 PALE 生长方式，MMEMOCVD 生长方式中部分时间两个源是同时通入的，即处于连续生长与 PALE 生长之间的一种生长方式，MMEMOCVD 也因此保持了较高的生长速率。采用该种方式生长得到 AlN 的（002）与（102）面 XRD 半高宽分别为 42.8 弧秒与 244.5 弧秒。Banal 等人通过成核岛的密度估算得到 Al 原子的扩散长度，在特定条件下，MMEMOCVD 与 PALE 的 Al 扩散长度分别为 42 nm 与 44 nm，如果不采用脉冲法即Ⅲ族源与Ⅴ族源同时供应，则 Al 扩散长度降低至 31 nm[100]。图 6.11 所示为连续生长与脉冲生长两种生长方式下 Al 原子成核位置的示意图，由于脉冲法增大了 Al 原子的扩散长度，因此 Al 原子倾向于在衬底表面的台阶处成核，并随时间的进行实现逐层生长，从而得到高质量的 AlN 薄膜。但是脉冲法生长速率低这一缺点也很显著，因此目前工业上多采取高温连续生长的方式进行 AlN 外延。

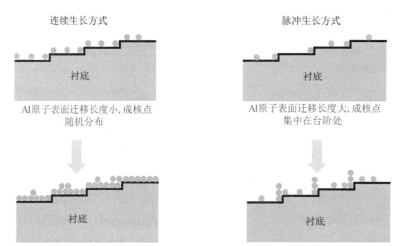

图 6.11　不同生长方式中成核位置分布示意图

3. 高温退火降低 AlN 位错密度

Miyake 等人提出了一种新的方式来降低 AlN 的位错密度[123]。他们采用 1700℃ 以上的温度在 N_2 和 CO 混合氛围下对生长得到的 AlN 进行退火处理以防止 AlN 分解，处理后的 AlN 位错密度降低至 5×10^8 cm^{-2}。高温退火使 AlN 晶格发生了重新排列，使得位错密度降低了一个量级，这很大程度上改善了

AlN 的晶体质量。之后同样的方法也被应用于溅射 AlN 层以改善溅射 AlN 成核层的晶体质量[75]。在基础上，为了避免毒性气体 CO 的使用，人们开发出 AlN "面对面"退火。AlN 高温退火的技术在近几年也引起了研究人员的注意。2018年，Susilo 等人第一次在 350 nm 厚的退火后的溅射 AlN/蓝宝石基板上制备出 UVC LED[124]。通过调整溅射 AlN 工艺，抑制了高温退火后 AlN 薄膜的开裂，并最终将位错密度降低至 2×10^8 cm^{-2}。但是高温退火带来的一大挑战就是退火后薄膜的表面形貌较差，需要做进一步的处理才可以用于后续异质结的外延生长。

4. ELOG 与图形蓝宝石衬底生长高质量 AlN

由于横向外延过生长（ELOG）在 GaN 材料的异质外延中显著降低了位错密度，因此在 AlN 的异质外延中也被用于降低位错密度。在横向生长区域，位错在镜像力的作用下发生弯曲并湮灭，进而避免了位错向上延伸。Hirayama 等人在采用 ELOG 法生长 AlN 中发现在条纹掩膜上方区域位错密度为 3×10^8 cm^{-2}（而在窗口区位错密度为 2×10^9 cm^{-2}，相比较于掩膜上方位错密度高出了一个量级）[125]。除了制作掩膜生长以引入横向外延过程降低位错以外，对于 AlN 的外延，图形蓝宝石衬底也被广泛应用。不同于 GaN 所使用的图形蓝宝石衬底，由于 AlN 的黏附系数较大，横向迁移距离较小，在微米级的图形蓝宝石衬底上通常需要 7～20 μm 的合并厚度，这极大增加了外延时间与成本，因此在 AlN 外延中一般选用图形间距在微米级甚至纳米级的图形蓝宝石衬底。Dong 等人基于纳米图形衬底生长 AlN 材料，生长 AlN 合并区厚度为 3 μm，（002）面与（102）面半高宽分别为 86.4 弧秒与 320.4 弧秒[32]。Zhang 等人采用纳米压印技术研究了纳米图形的尺寸对 AlN 晶体质量的影响，得到的 AlN 薄膜（002）面与（102）面半高宽分别为 171 弧秒和 205 弧秒。在纳米图形衬底上外延

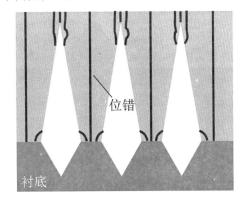

图 6.12　纳米图形衬底生长 AlN 位错湮灭示意图

AlN 位错湮灭机理如图 6.12 所示。图形上方 AlN 成核并在竖直方向上生长，随后伴随着外延过程的继续，该部分位错向上延伸。随着生长进行到一定厚度，AlN 开始横向生长并发生合并，下方引入空洞。外延过程中引入空洞，一部分位错会在空洞镜像力的作用下发生弯曲并且终止于空洞表面，从而降低位错[126]。进一步调整优化纳米图形衬底的周期，生长得到的 AlN 薄膜(0002)面和($10\bar{1}2$)面的半高宽分别为 162 弧秒与 181 弧秒[127]。

5. 基于二维材料范德华外延 AlN

为了缓解异质外延 AlN 中存在的张应力，二维材料成核层也被应用于 AlN 的异质外延中。最近几年有关二维材料/衬底上生长晶体的研究也证实了二维材料如石墨烯等在晶体生长中存在巨大优势，并且利用二维材料可剥离的特点，可以用于制备柔性器件，因此二维材料上生长晶体也被广泛研究。由于二维材料层之间的范德华力很弱，不会对外延层的晶格造成影响，所以可作为缓冲层在异质衬底上生长 AlGaN 基材料(如石墨烯和 h-BN)，并且可以大大弛豫外延层和衬底之间的失配[128-131]。Chen 等人研究了 AlN 在石墨烯/蓝宝石衬底上成核的机制，解释了范德华外延 AlN 的机制。其研究结果表明石墨烯覆盖在蓝宝石上之后，AlN 成核岛的密度显著降低，尺寸显著增大[132]。此外通过生长前采用 N_2 等离子体处理，在石墨烯中引入吡咯氮可以提高 AlN 生长速率[133]。Chang 等人采用石墨烯/纳米图形蓝宝石衬底，降低了 AlN 的合并厚度，这是由于 Al 原子的横向迁移长度增大了[134]。由于范德华外延不同于传统的外延方式，它对衬底的选择更加宽容，因此可以在不同的衬底上实现 AlN 的生长。Xu 等人在 1100℃高温下采用 HVPE 法在多层石墨烯/SiC 上制备了 AlN 薄膜[135]。

6. 调整 V/Ⅲ 比改善 AlN 晶体质量

V/Ⅲ 此在 AlN 的生长中是十分关键的。V/Ⅲ 比影响着 AlN 外延过程中的生长模式、横向生长速率以及晶体质量。一般情况下，V/Ⅲ 比的值在整个 AlN 生长过程中是恒定不变的。Imura 等人在生长过程中调整 V/Ⅲ 比，并且进行多周期的调制，最终得到了高质量的 AlN 薄膜，其位错密度小于 3×10^8 cm^{-2}[136]。不同的 V/Ⅲ 比可以促进不同晶面的生长，因此晶粒的宏观形式会随着 V/Ⅲ 比的变化而变化。随着 V/Ⅲ 比的变化，晶界处产生的位错会湮灭，进而降低位错密度。Tang 等人在 2021 年通过采用高低交替变化 V/Ⅲ 比的生长方式得到了应变很小的 AlN 薄膜，结合 NPSS 进一步优化，最终得到 AlN 的(002)面与(102)面半高宽分别为 152 弧秒和 323 弧秒[137]。

6.3　高注入效率 UV LED 的结构设计

对于 AlGaN 基紫外 LED 而言，由于量子阱的 Al 组分较高，因此相比于可见光 LED 的多量子阱结构，紫外 LED 量子阱对于载流子的限制作用较弱，电子泄漏成为严重的问题。另外，由于高 Al 组分 AlGaN 材料的 P 型掺杂效率较低，导致 P 型区空穴注入效率低，进而抑制了 UV LED 性能的提升，因此除了优化 UV LED 的生长条件以及掺杂外，还需要对 UV LED 的结构设计进行进一步优化，以改善空穴注入效率以及电流拥堵。利用能带工程设计新型 UV LED 结构，在现有晶体质量以及掺杂效率都较差的条件下可以改善 UV LED 的性能。

6.3.1　P 型电子阻挡层的结构设计

UV LED 中电子泄漏现象比较严重，电子泄漏到 P 型区之后又会与 P 型区中的空穴发生复合，进而降低空穴注入效率，造成大电流下 UV LED 量子效率的衰减，因此传统 P-I-N LED 的输出功率很低[138]。为了抑制电子泄漏，一般在空穴供给层与最后一层量子垒之间插入一层高 Al 组分的 P 型 AlGaN 掺杂层作为电子阻挡层，利用电子阻挡层引入的高势垒抑制电子溢出到 P 型区[23]。但是对于发光波长小于 300 nm 的 UV LED，EBL 的 Al 组分需要在 95% 左右才能很好地抑制电子泄漏，对于如此高 Al 组分的 EBL，有效的 P 型掺杂几乎难以实现。另外，EBL 在价带处引入的空穴势垒阻挡了空穴的注入，降低了空穴的注入效率，这也阻碍了器件性能的改善[139-140]。鉴于以上原因，传统单一组分的 AlGaN 电子阻挡层无法满足短波长 UV LED 的要求，需要对 P 型电子阻挡层结构进行必要的设计以提升空穴注入效率，且保证对电子的阻挡能力。

最直接的一种方式便是在原有的基础结构上插入新的层结构，通过引入异质结界面处极化调制来实现能带结构的调控。Zhang 等人通过在 P 型 $Al_{0.6}Ga_{0.4}N$ EBL 区域插入一层极薄的 AlGaN 层，即构造 P 型 $Al_{0.6}Ga_{0.4}N$（5 nm 厚）/ $Al_{0.5}Ga_{0.5}N$（3 nm 厚）/P 型 $Al_{0.6}Ga_{0.4}N$（2 nm 厚）复合 EBL 结构。这种复合 EBL 结构相比于传统单一组分的 P 型 $Al_{0.6}Ga_{0.4}N$（10 nm 厚）EBL 结构，其对空穴注入效率的提升十分明显，计算结果表明电子的有效势垒增大，同时空穴的有效势垒降低，因此改善了 UV LED 的光输出功率以及外量子效率。在常规的 LED 结构中，空穴注入层与 P 型 EBL 层界面处由于带阶引入空穴的积累，但无法有效跨越电子阻挡层，降低了空穴注入效率。在这种复合层结构中，由于靠近 P 型注入层的厚度仅为 2 nm，空穴可以通过隧穿的方式进入

EBL 中，进而有效地注入有源区中，提升了空穴注入效率。此外，Chu 等人通过在最后一层量子垒与电子阻挡层之间插入一层极薄的 AlN，在 AlN/P 型 EBL 界面处引入空穴积累区域，空穴可以以隧穿的方式穿过 AlN 并注入有源区，且在隧穿过程中增大了空穴的动能，改善了空穴注入效率[141]。

超晶格(也称多量子垒结构)电子阻挡层结构也被证实可以有效提升载流子注入效率，进而提高 UV LED 的性能[24, 140, 142-143]。与传统的电子阻挡层相比，超晶格电子阻挡层结构可以显著地提升空穴注入效率。Zhang 等人分别对采用传统电子阻挡层结构(10 nm 厚的 P 型 $Al_{0.6}Ga_{0.4}N$)与超晶格电子阻挡层结构(5 周期 1 nm 厚的 $Al_{0.45}Ga_{0.55}N$/1 nm 厚的 $Al_{0.6}Ga_{0.4}N$)的 DUV LED 结构进行研究。他们发现对于发光波长为 270 nm 的 DUV LED，采用超晶格电子阻挡层结构使电子势垒从传统电子阻挡层结构的 295 meV 增大至 391 meV，空穴势垒从 324 meV 降低至 281 meV，说明超晶格结构引入后载流子注入效率得到了显著的提升，同时超晶格由于其周期性的势垒结构可以多次反射有源区泄漏出的电子，因此有效地抑制了电子泄漏，最终使得 LED 的外量子效率提升了约 90%。除了超晶格电子阻挡层结构，Al 组分线性渐变的 AlGaN 电子阻挡层也被应用于 UV LED 的结构设计中，达到改善器件性能的目的。下面对三种带有不同电子阻挡层结构的 UV LED 进行介绍，比较不同电子阻挡层结构对器件的影响。

图 6.13 给出了一个发光波长为 365 nm 左右的紫外 LED(大小为 350 $\mu m \times$ 350 μm)结构示意图。从下至上依次为：蓝宝石衬底、厚度为 4 μm 的 N 型 GaN 层、6 个周期($Al_{0.06}Ga_{0.94}N$/$In_{0.04}Ga_{0.96}N$)的 MQW、P 型 EBL、P 型 GaN。其中第一层量子垒(QB)的厚度为 15 nm，最后一层 QB 厚度为 20 nm，其余 QB 层厚度均为 10 nm。为了比较不同 EBL 结构对于器件性能的影响，我们设置了

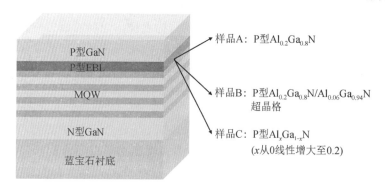

图 6.13　紫外 LED 结构示意图(简便起见，未给出缓冲层)

三组样品。样品 A 中 EBL 为 $Al_{0.2}Ga_{0.8}N$；样品 B 中 EBL 为 5 个周期的 $Al_{0.2}Ga_{0.8}N(2\,nm\,厚)/Al_{0.06}Ga_{0.94}N(2\,nm\,厚)$超晶格；样品 C 中 EBL 为 Al 组分线性增加的 $Al_xGa_{1-x}N(x=0\rightarrow0.2)$。除电子阻挡层结构不同外，其余结构均一致。

图 6.14 分别给出了样品 A（电子阻挡层为 $Al_{0.2}Ga_{0.8}N$）、样品 B（$Al_{0.2}Ga_{0.8}N/Al_{0.06}Ga_{0.94}N$ 超晶格电子阻挡层）、样品 C（渐变 Al 组分电子阻挡层）的输出功率曲线以及电流-电压曲线。从输出功率曲线（见图 6.14(a)）中可以看到，样品 B 的输出功率最大。此外，在电流不是很大时（见图 6.14(a) 中虚线框所示范围），样品 B 和样品 C 的输出功率很接近。但是随着电流的增大，样品 B、C 之间的输出功率差距逐渐变大。另外，从图 6.14(b) 的 I-V 曲线可以看到，三种样品的正向电压 V_f 大小基本一致并且在小电流下三组曲线非常接近，几乎重合。随着电压的增大，样品 A 和 C 的电流值要稍大于样品 B。这一点在后面会进行说明。从以上的结果可以看到电子阻挡层结构的改变不会引起正向电流-电压特性明显变化，但输出功率会有比较大的提升。在电流为 210 mA 的条件下，样品 B 相比于样品 A 以及样品 C 的输出功率分别提升了 83.64% 和 19.50%，说明在三组不同电子阻挡层结构的样品中采用 P 型 $Al_{0.2}Ga_{0.8}N/Al_{0.06}Ga_{0.94}N$ 超晶格的样品 B 具有显著的优势。

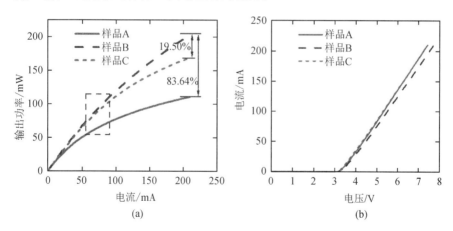

(a)　　　　　　(b)

图 6.14　三组样品的电流-电压曲线和输出功率曲线

为了进一步分析不同的 EBL 结构下三组样品性能差距较大的原因。图 6.15 和图 6.16 分别给出了电流为 210 mA 时 MQW 有源区中的空穴浓度分布以及电子浓度分布曲线。从图 6.15(a) 和图 6.16(a) 中可以看到，在有源区 6 个量子阱中样品 B 以及样品 C 的空穴浓度以及电子浓度相较于样品 A 均有提升，但是样品 B 中电子以及空穴浓度是三者中最大的，这说明了样品 B 中的 EBL 结构对于电

子的限制能力以及空穴的注入能力均较好，与样品 B 在大电流下输出功率表现出明显一致性。在 P 区与 N 区掺杂浓度均一致的条件下，需要进一步分析 MQW 有源区表现出的这种电子和空穴浓度分布的差异。为此，通过 APSYS 仿真计算给出三组样品在此浓度对应的偏置条件下（电流为 210 mA）的能带图。

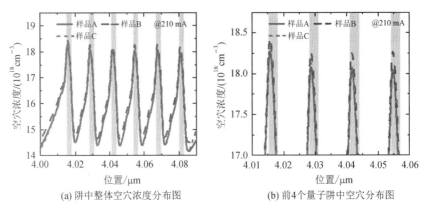

(a) 阱中整体空穴浓度分布图　　　　　(b) 前4个量子阱中空穴分布图

图 6.15　有源区中的空穴浓度分布

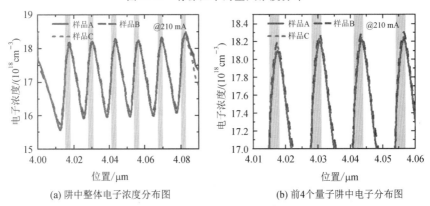

(a) 阱中整体电子浓度分布图　　　　　(b) 前4个量子阱中电子分布图

图 6.16　有源区中的电子浓度分布

图 6.17 分别给出了电流为 210 mA 条件下三组样品在 EBL 附近的能带图以及内量子效率曲线。由能带图我们可以看到，由于极化效应在异质结界面处引入的电场导致能带出现了严重的倾斜。图 6.18 给出了极化电荷在最后一层势垒层以及电子阻挡层的分布示意图。由于量子垒和电子阻挡层中 Al 组分不同，所以考虑自发极化与压电极化效应，最终在电子阻挡层一侧出现净极化正电荷，因此使得导带在此处向下弯曲形成凹陷且电子在此聚集（见图 6.17(a)、(b)图上方黑色虚线框），导致最后一层量子垒以及 EBL 对于电子的有效阻挡能力降低，无法有效抑制电子泄漏至 P 区。为此，定义电子准费米能级与导带

的差为电子有效势垒高度，用 Φ_e 表示。样品 A、B 和 C 三种结构的有效电子势垒高度分别为 442 meV、486.3 meV、450.2 meV，其中样品 A 的有效势垒最低，样品 B 的有效势垒最高。

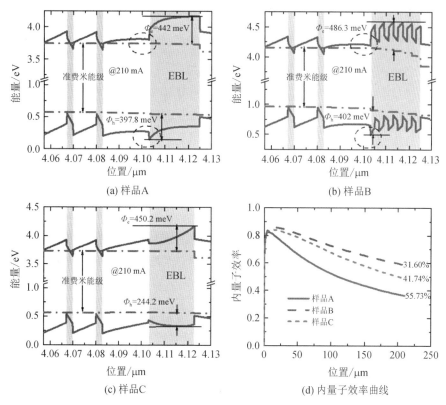

(a) 样品A

(b) 样品B

(c) 样品C

(d) 内量子效率曲线

图 6.17　210 mA 条件下样品的能带图及内量子效率曲线

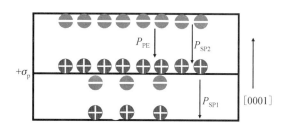

图 6.18　样品 A 电子阻挡层与量子垒界面处的极化电荷示意图

对于样品 A，最后一层量子垒层（$Al_{0.06}Ga_{0.94}N$）与电子阻挡层（$Al_{0.2}Ga_{0.8}N$）界面处由于存在极化效应（见图 6.18 所示），因此两者界面处导带出现凹陷，从而电子有效势垒降低。对于样品 B，由于超晶格的周期性结构组成和有源区

的 MQW 类似，因此也以"阱"和"垒"分别代指超晶格中禁带宽度小和禁带宽度大的层。但是要注意的是这里的阱和有源区中的是有区别的，因为有源区中阱宽和垒宽相差较大，超晶格中垒和阱的宽度很接近甚至是相等的。三组样品中，样品 B 对电子的阻挡能力是最强的（$\Phi_e = 486.3$ meV），这是因为电子若未被有源区最后一层量子垒有效阻挡，虽然能运动到电子阻挡层一侧，但受到之前有源区中量子垒层的阻挡，溢出的电子能量已经有所降低，所以大部分电子会被电子阻挡层形成的电子势垒所阻挡，使电子限制在界面处或者改变方向返回有源区。相较于样品 A 而言，超晶格中这种周期性的阱垒结构，即使电子穿过电子阻挡层中的垒层，在阱层的电子受到较强的限制作用，使得最终电子泄漏至 P 区的概率较小，所以最终电子有效势垒要大于样品 A 的。对于样品 C，电子阻挡层中 Al 组分从 0 线性增加至靠近 P 区的 0.2。考虑最后一层量子垒层与电子阻挡层界面处的极化，此时最后一层量子垒（$Al_{0.06}Ga_{0.94}N$）中 Al 组分要大于电子阻挡层初始的 Al 组分，最终在两者界面处出现净的负极化电荷，不会引起导带向下弯曲，即不会像样品 A、B 中出现界面处导带的凹陷（见图 6.17(a) 与(b)中黑色虚线框），故对电子的有效势垒不会被削弱。因此相比于样品 A，样品 C 对电子的阻挡能力有所增强，但是由于 Al 组分是从 0 到 0.2 线性变化的，平均 Al 组分是比较小的。因此由禁带宽度差引起的电子势垒相对于样品 B 较小。在电子阻挡能力方面，样品 B＞样品 C＞样品 A。

另一方面，极化引入的能带倾斜除了对电子阻挡有影响以外，还对空穴的注入有影响。从图 6.17 的价带能带图不难看出，由于极化引起价带向下倾斜，除了电子阻挡层与最后一层量子垒之间由于禁带宽度差值引起的固有空穴势垒外，能带向下倾斜也会引起凹陷，空穴向有源区注入受到进一步削弱，最终使得插入电子阻挡层后降低了空穴注入效率。与电子有效势垒高度类似，在此定义空穴准费米能级与价带的差值为空穴势垒高度，用符号 Φ_h 表示。由图 6.17 可得，样品 A、B、C 的空穴势垒高度分别为 397.8 meV、402 meV、244.2 meV，其中样品 C 的空穴势垒高度是最低的。

对于样品 C，因为电子阻挡层中 Al 组分是渐变的，且靠近 P 型层一侧禁带宽度最大，所以对于空穴不会存在上面的价带凹陷，并且因为这种电子阻挡层中极化电场引起的电场方向始终是从 N 区一侧指向 P 区，所以导带不断抬高，电子阻挡层与 P 区界面处的价带也不断上移，从而降低了空穴由 P 区一侧向有源区中注入的势垒，因此样品 C 的空穴势垒高度在三组样品中是最低的，即空穴注入效率较高。对于样品 B 而言，虽然空穴的运动受到阱的限制，最终在价带表现出比样品 A 具有稍高的空穴势垒，但由于垒层较薄，空穴可以隧穿进入有源区，因此有源区的空穴浓度分布中并未因这个稍高的势垒而明显降低。并且需要注意的是，电子泄漏被抑制的同时空穴注入效率得以提升。因此样品 B 中对电子泄漏的有效抑制以及稍微增加的空穴势垒，使之表现出显著优势。

图 6.17(d)给出了三组样品内量子效率曲线，并分别对三组样品计算了大电流下的"droop"值。"droop"值通过以下公式计算：

$$droop = \frac{内量子效率最大值 - 大电流下内量子效率值}{内量子效率最大值} \times 100\% \quad (6-2)$$

对于样品 A、B、C，droop 值分别为 55.73%、31.6%、41.74%。样品 B 表现出最小的 droop 值。对于 droop 效应的产生原因，有的研究认为是 LED 结构中电子和空穴分布的不对称性导致大电流下多量子阱中的 Auger 复合和多量子阱中载流子的溢出造成的[144-145]，还有一部分研究认为是大电流下载流子不再处于局域态并且在高缺陷密度区发生非辐射复合造成的[146]。目前普遍被认可的观点是载流子的泄漏造成大电流下的 droop 效应[62, 147]。为了给出更为直观的说明，图 6.19 给出了电流为 210 mA 条件下的归一化电子电流分布。由图可以看到样品 B 的电子泄漏电流要明显小于其他两组样品，说明电子泄漏被有效抑制。结合能带图的结果说明在电子阻挡能力方面，样品 B>样品 C>样品 A，此处 droop 值大小依次为样品 A>样品 C>样品 B，与预期一致。由此说明样品 B 中 EBL 结构可以有效改善内量子效率。图 6.20(a)、(b)还分别给出 210 mA 条件下的 MQW 有源区中辐射复合率曲线以及发光强度谱，由于样品 B 中 EBL 结构对电子泄漏的有效抑制使得多量子阱中辐射复合率有所提升，因此发光强度也最高。

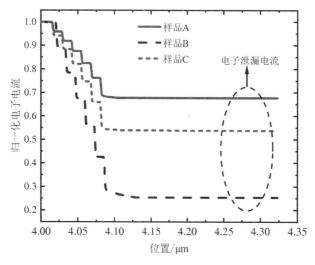

图 6.19　210 mA 条件下三组样品归一化电子电流分布

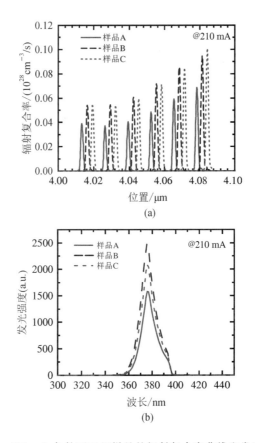

图 6.20　210 mA 条件下三组样品的辐射复合率曲线和发光强度谱

　　不仅如此，对于采用超晶格结构作为电子阻挡层的样品 B，相较于样品 A、样品 C，电子有效势垒最高。因为在电流较小时电子阻挡层一般可以有效地阻挡电子泄漏，所以图 6.14 中电流较小时样品 B、C 的输出功率曲线基本重合。在 $I\text{-}V$ 特性曲线中，电流值是空穴电流和电子电流的和。小电流下，三种结构电子泄漏都不明显，因此小电流下三者的 $I\text{-}V$ 特性曲线基本是重合的，但是由于样品 B 中电子泄漏在大电流下被抑制，导致样品 B 相较于样品 A、C 在大电流下发生伏安特性的偏移，所以相同电流下样品 B 对应的电压较大（见图 6.14(a)）。

　　为了进一步验证超晶格结构作为电子阻挡层的优势，我们基于此种电子阻挡层结构制备了器件并进行了性能测试，结果如图 6.21 所示。由图可知样品 B 的器件在输出功率曲线上与仿真结果吻合较好，并且在内量子效率曲线中表现出的 droop 值很低，仅为 19.12%。通过器件的实际测试进一步证实了超晶格电子阻挡层在电子阻挡能力方面有显著优势。

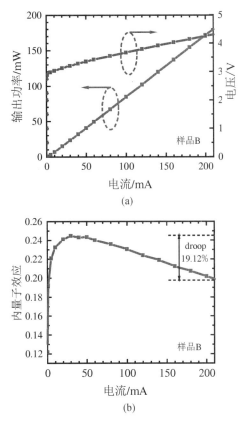

图 6.21　基于样品 B 的器件实测特性曲线

从上述三组样品的仿真计算结果以及基于样品 B 的器件实际测试结果可以看出，采用超晶格电子阻挡层的样品 B 在抑制电子泄漏方面有显著的优势。同时注意到采用渐变 $Al_xGa_{1-x}N$ 作为电子阻挡层的样品 C 表现出较低的空穴势垒。为此我们可以结合两种结构的优势设计渐变超晶格电子阻挡层，即超晶格电子阻挡层的垒不再采用单一组分的 $Al_xGa_{1-x}N$（如样品 B），而是采用不同组分的 AlGaN 作为超晶格中的垒层，且 Al 组分靠近 P 型区一侧逐渐增加。为此，结合两种结构各自的优势可以设计新型的电子阻挡层，这里用样品 D 来表示。样品 D 的电子阻挡层具体组成为：超晶格垒层靠近 P 区方向的 Al 组分依次增加并且设计为 0.10、0.12、0.14、0.16、0.18、0.20。与样品 B 唯一不同的是垒中 Al 组分不同，下面对样品 B 和样品 D 进行比较。

图 6.22 给出了样品 B 和样品 D 的电流-电压曲线和输出功率曲线。从图中可以看到，两组样品并未因结构的变化发生变化，样品 D 的输出功率相较于样品 B 有所提升。图 6.23 给出了有源区多量子阱中的电子浓度以及空穴

浓度分布。从图中可以看到，样品 D 有源区中的电子以及空穴浓度分布稍有所提升，性能有所改善。为了对样品 D 性能提升的原因进行分析，图 6.24 给出了多量子阱有源区与电子阻挡层附近的能带图以及两组样品的内量子效率曲线。通过能带图计算的样品 D 电子有效势垒高度以及空穴势垒高度分别为 $\Phi_e = 502.6$ meV，$\Phi_h = 335$ meV。相比于样品 B，样品 D 的电子势垒高度有所增大，空穴势垒高度有所减小，说明采用这种渐变 Al 组分超晶格结构的样品 D 对于电子的阻挡能力较强，对于空穴的阻挡稍弱。这是因为对于样品 D，其电子阻挡层的第一个垒层 Al 组分是较低的，所以在有源区的最后一层垒层与电子阻挡层的界面处引起的能带倾斜程度较弱，不会如样品 B 一样在界面处引起导带的凹陷（见图 6.17(b)），因此电子的有效势垒并不会降低。对于价带，和采用渐变 Al 组分电子阻挡层的样品 C 导致势垒较小的原因类似，这种逐渐变化的禁带宽度和渐变层中的极化共同作用，使得价带向上移动从而降低了空穴势垒高度。

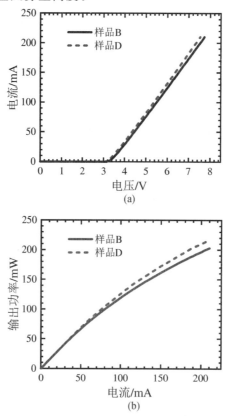

图 6.22　样品 B、D 的电流-电压曲线和输出功率曲线

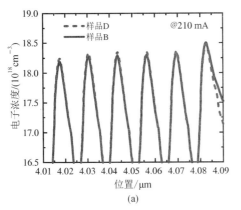

(a)

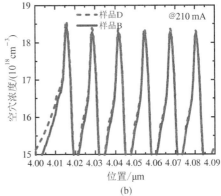

(b)

图 6.23　210 mA 条件下有源区多量子阱中电子浓度和空穴浓度分布

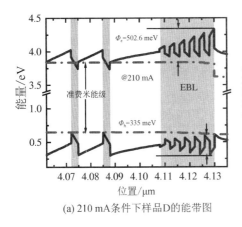

(a) 210 mA 条件下样品 D 的能带图

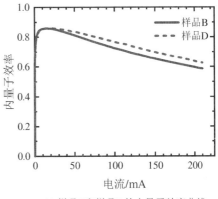

(b) 样品 B 和样品 D 的内量子效率曲线

图 6.24　样品 D 的能带图及样品 B、D 的内量子效率曲线

图 6.24(b)给出了两种结构的内量子效率曲线,样品 D 在大电流下的 droop 值相比于样品 B 的有所减弱。显然这得益于渐变 Al 组分超晶格结构相比于样品 B 对于电子泄漏有更强的抑制能力。图 6.25 给出了电子电流分布曲线,样品 D 中的电子泄漏电流相比于样品 B 有所降低,这进一步说明了样品 D 所采用的渐变 Al 组分超晶格结构对电子泄漏抑制能力更强。基于这种线性渐变 Al 组分超晶格结构,So 等人还提出阶梯变化 Al 组分的 AlGaN 电子阻挡层以降低外延生长的难度[148]。为了更好地平衡 LQB 与 P 型层之间存在的势垒,"三角形渐变"AlGaN 组分(沿生长方向 Al 组分先线性增大后线性降低)也被用于提升载流子注入效率[149-150]。这种基于极化特性的能带工程对于 EBL 还有许多新的设计,并且也被证实对于 LED 效率提升有着重要的

作用[151]。

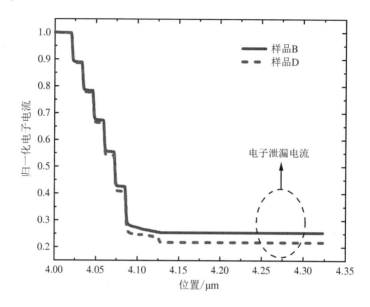

图 6.25　样品 B 和样品 D 电子电流分布曲线

6.3.2　有源区 QB/QW 能带结构设计

　　一般情况下，有源区中 MQW 结构可以将来自 N 型区的电子与来自 P 型区的空穴有效限制在 QW 中以实现电子空穴对的辐射复合，进而出射光子。QW 中的量子限制效应决定了 AlGaN 基 DUV LED 的发光波长。此外由于极化效应，有源区还受到量子限制斯塔克效应（QCSE）的影响，因此 DUV LED 的发光效率以及波长也都会受到影响。QCSE 是极性面氮化物基 LED 中无法避免的问题，量子阱受到极化电场的影响变成三角形势阱，电子与空穴波函数交叠程度降低，抑制了 LED 的发光效率。DUV LED 中三角形势阱进一步降低了载流子的限制作用，需要对 QW 或 QB 进行结构设计以提升量子阱对载流子的限制作用并且缓解 QCSE，从而提升器件性能。特别地，最后一层量子垒（LQB）连接有源区与 P 型层是十分重要的，因此针对 LQB 的结构设计也十分关键。

　　下面阐述 LQB 的结构设计对于器件特性的影响。LQB/P 型 EBL 异质结处的势垒影响空穴和电子的输运，LQB 的重要性不言而喻，因此相比于有源区中其余的 QB，LQB 的设计更为重要。有研究发现，当简单地将 LQB 的 Al

组分增大到与 P 型 EBL 的 Al 组分一致，就可以对器件的外量子效率起到明显的改善作用[152]。在 Ji 等人最近的研究中，增大 LQB 的 Al 组分同时保持 EBL 的 Al 组分不变，结果表明当 LQB 的组分与 EBL 一致时，可以缓解 LQB/EBL 异质结能带凹陷的程度，并且电子的有效势垒也增大，这改善了 EBL 的电子阻挡能力，抑制了电子泄漏。此外，LQB 的厚度也对器件特性有较大的影响，因此也有人对 LQB 的厚度进行研究[153]。在 Yu 等人的研究中，对照样品的 LQB 为未掺杂 10 nm 厚 $Al_{0.45}Ga_{0.55}N$，新样品结构 LQB 为 15 nm 厚 P 型 $Al_{0.45}Ga_{0.55}N$。其结果表明 20 mA 下新样品的输出功率相比对照样品的提升了近一倍。器件性能的提升主要得益于厚 LQB 层有效增大了电子势垒。因此对 LQB 的厚度以及 Al 组分进行优化设计可以有效缓解 LQB/EBL 异质结界面处能带凹陷所造成的电子积累。

除了调节 LQB 的 Al 组分以及厚度，还可以采用渐变 Al 组分的 LQB 结构以提升 DUV LED 的载流子注入效率。He 等人的研究表明通过将 20 nm 厚的 $Al_{0.5}GaN$ P 型 EBL（器件 A）替换为 Al 组分线性渐变的 20 nm 厚的 P 型 $Al_{0.5-0.38}GaN$ EBL 结构（器件 B），200 mA 下器件 B 的输出功率相比器件 A 的提升了 73.3%。性能改善归因于电子势垒的增大以及空穴势垒的降低，同时在新型结构的 LQB 区域内，载流子的积累会导致出现一个新复合区域，该区域由于空穴与电子浓度都较高，复合发光效率也较高，因此器件性能得到改善。此外，受到 EBL 设计的启发，多周期超晶格结构的 LQB 也有人研究，该结构的 LQB 对器件性能的改善效果也十分明显[154]。有源区中其余的 QB 也在载流子输运方面有相当大的影响。因此对于有源区中 QB 的结构设计也是能带工程中重要的一部分。Yu 等人提出采用高 Al 组分的 AlGaN 作为 QB，以及 Al 组分线性增大的 AlGaN 作为 QB 可以有效提升电子阻挡能力，并且通过调节线性 Al 组分渐变的范围可以实现 QW 中载流子浓度的调节[155]。除了 QB 结构本身变化以外，还可以采取插入层结构来提升有源区中的辐射复合率。Guo 等人在 $Al_{0.5}Ga_{0.5}N$ QB 前插入了一层薄 $Al_{0.6}Ga_{0.4}N$，以实现对电子更好的限制[156]。插入层引入的极化电场与空穴的输运方向一致，这可以对空穴起到加速作用，因此有效地提升了空穴的注入效率。除了对 QB 结构的设计外，QW 的结构也显著影响器件的性能。通过对 QW 实行能带工程，器件的输出功率也可以得到明显的提升[157-158]。除了简单的 QW 结构设计之外，最近还有研究提出了渐变 QW 结构以及阶梯变化 Al 组分的 QW 结构，可以抑制 QCSE，提高 QW 中电子与空穴波函数的交叠程度。线性增大或者线性降低 Al 组分的 QW 结构可以引入

相反类型的极化电荷，对能带进行调控，进而影响载流子的输运。

综上所述，UV LED 结构的设计对于器件性能有着显著的影响。好的结构设计可以使用现有材料制作的 UV LED 器件的发光效率得到提高。

6.4 UV LED 的光提取

UV LED 器件的应用愈发重要和广泛，在病毒的预防中，采用深紫外 LED 进行杀菌消毒已经十分普遍。但当波长小于 265 nm 时，研究人员发现 UV LED 的外量子效率显著降低，这成为制约 LED 发展的新问题[159]。对于 UV LED，由于 P 型区的电极会吸收 UV 光，导致出光效率低于 8%，并且当 Al 组分增大以后，出光的极化偏振方向发生改变，沿 c 轴极化模式占据主导地位，增强了侧壁出光，严重阻碍了 LED 的有效出光[64, 160-161]。因此为了提高深紫外 LED 器件的发光效率，需要对影响出光效率的因素进行进一步的分析。因为 LED 的外量子效率 η_{EQE} 与光提取效率 η_{extr}、内量子效率 η_{IQE}、载流子注入效率 η_{inj} 三者成正比关系。所以，为了获得尽可能大的外量子效率，每一个参数的提升都是至关重要的。在此我们主要讨论光提取效率 η_{extr}，因为这个参数是影响 LED 发光效率最关键的因素，在紫外以及深紫外 LED 中，提高光提取效率是一个十分大的挑战。

6.4.1 UV LED 的光极化

在Ⅲ族氮化物发光器件中，导带最低点与价带最高点之间的辐射跃迁是产生光子进而发光的根本原因。如图 6.26 所示，在纤锌矿结构Ⅲ族氮化物中，价带劈裂为三个子带(重空穴带 HH，轻空穴带 LH，晶体场劈裂带 CH)，由于电子跃迁偏振态对于每个价带子带是唯一的，因此对于不同价带子带参与的辐射跃迁，出射的光子偏振模式也有所不同。不同偏振模式的光子具有不同的传播方向，从而影响器件的光提取效率。对于纤锌矿结构的氮化物，其偏振模式分为 TE 与 TM 两种。其中 TE 模式偏振光电场垂直于 c 轴，光子波矢沿 c 轴传播；TM 模式偏振光电场平行于 c 轴，光子波矢沿垂直于 c 轴方向传播。

图 6.27 所示为量子阱中光子出射以及在界面处的折射与反射示意图。根据斯涅耳定律，光在半导体/空气界面以及衬底/空气界面会发生全反射，且全反射的临界角比较小，大多数辐射复合产生的光子无法出射，光子在器件内部

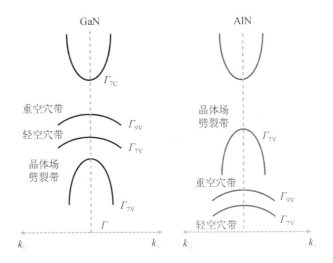

图 6.26　纤锌矿结构 GaN 与 AlN 能带结构示意图[64]

反射后损耗掉,导致器体光提取效率低。为了更直观地说明 LED 中光提取时存在的问题,我们假设 LED 有源区量子阱中各向同性发光,且考虑临界角形成逃逸锥作为能被提取的部分,即

$$\theta_c = \arcsin \frac{n_0}{n_s} \qquad (6-3)$$

其中,θ_c 为全反射临界角,θ 为有源区发射角。

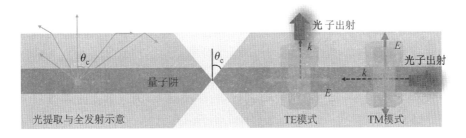

图 6.27　量子阱中光子出射以及在界面处的折射与反射示意图

假设量子阱发光波长为 300 nm,蓝宝石衬底 Al_2O_3 的折射率为 $n_{Al_2O_3}=$ 1.81,计算得到全反射临界角 θ_c 为 33.54°,光提取效率为 8.3%。对于 AlN,折射率为 $n_{AlN}=2.28$,计算得到 θ_c 为 26.0°,光提取效率为 5.1%。如图 6.28 所示,对于常见的氮化物 LED 结构,有源区辐射复合产生的光子是通过 6 个逃逸锥向外发射的,其中 2 个垂直于有源区平面,4 个平行于有源区平面,光子将沿其与有源区平面法线的夹角为 θ 的方向出光。

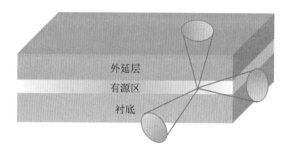

图 6.28　氮化物 LED 结构中的 3 个逃逸锥示意图(对称方向各有一个,图中未画出)

由于目前的紫外 LED 器件都是Ⅲ族纤锌矿结构氮化物制备的,因此下面对纤锌矿结构氮化物的能带结构进行讨论。纤锌矿结构氮化物的光学性质是由布里渊区中心(波矢 $k=0$)附近的能带结构确定的。对于 GaN 与 AlN,在 Γ 点存在具有原子 s 轨道特征的导带 Γ_7,价带有原子 p_x、p_y、p_z 特征,其中 z 方向平行于纤锌矿结构的 c 轴。在 s 状态与 p_x、p_y、p_z 状态之间进行转换的时候,分别涉及 x、y、z 方向偏振的光。纤锌矿结构Ⅲ族氮化物沿着 c 轴与垂直于 c 轴方向是各向异性的,从而导致价带形成晶体场劈裂。引入自旋-轨道劈裂能量 Δ_{SO} 之后,可以解除价带顶端的双重简并态,只剩下 Γ_9 态与 Γ_7 态,分别称为重空穴带与轻空穴带。单简并态 Γ_7 称为晶体场劈裂带。根据 J. Hopfdeld 提出的准立方模型,在 Γ 点处 Γ_9 能带相对于两个 Γ_7 能带的位置可以采用下式计算[162]:

$$E(\Gamma_9)-E(\Gamma_{7\pm})=\frac{\Delta_{CF}+\Delta_{SO}}{2}\pm\frac{1}{2}\sqrt{(\Delta_{OF}+\Delta_{SO})^2-\frac{8}{3}\Delta_{CF}\Delta_{SO}} \quad (6-4)$$

其中,Δ_{CF} 为晶体场劈裂能。GaN 自旋-轨道劈裂能量 Δ_{SO} 是 17 meV,AlN 的自旋-轨道劈裂能量 Δ_{SO} 为 20 meV[163]。因为 AlN 的离子性比较强,其 $\Delta_{CF}=-206$ meV,为负值;而对于 GaN,其 $\Delta_{CF}=10$ meV,为正值。如图 6.26 所示,由于 Δ_{CF} 存在差异,AlN 在 Γ 点的价带子带排列顺序与 GaN 是不同的。对于 GaN,重空穴带在最顶部,随后依次是轻空穴带与晶体场劈裂带。而对于 AlN,最顶部的价带是晶体场劈裂带,随后是重空穴带和轻空穴带。Chen 等人与 Li 等人使用准立方模型计算了带带之间跃迁的矩阵元 I_V,分别涉及 3 个子价带与导带之间的转换,该矩阵元的平方决定了产生光子的偏振模式[164-165]。

$$I_V=\left|\langle\Psi_V|H_{dipole}|\Psi_C\rangle\right| \quad (6-5)$$

其中,Ψ_V 与 Ψ_C 分别是空穴与电子的波函数,H_{dipole} 为偶极子的哈密顿量。

通过计算发现,对于 GaN,导带和最顶部的价带复合时,光子表现出强烈的 TE 偏振模式($E\perp c$),而对 AlN,当导带底和最顶部的价带复合时,表现出强烈的 TM 偏振模式（$E // c$）。对于深紫外 LED 所基于的 AlGaN 材料，随着 Al 组分的增加，Δ_{CF} 逐渐变为负值，3 个价带之间的能量差逐渐减小，直到 Γ_7 移动至价带顶部。一般地，定义发光偏振度 ρ 为

$$\rho = \frac{I_{TE} - I_{TM}}{I_{TE} + I_{TM}} \tag{6-6}$$

其中，I_{TE} 与 I_{TM} 分别是 TE 模式与 TM 模式偏振光的积分强度，当 Al 组分增大致使价带相对位置发生变化的临界值时，AlGaN 层发光偏振模式从 TE 模式变为 TM 模式。当偏振为 TE 模式时，电场矢量位于量子阱平面，沿 c 轴生长的 LED 可以高效提取光子；当偏振为 TM 模式，电场矢量垂直于量子阱平面，光在 LED 内传播，并被多次反射之后耗散，出光效率低下。

除了有源区材料中 AlGaN 的组分之外，影响出光偏振模式转变的因素还有很多，如量子阱层所受应变情况、量子阱的限域性（主要是量子阱的厚度）、器件生长方向（如极性与非极性）。根据 Chuang 等人对于应变纤锌矿结构的半导体提出的准立方近似的 K · P 理论，可以推导出纤锌矿结构半导体在受到应变时子价带的相对排序。对于应变的 AlGaN 层，在受到各向同性的面内应力时，Γ_9 与 Γ_7 能带的相对位置由下式可得[166]：

$$E(\Gamma_9) - E(\Gamma_7) = -\frac{\Delta' + \Delta_{SO}}{2} + \sqrt{\left(\frac{\Delta' + \Delta_{SO}}{2}\right)^2 - \frac{2}{3}\Delta'\Delta_{SO}} \tag{6-7}$$

$$\Delta' = \Delta_{CF} + [D_3 - D_4(C_{33}/C_{13})]\varepsilon_{ZZ} \tag{6-8}$$

其中，D_i 为形变势，C_{ij} 为弹性刚度常数，ε_{ZZ} 是材料沿 c 轴的应变张量元。

如上所述，AlN 由于其 Δ_{CF} 为负值，$E(\Gamma_9) - E(\Gamma_7) > 0$，而对于 GaN，$E(\Gamma_9) - E(\Gamma_7) < 0$。所以在 $Al_x Ga_{1-x} N$ 中，存在 Al 组分使得 $E(\Gamma_9) - E(\Gamma_7)$ 为 0，此时为价带的交叠点，发生出光偏振模式的转变。临界 Al 组分的值可以用 AlN 和 GaN 的参数线性拟合得出[167]。通过实验发现 AlGaN 外延层，会在特定 Al 组分时发生由 TE 模式到 TM 模式的转变。Nam 等人报道了基于 c 面蓝宝石的 AlGaN 在 Al 组分大于 25% 时发生偏振模式的转变[64]；同样地，Hazu 等人报道了基于 m 面 GaN 的 AlGaN，偏振模式切换发生在 Al 组分为 25%～32% 范围[168]；但是 Kawanishi 等人的研究表明 AlGaN 量子阱（基于 AlN/SiC 底板生长）的偏振模式转变发生在 Al 组分为 36%～41% 范围[161]；另外，Ikeda 等人在基于 GaN/蓝宝石衬板上生长 AlGaN 外延层时得到了更低的临界 Al 组分值，即 12.5%[169]。由此可以看出对于不同的外延层状态，发生偏振模式转变所对应的 Al 组分是不同的。根据 Wei 等人的结果，取 $\Delta_{CF} = -217$ meV，计算得到对于完全弛豫 AlN 基板生长的 AlGaN 应变层，其 Al 组分为 60% 时 $\Delta' = 0$，Γ_9 与 Γ_7 能带发生交叠，此时出光偏振模式发生转变[170]。然而这一理

论结果与 Hirayama 等人的实验结果相矛盾,其实验结果表明在组分为 83% 时仍然能测到 TE 偏振模式光子出射[23],人们普遍认为这是材料内部存在的残余应力引起了实验结果与理论计算存在差异。理论计算表明,沿 c 方向生长的 AlGaN 层,面内的压应变推动 Γ_9 与 Γ_7 能带上升,沿生长方向的张应变降低 Γ_7 能带,Γ_9 与 Γ_7 之间的能量差减小,此时需要更高的 Al 组分实现光偏振模式的转变。相反地,面内张应变使得临界 Al 组分降低。Northrup 等人通过分别在蓝宝石与 AlN 体材料上生长 AlGaN 量子阱进行对比,发现在发光波长接近的情况下,极化程度差异很大,说明量子阱应变程度对极化程度影响很大[171]。Reich 等人报道了基于 AlN 基板制备 UVC 光谱范围对应的 AlGaN 多量子阱的出光极化特性,通过 K·P 理论计算发现当量子阱中的 Al 组分固定时,增大量子垒的 Al 组分,有利于实现 TM 模式到 TE 模式的转变,即增大 AlGaN 量子阱的压应变有利于增强 TE 模式光发射,可以在 239 nm 的波长下实现 TE 模式出射[172]。Long 等人研究了面内应力对基于 AlGaN(Al 组分为 0.1~0.42)基板生长的 AlGaN 的光极化特性,通过 PL 测试发现随着面内应力由张应力状态(应变大小为 1.19%)变为压应力状态(应变大小为 −0.70%)之后,发光偏振度由 −0.69 增加至 −0.24,有效地增大了出光效率[173]。

另外一个影响偏振模式的因素是量子限制效应。由于 AlN 中价带顶端 Γ_7 子带的空穴有效质量($0.26\ m_0$)比 Γ_9($3.57\ m_0$)的小得多,Γ_7 的能量值由于量子限制效应被降低了。强的量子限制效应最终导致 Γ_7 与 Γ_9 交叠。为了计算量子限制效应对价带排列顺序的影响,研究人员通过一维薛定谔方程计算了 AlGaN/AlN 单量子阱中 Γ_7 与 Γ_9 的能级值。对于 $E(\Gamma_9)-E(\Gamma_7)$,忽略内部电场,在较厚的量子阱厚度时临界 Al 组分约 60%,这可以理解为较厚的量子阱层类似于较厚的应变层。对于较薄的量子阱(<3 nm),量子阱的宽度主导量子限制效应,随着量子阱宽度的不断减小,偏振模式转换时对应的 Al 组分会变大。Lin 等人使用光致发光测试研究了 $Al_{0.65}Ga_{0.35}N/AlN$ 单量子阱的光偏振,当阱宽为 2 nm 时,带边发光的主要偏振由 TM 模式转变为 TE 模式[174]。Wierer 等人也报道了对于 AlGaN/AlGaN 多量子阱的紫外 LED,随着量子阱厚度的增加,偏振度降低[175]。

发生偏振模式转换的临界 Al 组分与载流子浓度也是相关的,随着载流子浓度的增加,发生 TE 模式到 TM 模式转换对应的临界 Al 组分逐渐降低[65],并且随着阱宽的增加,量子限制效应和临界 Al 组分逐渐降低。这是因为当载流子浓度增加时,载流子占据更高的能量态,存在第二和第三子价带跃迁,此时高于带边能量的光子表现出更强烈的 TM 模式,光子更难被有效提取,难以出射。

6.4.2　UV LED 的光提取效率改善技术

为了改善紫外特别是深紫外 LED 的光提取效率，采用 UV 透明电极以及 UV 反射电极是十分有必要的。由于 AlGaN 材料本身的固有问题如低 P 型掺杂效率，P 型接触层仍然需要采用 GaN 来实现，导致该层光吸收很强，光子无法有效出射。因此对于器件结构以及接触金属需要进行特别设计。

倒装芯片封装技术由于其在散热和电流扩展上的优势已经普遍应用于 UV LED[45]。但是，对于 DUV LED 如果不采用更为先进的封装技术或者 UV 反射型电极，倒装结构的 DUV LED 仍然仅有百分之几的光提取效率[46]。因此对于光提取效率的提升近年来有相当广泛的研究，主要技术手段有采用高反射率金属[54, 176]、反射型光子晶体[177]、分布式布拉格反射镜（DBR）[178-179] 或全方向反射镜结构（ODR）等[180]。通过在 P 型区与 N 型区都采用网格状的金属 Al 电极作为反射层，可以实现光提取效率的提升。另外，二维阵列排列的 Pd 电极，并在其上覆盖金属 Al 作为电极，也可以实现光提取效率的提升[176]。除了这些技术之外，图形化的微结构[181]、蛾眼结构[182] 以及二维 AlN 光子晶体也被用于提升 DUV LED 的光提取效率[183]。

除了在电极金属方面进行的优化之外，为了克服光偏振模式的转变，可以对量子阱引入压应变使价带重新排列，例如采用窄量子阱和高 Al 组分 AlGaN 量子垒。有人证实在 239 nm 波长下出射光为 TE 模式[172]。此外还可以采用图形化的衬底材料，增大光子从器件中出射的概率。例如将 DUV LED 芯片采用六边形或者三角形形状的封装，采用带有倾斜侧壁的条纹、等腰梯形、锥形或者微环结构以产生光散射或者重定向，这些都可以显著改善光提取效率[184-185]。

对于顶部出射结构的 LED，表面图案化是常用于增大光提取效率的一种方式。例如表面粗糙化、纳米球光刻、纳米压印光刻以及电子束光刻所制备的光子晶体常用于光提取效率的改善[186]。Gao 等人通过沉积 Al 金属薄层，利用表面等离子体耦合 TM 波实现了发光强度的显著提升。但这种方式也带来了新的挑战，即 Al 金属的功函数小，与 P 型 AlGaN 形成欧姆接触比较困难，并且等离子体相互作用通常需要非常短的耦合长度[31]。

在 DUV LED 器件的制备中，薄膜倒装结构（TFFC）是最常用的一种方式。TFFC 结构可以降低器件的正向电压，在散热方面更具优势。在蓝光 LED 的发展中，利用高反射银接触层以及激光剥离蓝宝石衬底的方式实现 TFFC 结构，取得了 80% 的光提取效率，因此基于 TFFC 结构的 UV LED 也被广泛研究以提高出光效率。目前基于准分子激光器的激光剥离工艺被用于 UV LED 中蓝宝石衬底的剥离，已经实现了基于 GaN 和 AlN 缓冲层的 TFFC UV LED[187-189]。在 GaN/蓝宝石衬底上的 325 nm 和 280 nm TFFC UV LED 中，对裸露出来的 N 面 AlGaN 层进行粗化后，可以进一步提升光提取效率，研究表明粗化后相比于光滑 AlGaN 层光输出增大了 2.5 倍以上。

　　UV LED 经过多年的发展，时至今日已经在工业上以及日常家用上有广泛的应用。但是受制于材料、掺杂效率以及发效率等，目前 UV LED 效率仍然比较低下，有很大的提升空间。国内外对于 AlGaN 基 UV LED 固态光源的研发也一直十分重视，相信随着研究的不断推进，UV LED 也会像蓝光 LED 一样，在我们日常生活中扮演着更多、更重要的角色。为了提升 UV LED 的发光效率，我们还需要不懈努力，在异质外延高质量 AlGaN 材料、高效结构设计以及高出光率结构设计等方面将 UV LED 的发光效率提升至一个新的台阶。

参 考 文 献

[1] KHAN A，BALAKRISHNAN K，KATONA T. Ultraviolet light-emitting diodes based on group three nitrides[J]. Nature Photonics，2008，2(2)：77 - 84.

[2] KNEISSL M，RASS J. Ⅲ-nitride ultraviolet emitters：Technology and applications[M]. Berlin：Springer，2015.

[3] KNEISSL M，SEONG T，HAN J，et al. The emergence and prospects of deep-ultraviolet light-emitting diode technologies[J]. Nature Photonics，2019，13(4)：233 - 244.

[4] MORISON W L. Phototherapy and photochemotherapy for skin disease[M]. Netherlands：CRC Press，2005.

[5] HOCKBERGER P E. A history of ultraviolet photobiology for humans，animals and Microorganisms[J]. Photochemistry and Photobiology，2002，76(6)：561 - 579.

[6] SCHREINER M，MART I NEZ-ABAIGAR J，GLAAB J，et al. UVB induced secondary plant metabolites：potential benefits for plant and human health[J]. Optik & Photonik，2014，9(2)：34 - 37.

[7] VILHUNEN S，S A RKK A H，SILLANP A A M. Ultraviolet light-emitting diodes in water disinfection[J]. Environmental science and pollution research，2009，16439 - 442.

[8] LUI G Y，ROSER D，CORKISH R，et al. Photovoltaic powered ultraviolet and visible light-emitting diodes for sustainable point-of-use disinfection of drinking waters[J]. Science of The Total Environment，2014，493185 - 196.

[9] MELLQVIST J，ROS E N A. DOAS for flue gas monitoring：I. Temperature effects in the UV/visible absorption spectra of NO，NO$_2$，SO$_2$ and NH$_3$[J]. Journal of

Quantitative Spectroscopy and Radiative Transfer，1996，56(2)：187 – 208.

［10］　HODGKINSON J，TATAM R P. Optical gas sensing：a review［J］. Measurement Science and Technology，2012，24(1)：12004.

［11］　XU Z，SADLER B M. Ultraviolet communications：potential and state-of-the-art［J］. IEEE Communications Magazine，2008，46(5)：67 – 73.

［12］　HAN J，CRAWFORD M H，SHUL R J，et al. AlGaN/GaN quantum well ultraviolet light emitting diodes［J］. Applied Physics Letters，1998，73(12)：1688 – 1690.

［13］　KINOSHITA A，HIRAYAMA H，AINOYA M，et al. Room-temperature operation at 333 nm of $Al_{0.03}Ga_{0.97}N/Al_{0.25}Ga_{0.75}N$ quantum-well light-emitting diodes with Mg-doped superlattice layers［J］. Applied Physics Letters，2000，77(2)：175 – 177.

［14］　NISHIDA T，SAITO H，KOBAYASHI N. Submilliwatt operation of AlGaN-based ultraviolet light-emitting diode using short-period alloy superlattice［J］. Applied Physics Letters，2001，78(4)：399 – 400.

［15］　NISHIDA T，SAITO H，KOBAYASHI N. Efficient and high-power AlGaN-based ultraviolet light-emitting diode grown on bulk GaN［J］. Applied Physics Letters，2001，79(6)：711 – 712.

［16］　KHAN M A，ADIVARAHAN V，ZHANG J P，et al. Stripe geometry ultraviolet light emitting diodes at 305 nanometers using quaternary AlInGaN multiple quantum wells［J］. Japanese Journal of Applied Physics，2001，40(12A)：L1308.

［17］　ADIVARAHAN V，ZHANG J，CHITNIS A，et al. Sub-milliwatt power Ⅲ-N light emitting diodes at 285 nm［J］. Japanese Journal of Applied Physics，2002，41(4B)：L435.

［18］　YASAN A，MCCLINTOCK R，MAYES K，et al. 4. 5 mW operation of AlGaN-based 267 nm deep-ultraviolet light-emitting diodes［J］. Applied Physics Letters，2003，83(23)：4701 – 4703.

［19］　ADIVARAHAN V，WU S，ZHANG J P，et al. High-efficiency 269 nm emission deep ultraviolet light-emitting diodes［J］. Applied Physics Letters，2004，84(23)：4762 – 4764.

［20］　TANIYASU Y，KASU M，MAKIMOTO T. An aluminium nitride light-emitting diode with a wavelength of 210 nanometres［J］. Nature，2006，441(7091)：325 – 328.

［21］　HIRAYAMA H，YATABE T，NOGUCHI N，et al. 231 – 261nm AlGaN deep-ultraviolet light-emitting diodes fabricated on AlN multilayer buffers grown by ammonia pulse-flow method on sapphire［J］. Applied Physics Letters，2007，91(7)：71901.

［22］　HIRAYAMA H，FUJIKAWA S，NOGUCHI N，et al. 222 – 282 nm AlGaN and InAlGaN-based deep-UV LEDs fabricated on high-quality AlN on sapphire［J］. Physica Status Solidi A，2009，206(6)：1176 – 1182.

［23］　HIRAYAMA H，NOGUCHI N，KAMATA N. 222 nm deep-ultraviolet AlGaN quantum well light-emitting diode with vertical emission properties［J］. Applied Physics Express，

2010，3(3)：32102.

[24] HIRAYAMA H，TSUKADA Y，MAEDA T，et al. Marked enhancement in the efficiency of deep-ultraviolet AlGaN light-emitting diodes by using a multiquantum-barrier electron blocking layer[J]. Applied Physics Express，2010，3(3)：31002.

[25] PERNOT C，FUKAHORI S，INAZU T，et al. Development of high efficiency 255 – 355 nm AlGaN-based light-emitting diodes[J]. Physica Status Solidi A，2011，208(7)：1594 – 1596.

[26] SHATALOV M，SUN W，LUNEV A，et al. AlGaN deep-ultraviolet light-emitting diodes with external quantum efficiency above 10% [J]. Applied Physics Express，2012，5(8)：82101.

[27] KINOSHITA T，HIRONAKA K，OBATA T，et al. Deep-ultraviolet light-emitting diodes fabricated on AlN substrates prepared by hydride vapor phase epitaxy[J]. Applied Physics Express，2012，5(12)：122101.

[28] IPPOMMATSU M. Optronics，2014，(2)：71 – 73.

[29] SANG L W，QIN Z X，FANG H，et al. AlGaN-based deep-ultraviolet light emitting diodes fabricated on AlN/sapphire template [J]. Chinese physics letters，2009，26(11)：117801.

[30] YAN J，WANG J，CONG P，et al. Improved performance of UV-LED by p-AlGaN with graded composition[J]. Physica Status Solidi C，2011，8(2)：461 – 463.

[31] GAO N，HUANG K，LI J，et al. Surface-plasmon-enhanced deep-UV light emitting diodes based on AlGaN multi-quantum wells[J]. Scientific Reports，2012，2(1)：816.

[32] DONG P，YAN J，WANG J，et al. 282 nm AlGaN-based deep ultraviolet light-emitting diodes with improved performance on nano-patterned sapphire substrates[J]. Applied Physics Letters，2013，102(24)：241113.

[33] YAN J，WANG J，ZHANG Y，et al. AlGaN-based deep-ultraviolet light-emitting diodes grown on high-quality AlN template using MOVPE[J]. Journal of Crystal Growth，2015，414254 – 257.

[34] SUN H，MITRA S，SUBEDI R C，et al. Unambiguously enhanced ultraviolet luminescence of AlGaN wavy quantum well structures grown on large misoriented sapphire substrate[J]. Advanced Functional Materials，2019，29(48)：1905445.

[35] WANG S，LONG H，ZHANG Y，et al. Monolithic integration of deep ultraviolet LED with a multiplicative photoelectric converter[J]. Nano Energy，2019，66104181.

[36] NISHIDA T，KOBAYASHI N，BAN T. GaN-free transparent ultraviolet light-emitting diodes[J]. Applied Physics Letters，2003，82(1)：1 – 3.

[37] EDMOND J，ABARE A，BERGMAN M，et al. High efficiency GaN-based LEDs and lasers on SiC[J]. Journal of Crystal Growth，2004，272(1 – 4)：242 – 250.

［38］ KNEISSL M，YANG Z，TEEPE M，et al. Ultraviolet InAlGaN light emitting diodes grown on hydride vapor phase epitaxy AlGaN/sapphire templates［J］. Japanese Journal of Applied Physics，2006，45(5R)：3905.

［39］ TSUZUKI H，MORI F，TAKEDA K，et al. High-performance UV emitter grown on high-crystalline-quality AlGaN underlying layer［J］. Physica Status Solidi A，2009，206(6)：1199 – 1204.

［40］ ZHANG J P，CHITNIS A，ADIVARAHAN V，et al. Milliwatt power deep ultraviolet light-emitting diodes over sapphire with emission at 278 nm［J］. Applied Physics Letters，2002，81(26)：4910 – 4912.

［41］ ZHANG J，HU X，LUNEV A，et al. AlGaN deep-ultraviolet light-emitting diodes ［J］. Japanese Journal of Applied Physics，2005，44(10R)：7250.

［42］ SUMIYA S，ZHU Y，ZHANG J，et al. AlGaN-based deep ultraviolet light-emitting diodes grown on epitaxial AlN/sapphire templates［J］. Japanese Journal of Applied Physics，2008，47(1R)：43.

［43］ FUJIOKA A，MISAKI T，MURAYAMA T，et al. Improvement in output power of 280-nm deep ultraviolet light-emitting diode by using AlGaN multi quantum wells［J］. Applied Physics Express，2010，3(4)：41001.

［44］ PERNOT C，KIM M，FUKAHORI S，et al. Improved Efficiency of 255-280 nm AlGaN-Based Light-Emitting Diodes［J］. Applied Physics Express，2010，3(6)：61004.

［45］ GRANDUSKY J R，GIBB S R，MENDRICK M C，et al. High output power from 260 nm pseudomorphic ultraviolet light-emitting diodes with improved thermal performance［J］. Applied Physics Express，2011，4(8)：82101.

［46］ KNEISSL M，KOLBE T，CHUA C，et al. Advances in group Ⅲ-nitride-based deep UV light-emitting diode technology［J］. Semiconductor Science and Technology，2010，26(1)：14036.

［47］ KUELLER V，KNAUER A，REICH C，et al. Modulated epitaxial lateral overgrowth of AlN for efficient UV LEDs［J］. IEEE Photonics Technology Letters，2012，24(18)：1603 – 1605.

［48］ KINOSHITA T，OBATA T，NAGASHIMA T，et al. Performance and reliability of deep-ultraviolet light-emitting diodes fabricated on AlN substrates prepared by hydride vapor phase epitaxy［J］. Applied Physics Express，2013，6(9)：92103.

［49］ GRANDUSKY J R，CHEN J，GIBB S R，et al. 270 nm pseudomorphic ultraviolet light-emitting diodes with over 60 mW continuous wave output power［J］. Applied Physics Express，2013，6(3)：32101.

［50］ KOLBE T，MEHNKE F，GUTTMANN M，et al. Improved injection efficiency in 290 nm light emitting diodes with Al (Ga) N electron blocking heterostructure［J］. Applied Physics Letters，2013，103(3)：31109.

[51] FUJIOKA A, ASADA K, YAMADA H, et al. High-output-power 255/280/310 nm deep ultraviolet light-emitting diodes and their lifetime characteristics [J]. Semiconductor Science and Technology, 2014, 29(8): 84005.

[52] MEHNKE F, KUHN C, GUTTMANN M, et al. Efficient charge carrier injection into sub-250 nm AlGaN multiple quantum well light emitting diodes[J]. Applied Physics Letters, 2014, 105(5): 51113.

[53] HIRAYAMA H, MAEDA N, FUJIKAWA S, et al. Recent progress and future prospects of AlGaN-based high-efficiency deep-ultraviolet light-emitting diodes[J]. Japanese Journal of Applied Physics, 2014, 53(10): 100209.

[54] TAKANO T, MINO T, SAKAI J, et al. Deep-ultraviolet light-emitting diodes with external quantum efficiency higher than 20% at 275 nm achieved by improving light-extraction efficiency[J]. Applied Physics Express, 2017, 10(3): 31002.

[55] http://www.luan-uv.com.

[56] https://www.nationstar.com.

[57] https://www.duvtek.com.

[58] DONG P, YAN J, ZHANG Y, et al. AlGaN-based deep ultraviolet light-emitting diodes grown on nano-patterned sapphire substrates with significant improvement in internal quantum efficiency[J]. Journal of Crystal Growth, 2014, 3959 – 3971.

[59] KARPOV S Y, MAKAROV Y N. Dislocation effect on light emission efficiency in gallium nitride[J]. Applied Physics Letters, 2002, 81(25): 4721 – 4723.

[60] LI J, ODER T N, NAKARMI M L, et al. Optical and electrical properties of Mg-doped p-type $Al_xGa_{1-x}N$[J]. Applied Physics Letters, 2002, 80(7): 1210 – 1212.

[61] JEON S, REN Z, CUI G, et al. Investigation of Mg doping in high-Al content p-type $Al_xGa_{1-x}N$ ($0.3 < x < 0.5$)[J]. Applied Physics Letters, 2005, 86(8): 82107.

[62] KIM M, SCHUBERT M F, DAI Q, et al. Origin of efficiency droop in GaN-based light-emitting diodes[J]. Applied Physics Letters, 2007, 91(18): 183507.

[63] LI D, JIANG K, SUN X, et al. AlGaN photonics: recent advances in materials and ultraviolet devices[J]. Advances in Optics and Photonics, 2018, 10(1): 43 – 110.

[64] NAM K B, LI J, NAKARMI M L, et al. Unique optical properties of AlGaN alloys and related ultraviolet emitters[J]. Applied Physics Letters, 2004, 84(25): 5264 – 5266.

[65] PARK S, SHIM J. Carrier density dependence of polarization switching characteristics of light emission in deep-ultraviolet AlGaN/AlN quantum well structures[J]. Applied Physics Letters, 2013, 102(22): 221109.

[66] RYU H. Large enhancement of light extraction efficiency in AlGaN-based nanorod ultraviolet light-emitting diode structures[J]. Nanoscale Research Letters, 2014, 9: 58.

[67] AMBACHER O. Growth and applications of group Ⅲ-nitrides[J]. Journal of Physics D-Applied Physics, 1998, 31(20): 2653.

[68] ZHUANG D, HERRO Z G, SCHLESSER R, et al. Seeded growth of AlN single crystals by physical vapor transport[J]. Journal of Crystal Growth, 2006, 287(2): 372 – 375.

[69] MAKAROV Y N, AVDEEV O V, BARASH I S, et al. Experimental and theoretical analysis of sublimation growth of AlN bulk crystals[J]. Journal of Crystal Growth, 2008, 310(5): 881 – 886.

[70] SUN M, LI J, ZHANG J, et al. The fabrication of AlN by hydride vapor phase epitaxy[J]. Journal of Semiconductors, 2019, 40(12): 121803.

[71] SLACK G A, MCNELLY T F. Growth of high purity AlN crystals[J]. Journal of Crystal Growth, 1976, 34(2): 263 – 279.

[72] HARTMANN C, DITTMAR A, WOLLWEBER J, et al. Bulk AlN growth by physical vapour transport[J]. Semiconductor Science and Technology, 2014, 29(8): 84002.

[73] MATTA S, BRAULT J, KORYTOV M, et al. Properties of AlN layers grown on c-sapphire substrate using ammonia assisted MBE[J]. Journal of Crystal Growth, 2018, 49940 – 49946.

[74] TANG B, HU H, WAN H, et al. Growth of high-quality AlN films on sapphire substrate by introducing voids through growth-mode modification[J]. Applied Surface Science, 2020, 518146218.

[75] MIYAKE H, LIN C, TOKORO K, et al. Preparation of high-quality AlN on sapphire by high-temperature face-to-face annealing[J]. Journal of Crystal Growth, 2016, 456155 – 456159.

[76] VOLKOVA A, IVANTSOV V, LEUNG L. Hydride vapor phase epitaxy of high structural perfection thick AlN layers on off-axis 6H-SiC[J]. Journal of Crystal Growth, 2011, 314(1): 113 – 118.

[77] RAGHOTHAMACHAR B, DALMAU R, DUDLEY M, et al. Structural characterization of bulk AlN single crystals grown from self-seeding and seeding by SiC substrates. Trans Tech Publ, 2006: 1521 – 1524.

[78] HARTMANN C, WOLLWEBER J U R, SEITZ C, et al. Homoepitaxial seeding and growth of bulk AlN by sublimation[J]. Journal of Crystal Growth, 2008, 310(5): 930 – 934.

[79] NOVESKI V, SCHLESSER R, RAGHOTHAMACHAR B, et al. Seeded growth of bulk AlN crystals and grain evolution in polycrystalline AlN boules[J]. Journal of Crystal Growth, 2005, 279(1 – 2): 13 – 19.

[80] HARTMANN C, WOLLWEBER J, DITTMAR A, et al. Preparation of bulk AlN seeds by spontaneous nucleation of freestanding crystals[J]. Japanese Journal of Applied Physics, 2013, 52(8S): 08JA06.

[81] LU P, EDGAR J H, CAO C, et al. Seeded growth of AlN on SiC substrates and

defect characterization[J]. Journal of Crystal Growth, 2008, 310(10): 2464 – 2470.

[82] BESHKOVA M, ZAKHARIEV Z, BIRCH J, et al. Sublimation epitaxy of AlN layers on 4H-SiC depending on the type of crucible[J]. Journal of Materials Science: Materials in Electronics, 2003, 14(10 – 12): 767 – 768.

[83] DALMAU R, SCHLESSER R, RODRIGUEZ B J, et al. AlN bulk crystals grown on SiC seeds[J]. Journal of Crystal Growth, 2005, 281(1): 68 – 74.

[84] EPELBAUM B M, HEIMANN P, BICKERMANN M, et al. Comparative study of initial growth stage in PVT growth of AlN on SiC and on native AlN substrates[J]. Physica Status Solidi C, 2005, 2(7): 2070 – 2073.

[85] YAO X, WANG G, TU H, et al. Crystallographic orientation and strain distribution in AlN seeds grown on 6H-SiC substrates by the PVT method[J]. Crystengcomm, 2021, 23(28): 4946 – 4953.

[86] FILIP O, EPELBAUM B M, BICKERMANN M, et al. Seeded growth of AlN on (0001)-plane 6H-SiC substrates. Trans Tech Publ, 2009: 983 – 986.

[87] LU P, EDGAR J H, LEE R G, et al. Nucleation of AlN on SiC substrates by seeded sublimation growth[J]. Journal of Crystal Growth, 2007, 300(2): 336 – 342.

[88] SUMATHI R R, BARZ R, GILLE P, et al. Influence of interface formation on the structural quality of AlN single crystals grown by sublimation method[J]. Physica Status Solidi C, 2011, 8(7 – 8): 2107 – 2109.

[89] SUMATHI R R. Bulk AlN single crystal growth on foreign substrate and preparation of free-standing native seeds[J]. Crystengcomm, 2013, 15(12): 2232 – 2240.

[90] ARGUNOVA T S, GUTKIN M Y, JE J H, et al. Distribution of dislocations near the interface in AlN crystals grown on evaporated SiC substrates[J]. Crystals, 2017, 7(6): 163.

[91] ZHANG L, QI H, CHENG H, et al. Preparation and characterization of AlN seeds for homogeneous growth[J]. Journal of Semiconductors, 2019, 40(10): 102801.

[92] HU W, GUO L, GUO Y, et al. Growing AlN crystals on SiC seeds: Effects of growth temperature and seed orientation[J]. Journal of Crystal Growth, 2020, 541125654.

[93] MANASEVIT H M, ERDMANN F M, SIMPSON W I. The use of metalorganics in the preparation of semiconductor materials: IV. The nitrides of aluminum and gallium [J]. Journal of The Electrochemical Society, 1971, 118(11): 1864.

[94] RUTZ R F. Ultraviolet electroluminescence in AlN[J]. Applied Physics Letters, 1976, 28(7): 379 – 381.

[95] SUN X, LI D, CHEN Y, et al. In situ observation of two-step growth of AlN on sapphire using high-temperature metal-organic chemical vapour deposition [J]. Crystengcomm, 2013, 15(30): 6066 – 6073.

[96] NAKARMI M L, CAI B, LIN J Y, et al. Three-step growth method for high quality

AlN epilayers[J]. Physica Status Solidi A，2012，209(1)：126 - 129.

[97] LI X，WANG S，XIE H，et al. Growth of high-quality AlN layers on sapphire substrates at relatively low temperatures by metalorganic chemical vapor deposition [J]. Physica Status Solidi B，2015，252(5)：1089 - 1095.

[98] IMURA M，NAKANO K，FUJIMOTO N，et al. High-temperature metal-organic vapor phase epitaxial growth of AlN on sapphire by multi transition growth mode method varying Ⅴ/Ⅲ ratio[J]. Japanese Journal of Applied Physics，2006，45(11R)：8639.

[99] ZHANG J P，KHAN M A，SUN W H，et al. Pulsed atomic-layer epitaxy of ultrahigh-quality $Al_xGa_{1-x}N$ structures for deep ultraviolet emissions below 230 nm[J]. Applied Physics Letters，2002，81(23)：4392 - 4394.

[100] BANAL R G，FUNATO M，KAWAKAMI Y. Initial nucleation of AlN grown directly on sapphire substrates by metal-organic vapor phase epitaxy[J]. Applied Physics Letters，2008，92(24)：241905.

[101] CHANG H，CHEN Z，LI W，et al. Graphene-assisted quasi-van der Waals epitaxy of AlN film for ultraviolet light emitting diodes on nano-patterned sapphire substrate [J]. Applied Physics Letters，2019，114(9)：91107.

[102] CREIGHTON J R，WANG G T. Reversible adduct formation of trimethylgallium and trimethylindium with ammonia[J]. The Journal of Physical Chemistry A，2005，109(1)：133 - 137.

[103] HAN J，FIGIEL J J，CRAWFORD M H，et al. MOVPE growth and gas-phase reactions of AlGaN for UV emitters[J]. Journal of Crystal Growth，1998，195(1)：291 - 296.

[104] CREIGHTON J R，WANG G T，COLTRIN M E. Fundamental chemistry and modeling of group-Ⅲ nitride MOVPE[J]. Journal of Crystal Growth，2007，2982 - 2988.

[105] THON A，KUECH T F. High temperature adduct formation of trimethylgallium and ammonia[J]. Applied Physics Letters，1996，69(1)：55 - 57.

[106] CREIGHTON J R，WANG G T，BREILAND W G，et al. Nature of the parasitic chemistry during AlGaInN MOVPE[J]. Journal of Crystal Growth，2004，261(2 - 3)：204 - 213.

[107] KELLER S，DENBAARS S P. Metalorganic chemical vapor deposition of group Ⅲ nitrides：a discussion of critical issues[J]. Journal of Crystal Growth，2003，248479 - 248486.

[108] KELLER S，PARISH G，FINI P T，et al. Metalorganic chemical vapor deposition of high mobility AlGaN/GaN heterostructures[J]. Journal of Applied Physics，1999，86(10)：5850 - 5857.

[109] NG T B，HAN J，BIEFELD R M，et al. In-situ reflectance monitoring during MOCVD of AlGaN[J]. Journal of Electronic Materials，1998，27(4)：190 - 195.

[110] KATO N，SATO S，SUMII T，et al. High-speed growth of AlGaN having high-

crystalline quality and smooth surface by high-temperature MOVPE[J]. Journal of Crystal Growth, 2007, 298215 - 298218.

[111]   LOBANOVA A, YAKOVLEV E, JESCHKE J, et al. Kinetics of AlGaN metal-organic vapor phase epitaxy for deep-UV applications [J]. Japanese Journal of Applied Physics, 2016, 55(5S): 05FD07.

[112]   COLTRIN M E, CREIGHTON J R, MITCHELL C C. Modeling the parasitic chemical reactions of AlGaN organometallic vapor-phase epitaxy [J]. Journal of Crystal Growth, 2006, 287(2): 566 - 571.

[113]   YAMAMOTO A, KANATANI K, MAKINO S, et al. Metalorganic vapor phase epitaxial growth of AlGaN directly on reactive-ion etching-treated GaN surfaces to prepare AlGaN/GaN heterostructures with high electron mobility ($\sim$1500 cm^2 · V^{-1} · s^{-1}): Impacts of reactive-ion etching-damaged layer removal [J]. Japanese Journal of Applied Physics, 2018, 57(12): 125501.

[114]   CHEN C H, LIU H, STEIGERWALD D, et al. A study of parasitic reactions between NH 3 and TMGa or TMAl [J]. Journal of Electronic Materials, 1996, 251004 - 251008.

[115]   KIM S, SEO J, LEE K, et al. Growth of AlGaN epilayers related gas-phase reactions using TPIS-MOCVD[J]. Journal of Crystal Growth, 2002, 245(3 - 4): 247 - 253.

[116]   TOKUNAGA H, UBUKATA A, YANO Y, et al. Effects of growth pressure on AlGaN and Mg-doped GaN grown using multiwafer metal organic vapor phase epitaxy system[J]. Journal of Crystal Growth, 2004, 272(1 - 4): 348 - 352.

[117]   STELLMACH J, PRISTOVSEK M, SAVAŞ Ö, et al. High aluminium content and high growth rates of AlGaN in a close-coupled showerhead MOVPE reactor [J]. Journal of Crystal Growth, 2011, 315(1): 229 - 232.

[118]   BRUNNER F, PROTZMANN H, HEUKEN M, et al. High-temperature growth of AlN in a production scale 11 × 2' MOVPE reactor [J]. Physica Status Solidi C, 2008, 5(6): 1799 - 1801.

[119]   CHICHIBU S F, ONUMA T, HAZU K, et al. Major impacts of point defects and impurities on the carrier recombination dynamics in AlN [J]. Applied Physics Letters, 2010, 97(20): 201904.

[120]   ASIF-KHAN M, KUZNIA J N, SKOGMAN R A, et al. Low pressure metalorganic chemical vapor deposition of AlN over sapphire substrates [J]. Applied Physics Letters, 1992, 61(21): 2539 - 2541.

[121]   LONG H, DAI J, ZHANG Y, et al. High quality 10.6 μm AlN grown on pyramidal patterned sapphire substrate by MOCVD [J]. Applied Physics Letters, 2019, 114(4): 42101.

[122] BANAL R G, FUNATO M, KAWAKAMI Y. Growth characteristics of AlN on sapphire substrates by modified migration-enhanced epitaxy[J]. Journal of Crystal Growth, 2009, 311(10): 2834 – 2836.

[123] MIYAKE H, NISHIO G, SUZUKI S, et al. Annealing of an AlN buffer layer in N_2-CO for growth of a high-quality AlN film on sapphire[J]. Applied Physics Express, 2016, 9(2): 25501.

[124] SUSILO N, HAGEDORN S, JAEGER D, et al. AlGaN-based deep UV LEDs grown on sputtered and high temperature annealed AlN/sapphire[J]. Applied Physics Letters, 2018, 112(4): 41110.

[125] HIRAYAMA H, FUJIKAWA S, NORIMATSU J, et al. Fabrication of a low threading dislocation density ELO-AlN template for application to deep-UV LEDs [J]. Physica Status Solidi C, 2009, 6(S2): S356 – S359.

[126] ZHANG L, XU F, WANG J, et al. High-quality AlN epitaxy on nano-patterned sapphire substrates prepared by nano-imprint lithography[J]. Scientific Reports, 2016, 6(1): 35934.

[127] XIE N, XU F, WANG J, et al. Stress evolution in AlN growth on nano-patterned sapphire substrates[J]. Applied Physics Express, 2019, 13(1): 15504.

[128] PADUANO Q, SNURE M, SIEGEL G, et al. Growth and characteristics of AlGaN/GaN heterostructures on sp2-bonded BN by metal-organic chemical vapor deposition[J]. Journal of Materials Research, 2016, 31(15): 2204 – 2213.

[129] QI Y, WANG Y, PANG Z, et al. Fast growth of strain-free AlN on graphene-buffered sapphire[J]. Journal of the American Chemical Society, 2018, 140(38): 11935 – 11941.

[130] CHEN Y, JIA Y, SHI Z, et al. Van der Waals Epitaxy: A new way for growth of Ⅲ-nitrides[M]. Springer, 2020.

[131] YU J, WANG L, HAO Z, et al. Van der Waals epitaxy of Ⅲ-nitride semiconductors based on 2D materials for flexible applications [J]. Advanced Materials, 2020, 32(15): 1903407.

[132] CHEN Y, ZANG H, JIANG K, et al. Improved nucleation of AlN on in situ nitrogen doped graphene for GaN quasi-van der Waals epitaxy[J]. Applied Physics Letters, 2020, 117(9): 51601.

[133] CHEN Z, LIU Z, WEI T, et al. Improved epitaxy of AlN film for deep-ultraviolet light-emitting diodes enabled by graphene[J]. Advanced Materials, 2019, 31(23): 1807345.

[134] CHANG H, LIU B, LIANG D, et al. Graphene-induced crystal-healing of AlN film by thermal annealing for deep ultraviolet light-emitting diodes[J]. Applied Physics Letters, 2020, 117(18): 181103.

[135] XU Y, CAO B, LI Z, et al. Growth model of van der Waals epitaxy of films: A case of AlN films on multilayer graphene/SiC[J]. ACS Applied Materials & Interfaces, 2017, 9(50): 44001 - 44009.

[136] IMURA M, NAKANO K, FUJIMOTO N, et al. High-temperature metal-organic vapor phase epitaxial growth of AlN on sapphire by multi transition growth mode method varying V/Ⅲ ratio [J]. Japanese Journal of Applied Physics, 2006, 45(11R): 8639.

[137] TANG B, WAN Z, HU H, et al. Strain management and AlN crystal quality improvement with an alternating V/Ⅲ ratio AlN superlattice[J]. Applied Physics Letters, 2021, 118(26): 262101.

[138] PIPREK J. Efficiency droop in nitride-based light-emitting diodes[J]. Physica Status Solidi A, 2010, 207(10): 2217 - 2225.

[139] CHU C, TIAN K, ZHANG Y, et al. Progress in external quantum efficiency for Ⅲ-nitride based deep ultraviolet light-emitting diodes[J]. Physica Status Solidi A, 2019, 216(4): 1800815.

[140] TAO H, XU S, ZHANG J, et al. Numerical Investigation on the Enhanced Performance of N-Polar AlGaN-Based Ultraviolet Light-Emitting Diodes With Superlattice p-Type Doping[J]. IEEE Transactions on Electron Devices, 2019, 66(1): 478 - 484.

[141] CHU C, TIAN K, CHE J, et al. On the origin of enhanced hole injection for AlGaN-based deep ultraviolet light-emitting diodes with AlN insertion layer in p-electron blocking layer[J]. Optics Express, 2019, 27(12): A620 - A628.

[142] SUN P, BAO X, LIU S, et al. Advantages of AlGaN-based deep ultraviolet light-emitting diodes with a superlattice electron blocking layer[J]. Superlattices and Microstructures, 2015, 8559 - 8566.

[143] ZHANG Z, HUANG CHEN S, CHU C, et al. Nearly efficiency-droop-free AlGaN-based ultraviolet light-emitting diodes with a specifically designed superlattice p-type electron blocking layer for high Mg doping efficiency[J]. Nanoscale Research Letters, 2018, 13122.

[144] SHEN Y C, MUELLER G O, WATANABE S, et al. Auger recombination in InGaN measured by photoluminescence[J]. Applied Physics Letters, 2007, 91(14): 141101.

[145] MEYAARD D S, LIN G, SHAN Q, et al. Asymmetry of carrier transport leading to efficiency droop in GaInN based light-emitting diodes[J]. Applied Physics Letters, 2011, 99(25): 251115.

[146] MUKAI T, YAMADA M, NAKAMURA S. Characteristics of InGaN-based UV/blue/green/amber/red light-emitting diodes[J]. Japanese Journal of Applied

Physics，1999，38(7R)：3976.

[147] DAVID A，GRUNDMANN M J，KAEDING J F，et al. Carrier distribution in (0001) InGaN/ GaN multiple quantum well light-emitting diodes［J］. Applied Physics Letters，2008，92(5)：53502.

[148] SO B，KIM J，SHIN E，et al. Efficiency improvement of deep-ultraviolet light emitting diodes with gradient electron blocking layers［J］. Physica Status Solidi A，2018，215(10)：1700677.

[149] CHANG J，CHANG H，SHIH Y，et al. Efficient carrier confinement in deep-ultraviolet light-emitting diodes with composition-graded configuration［J］. IEEE Transactions on Electron Devices，2017，64(12)：4980 - 4984.

[150] FAN X，SUN H，LI X，et al. Efficiency improvements in AlGaN-based deep ultraviolet light-emitting diodes using inverted-V-shaped graded Al composition electron blocking layer［J］. Superlattices and Microstructures，2015，88467 - 88473.

[151] REN Z，YU H，LIU Z，et al. Band engineering of Ⅲ-nitride-based deep-ultraviolet light-emitting diodes：a review［J］. Journal of Physics D-Applied Physics，2019，53(7)：73002.

[152] JI X，YAN J，GUO Y，et al. Tailoring of energy band in electron-blocking structure enhancing the efficiency of AlGaN-based deep ultraviolet light-emitting diodes［J］. IEEE Photonics Journal，2016，8(3)：1 - 7.

[153] BAO X，SUN P，LIU S，et al. Performance improvements for AlGaN-based deep ultraviolet light-emitting diodes with the p-type and thickened last quantum barrier ［J］. IEEE Photonics Journal，2015，7(1)：1 - 10.

[154] CHEN S，LI Y，TIAN W，et al. Numerical analysis on the effects of multi-quantum last barriers in AlGaN-based ultraviolet light-emitting diodes［J］. Applied Physics A，2015，118(4)：1357 - 1363.

[155] YU H，REN Z，ZHANG H，et al. Advantages of AlGaN-based deep-ultraviolet light-emitting diodes with an Al-composition graded quantum barrier［J］. Optics Express，2019，27(20)：A1544 - A1553.

[156] GUO W，XU F，SUN Y，et al. Performance improvement of AlGaN-based deep-ultraviolet light-emitting diodes by inserting single spike barriers［J］. Superlattices and Microstructures，2016，100941 - 100946.

[157] WU F，SUN H，AJIA I A，et al. Significant internal quantum efficiency enhancement of GaN/AlGaN multiple quantum wells emitting at ～ 350 nm via step quantum well structure design［J］. Journal of Physics D-Applied Physics，2017，50(24)：245101.

[158] LU L，WAN Z，XU F J，et al. Improving performance of algan-based deep-ultraviolet light-emitting diodes by inserting a higher Al-content algan layer within the multiple quantum wells［J］. Physica Status Solidi A，2017，214(11)：1700461.

[159] KNEISSL M, KOLBE T, CHUA C, et al. Advances in group Ⅲ-nitride-based deep UV light-emitting diode technology[J]. Semiconductor Science and Technology, 2010, 26(1): 14036.

[160] KAWANISHI H, SENUMA M, YAMAMOTO M, et al. Extremely weak surface emission from (0001) c-plane AlGaN multiple quantum well structure in deep-ultraviolet spectral region[J]. Applied Physics Letters, 2006, 89(8): 81121.

[161] KAWANISHI H, SENUMA M, NUKUI T. Anisotropic polarization characteristics of lasing and spontaneous surface and edge emissions from deep-ultraviolet ($\lambda \approx$ 240nm) AlGaN multiple-quantum-well lasers[J]. Applied Physics Letters, 2006, 89(4): 41126.

[162] HOPFDELD J J. Fine structure in the optical absorption edge of anisotropic crystals [J]. Journal of Physics and Chemistry of Solids, 1960, 15(1 - 2): 97 - 107.

[163] VURGAFTMAN I, MEYER J N. Band parameters for nitrogen-containing semiconductors[J]. Journal of Applied Physics, 2003, 94(6): 3675 - 3696.

[164] CHEN G D, SMITH M, LIN J Y, et al. Fundamental optical transitions in GaN[J]. Applied Physics Letters, 1996, 68(20): 2784 - 2786.

[165] LI J, NAM K, NAKARMI M L, et al. Band structure and fundamental optical transitions in wurtzite AlN[J]. Applied Physics Letters, 2003, 83(25): 5163 - 5165.

[166] CHUANG S L, CHANG C S. K • P method for strained wurtzite semiconductors [J]. Physical Review B, 1996, 54(4): 2491.

[167] BANAL R G, FUNATO M, KAWAKAMI Y. Optical anisotropy in [0001]-oriented $Al_x Ga_{1-x} N/AlN$ quantum wells ($x > 0.69$)[J]. Physical Review B, 2009, 79(12): 121308.

[168] HAZU K, HOSHI T, KAGAYA M, et al. Light polarization characteristics of m-plane $Al_x Ga_{1-x} N$ films suffering from in-plane anisotropic tensile stresses[J]. Journal of Applied Physics, 2010, 107(3): 33701.

[169] IKEDA H, OKAMURA T, MATSUKAWA K, et al. Impact of strain on free-exciton resonance energies in wurtzite AlN[J]. Journal of Applied Physics, 2007, 102(12): 123707.

[170] WEI S H, ZUNGER A. Valence band splittings and band offsets of AlN, GaN, and InN[J]. Applied Physics Letters, 1996, 69(18): 2719 - 2721.

[171] NORTHRUP J E, CHUA C L, YANG Z, et al. Effect of strain and barrier composition on the polarization of light emission from AlGaN/AlN quantum wells [J]. Applied Physics Letters, 2012, 100(2): 21101.

[172] REICH C, GUTTMANN M, FENEBERG M, et al. Strongly transverse-electric-polarized emission from deep ultraviolet AlGaN quantum well light emitting diodes [J]. Applied Physics Letters, 2015, 107(14): 142101.

[173] LONG H, WU F, ZHANG J, et al. Anisotropic optical polarization dependence on internal strain in AlGaN epilayer grown on $Al_x Ga_{1-x}N$ templates[J]. Journal of Physics D-Applied Physics, 2016, 49(41): 415103.

[174] LIN J Y, JIANG H X. Optical polarization in c-plane Al-rich $AlN/Al_x Ga_{1-x}N$ single quantum wells[J]. Applied Physics Letters, 2012, 101(4): 42103.

[175] WIERER J J, MONTANO I, CRAWFORD M H, et al. Effect of thickness and carrier density on the optical polarization of $Al_{0.44}Ga_{0.56}N/Al_{0.55}Ga_{0.45}N$ quantum well layers[J]. Journal of Applied Physics, 2014, 115(17): 174501.

[176] LOBO N, RODRIGUEZ H, KNAUER A, et al. Enhancement of light extraction in ultraviolet light-emitting diodes using nanopixel contact design with Al reflector[J]. Applied Physics Letters, 2010, 96(8): 81109.

[177] KASHIMA Y, MAEDA N, MATSUURA E, et al. High external quantum efficiency (10%) AlGaN-based deep-ultraviolet light-emitting diodes achieved by using highly reflective photonic crystal on p-AlGaN contact layer[J]. Applied Physics Express, 2017, 11(1): 12101.

[178] NAKASHIMA T, TAKEDA K, SHINZATO H, et al. Combination of indium-tin oxide and SiO_2/AlN dielectric multilayer reflective electrodes for ultraviolet-light-emitting diodes[J]. Japanese Journal of Applied Physics, 2013, 52(8S): 08JG07.

[179] WU C, KUO C, WANG C, et al. Deep-UV porous AlGaN distributed Bragg reflectors for deep ultraviolet light-emitting diodes and laser diodes[J]. ACS Applied Nano Materials, 2020, 3(1): 399 - 402.

[180] OH S, LEE K J, KIM S, et al. Self-assembled indium tin oxide nanoball-embedded omnidirectional reflectors for high photon extraction efficiency in Ⅲ-nitride ultraviolet emitters[J]. Nanoscale, 2017, 9(22): 7625 - 7630.

[181] KHIZAR M, FAN Z Y, KIM K H, et al. Nitride deep-ultraviolet light-emitting diodes with microlens array[J]. Applied Physics Letters, 2005, 86(17): 173504.

[182] PERNOT C, KIM M, FUKAHORI S, et al. Improved efficiency of 255 - 280 nm AlGaN-based light-emitting diodes[J]. Applied Physics Express, 2010, 3(6): 61004.

[183] INOUE S, TAMARI N, TANIGUCHI M. 150 mW deep-ultraviolet light-emitting diodes with large-area AlN nanophotonic light-extraction structure emitting at 265 nm[J]. Applied Physics Letters, 2017, 110(14): 141106.

[184] WIERER J J, ALLERMAN A A, MONTAÑO I, et al. Influence of optical polarization on the improvement of light extraction efficiency from reflective scattering structures in AlGaN ultraviolet light-emitting diodes[J]. Applied Physics Letters, 2014, 105(6): 61106.

[185] ZHANG Y, MENG R, ZHANG Z, et al. Effects of inclined sidewall structure with bottom metal air cavity on the light extraction efficiency for AlGaN-based deep

ultraviolet light-emitting diodes[J]. IEEE Photonics Journal, 2017, 9(5): 1 - 9.

[186] LEE D, LEE J W, JANG J, et al. Improved performance of AlGaN-based deep ultraviolet light-emitting diodes with nano-patterned AlN/sapphire substrates[J]. Applied Physics Letters, 2017, 110(19): 191103.

[187] AOSHIMA H, TAKEDA K, TAKEHARA K, et al. Laser lift-off of AlN/sapphire for UV light-emitting diodes[J]. Physica Status Solidi C, 2012, 9(3-4): 753 - 756.

[188] RYU H, CHOI I, CHOI H, et al. Investigation of light extraction efficiency in AlGaN deep-ultraviolet light-emitting diodes[J]. Applied Physics Express, 2013, 6(6): 62101.

[189] HWANG S, MORGAN D, KESLER A, et al. 276 nm substrate-free flip-chip AlGaN light-emitting diodes[J]. Applied Physics Express, 2011, 4(3): 32102.

第 7 章

氮化镓基二极管

从能效上来讲，以 SiC 为代表的第三代半导体器件产品远优于 Si 基器件产品，但极高的价格严重限制了 SiC 相关产品的使用。GaN 器件可以以较低的价格实现 SiC 器件的性能，尤其是随着大尺寸 Si 基 GaN 外延片生长技术的逐渐成熟，该优势更为突出。由于大尺寸 GaN 衬底的制备以及 GaN 同质外延过程中存在的高界面态陷阱等问题，GaN 的相关产品均基于异质外延技术，其外延层与衬底之间的晶格失配和热失配导致 GaN 材料存在较多的位错，而 GaN 基二极管器件的阳极对相关位错较为敏感，导致基于异质外延技术的 GaN 台面结构器件和 GaN 横向结构器件均存在反向漏电大、耐压低等问题。因此，现阶段各大公司暂未推出 GaN 基二极管器件，器件的性能及可靠性仍在研究中。本章主要介绍台面结构和横向结构的 GaN 基二极管器件的制备、工艺优化及特性分析，旨在通过器件制备工艺的优化，实现器件性能的提升。

7.1　台面结构 GaN SBD 器件的制备

肖特基二极管（SBD）是一种基本的两端电子元件，通过阳极金属与半导体材料直接接触形成肖特基势垒来控制 SBD 器件的导通与截止。由于 SBD 器件中只有多数载流子参与导电，不存在少数载流子器件面临的寿命和反向恢复等问题，因此具有更快的响应速度；另外，与 PN 结二极管相比，肖特基二极管势垒高度低，具有正向压降低等优点，广泛应用在整流、检波、混频等电路中。对于纵向结构 GaN SBD 而言，位错是影响漏电的关键因素，击穿电压的大小主要由 GaN 漂移层厚度决定，因此需要较厚的外延层来提高器件耐压性能。又由于器件电流能够均匀通过 GaN 体材料，电流密度分布均匀，因此纵向结构 GaN SBD 器件兼具更小的管芯面积、更高的可靠性以及更均匀的热分布等优势。

台面结构 GaN SBD 器件的外延层结构自上向下包括轻掺杂 GaN 漂移层、重掺杂 GaN 传输层、GaN 缓冲层、衬底等。器件制备工艺流程如图 7.1 所示，包含裸片清洗、台面刻蚀、欧姆接触金属沉积、钝化层沉积、钝化层开孔、阳极金属沉积等步骤。下面简单介绍部分主要步骤。

图 7.1　台面结构 GaN SBD 器件工艺流程

7.1.1　台面刻蚀

常用的氮化镓刻蚀技术包括反应等离子体刻蚀(RIE)和感应耦合等离子体刻蚀(ICP)。RIE 技术通过射频源电离产生等离子体,带电粒子在电场的作用下加速并轰击样品表面,样品表面的 GaN 材料在等离子体物理轰击和化学反应的共同作用下被移除,形成所需的刻蚀形貌。ICP 技术是在 RIE 技术采用的单射频源的基础上,额外配备一套射频源产生感应耦合电场以增加等离子体密度。因此,ICP 技术可以获得更快的刻蚀速率和更大的深宽比。

台面结构 GaN SBD 器件的纵向耐压由漂移层掺杂浓度及厚度所决定,其击穿电压与漂移层厚度成正比。为了实现较高的击穿电压,器件的漂移层厚度通常为数微米,因此器件制备过程中的台面刻蚀深度也通常为数微米,较深的台面刻蚀效果对器件制备过程中的掩膜工艺提出了极高的要求。

在氮化镓材料的深槽刻蚀工艺中,为了保证未刻蚀区域的完整性,一般可选用较厚的光刻胶、高刻蚀选择比金属或介质作为掩膜材料。但较厚的光刻胶会影响光刻线条的精细度和陡直度,导致最终刻蚀效果较差。另外,光刻胶长时间在较高腔体温度(约 55℃)及等离子体轰击作用下会发生变性,难以清洗,影响器件制备效果。虽然金属掩膜与氮化镓的刻蚀选择比很大,但等离子体对金属掩膜的刻蚀过程会对刻蚀腔体造成污染,影响后续设备的正常使用,因此一般 GaN 的台面刻蚀工艺不采用金属掩膜法。氧化硅介质与氮化镓材料之间的刻蚀选择比相对较大,且残留的氧化硅介质可以使用 HF 或 BOE 溶液进行腐蚀清理,因此在氮化镓台面及垂直结构器件的制备中,通常采用高刻蚀选择比介质作为掩膜材料。图 7.2 分别给出了采用光刻胶掩膜和氧化硅掩膜刻蚀后的氮化镓表面形貌图，从图中可以看到光刻胶掩膜刻蚀后难以清洗，氮化镓表面污染严重，极大影响了后续工艺的顺利开展，而采用氧化硅掩膜，样品经湿法刻蚀去除介质后，表面洁净无残留。

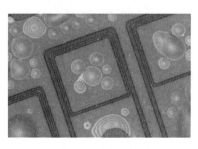 

(a) 采用光刻胶掩膜的样品　　　　　　　(b) 采用氧化硅掩膜的样品

图 7.2　采用光刻胶掩膜和氧化硅掩膜刻蚀氮化镓后样品表面形貌

7.1.2　欧姆接触金属沉积

对于功率电子器件而言，欧姆接触电阻值的大小会直接影响器件的输出电流，一般可采用传输线模型(TLM)来提取欧姆接触电阻值。其中，传输线模型又可分为线性传输线模型、圆形传输线模型以及圆点传输线模型。对于台面结构 GaN SBD 而言，采用圆形传输线模型提取欧姆接触电阻值，可有效避免器件隔离对欧姆接触电阻值提取准确性的影响。圆形传输线模型的基本结构如图 7.3 所示，图中内圆半径 r 均为 90 μm，内外环半径 Δr 从 5 μm 变化到 30 μm。采用半导体参数测试仪测试圆形电极与方形电极值 R_T，绘制 R_T-$\ln(R/r)$ 曲线，通过直线的斜率和截距计算导通电阻值[1]。由于台面结构及纵向结构 GaN 器件的欧姆接触是在重掺杂 GaN 材料上制备的，因此欧姆接触相对容易形成，一般可通过电子束蒸发设备沉积 Ti/Al/Ni/Au 堆垛金属并退火实现。

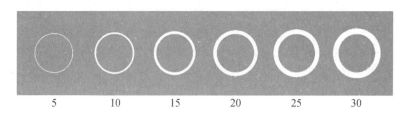

5　　　　10　　　　15　　　　20　　　　25　　　　30

图 7.3　圆形传输线模型结构示意图

7.1.3 阳极金属沉积

由于台面结构 GaN SBD 的台面上下高度差通常在数微米量级，为保证台阶覆盖的完整性，应选用厚度大于台面刻蚀高度的光刻胶。在曝光显影之后，再采用去胶机对底胶进行清理，并将样品放入去离子水溶液中清洗，以彻底去除氧化的底胶残余杂质，最后使用氮气吹干样品。目前常采用黏附性较好且功函数较高的镍（Ni）或铂（Pt）等金属作为肖特基阳极金属，为了防止金属氧化并增强导电性，通常在肖特基金属上再沉积一定厚度的金（Au）。由于电子束蒸发和磁控溅射采用低温工艺沉积阳极金属，因此阳极金属功函数在空间上会存在差异，在金属-半导体接触界面呈现高斯分布。器件施加正向偏压时，电流会优先从低功函数的区域流过，影响器件开关和耐压特性[2-3]。针对该问题，可在阳极金属沉积后进行 450℃/5 min 的快速热退火处理，促进金属与半导体结合进而形成金属氮化物，从而大幅度降低金属-半导体接触界面势垒高度分布不均的问题[4-5]。

7.2 台面结构 GaN SBD 器件的载流子输运机制

由于 P 型 GaN 材料中 Mg 杂质激活能较高，且空穴有效质量较大，导致载流子浓度及迁移率较低，因此，关于 P 型导电肖特基二极管的研究与应用甚少。本部分主要对高功函数金属与 N 型 GaN 材料接触形成的肖特基界面特性展开讨论。高功函数的金属与半导体接触时，由于功函数在空间上存在差异，因此界面形成肖特基势垒。以掺杂浓度为 N_d 的 N 型半导体为例，图 7.4 示出了金属与半导体接触前后的能带变化示意图[6]。图中真空能级作为参考能级，χ、φ、q、E_C、E_F、E_v 分别对应电子亲和能、电势、电荷量、导带底、费米能级和价带顶。接触前金属功函数为 $q\varphi_m$，半导体的电子亲和能为 $q\chi$，导带底与费米能级间的能量差为 $q\varphi_n$。接触后，由于金属与半导体之间存在功函数差，当两者费米能级相等时整个系统才达到平衡态，因此半导体中的电子会向金属中流动，使半导体费米能级降低，最终系统达到平衡，能带发生弯曲。平衡后半导体中费米能级的降低量为 $q\varphi_{bi}$，其值等于接触前两材料的费米能级差值 $q(\varphi_m-\chi-\varphi_n)$，而金属一侧的势垒高度为金属功函数与半导体亲和能能级之差 $q(\varphi_m-\chi)$。半导体一侧由正电荷组成的空间电荷区称为耗尽区，耗尽区宽度为

$$W_d=\sqrt{\frac{2\varepsilon\varphi_{bi}}{qN_d}} \tag{7-1}$$

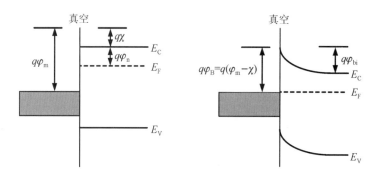

图 7.4　金属与半导体接触前后的能带图

7.2.1　小偏压下器件正向导通机制

当对肖特基二极管阳极施加一个较小的正向偏压 V 时，金属-半导体肖特基结的内建电势差减小，半导体一侧的费米能级被抬高，其势垒高度减小为 $q(\varphi_{bi}-V)$，此时更多电子越过势垒，从而使器件导通。如图 7.5 所示，肖特基二极管正向导通电流的主要组成部分包括：① 热电子发射电流——半导体中的电子越过势垒顶端流入阳极金属形成的电流，该部分是主要的电流传导；② 隧穿电流——半导体中的电子通过量子隧穿效应穿过势垒进入阳极金属形成的电流，只有在势垒高度低且窄时，该部分电流的占比才会较大；③ 复合电流——电子和空穴在空间电荷区中复合引起的电流，只有在非常低的导通电流等级下，空间电荷区的复合电流才会被观察到；④ 少子电流——从金属进入半导体中性区的空穴与电子复合形成的电流，该部分电流通常可以忽略不计。

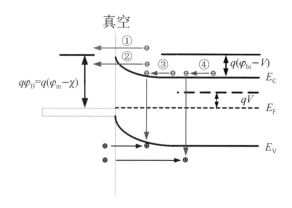

图 7.5　正向偏置下肖特基二极管的主要输运过程

对于采用低掺杂浓度漂移层结构的 GaN SBD 器件而言，热电子发射电流

在正向电流输运过程中占主导地位，其值为

$$J = A^* T^2 \exp\left(-\frac{q\varphi_B}{kT}\right)\left[\exp\left(\frac{qV}{kT}\right)-1\right] \qquad (7-2)$$

式中：A^* 为有效理查德森常数，理想的 GaN 材料的 A^* 值为 $28.9\ A/(cm^2 \cdot K^2)$；T 为环境温度；k 为玻尔兹曼常数($1.38 \times 10^{23}\ J/K$)；V 为正向偏压；φ_B 为势垒高度。由上式可知，在较小的偏压范围下，肖特基二极管的电流随着电压的增加呈指数性增加，且受温度变化影响较大。对于掺杂浓度较高或者在低温下工作的器件而言，隧穿电流的比重相对较大，导致器件在低于开启电压的情况下产生较为明显的电流，且电流大小受掺杂浓度影响较大，受温度影响较小。

肖特基二极管的正向电流是几种输运机制综合作用的结果，其电流-电压关系通常为

$$J = J_0\left[\exp\left(\frac{qV}{\eta kT}\right)-1\right] \qquad (7-3)$$

式中：J_0 为对数 I-V 曲线外推到电压值为 $0\ V$ 时的饱和电流密度；η 为理想因子，当 η 为 1 时，正向电流全部为热电子发射电流，η 值越大，其他输运机制的电流占比越大。对于相对理想的肖特基二极管，其正向电流以热电子发射电流为主，隧穿电流、复合电流和少子电流等所占比重较小，理想因子约等于 1。

7.2.2　大偏压下器件正向导通机制

当器件所加正向偏置电压继续增大，外加偏压产生的能级变化量超过半导体一侧的肖特基势垒高度时，二极管处于完全导通状态。此时正向电流主要受到器件串联电阻的影响，电流-电压关系由指数关系转变为线性关系。台面结构 GaN SBD 器件的串联电阻如图 7.6 所示。

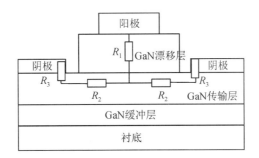

图 7.6　台面结构 GaN SBD 正向串联电阻分布示意图

器件串联电阻主要包括 GaN 漂移层电阻 R_1，GaN 传输层电阻 R_2 以及欧姆接触电阻 R_3 等。对于均匀掺杂的半导体材料，其电阻率表达式为[6]

$$\rho = \frac{1}{qn\mu_n} \tag{7-4}$$

材料电阻率的大小与半导体的自由电子浓度 n 和电子迁移率 μ_n 成反比。对于 N 型 GaN 传输层,其掺杂浓度一般在 10^{18} cm^{-3} 以上,电子浓度极高,因此传输层电阻值一般较低;而对于 N 型 GaN 漂移层,其掺杂浓度一般在 10^{16} cm^{-3} 量级,因此漂移层电阻是串联电阻的主要部分。降低漂移层电阻可以通过优化材料质量从而提高漂移层电子迁移率实现。此外,肖特基二极管的正向输运特性还受到其他非理想因素影响,如肖特基势垒不均匀性、金属-半导体界面态等。

7.2.3 器件反向漏电机制

对于台面结构 GaN SBD 器件,肖特基界面半导体一侧耗尽区的宽度和电场强度随器件反向偏压的变化而变化,因此电流的输运机制与正向导通时有所不同。当反向偏压较小时,热电子发射电流是主要的漏电形式。随着反向偏压的不断增加,半导体一侧耗尽区的宽度也随之增加。此时,器件的耗尽区被认为是具有强电场的绝缘区域,高电场诱导电子隧穿效应增强,场发射和隧穿电流逐渐占据主导地位,该情况下热电子发射电流不再为主要漏电形成。此外,由于异质外延的 GaN 材料中存在大量的点缺陷和位错,器件实际的反向漏电比理论结果更大。这里将对以上几种漏电机制进行简单介绍。

1. 热电子发射电流

根据热电子发射电流公式

$$\ln\left(\frac{J}{T^2}\right) = \ln(A^*) - \frac{q\varphi}{kT} + \frac{qV}{\eta kT} \tag{7-5}$$

当 V 为负值时,反向漏电流密度 J 等于反向饱和电流 J_0。其中,$J_0 = A^* T^2 \exp\left(-\frac{q\varphi_B}{kT}\right)$,其大小与肖特基势垒高度和温度有关。对于采用高功函数金属的 GaN SBD 器件,阳极金属与 GaN 接触形成的势垒高度较高,因此电子越过势垒参与导电的概率较小,器件的漏电流较低;当温度升高时,金属中的电子在高温下获得更大的能量和速度,引起器件漏电流的增加,热电子发射电流的大小是器件反向漏电流的理论最低值。

2. 热电子场发射电流

对于采用重掺杂 GaN 漂移层结构或者处于高反向偏压的 GaN SBD 器件,隧穿机制导致的场发射电流为器件反向偏置下的主要漏电形式,热电子场发射电流和肖特基二极管的电场强度表达式分别为[7]

$$J_{TFE} = \frac{A^* Thq E}{2\pi k} \sqrt{\frac{\pi}{2m_n kT}} \times \exp\left[-\frac{1}{kT}\left(\varphi_B - \frac{q^2 h^2 E^2}{96\pi^2 m_n k^2 T^2}\right)\right] \quad (7-6)$$

$$E = \sqrt{\frac{2qN_d(V_0 - V)}{\varepsilon_s \varepsilon_0}} \quad (7-7)$$

其中，ε_s 为半导体的相对介电常数；T 为温度，h 为约化普朗克常数，m_n 为电子的有效质量。由上式可知，热电子场发射电流与金属-半导体接触界面的电场强度 E 有关，且 E 与掺杂浓度 N_d 和反向偏压 V 有关，半导体材料的掺杂浓度越高或者施加的反向偏压越大，金属-半导体接触界面的电子势能变化越迅速，电场强度越大，电场辅助隧穿效应越强，从而产生较大的热电子场发射电流。根据这一理论，为抑制热电子场发射电流，应尽量采用低掺杂浓度的 GaN 材料制作 GaN SBD 器件。

图 7.7 示出了反向偏置状态下 GaN SBD 器件的电场分布，器件阳极中心区域与 GaN 传输层形成了类似于平行金属板的结构，电场方向垂直向上且均匀分布。但在阳极边缘附近，半导体中的电场线有所弯曲从而导致阳极边缘处的电场过度集中。根据热电子场发射理论，较大电场强度下，边缘处的泄漏电流密度较大，器件的漏电通道主要集中在阳极边缘附近。为解决这一问题，不同的研究机构设计了场板[8, 9]、场限环[10, 11]、离子注入[12]等场终端结构，使阳极边缘附近的电场线不再弯曲，场板等终端结构起到分担电场的作用，从而起到降低器件漏电的作用。

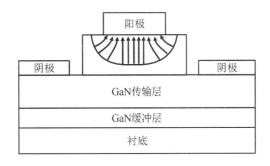

图 7.7　反向偏置下 GaN SBD 器件的电场分布

3. 缺陷引起的泄漏电流

目前报道的准垂直结构 GaN SBD 器件，其泄漏电流密度远远大于二极管的理论值。针对这一问题，韩国首尔大学的 Bumho Kim 等人使用原子力显微镜对氮化镓外延材料进行了表征[13]，通过采用导电原子力显微镜(C-AFM)分析手段，在探针上施加微小的电压，检测不同区域电流值的变换量，并对照实际的表面形貌，进而分析纳米级区域的电流通道。其结果显示，大面积缺陷区域的电流值极高，而小面积缺陷区域的电流值变化不大。此外，采用浓磷酸高温腐蚀外延片使缺陷坑进一步扩大，通过对比同一区域中材料表面形貌图与电流分布图，发现螺位错会在外延层材料中形成漏电通道，这间接说明了位错是导致纵向 GaN 器件的漏电因素。

7.3　台面结构 GaN SBD 器件的可靠性分析

失效分析和可靠性验证是元器件从实验室走向工程化和产业化的重要一环，高可靠性意味着产品在极端环境中的适用性较好，且使用寿命较长。随着 GaN 材料生长和器件制备工艺的逐渐成熟，GaN 产品展现出强劲的市场应用价值，因此分析和解决 GaN 器件的可靠性问题逐渐成为研究热点。在可靠性方面，纵向结构器件相比于横向结构器件有诸多优势。理论上，由于纵向结构器件的高电场区域分布于 GaN 材料内部，当器件承受较高的偏置电压时，受表面态的影响较弱，因此纵向结构器件具有明显的耐电流崩塌特性。其次，横向结构器件主要依赖于二维电子气进行电流输运，局部薄层内过大的电流密度会导致局部发热严重，而对于纵向结构器件而言，其整个掺杂区域电流均匀分布，因此热分布也更为均衡。纵向结构 GaN SBD 器件的高可靠性优势极可能成为纵向 GaN 器件市场化应用的新机遇。

7.3.1　势垒高度不均匀性分析

理想情况下，阳极金属与半导体接触界面的肖特基势垒高度取决于阳极金属功函数和半导体的亲和能之差，整个界面的肖特基势垒高度分布均一，不受费米能级钉扎以及界面态陷阱的影响。然而，在器件制备过程中半导体表面易受到侵蚀污染，导致表面产生较多悬挂键和界面态，此外通过电子束蒸发或磁控溅射等方式生长的阳极金属，由于沉积温度较低，金属原子与半导体贴合不紧密，难以形成一致性的肖特基接触，因此实际势垒高度与理想势垒高度出现偏差。为更好反映实际势垒高度与理想势垒高度之间的差异，这里引入了势垒高度分布不均匀性的概念[14]。

图 7.8 示出了采用 Ni 阳极金属的台面结构 GaN SBD 器件的理想因子和势垒高度随温度的变化关系。从图中可知，随着温度的增加，器件的理想因子逐渐降低，表面势垒高度逐渐增加。一般认为，理想因子随温度的升高而降低和势垒高度随温度的升高而升高的特性与势垒高度分布不均匀有关，即在肖特

基接触界面上不同位置处的势垒高度存在差异。整个阳极区域的势垒高度在统计上表现为高斯分布[15-17]。当环境温度较低时，电子所具备的能量较小，导通状态下只能越过势垒高度较低的区域，即只有部分低势垒高度肖特基接触区域参与导电，提取的势垒高度平均值也较低；随着环境温度的升高，GaN 材料内部的电子内能增加，能够越过势垒更高的区域，因此提取的势垒高度平均值更高。

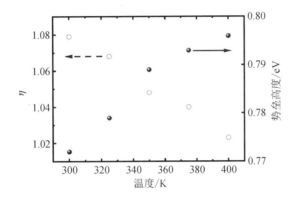

图 7.8　台面结构 GaN SBD 器件理想因子和势垒高度随温度的变化关系

根据高斯分布曲线，肖特基势垒高度分布函数的基本表达式为[5, 18-19]

$$P(\varphi_B) = \frac{1}{\sigma\sqrt{2\pi}}\exp\left[\frac{-(\varphi_B - \overline{\varphi_B})^2}{2\sigma^2}\right] \tag{7-8}$$

其中，$\overline{\varphi_B}$ 为势垒高度平均值，σ 为势垒高度分布的标准差。器件总的电流密度为电流函数 $j(V, \varphi_B)$ 对势垒高度的积分，即

$$J = \int j(V, \varphi_B) P(\varphi_B) \mathrm{d}\varphi_B \tag{7-9}$$

在此情况下，热电子发射电流模型转变为

$$J = A^* T^2 \exp\left[-\frac{q}{kT}\left(\overline{\varphi_B} + \frac{q\sigma^2}{2kT}\right)\right]\left[\exp\left(\frac{q}{nkT}(V - R_S I)\right) - 1\right] \tag{7-10}$$

根据相关研究报道，势垒高度的平均值 $\overline{\varphi_B}$ 和方差 σ^2 与偏置电压线性相关，其具体的表达式分别为

$$\overline{\varphi_B} = \rho_2 V + \overline{\varphi_{B0}} \tag{7-11}$$

$$\sigma^2 = \rho_3 V + \sigma_0^2 \tag{7-12}$$

其中，$\overline{\varphi_{B0}}$ 和 σ_0^2 为零偏压下的势垒高度的平均值和方差，ρ_2 和 ρ_3 为随偏置电压变化的系数。在考虑势垒高度不均匀性的情况下，修正的热电子发射电流模型与常规公式(7-2)相比在形式上基本一致，差别在于引入了势垒高度以及理想因子的变化量。因此，采用修正的热电子发射模型进行计算时，需将势垒高

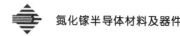
度和理想因子的表达形式变换如下形式[2, 18, 20]：

$$\varphi_{ap} = \overline{\varphi_{B0}} - \frac{q\sigma_0^2}{2kT} \qquad (7-13)$$

$$\frac{1}{\eta_{ap}} = 1 - \rho_2 + \frac{q\rho_3}{2kT} \qquad (7-14)$$

其中，φ_{ap} 和 η_{ap} 为通过变温 I-V 曲线提取的表观势垒高度和理想因子，ρ_2 和 ρ_3 为随偏置电压变化的系数。根据式(7-13)，绘制 φ_{ap} 与 $q/(2kT)$ 关系曲线，如图 7.9 所示，根据拟合曲线的截距和斜率分别求出器件的 $\overline{\varphi_{B0}}$ 和 σ_0。根据式(7-14)，绘制 $(1/\eta_{ap})-1$ 与 $q/2kT$ 关系曲线，如图 7.10 所示，通过截距和斜率提取出 ρ_2 和 ρ_3，具体结果如表 7.1 所示。

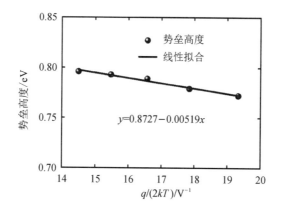

图 7.9　台面结构 GaN SBD 器件的表观势垒高度 φ_{ap} 与 $q/2kT$ 的关系

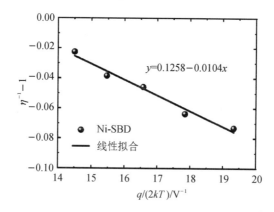

图 7.10　台面结构 GaN SBD 器件的 $1/\eta$ 与 $q/(2kT)$ 关系

表 7.1　台面结构 GaN SBD 器件势垒高度不均匀性参数统计

器件参数	$\overline{\varphi_{B0}}$/eV	σ_0/mV	ρ_2	ρ_3/mV
指标	0.8727	72.04	-0.1258	0.0104

在考虑势垒高度不均匀性的情况下，热电子发射模型（式(7-10)）可以转换为

$$\ln\left(\frac{J_S}{T^2}\right) - \frac{q^2\sigma^2}{2k^2T^2} = \ln(A^*) - \frac{q\overline{\varphi_{B0}}}{kT} \qquad (7-15)$$

根据上式，绘制 $\ln(J_s/T^2) - q^2\sigma^2/(2k^2T^2)$ 与 $q/(kT)$ 关系曲线，如图 7.11 所示。通过拟合数据并提取曲线的斜率可以计算得到修正的里查德森常数为 27.7 A/(cm² · K²)，这与理论计算里得到的查德森常数（26.4 A/(cm² · K²)）非常接近。此结果表明在引入势垒高度分布模型之后，器件的导通输运机理可以在热电子发射模型下得到更完美的解释，这验证了肖特基接触势垒高度分布不均匀性的适用性。

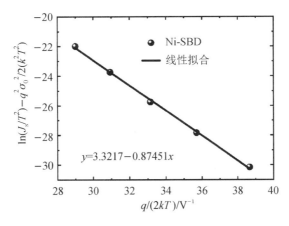

图 7.11　台面结构 GaN SBD 器件的 $\ln(J_S/T^2) - q^2\sigma^2/(2k^2T^2)$ 与 q/kT 关系

7.3.2　电流崩塌效应

电流崩塌现象是指器件在高频开关交替工作的过程中，其动态导通电阻相较于静态工作模式下显著增加，导致器件功耗增大的现象[21-23]。在材料外延生长和器件制备过程中，GaN 外延层、GaN 表面以及 GaN 与钝化层的界面处均会产生陷阱类缺陷。当器件处于高压反向偏置时，陷阱在器件阳极边缘处高电

场的作用下会俘获自由电子,进一步当器件由关态转变为开态时,陷阱中俘获的电子来不及释放,导致沟道处电子浓度降低,导通电阻增加。一般可通过脉冲测试或者应力测试来反映器件导通电阻的变化,从而表征电流崩塌现象。当对器件施加不同反向偏置应力让其关断后,对不同反向应力下关断的器件再加正向电压使其开启,分析器件正向电流的差异。图 7.12(a)示出了脉冲测试过程中,不同反向应力下关断的器件在施加正向电压导通后其正向电流密度随正向电压的变化关系。根据器件测试结果提取的器件导通电阻相对于静态电阻变化量如图 7.12(b)所示,随基准点电压的变化,导通电阻的相对变化量仅在 ±2% 范围内波动,即器件的耐电流崩塌特性良好。

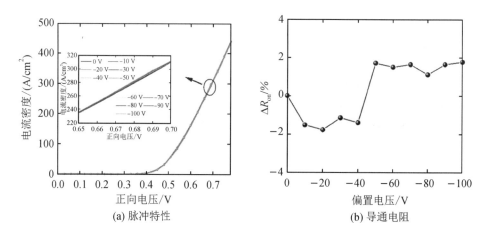

(a) 脉冲特性   (b) 导通电阻

图 7.12　台面结构 GaN SBD 器件脉冲特性及导通电阻变化

　　界面态以及外延层陷阱是引起器件电流崩塌的主要因素。界面陷阱态密度一般可采用变频电容-电导法或者深能级瞬态谱测试表征,其基本原理是将阳极金属与半导体接触的结构看作 MOS 电容,通过绘制不同偏压下电容或电导随频率的变化关系,得到反映陷阱能级和时常数的频率谱图,从而提取陷阱能级[24-26]。不同频率下器件的电容-电压曲线的变化关系如图 7.13(a)所示,从图中可知纵向结构 GaN SBD 器件在 5 kHz~1 MHz 的频率范围内,电容-电压特性曲线基本重合。器件在不同反向偏压下电容随频率的变化曲线如图 7.13(b)所示,测试中附加的小信号的电压波动表征了对应于该耗尽位置的信息,在不同深度处,电容值始终为恒定值,表明在整个 GaN 漂移层体内不存在时常数在 1 μs~0.2 ms 的电子陷阱参与导电,相对于横向结构器件,在该频率范围内的电子陷阱浓度显著降低。

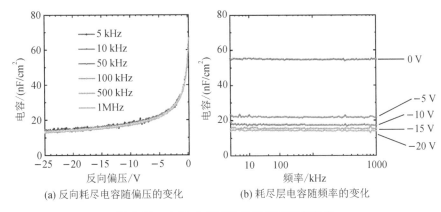

(a) 反向耗尽电容随偏压的变化　　(b) 耗尽层电容随频率的变化

图 7.13　电容-电压变化及电容随频率变化

7.3.3　正向高压应力退化机制

图 7.14 给出了器件在不同开态应力下正向 I-V 特性随施加应力时间的变化关系。当 GaN 漂移层材料采用低掺杂浓度时，GaN 外延层容易出现硅掺杂

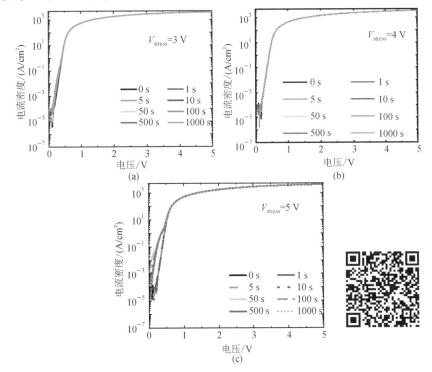

图 7.14　应力电压 V_{stress} 为 3 V、4 V 和 5 V 时器件正向 I-V 特性随施加应力时间的变化

浓度分布不均匀的问题，从而影响器件正向输出特性的均匀性，因此不同器件在相同正向偏置电压下的电流值存在一定的差异。另外，在高应力偏置电压下，长时间的应力偏置会导致器件失效，因此本小节在 4 V 和 5 V 的高电压应力状态下，仅给出 1000 s 应力后的 I-V 曲线。从图 7.14 中可知，在长时间电压开态应力下，器件的开启电压几乎不变。

图 7.15(a)示出了在不同开态应力条件下器件线性区导通电阻随施加应力时间的变化关系。在中低压应力条件下，随着施加应力时间的增加，导通电阻迅速增加，而在高开态电压应力下，导通电阻的增加量反而变小。图 7.15(b)示出了在不同应力时间下，器件导通电阻变化量与开态应力电压的关系曲线。随着应力电压的增加，导通电阻变化量呈现出先增加后降低的趋势，且施加应力时间越长，变化趋势越明显。

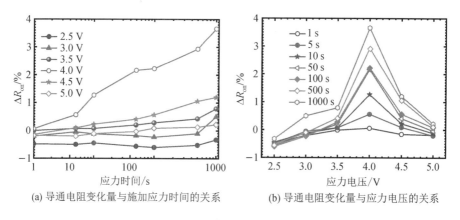

(a) 导通电阻变化量与施加应力时间的关系　　(b) 导通电阻变化量与应力电压的关系

图 7.15　导通电阻变化量分别与施加应力时间、应力电压的关系

在 4 V 开态应力电压下，器件正向电流密度高达 3 kA/cm²，功率密度约为 12 kW/cm²。器件长时间高功率工作时内部发热严重，在施加 1000 s 的应力时间下产生的总热量约为 1.2×10^7 J/cm²。由肖特基二极管电阻分布模型可知，漂移层电阻占据总电阻值的绝大部分，因此热量大量集中于漂移层区域且难以释放，器件内部温度迅速增加。另外，温度升高导致 GaN 材料晶格振动散射增强，从而降低了漂移层的载流子迁移率，进一步增大了器件的导通电阻[27-28]。器件开态应力越大，电流密度和功率密度越大，应力时间越长，器件产生的热量越多，导通电阻衰退越明显。当施加应力的时间超过 1000 s 时，由于漂移层中热量过度聚集，漂移层与下方外延层的热失配现象加剧，最终造成漂移层炸裂分解形成凹陷坑。当器件施加的开态应力电压大于 4 V 时，导通电阻衰退量相较于 4 V 的应力电压下出现明显的减弱，即存在额外的电流补偿通

道在高应力下被激活。

图 7.16 为器件处于零偏压、低开态电压和高开态电压下的能带示意图。其中，E_F、E_V、E_C 分别代表电子费米能级、导带底和价带顶的能级能量。如图 7.16(a)所示，当 $V_{stress}=0\,V$ 时，半导体处于平衡状态，金属和半导体的费米能级重合，肖特基势垒高度为金属和半导体的功函数差值。当 $0\,V<V_{stress}\leqslant4\,V$ 时，能带分布如图 7.16(b)所示。在低正向偏压下，半导体一侧能带向上抬升，势垒高度变小，从而产生更大的发射电流。当 V_{stress} 继续增大至 $5\,V$ 时，在较大的正向偏置电压作用下，半导体内的导带和价带严重倾斜，其倾斜量 qV_{slope} 为施加的正向偏置电压与零偏时的势垒高度电压值之差，即

$$qV_{slope}=qV_{stress}-\varphi \qquad\qquad (7-16)$$

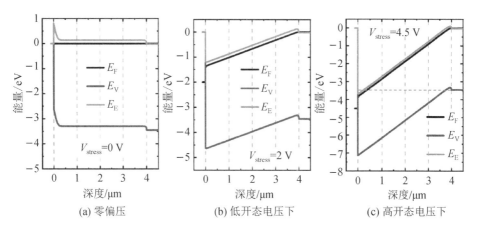

(a) 零偏压　　　　　　(b) 低开态电压下　　　　　(c) 高开态电压下

图 7.16　零偏压、低开态电压和高开态电压下器件能带结构示意图

由于器件零偏压下势垒高度为 $0.71\,eV$，由此计算得到 qV_{slope} 为 $3.79\,eV$，此时能带倾斜量超过 GaN 材料的禁带宽度($3.44\,eV$)，从而导致在同一能级下导带底和价带顶出现交叠，如图 7.16(c)所示。在电场作用下，少数载流子注入电流迅速增加，增加的注入电流在一定程度上补偿了器件发热引起的导通电阻衰退问题，因此在 $5\,V$ 的开态应力电压下，导通电阻衰退现象得到缓解。

7.3.4　正向高压应力失效机制

准垂直结构 GaN SBD 器件能够在正向偏置电压下实现极高的导通电流密度，因此研究准垂直器件开态应力下的可靠性问题具有重大的意义。本小节对器件高正向偏压、大电流下的失效机理展开分析。一般可采取测试-应力-测试

(MSM)的方法,通过对器件施加高应力电压加速器件失效过程[29-30],缩短测试时间。测试方法如下:首先对器件进行初次正向和反向测试,之后持续对器件依次施加 1 s、5 s、10 s、50 s、100 s、500 s、1000 s、5000 s 的正向电压,并实时监测施加应力电压过程中器件正向电流的变化,每阶段应力施加结束后对器件进行正向 I-V 测试,且中间过程采用连续测试的方法,不进行重复扎针操作。

图 7.17 为 2.5 V 和 5 V 开态应力电压下,GaN SBD 器件正向电流密度随应力时间的变化关系。在施加正向偏置电压的前 1 s 内,电流密度由初始状态缓慢降低,并逐渐趋于稳定且基本保持不变。当对器件施加的正向应力电压为 2.5 V 时,其电流密度在施加 5000 s 的应力时间内基本保持稳定;当对器件施加的应力电压为 5 V 时,器件难以承受 5000 s 的高压应力,测试过程中阴阳极短路造成失效,失效的主要原因是在长时间高压大电流应力下,器件内部产生的热量难以耗散,导致器件发生击穿。与低电压应力不同,器件在高电压应力下电流值的大小随着应力次数的累加呈现逐渐增加的趋势,表明高应力电压下存在不同于低应力电压的失效机制。

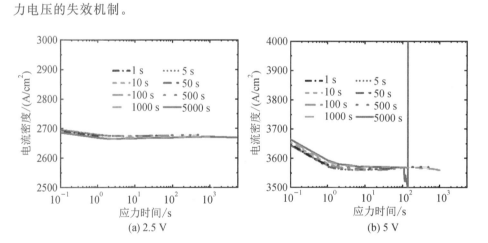

(a) 2.5 V   (b) 5 V

图 7.17　开态应力下,器件正向电流密度随施加应力时间的变化关系

图 7.18 为采用 Olympus 超景深显微镜拍摄的失效器件的 3D 形貌及样品表面高度分布。其中图 7.18(a)为完好器件,图 7.18(b)为经历长时间高应力电压后的失效器件,图 7.18(c)为腐蚀掉阳极金属的失效器件样品表面,图 7.18(d)、(e)、(f)为三种样品所对应的表面高度分布。

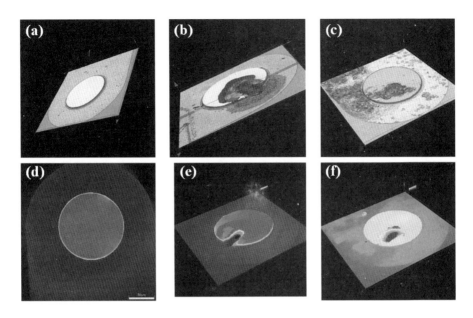

图 7.18 完好器件、失效器件的 3D 形貌及样品表面高度分布图

对于完好的器件，其阳极表面高度较为均匀，阳极和阴极的高度差约为 $4.2\ \mu m$；对于失效器件，阳极中心到边缘区域出现明显的深坑凹陷，阳极中心附近凹陷区域最大深度约为 $6.6\ \mu m$，超过了外延层材料本身的漂移层深度。这表明在高压大功率的持续应力下，阳极下方的轻掺杂 GaN 漂移层被完全破坏，导致阴阳极间出现短路状态，造成器件永久失效。对失效器件的阳极金属 Ni/Au 分别采用金腐蚀液（KI/I_2 溶液）和盐酸清洗后，再对器件进行拍摄，此时从器件 3D 形貌图及样品高度分布结果可知，失效位置仅发生在阳极下方部分区域，其他区域表面仍然保持洁净完好的状态，这表明器件的失效机制与边缘电流集聚效应无明显关联，其原因可能是器件在大功率工作条件下中心区域热量过度集中，导致器件损坏。

7.4 横向结构 AlGaN/GaN SBD 器件的可靠性分析

本章前几节重点介绍了台面结构 GaN SBD 器件的相关内容，但由于 GaN 外延材料与 Si、Al_2O_3、SiC 等异质衬底之间存在较大的晶格失配和热失配，因此难以实现较厚的 GaN 材料外延层，导致器件的反向耐压仅有 $100 \sim 200\ V$，难以满足器件高耐压方面的应用需求。基于横向结构的 AlGaN/GaN SBD 器件由于采用了高阻缓冲层及非故意掺杂沟道技术，依靠自身材料极化效应形成高面密度 2DEG 导电沟道，有效避免了材料的掺杂工艺，有助于实现更高的器件耐压。根据阳极结构的不同，横向结构 AlGaN/GaN SBD 器件可分为平面阳极结构及凹槽阳极结构两种，因平面阳极结构器件开启电压、导通电阻、反向漏电均较大，本书中仅对具备低开启电压、低导通电阻和低反向漏电特性的凹槽阳极结构 AlGaN/GaN SBD 进行讲述分析。明确 GaN 沟道处高浓度的载流子是否会对金属-半导体界面的肖特基势垒高度产生影响是实现凹槽阳极结构 AlGaN/GaN SBD 的基础，因此，下面重点围绕凹槽阳极结构 AlGaN/GaN SBD 器件制备的可行性及阳极金属功函数对器件特性的影响机制进行介绍，为实现高性能 AlGaN/GaN SBD 提供理论指导。

7.4.1 金属/GaN 非极性面第一性原理计算

对于凹槽阳极结构 AlGaN/GaN SBD 而言，由于 GaN 侧壁的非极性表面与阳极金属直接接触，其表面能带、态密度等微观电子结构对载流子在界面处的输运特性会产生较大的影响，其行为与器件的可靠性存在紧密联系，因此深入研究 GaN 非极性表面的物理特性对了解器件的工作机理具有深远的意义。图 7.19 为充分弛豫的 GaN($10\bar{1}0$)表面原子结构示意图[31]。其中，GaN 凹槽侧壁处发生了明显的重构现象，表面 Ga—N 键明显向内扭转，N—Ga—N 键角由 109.26°降低至 105.52°，次表面 N—Ga—N 键角也降低至 105.03°，且 Ga—N 键长由 1.95 Å 降低至 1.81 Å。

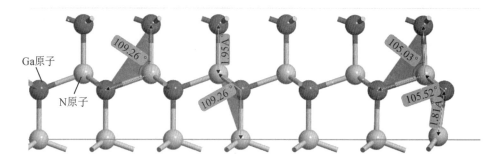

图 7.19　GaN($10\bar{1}0$)表面原子结构示意图

半导体表面态是影响肖特基势垒高度的重要因素，对器件载流子的输运具有明显的影响，GaN($10\bar{1}0$)接触面的电子态密度（DOS）和能带结构如图 7.20

所示。从电子态密度上可知 GaN 的禁带宽度为 3.42 eV，重构后的表面原子在价带顶上方引入被占据的施主表面态，但由于能级位置很低，因此不会影响载流子的输运特性。另外，重构后的原子在导带底上方 1.4～3 eV 范围内引入一系列未被占据的受主表面态，由于能级位置较浅，因此也不会显著影响载流子输运。从 7.20(b) 的能带结构上可知，表面重构后的悬挂键在禁带中引入两条能带，位于价带顶的能带属于施主表面态，电子在此能级位置密度较高，处于局域态，另一条能带为靠近导带的受主表面态，除此以外禁带中无其他能带或表面态，因此凹槽结构的非极性 GaN 表面非常有利于制备高性能 GaN SBD。

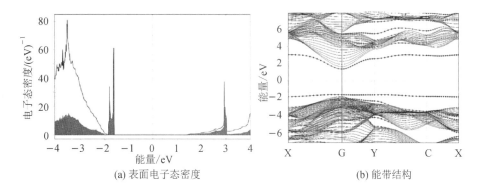

(a) 表面电子态密度　　　　(b) 能带结构

图 7.20　GaN(10$\bar{1}$0)表面电子态密度和能带结构

图 7.21 为 GaN(10$\bar{1}$0)面实空间投影能带图，从图中可知表面原子和次表面原子在禁带中引入了两处表面态，施主表面态在价带顶上方比较局域，且该

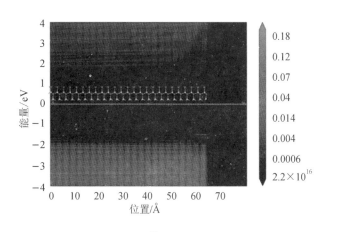

图 7.21　GaN(10$\bar{1}$0)面实空间投影能带图

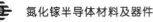
施主表面态的分布深入 GaN 体材料中约 1 nm 左右。另外，在导带底下方同样存在分布较为连续的受主表面态，呈现离域特性且主要分布在表面和次表面深度内。除价带顶和导带底以外，带隙内没有其他能带，尤其是没有深能级出现。由于表面存在被填充的施主表面态，非极性 GaN 表面存在一个深度约为 1.8 nm 的空间电荷区，其能垒最大高度为 1.4 eV。

7.4.2　金属功函数对 GaN 非极性面势垒高度的影响

　　阳极金属功函数直接影响了 GaN SBD 器件的开启电压和反向漏电，因此，系统分析阳极金属功函数对金属-半导体界面特性的影响机制对理解横向结构 AlGaN/GaN SBD 的载流子输运特性具有重要意义。下面重点围绕三种不同功函数的金属 Ni(5.1 eV)、W(4.6 eV)和 Mo(4.5 eV)进行讨论。图 7.22 给出了三种金属与 GaN($10\bar{1}0$)的界面模型，从图中可知，阳极金属和 GaN 表面的 Ga 原子和 N 原子均形成化学键，且金属与 GaN 的界面两侧的原子有明显移动。为了更加准确地描述界面特性，这里采用了一种全新的基于非平衡格林函数的方法计算界面性质，相较于传统 Slab 模型，非平衡格林函数可以为远离界面的 GaN 材料维持稳定的费米能级，从而极大缓解量子尺寸限制效应，这更符合实际情形。此外，为了更准确地描述界面处空间电荷区的耗尽特性，GaN 部分的长度均大于 5 nm 以最大程度屏蔽界面处金属和 GaN 的相互作用。

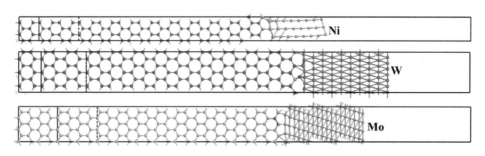

图 7.22　Ni、W、Mo 与 GaN ($10\bar{1}0$)的界面原子结构示意图

　　图 7.23 为 Ni/GaN($10\bar{1}0$)界面的投影能带图。其中，Ni 金属厚度为 1.8 nm，GaN 厚度为 6.2 nm，当 Ni 金属与 GaN 形成接触后，在 GaN 带隙内引入大量金属诱导的间隙态(MIGS)，其平均作用深度约为 0.6 nm，基本与 GaN 表面重构层一致，这体现了界面处 Ni 与 GaN 表面的杂化作用，也是肖特基势垒的成因。从图中可知，杂化后形成的电荷层使 GaN 导带在界面处向上弯曲，形成电子势垒，其最大势垒高度为 2.26 eV，对应了肖特基势垒高度。

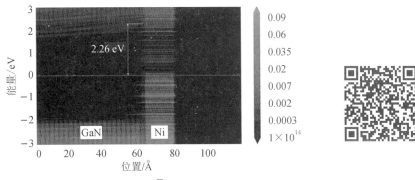

图 7.23　Ni/GaN($10\bar{1}0$)界面的投影能带图

虽然 Ni 金属是 GaN SBD 器件最常用的阳极金属，但其与 GaN 接触后肖特基势垒高度较高，导致器件开启电压大、工作效率低，因此，采用低功函数金属阳极实现高整流效率 AlGaN/GaN SBD 器件具有重要的意义。图 7.24 为具有更低功函数的 W 和 Mo 金属与 GaN($10\bar{1}0$)界面的投影能带图。其中，GaN 厚度为 6.2 nm，W 及 Mo 金属的厚度为 2.1 nm。从结果可知 W 与 GaN 形成接触后，在 GaN 带隙中引入大量 MIGS 态，对应了界面杂化情况。同时，受益于 GaN($10\bar{1}0$)面较少的界面态，没有出现费米钉扎现象，因此，采取更低功函数的 W 金属获得了更低的肖特基势垒高度，为 1.97 eV。Mo/GaN($10\bar{1}0$)界面的能带结构如图 7.24(b)所示，可见界面处导带向上弯曲的趋势已经消失，甚至出现了价带向下弯曲的情况，意味着空间电荷区已经和 W、Ni 的情形显著不同。此时，肖特基势垒高度为 1.8 eV，近似对应 1/2 的 GaN 禁带宽度，因此采用 Mo 作为阳极金属将会进一步降低开启电压。

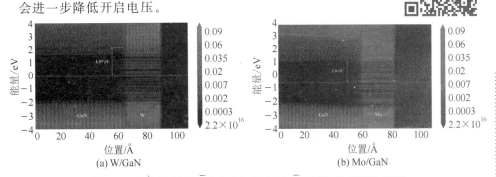

图 7.24　W/GaN($10\bar{1}0$)和 Mo/GaN($10\bar{1}0$)界面的投影能带图

7.4.3　横向结构 AlGaN/GaN SBD 器件的制备

对于横向结构 AlGaN/GaN SBD 而言，其材料结构与 AlGaN/GaN HEMT 基

本相同，从上至下包括 2 nm 厚的 GaN 帽层、20 nm 厚的 $Al_{0.2}Ga_{0.8}N$ 势垒层、1 nm 厚的 AlN 界面插入层、200 nm 厚的 GaN 沟道层、1500 nm 厚的 GaN 缓冲层、45 nm 厚的 AlN 成核层和衬底。其中 2 nm 厚的 GaN 帽层主要是为了避免 AlGaN 势垒层与空气中的氧气或水蒸气发生反应而被氧化，较好地保护异质结材料结构。器件制备主要包括以下几步：裸片清洗、台面隔离、欧姆接触金属沉积、凹槽刻蚀、凹槽退火、阳极金属沉积、阳极退火、表面钝化及钝化层开孔，具体工艺流程如图 7.25 所示。

图 7.25　器件制备工艺流程图

（1）裸片清洗。材料在 MOCVD 外延生长完成之后，需要进行大量的测试，该过程会引入较多的污染。另外，材料长时间放置于空气中，也会引起表面 GaN 帽层的氧化，因此在对 AlGaN/GaN 材料进行器件制备之前需要进行较为完备的清洗，该清洗过程分为有机清洗和无机清洗。有机清洗的具体过程如下：首先，将外延材料放于丙酮溶液中超声清洗 5 min，洗去外延材料表层的有机污染；其次，将经丙酮清洗后的外延材料放置于异丙醇溶液中超声清洗 5 min，除去表面残留的丙酮溶液；接着将外延材料放置于去离子水中冲洗，除去附着于材料表面的异丙醇；最后用高纯氮气（N_2）将外延材料表面吹干。当完成外延材料的有机清洗后，将材料放置于浓度为 1∶7 的 BOE 溶液中浸泡 30 s，除去表面的氧化层，再用大量的去离子水冲洗，最后用高纯 N_2 将外延材料表面的去离子水吹干，完成外延材料的无机清洗。

（2）台面隔离。为了避免各器件之间的相互干扰，通常来讲可以通过离子注入或台面刻蚀的方法对器件进行隔离。其中，离子注入主要采用高能离子轰击的方法破坏材料的晶格结构，达到电学隔离。台面刻蚀主要采用等离子体刻蚀的方法，将二维电子气移除，实现各器件之间相互分立的效果。由于离子注入工艺较为复杂且成本较高，因此一般多采用台面刻蚀的方法实现器件间的相互隔离。

（3）欧姆接触金属沉积。欧姆接触的好坏直接影响器件的实际特性，常规 GaN 器件的欧姆接触制备工艺主要分为两种，一种是与 CMOS 工艺兼容的无金欧姆工艺，另一种是以 Ti/Al/Ni/Au 为代表的传统有金欧姆工艺，由于本书重点不在于 CMOS 兼容工艺，除特殊说明外均采用有金欧姆工艺。一般可采用电子束蒸发设备在器件阴极区域生长 Ti/Al/Ni/Au（22 nm/140 nm/55 nm/45 nm），并采用双层胶剥离工艺制备欧姆电极，之后在 N_2 氛围中（835℃）高温退火 30 s 形成较好的欧姆接触特性。

（4）凹槽刻蚀。为了实现较小的刻蚀损伤以及较好的刻蚀均匀性，可采用慢速低损伤刻蚀工艺，以 BCl_3 为单一刻蚀气体，Ar_2 为工艺气体。为进一步提升器件特性的均匀性，对阳极下方的 AlGaN 势垒层采用过刻蚀的方法，使阳极金属与 GaN 侧壁的导电沟道直接接触。

（5）凹槽退火。在阳极凹槽的刻蚀过程中虽然通过调整刻蚀参数可降低刻蚀速率，从而实现较小的刻蚀损伤，但是该刻蚀区域表面仍然存在大量陷阱态，增加了器件的反向漏电。本节采用热退火的方法，在 N_2 氛围中 450℃ 环境下退火 300 s，实现对表面刻蚀损伤的修复。

（6）阳极金属沉积。采用电子束蒸发或者磁控溅射设备，在阳极区域沉积一定厚度的金属作为器件阳极。

（7）阳极退火。由于 GaN 表面处原子周期性排列被打断，因此存在较多的态密度，在阳极金属沉积后可在 N_2 氛围中采用 450℃ 条件退火 300 s，使阳极金属扩散到 GaN 材料中，在界面处形成更多的金属镓化物或者金属氮化物，进一步降低界面处的缺陷，保证器件具有较小的反向漏电。

（8）表面钝化。表面钝化是通过在外延材料表面通过气相沉积的方法沉积一层介质薄膜，减小表面态对器件特性的影响，抑制器件导通电阻的退化。一般可采用等离子体增强化学气相沉积设备（PECVD）沉积 SiN 或者用 PEALD 设备沉积 Al_2O_3 作为器件钝化层。

（9）钝化层开孔。通过采用反应离子刻蚀设备（RIE）对 SiN 材料进行刻蚀，或者采用 BOE 溶液对 Al_2O_3 进行腐蚀移除电极区域的介质层，将电极区域裸露出来方便器件测试。

7.4.4　阳极金属功函数对器件特性的影响

1. 高功函数镍金属阳极器件特性分析

图 7.26(a)为采用高功函数金属 Ni 作为阳极所制备的凹槽阳极 AlGaN/GaN SBD 器件，通过对阳极下方的 AlGaN 势垒层采用过刻蚀的方法，来增大器件的导通电流密度和器件的均匀性，凹槽区域的 AFM 测试结果如图 7.26(b)所示，从图中可知该器件的阳极凹槽区域的刻蚀深度约为 42 nm，能够实现阳极金属与 GaN 非极性面较好的接触，从而保证器件具有较好的电流特性。所制备的器件阳极半径 $R=100\ \mu m$，器件阴阳极间距 $L_{AC}=10\ \mu m$，凹槽边缘外侧阳极金属长度 $L_{OV}=2\ \mu m$。

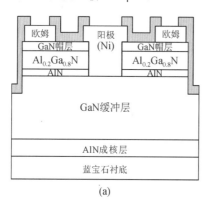
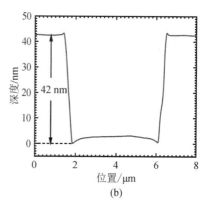

图 7.26　AlGaN/GaN 材料结构及阳极凹槽区域 AFM 测试

图 7.27(a)示出了线性坐标下器件的正向导通特性，当正向偏置电压为 3 V 时，导通电流密度高达 259 mA/mm，器件的微分导通电阻为 7.5 Ω·mm。图 7.27(b)示出了对数坐标下器件的直流特性，定义器件阳极电流密度为 1 mA/mm 时的偏置电压为器件的开启电压，从图中可知 Ni 作为阳极金属的凹槽阳极结构 AlGaN/GaN SBD 器件的开启电压为 0.67 V，器件的亚阈值斜率为 81 mV/dec，Ni 金属由于具有较高的功函数，因此与半导体接触界面会存在较高的势垒，从而导致器件的开启电压较大。图 7.27(c)为器件反向漏电特性，从图中可知，当器件反向偏置电压为 −80 V 时，反向漏电电流密度为 2×10^{-6} A/mm。

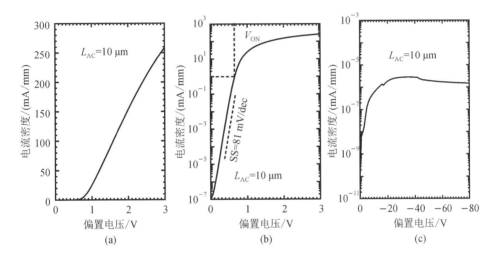

图 7.27　线性坐标和对数坐标下器件正向导通特性及器件反向漏电特性

2. 低功函数钨金属阳极器件特性分析

为实现更高的整流效率，通常来讲肖特基二极管需要具有较小的开启电压、较低的导通电阻和较小的反向漏电。Ni 金属由于具有较大的功函数，因此采用 Ni 作为阳极金属的凹槽阳极结构 AlGaN/GaN SBD 器件，其开启电压一般处于 0.6～0.7 V 范围。采用更低功函数的金属或金属氮化物替代常规的 Ni 金属作为肖特基二极管的阳极，有助于进一步降低阳极肖特基势垒高度，从而实现更低的开启电压，但该方案通常会引起器件反向漏电增加，导致器件反向功耗增加，器件甚至失效。采用低功函数金属 W 作为凹槽阳极，在实现较低开启电压的前提下，保证器件有较低的反向漏电。图 7.28 给出了器件正向特性的测试结果，从测试结果可知器件开启电压为 0.35 V，远低于常规采用 Ni 金属作为凹槽阳极的 AlGaN/GaN 肖特基二极管的开启电压。

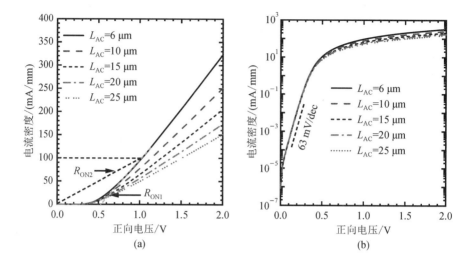

图 7.28　线性坐标和对数坐标下 W 阳极肖特基二极管正向特性

根据热电子发射理论计算得到，采用低功函数金属 W 阳极的肖特基二极管器件有效肖特基势垒高度和理想因子分别为 0.65 eV 和 1.1，其理想因子非常接近理想情况下的极限值 1，表明采用低功函数金属作为凹槽阳极的 AlGaN/GaN SBD 具有非常理想的金属-半导体界面。

肖特基二极管器件的导通电阻通常有两种计算方法：一种是器件的微分导通电阻由所施加电压与电流密度的比值计算所得，该计算方法不受器件的开启电压的影响，记采用该方法计算所得的导通电阻 $R_{ON1} = \Delta V / \Delta I$；另一种计算方法为当器件正向电流密度为 100 mA/mm 时所对应的正向偏置电压与电流密度的比值，记 $R_{ON2} = V/I$，其中 $I = 100$ mA/mm，该方法计算所得的导通电阻受到器件开启电压的影响，可以作为评估器件在实际工作条件下导通特性的标准。

由图 7.28(a)可得，对于不同阴阳极间距（$L_{AC} = 6$，10，15，20/25 μm）的凹槽阳极结构肖特基二极管器件，R_{ON1} 分别为 4.2 Ω/mm、5.6 Ω/mm、6.9 Ω/mm、8.1 Ω/mm、9.3 Ω/mm，R_{ON2} 分别为 10.0 Ω/mm、11.5 Ω/mm、12.6 Ω/mm、13.8 Ω/mm、15.0 Ω/mm。

肖特基二极管的亚阈值斜率为电流密度每增加一个量级对应电压的增量，采用 W 阳极金属所制备的肖特基二极管在 300 K 时的亚阈值斜率仅为 63 mV/dec，非常接近于器件亚阈值斜率的极限 60 mV/dec，即该器件具有极为理想的肖特基接触界面。

7.5　横向结构 AlGaN/GaN SBD 器件的载流子输运机制

前面介绍了凹槽阳极结构 AlGaN/GaN SBD 具有开启电压低、反向漏电小等优点，以及具备接近于理想的肖特基接触界面。但是凹槽阳极结构器件的制备需要在阳极处进行干法刻蚀，刻蚀工艺的引入是否会带来不同于传统平面肖特基二极管的输运机制、刻蚀损伤是否会引起高温下漏电的剧增，这些问题都需要讨论。因此，本节将着重介绍凹槽阳极结构 AlGaN/GaN SBD 的输运机制，并根据不同温度下的 I-V 趋势对应的不同物理机制，分区建立其漏电模型，为进一步提高器件特性提供有效途径[32]。

7.5.1　横向结构 AlGaN/GaN SBD 器件的变温特性分析

图 7.29(a)给出了具有不同阳极半径的凹槽阳极结构 AlGaN/GaN SBD 器件的反向漏电特性。由图可知，即使阳极半径增大引起阳极面积增加，其归一化反向电流的变化仍十分细微，可以忽略不计。图 7.29(b)示出了凹槽阳极边缘类场板长度与器件反向漏电的关系，由图可以看出，阳极边缘类场板长度的增加会导致器件反向漏电显著增加，即阳极边缘处的漏电主导该凹槽阳极结构器件的反向漏电。器件的反向漏电随温度的变化关系如图 7.30 所示，根据不同的漏电趋势对应不同的漏电物理机制，将其划分为三个区域，分别为接近0 V 区域(区域Ⅰ)、较低反向偏压区域(区域Ⅱ)、较高反向偏压区域(区域Ⅲ)。

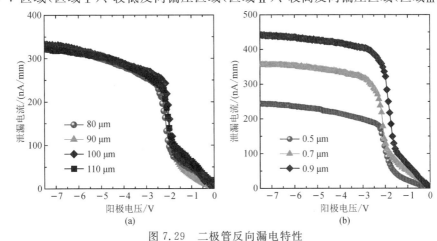

图 7.29　二极管反向漏电特性

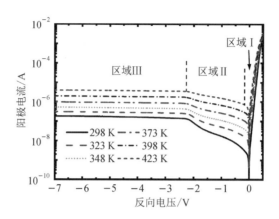

图 7.30   凹槽阳极 AlGaN/GaN SBD 器件反向变温 I-V 特性及分区

7.5.2   横向结构 AlGaN/GaN SBD 器件的漏电机制

器件反向漏电随温度、电压的变化展现不同的趋势，故器件在不同偏压区域内有不同的漏电机制。表 7.2 总结了半导体器件主要的漏电机制。这里以电流与电场（E）、温度（T）的关系，依托于电流密度表达式，分区域讨论凹槽阳极结构 AlGaN/GaN SBD 器件的漏电机制。

表 7.2   半导体器件中常见反向漏电机制表达式[33]

漏电机制	表达式
陷阱辅助隧穿	$J \propto \exp\left(-\dfrac{E_A}{kT}\right)$
表面漏电	$J \propto E/\rho$
Poole-Frenkel（PF 隧穿）	$J \propto E \exp\left(-\dfrac{\beta_{PF} E^{1/2}}{2kT}\right)$
变程跳跃机制	$J \propto \exp\left[-\left(\dfrac{T_0}{T}\right)^{1/4}\right]$
空间电荷限制	$J = \dfrac{\varepsilon_0 \varepsilon_s \mu E^2}{L^3}$
FN 隧道机制	$J = \left(\dfrac{q^3 E^2}{8\pi h \varphi}\right)\exp\left(-\dfrac{4(2m)^{1/2}\varphi^{3/2}}{3hqE}\right)$
肖特基发射	$J \propto T^2 \exp\left(\dfrac{\sqrt{qE/\pi\varepsilon}}{2kT}\right)$

1. 区域 I 漏电机制

在接近 0 V 区域内，电流与电压有很强的指数关系，I-V 关系与标准的热电子发射模型相似，因此考虑热电子发射机制为该区域内的主导机制，根据该机制下的电流表达式，即式(7-2)和式(7-3)可以推导出

$$\ln J_{TE} = \ln J_0 + \frac{qV}{\eta kT} \qquad (7-17)$$

从 298 K 到 423 K 下获得的反向电流的 $\ln I$ 与偏置电压 V 的关系如图 7.31 所示，两者显示很强的线性关系，这表明当反向偏压不足以耗尽阳极侧壁的 2DEG 时，电子通过热电子发射机制从金属直接越过肖特基势垒，发射进入半导体，从而形成初始的反向漏电。

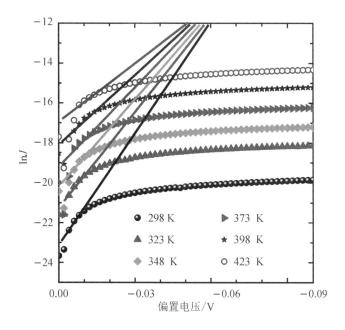

图 7.31　区域 I 反向变温 $\ln J$ 与偏置电压 V 关系

2. 区域 II 漏电机制

当反向偏压增加时，由于在阳极侧壁附近形成了电子耗尽层，热电子发射需要跨越的势垒高度随电压的增大而剧增，此时该机制导致的漏电几乎不变，因此不再是主导反向漏电变化的主要因素。而 $(\ln J)$-V 曲线的斜率随温度的增大而减弱，大部分电子只能通过陷阱能级传输，Poole-Frenkel(PF)发射电流开始占主导地位。该机制的电流表达式如下[34]：

$$J = CE_B \exp\left[-\frac{q(\varphi_t - \sqrt{qE_B/\pi\varepsilon_0\varepsilon_s})}{kT}\right] \qquad (7-18)$$

式中：C 是一个常数；φ_t 是电子从陷阱态发射所翻越的势垒高度；ε_0 是真空介电常数；ε_s 是 GaN 材料相对介电常数；E_B 为势垒中的电场强度，可以通过泊松方程获得

$$E_B(V) \approx \frac{q(\sigma_\rho - n_{2DEG}(V))}{\varepsilon_0\varepsilon_s} \qquad (7-19)$$

其中，σ_ρ 为负的固定表面极化电荷，n_{2DEG} 为二维电子气(2DEG)密度。E_B 与反向电压的关系如图 7.32(a)所示。从图中可以看出，当反向电压超过 2 V 后，势垒层的电场强度变化较小，说明阳极附近的电子完全耗尽，耗尽层开始向半导体内部延伸。

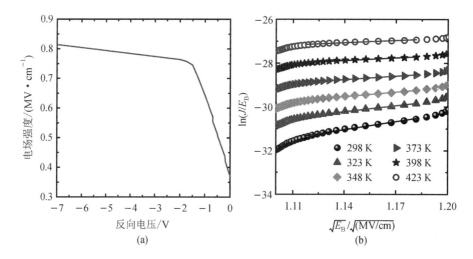

图 7.32　势垒层中电场强度与反向电压关系及 FP 模型下 $\ln(J/E_B)$ 与 $\sqrt{E_B}$ 的关系

式(7-18)也可以转化为

$$\ln(J/E_B) = m(T)\sqrt{E_B} + b(T) + \ln(A) \qquad (7-20)$$

其中

$$m(T) = \frac{q}{kT}\sqrt{\frac{q}{\pi\varepsilon_0\varepsilon_s}} \qquad (7-21)$$

$$b(T) = -\frac{q\varphi_t}{kT} + \ln C \qquad (7-22)$$

根据式(7-20)所计算的 $\ln(J/E_B)$ 与 $\sqrt{E_B}$ 的关系如图 7.32(b)所示，两者

显示出极强的线性关系，符合该模型的理论关系。

3. 区域Ⅲ漏电机制

从图 7.30 可以看出，当反向电压继续增大时，反向电流基本保持不变，此时反向电流主要受温度影响，而不受逐渐增大的电场影响。陷阱辅助隧穿 (TAT)机制与电场/电压无关，它是区域Ⅲ的主要机制，其表达式如下：

$$J \propto \exp\left(\frac{-E_A}{kT}\right) \qquad (7-23)$$

其中，E_A 为电子从金属隧穿到半导体所需的激活能。一些研究表明该模型中的陷阱可能仅与 AlGaN 层有关，而与刻蚀侧壁无关，电子通过 AlGaN 层内的陷阱辅助其隧穿，进入半导体内部形成反向漏电，也就是说 AlGaN 以及 GaN 内部的纵向位错可能是该机制下的主要漏电通道[35]。

7.5.3 横向结构 AlGaN/GaN SBD 器件的击穿机制

击穿可用来评估器件的最大工作电压。如图 7.33 所示，造成器件击穿的机制主要有三类：第一，雪崩击穿（局部峰值电场达到上限）；第二，泄漏电流击穿（横向和纵向关态泄漏电流达到上限）；第三，空气击穿。针对不同的击穿机制，可采用不同的方法提高器件的击穿电压，包括引入场板结构、P 型 GaN 终端结构等平滑电场分布；采用 MIS 阳极结构抑制关态漏电；缓冲层 Fe 掺杂或 C 掺杂，背势垒结构以及 GaN/AlN 超晶格结构等抑制缓冲层泄漏电流。

第一类击穿机制是由阳极边缘局部电场集聚现象导致离子碰撞进而引发的雪崩击穿。在击穿测试中，肖特基阳极接负电压，阴极和衬底接地，负高压使得阳极金属-半导体接触区域附近耗尽层扩大，同时耗尽层中的内建电场由固定正电荷指向金属方向，在阳极边缘处的电场线密集，形成峰值电场，该电场强度一旦大于 GaN 材料的理论击穿场强，载流子就会获得能量发生碰撞电离，引发雪崩击穿，由雪崩击穿导致的第一类击穿机制可称为硬击穿。第二类击穿机制可分为在器件关态下由阴阳极间泄漏电流过大和阳极与衬底间泄漏电流过大导致的击穿，二者的电流传输通路分别为横向与纵向。在击穿测试中，随着阳极负电压值的增加，泄漏电流逐步增加并且很快达到所定义的击穿标准，这种由漏电主导的击穿称为软击穿。为了区分器件软击穿的两种不同电流通路，可进行垂直电流监控，测量阳极与衬底之间的 I-V 特性，如果器件的软击穿曲线与垂直电流曲线相似，则纵向泄漏电流占主导地位，否则横向泄漏电流占主导地位。第三类击穿机制是由于阴阳极间过大的电压差导致平均电场强度超过了空气的理论击穿场强，二者间的空气被击穿，因此实际击穿测试时，可将器件浸泡在氟化液中，避免触发该击穿机制。

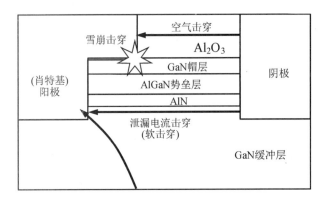

图 7.33　横向结构 AlGaN/GaN SBD 击穿机制示意图

7.6　低陷阱态器件制备技术

由于横向结构 AlGaN/GaN 电子器件的导电沟道距离表面仅为 $20\sim30$ nm，因此极易受到表面态的影响。当器件处于反向偏置时，沟道中的电子被表面态所俘获，导致器件导通电阻迅速衰退以致器件失效。由前文可以发现凹槽阳极结构 AlGaN/GaN 肖特基二极管的漏电主要来源于凹槽侧壁。目前，国际上常用于解决器件电流崩塌问题的方法为采用 PECVD 或 ALD 设备生长一层高质量的绝缘层介质，阳极与其下方的介质层的交叠虽然可以减少 AlGaN 势垒层向上的反向漏电通道，但凹槽阳极侧壁处的漏电仍然不能有效缓解，且较厚的介质层因刻蚀倾角会导致有效阳极面积减少。同时绝缘介质作为钝化层与GaN 材料之间存在较高的陷阱态，会导致器件漏电现象的发生，因此，沉积高质量、低陷阱态的钝化介质对提高器件可靠性、满足器件实际应用需求具有重要意义。

7.6.1　低界面态密度 GaN 表面钝化技术

ALD 是一种常用的介质沉积技术，可以在原子尺度精准控制薄膜厚度，实现原子的逐层沉积，且 ALD 外延层具有极好的台阶覆盖性，能够 100% 保留凹槽阳极结构。同时，该技术具有远优于 PECVD、电子束蒸发等技术的厚度均匀性、低缺陷密度和黏附性，是 GaN 表面钝化的首选方案。本节重点介绍不同氧源及界面处理方法对界面质量的影响。

1. 不同氧源对 Al_2O_3/GaN 界面的影响

ALD 设备中常用的氧源为 H_2O、O_2 和 O_3 三种，不同氧源对介质生长过程中的界面质量产生不同影响。图 7.34(a)给出了常用的界面态密度测试结构。其中，欧姆金属采用 Ti/Al/Ni/Au 叠层结构，Ti/Al/Ni/Au 的厚度分别为 20 nm/140 nm/45 nm/50 nm。欧姆金属沉积后在 N_2 氛围下进行 30 s 快速热退火形成欧姆接触，Al_2O_3 钝化层生长温度为 300℃，厚度为 15 nm，阳极金属采用厚度为 50 nm/100 nm 的 Ni/Au 金属层。在 C-V 回滞测试中，当从负偏压扫至正偏压时，半导体内的电子由耗尽态转向积累态，若此时半导体与介质界面处存在大量的界面态，电子则会填充界面态陷阱，从而增加半导体表面的耗尽程度，导致回扫时阈值电压发生正漂。因此，可以根据 C-V 回滞的大小判断界面质量的优劣。从图 7.34(b)中可以看出，以 O_3 为氧源的金属氧化物半导体电容器(Metal-Oxide-Semiconductor Capacitors，MOSCAP)的回滞最小，

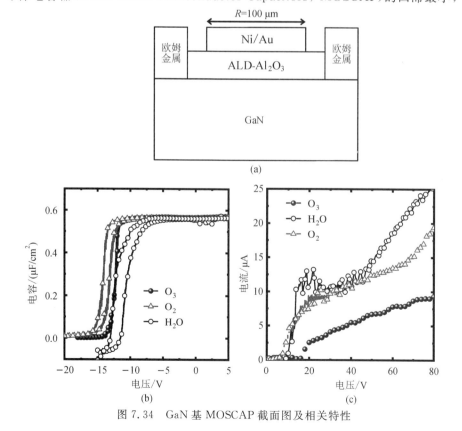

图 7.34　GaN 基 MOSCAP 截面图及相关特性

以 H_2O 为氧源的 MOSCAP 的回滞较大。从图 7.34(c) 中可以发现以 O_3 为氧源的 MOSCAP 的 ISO 漏电较小。因此可以认为，在 ALD 中采用 O_3 为氧源生长的 Al_2O_3 介质层具有更低的界面态密度。

2. 不同表面处理方法对 Al_2O_3/GaN 界面的影响

表面处理工艺的开发是介质/半导体界面优化的重要环节，这里选取国内外研究中公认的几种能对界面特性改善的处理工艺，分析其与 GaN 的适配性和内在影响机制。采用 ALD 设备在 300℃ 的腔室温度下以 O_3 作为氧源沉积 15 nm 厚的 Al_2O_3，具体的表面处理方式见表 7.3。

表 7.3　Al_2O_3/GaN MOSCAP 样品处理方式

样品编号	处理方式
A	不处理
B	沉积后在 N_2 氛围下 450℃ 热退火 5 min(N_2 PDA)
C	沉积前采用食人鱼溶液(H_2O_2：H_2SO_4＝3：7)浸泡 1 min
D	沉积前采用食人鱼溶液浸泡 1 min，再采用 BOE 溶液(49% HF：40% NH_4F＝1：6)浸泡 30 s，沉积后在 N_2 氛围下 450℃ 热退火 5 min

对处理后的样品进行室温下变频 *C-V*、*G-V* 回滞测试，测试频率分别为 10 kHz、100 kHz、1 MHz，从耗尽态扫至积累态后再扫回耗尽态，步频为 0.01 V。通过回滞测试，可以估计探测到的界面陷阱数量，即 $Q_{it}＝C_{OX}×\Delta V/q$。其中 C_{OX} 是氧化层电容；ΔV 为电压漂移量，可以通过 1 MHz 的测试结果中得到的最大正反扫电压差值得到。测试结果如图 7.35 所示，未经任何处理的样

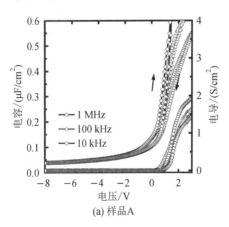

(a) 样品A

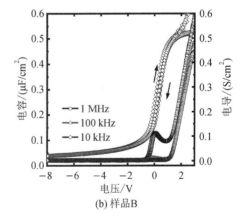

(b) 样品B

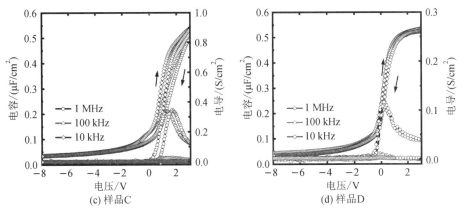

(c) 样品C　　　　　　　　　　　　　　(d) 样品D

图 7.35　不同表面处理下 MOSCAP 的 C-V、G-V 回滞特性

品 A 表现出较大的频散、电压漂移和界面陷阱量；样品 B 的频散较小，电压漂移量也较小，为 0.23 V；样品 C 显示出 0.41 V 的大电压漂移量，但其漏电最小；样品 D 获得了最小的电压漂移量（0.13 V）、低频散和极低的泄漏电流。

3. 原位厚 GaN 帽层表面钝化技术

针对 GaN 横向结构器件易受表面态影响导致电流崩塌等难题，国际上通常采用 PEALD、LPCVD、PECVD 等设备对 GaN 样品表面进行钝化层异质沉积，从而减小表面态的影响[36-40]。上述相关工艺均是基于 GaN 样品生长后的钝化技术，这些技术会在样品表面引入外界环境中的氧气、水汽及其他杂质污染，从而导致出现严重的电流崩塌现象。为了避免外界环境杂质对样品表面钝化效果产生不利的影响，相关研究人员提出原位 SiN 钝化技术，在 GaN 材料生长完成之后，立即生长一层高致密的 SiN 层，有效避免了 SiN/GaN 界面受其他杂质元素的影响[41-43]。虽然研究人员针对横向结构 GaN 器件的电流崩塌现象提出了多种异质钝化技术，但难以避免异质钝化介质与 GaN 表面会形成较高的界面态密度，器件在高反向应力作用下仍然会产生较为明显的电流崩塌现象，导致器件性能的退化。通过采用 MOCVD 技术生长较厚的 GaN 帽层结构，可以有效解决异质钝化界面存在的高界面态的问题，避免出现器件电流崩塌现象。厚 GaN 帽层结构的引入不仅可以增大 GaN 沟道与表面态之间的距离，而且厚 GaN 帽层与 AlGaN 势垒层界面的极化负电荷可以有效屏蔽表面态的影响。

图 7.36(a) 为不同帽层厚度 GaN SBD 器件截面示意图，图 7.36(b) 对比了厚度为 2 nm 的 GaN 帽层结构与厚度为 100 nm 的 GaN 帽层结构器件的 C-V 特性。在阳极电压为 0 V 时，器件的平带电容 C_{j0} 分别为 5.0 pF 和 1.1 pF。与

平板电容理论类似，C_{j0} 是由阳极凹槽区域外侧的电极与 2DEG 之间的距离差决定的，即器件帽层厚度 t_{GaN} 与 C_{j0} 成反比，因此厚 GaN 帽层结构的 C_{j0} 明显小于薄 GaN 帽层结构的 C_{j0}。在反向偏压分别加至 -7.5 V 和 -3.5 V 时，沟道中的 2DEG 被耗尽，器件内仅剩下可忽略的寄生电容。

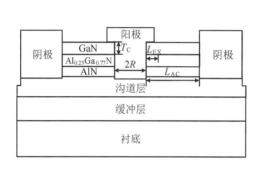

(a) 不同帽层厚度 GaN SBD 器件截面示意图

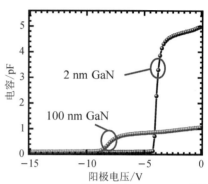

(b) 2 nm GaN 帽层结构与 100 nm GaN 帽层结构器件的 C-V 特性对比

图 7.36　不同帽层 GaN SBD 器件

图 7.37（a）为采用测量/应力/测量方法对厚 GaN 帽层结构器件和薄 GaN 帽层结构器件的测试结果，其中阳极正向应力电压为 6 V，施加应力时间分别为 0 s，0.1 s，0.3 s，1 s，3 s，10 s，30 s，100 s，300 s，1000 s。从图中可知，厚 GaN 帽层结构器件随着施加应力时间的增加，器件开启前势垒限制区域的电流逐渐减小，而对于薄 GaN 帽层结构器件，该区域的正向电流变化量几乎可以忽略。图 7.37（b）为采用热电子发射模型提取的器件理想因子

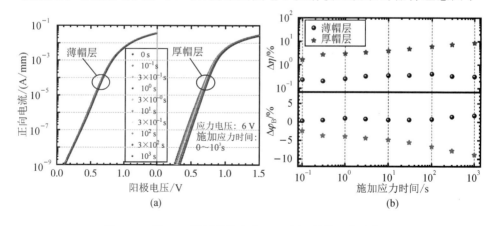

图 7.37　厚 GaN 帽层结构和薄 GaN 帽层结构器件的特性

和势垒高度的变化量与施加应力时间的关系，对于薄 GaN 帽层肖特基二极管，器件理想因子和势垒高度几乎未发生明显变化，而厚 GaN 帽层肖特基二极管的相关参数均发生了较大的变化。

图 7.38(a)为厚 GaN 帽层结构器件与薄 GaN 帽层结构器件在长期高压关断应力状态下的可靠性测试结果，其中阳极反向应力电压为 −600 V，阴极和衬底接地，施加应力时间分别为 0 s，0.1 s，0.3 s，1 s，3 s，10 s，30 s，100 s，

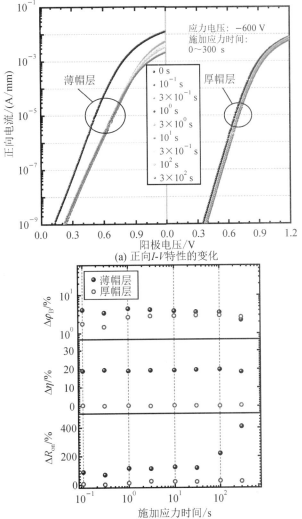

(a) 正向 *I-V* 特性的变化

(b) 势垒高度理想因子及导通电阻与施加应力时间的关系

图 7.38　−600 V 反向电压应力下厚 GaN 帽层结构和薄 GaN 帽层结构器件的特性

300 s。应力施加后立即扫描器件正向 I-V 特性曲线，分别观察其退化程度，对于输出电流，厚帽层结构器件表现出良好的耐电流崩塌特性，而薄 GaN 帽层结构器件的输出电流最大退化了 63%。在半对数坐标 $\lg I$-V 表示下，薄 GaN 帽层结构的 I-V 曲线有明显的向右偏移现象，而厚 GaN 帽层结构器件相对稳定。图 7.38(b) 为器件势垒高度、理想因子及导通电阻与施加应力时间的关系，从图中可知，厚帽层结构 GaN SBD 器件在高压反向偏置状态下器件各项指标参数相对稳定，真正实现了耐电流崩塌的效果。

7.6.2 光辅助 C-V 法表征 Al_2O_3/GaN 界面态密度

为了统一标准、定量分析表面处理前后 MOSCAP 的界面态密度，可采用光辅助 C-V 法进行表征。其原理为借助紫外光照射半导体样品，在靠近界面处产生空穴和电子对，确保禁带中不同能级高度的陷阱在 C-V 测量过程中均响应测量信号，从而评估界面质量，并通过计算得到 MOSCAP 样品的平均界面态密度 (D_{it})。为了避免陷阱未被电子完全填充，测量开始时先将 MOSCAP 偏置在积累态（保持 10 s），然后在黑暗中从深度耗尽状态扫至积累态得到暗 C-V 曲线，测试频率 $f=1$ MHz。接下来，栅极偏置保持在 -10 V 用以耗尽界面附近的电子，同时保持紫外光照射 10 min，使生成的空穴向 Al_2O_3/GaN 界面移动。在紫外光照下，界面处的高浓度空穴与界面态中允许被占据的电子复合，即经过紫外光照射后界面态中没有电子。关闭紫外光，再次进行相同的 C-V 测量以获得紫外光照射后的 C-V 曲线。由紫外光照射产生的空穴与陷阱中捕获的电子复合，导致表面的耗尽效果减弱。图 7.39 示出了紫外光照射前后不同

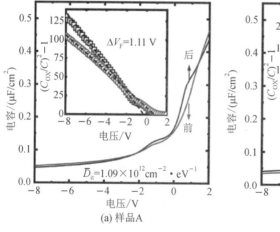

(a) 样品A

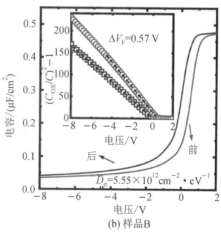

(b) 样品B

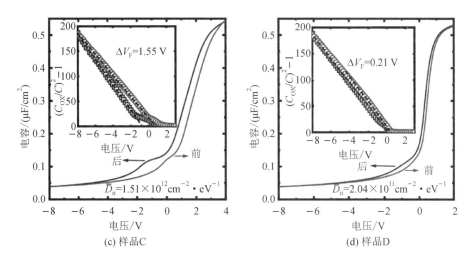

(c) 样品C　　　　　　　　　　　　　(d) 样品D

图 7.39　紫外光照射前后的不同样品的 C-V 曲线图（插图为 V_{FB} 偏移提取图）

MOSCAP 样品的 C-V 曲线 。与紫外光照射前相比，可以观察到 C-V 曲线发生负偏移。这种偏移定量描述为 ΔV_F，而平均 D_{it} 可以通过下式获得[44]：

$$\overline{D}_{it} = \frac{C_{OX} \times \Delta V_F}{q E_g} \qquad (7-24)$$

其中 ΔV_F 是平带电压（V_{FB}）的漂移。V_{FB} 可由 $(C_{ox}/C)^2 - 1$ 与 V 的关系曲线外推至 $(C_{ox}/C)^2 - 1 = 0$ 确定。

7.6.3　电导法表征 Al₂O₃/GaN 界面态密度

采用电导法精确表征界面态密度，有助于定量分析界面态对器件特性的影响。由于 GaN 禁带宽度大，部分陷阱能级室温下难以测试，因此测试温度除室温外还需增加 $150℃$ 的测试点，频率测试范围为 1 kHz 到 1 MHz。并联电导（G_p/ω）可以根据测量的电容（C_m）和电导（G_m）计算得出，即

$$\frac{G_p}{\omega} = \frac{\omega C_{OX}^2 G_m}{[C_m^2 + \omega^2 (C_{OX} - C_m)]} \qquad (7-25)$$

其中 ω 是测试频率，C_{OX} 为氧化层电容。探测到的界面态陷阱能级（E_T）相对于 GaN 导带（E_C）的距离可以通过 SRH（Shockley-Read-Hall）模型计算得出，即[45]

$$E_C - E_T = k_B T \ln(\tau_{it} \sigma v_t N_C) \qquad (7-26)$$

其中 k_B 是玻尔兹曼常数，T 是温度，τ_{it} 是界面态的寿命，σ 是界面态的捕获截面，v_t 是热速度，N_C 是 GaN 导带中的有效态密度。样品 A、B、C、D 的变频变温 C-V 特性如图 7.40 所示。样品 A、B 和 C 均表现出较大的频散现象，

并且 C-V 特性在 150℃下退化严重。样品 D 获得了良好的界面特性，如图 7.40(d)和(h)所示。样品 A 的并联电导(G_p/ω)频率关系在 150℃下的计算结果如图 7.41(a)所示。即便在 150℃下，样品 D 的计算结果并没有观察到明显的包络状归一化电导曲线，如图 7.41(b)所示。这是宽带隙材料的常见现象[46-48]，由于半导体禁带宽度大、陷阱能级深，需要更低频、更高温才能探测到较深处的陷阱。而本测试采用 1 kHz 和 150℃的测试条件仍未能探测到优化后的样品界面态能级，说明优化前的浅能级陷阱问题已经被表面处理过程改善了。

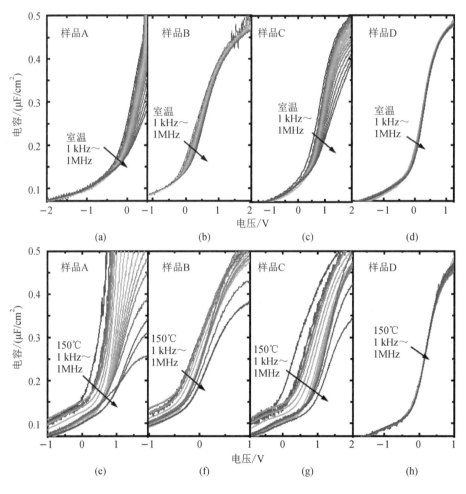

图 7.40　样品 A、B、C、D 的变频变温 C-V 特性

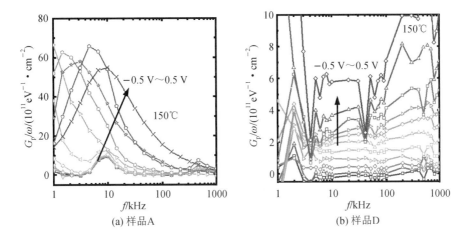

(a) 样品A　　　　　　　　　(b) 样品D

图 7.41　150℃下样品 A 和 D 的并联电导(G_p/ω)与频率关系

参 考 文 献

［1］　HO J, JONG C, CHIU C C, et al. Low-resistance ohmic contacts to p-type GaN achieved by the oxidation of Ni/Au films［J］. Journal of Applied Physics, 1999, 86(8): 4491 – 4497.

［2］　YILDIRIM N, EJDERHA K, TURUT A. On temperature-dependent experimental I-V and C-V data of Ni/n-GaN Schottky contacts［J］. Journal of Applied Physics, 2010, 108(11): 114506.

［3］　IUCOLANO F, ROCCAFORTE F, GIANNAZZO F, et al. Barrier inhomogeneity and electrical properties of Pt/GaN Schottky contacts［J］. Journal of Applied Physics, 2007, 102(11): 113701.

［4］　Contents: Phys. Status Solidi C 7/1［J］. Physica Status Solidi C, 2010, 7(1): 3 – 6.

［5］　KUMAR A, LATZEL M, CHRISTIANSEN S, et al. Effect of rapid thermal annealing on barrier height and $1/f$ noise of Ni/GaN Schottky barrier diodes［J］. Applied Physics Letters, 2015, 107(9): 93502.

［6］　SZE S M, LI Y, NG K K. Physics of semiconductor devices physics of semiconductor devices［M］. John Wiley & Sons, 2006.

［7］　SUDA J, YAMAJI K, HAYASHI Y, et al. Nearly ideal current-voltage characteristics of schottky barrier diodes formed on hydride-vapor-phase-epitaxy-grown GaN free-standing substrates［J］. Applied physics express, 2010, 3(10): 101003.

［8］　LI L, KISHI A, LIU Q, et al. GaN Schottky barrier diode with TiN electrode for

microwave rectification[J]. IEEE Journal of the Electron Devices Society, 2014, 2(6): 168 - 173.

[9] ZHANG Y, SUN, et al. GaN-on-Si vertical Schottky and p-n diodes[J]. IEEE Electron Device Letters, 2014, 35(6): 618 - 620.

[10] LI W, NOMOTO K, PILLA M, et al. Design and realization of GaN trench junction-barrier-Schottky-diodes[J]. IEEE Transactions on Electron Devices, 2017, 64(4): 1635 - 1641.

[11] ZHANG Y, LIU Z, ·TADJER M J, et al. Vertical GaN junction barrier Schottky rectifiers by selective ion implantation[J]. IEEE Electron Device Letters, 2017, 38(8): 1097 - 1100.

[12] YANG S, HAN S, LI R, et al. 1 kV/1.3 mΩ · cm² vertical GaN-on-GaN Schottky barrier diodes with high switching performance[A], 2018.

[13] KIM B, MOON D, JOO K, et al. Investigation of leakage current paths in n-GaN by conductive atomic force microscopy[J]. Applied Physics Letters, 2014, 104(10): 102101.

[14] 边照科. 准垂直结构 GaN 肖特基二极管研究[D]. 西安：西安电子科技大学，2020.

[15] LEE M, AHN C W, VU T K O, et al. Current transport mechanism in palladium Schottky contact on Si-based freestanding GaN[J]. Nanomaterials, 2020, 10(2): 297.

[16] ALLEN N, CIARKOWSKI T, CARLSON E, et al. Characterization of inhomogeneous Ni/GaN Schottky diode with a modified log-normal distribution of barrier heights[J]. Semiconductor Science and Technology, 2019, 34(9): 95003.

[17] MAMOR M. Interface gap states and Schottky barrier inhomogeneity at metal/n-type GaN Schottky contacts[J]. Journal of Physics: Condensed Matter, 2009, 21(33): 335802.

[18] OUENNOUGHI Z, TOUMI S, WEISS R. Study of barrier inhomogeneities using I-V-T characteristics of Mo/4H-SiC Schottky diode[J]. Physica B: Condensed Matter, 2015, 456176 - 181.

[19] KUMAR A, ASOKAN K, KUMAR V, et al. Temperature dependence of $1/f$ noise in Ni/n-GaN Schottky barrier diode[J]. Journal of Applied Physics, 2012, 112(2): 24507.

[20] YOON, SU-JUNG, LEE, et al. Inhomogeneity of barrier heights of transparent Ag/ITO Schottky contacts on n-type GaN annealed at different temperatures[J]. Journal of Alloys and Compounds, 2018, 74266 - 71.

[21] IKEDA N, NIIYAMA Y, KAMBAYASHI H, et al. GaN power transistors on Si substrates for switching applications[J]. Proceedings of the IEEE, 2010, 98(7): 1151 - 1161.

[22] JOH J, ALAMO J A D. A Current-transient methodology for trap analysis for GaN high electron mobility transistors[J]. IEEE Transactions on Electron Devices, 2011, 58(1): 132 - 140.

[23]　BISI D, MENEGHINI M, De SANTI C, et al. Deep-level characterization in GaN HEMTs-part I: advantages and limitations of drain current transient Measurements [J]. IEEE Transactions on Electron Devices, 2013, 60(10): 3166 − 3175.

[24]　YANG S, LIU S, LU Y, et al. AC-capacitance techniques for interface trap analysis in GaN-based buried-channel MIS-HEMTs [J]. IEEE Transactions on Electron Devices, 2015, 62(6): 1870 − 1878.

[25]　ZHANG W H, XUE J S, ZHANG L, et al. Trap state analysis in AlGaN/GaN/AlGaN double heterostructure high electron mobility transistors at high temperatures [J]. Applied Physics Letters, 2017, 110(25): 252102.

[26]　SUN W, JIMENEZ J L, AREHART A R. Impact of traps on the adjacent channel power ratios of GaN HEMTs[J]. IEEE Electron Device Letters, 2020, 41(6): 816 − 819.

[27]　MNATSAKANOV T T, LEVINSHTEIN M E, POMORTSEVA L I, et al. Carrier mobility model for GaN[J]. Solid-State Electronics, 2003, 47(1): 111 − 115.

[28]　SCHWIERZ F. An electron mobility model for wurtzite GaN[J]. Solid-State Electronics, 2005, 49(6): 889 − 895.

[29]　ACURIO E, TROJMAN L, CRUPI F, et al. Reliability assessment of AlGaN/GaN Schottky barrier diodes under on-state stress[J]. IEEE Transactions on Device and Materials Reliability, 2020, 20(1): 167 − 171.

[30]　TALLARICO A N, STOFFELS S, MAGNONE P, et al. Reliability of Au-Free AlGaN/GaN-on-silicon Schottky barrier diodes under on-state stress [J]. IEEE Transactions on Electron Devices, 2016, 63(2): 723 − 730.

[31]　张涛. 横向结构 GaN 基肖特基二极管研究[D]. 西安: 西安电子科技大学, 2020.

[32]　张燕妮. GaN 基凹槽阳极肖特基和 PiN 二极管研究[D]. 西安: 西安电子科技大学, 2022.

[33]　ZHANG W, SIMOEN E, ZHAO M, et al. Analysis of leakage mechanisms in AlN nucleation layers on p-Si and p-SOI substrates[J]. IEEE Transactions on Electron Devices, 2019, 66(4): 1849 − 1855.

[34]　RAO P K, PARK B, LEE S, et al. Analysis of leakage current mechanisms in Pt/Au Schottky contact on Ga-polarity GaN by Frenkel-Poole emission and deep level studies [J]. Journal of Applied Physics, 2011, 110(1): 13716.

[35]　FAN Q, CHEVTCHENKO S, NI X, et al. Reactive ion etch damage on GaN and its recovery[J]. Journal of Vacuum & Technology B, 2006, 24(3): 1197 − 1201.

[36]　LEI J, WEI J, TANG G, et al. 650 V double-channel lateral Schottky barrier diode with dual-recess gated anode[J]. IEEE Electron Device Letters, 2018, 39(2): 260 − 263.

[37]　GAO J, JIN Y, XIE B, et al. Low on-resistance GaN Schottky barrier diode with high V_{ON} uniformity using LPCVD Si_3N_4 compatible self-terminated. low damage

anode recess technology[J]. IEEE Electron Device Letters, 2018, 39(6): 859 – 862.

[38] TSOU C, WEI K, LIAN Y, et al. 2. 07 kV AlGaN/GaN Schottky barrier diodes on silicon with high Baliga's figure-of-merit[J]. IEEE Electron Device Letters, 2015, 37(1): 70 – 73.

[39] NELA L, KAMPITSIS G, MA J, et al. Fast-switching tri-anode Schottky barrier diodes for monolithically integrated GaN-on-Si power circuits[J]. IEEE Electron Device Letters, 2020, 41(1): 99 – 102.

[40] ZHANG T, ZHANG Y, ZHANG J, et al. Current transport mechanism of high-performance novel GaN MIS diode[J]. IEEE Electron Device Letters, 2021, 42(3): 304 – 307.

[41] HALIDOU I, BENZARTI Z, BOUFADEN T. Influence of silane flow on MOVPE grown GaN on sapphire substrate by an in situ SiN treatment[J]. Materials Science and Engineering: B, 2004, 110(3): 251 – 255.

[42] HAFFOUZ S, KIRILYUK V, HAGEMAN P R, et al. Improvement of the optical properties of metalorganic chemical vapor deposition grown GaN on sapphire by an in situ SiN treatment[J]. Applied Physics Letters, 2001, 79(15): 2390 – 2392.

[43] MA J, LU X, ZHU X, et al. MOVPE growth of in situ SiN_x/AlN/GaN MISHEMTs with low leakage current and high on/off current ratio[J]. Journal of Crystal Growth, 2015, 414237 – 242.

[44] TAN J, DAS M K, COOPER J A, et al. Metal-oxide-semiconductor capacitors formed by oxidation of polycrystalline silicon on SiC[J]. Applied Physics Letters, 1997, 70(7): 2280 – 2281.

[45] SCHRODER D K. Semiconductor material and device characterization[M]. John Wiley&Sons, 2005.

[46] YELURI R, SWENSON B L, MISHRA U K. Interface states at the SiN/AlGaN interface on GaN heterojunctions for Ga and N-polar material[J]. Journal of Applied Physics, 2012, 111(4): 117 – 864.

[47] WU Y Q, SHEN T, YE P D, et al. Photo-assisted capacitance-voltage characterization of high-quality atomic-layer-deposited Al_2O_3/GaN metal-oxide-semiconductor structures[J]. Applied Physics Letters, 2007, 90(14): 151 – 152.

[48] SWENSON B L, MISHRA U K. Photoassisted high-frequency capacitance-voltage characterization of the Si_3N_4/GaN interface[J]. Journal of Applied Physics, 2009, 106(6): 143504.

第 8 章

氮化镓基三极管

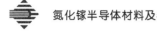

本章主要介绍 AlGaN/GaN 异质结的极化效应、GaN 基三极管（微波射频器件和电力电子器件）的工作原理以及可靠性。

图 8.1 所示为 AlGaN/GaN 异质结能带示意图，该异质结能形成高密度的 2DEG。

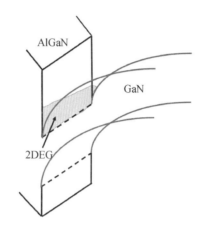

图 8.1   AlGaN/GaN 异质结能带示意图

2DEG 的面密度公式如下：

$$n_s(x) = \frac{\sigma(x)}{q} - \frac{\varepsilon_0 \varepsilon_r(x)}{q^2 d} \left[q\varphi_B(x) + E_F(x) - \Delta E_C(x) \right] \qquad (8-1)$$

式中，x 为 $Al_x Ga_{1-x} N$ 中 Al 的组分，$\sigma_{(x)}$ 为极化电荷，q 为电荷量，$\varepsilon_r(x)$ 为 AlGaN 材料对应的相对介电常数，d 为势垒层厚度，$q\varphi_B(x)$ 为势垒高度，$E_F(x)$ 为异质结界面处 GaN 层的费米能级，$\Delta E_C(x)$ 为两种材料的导带带阶。

8.1   GaN 射频/微波功率器件

8.1.1   GaN 射频/微波 HEMT 器件的工作原理与特性参数

图 8.2 展示了两种极性 AlGaN/GaN 异质结 HEMT 器件结构的示意图，一种为 Ga 极性，另一种为 N 极性，N 极性中 2DEG 更加靠近栅极。器件主要是通过在栅极上施加电压以调控沟道中 2DEG 浓度以及沟道的开关，从而对漏电流大小进行调控的。GaN HEMT 器件的特性参数主要有阈值电压、漏极电流、跨导、截止频率、最高振荡频率和功率附加效率等。

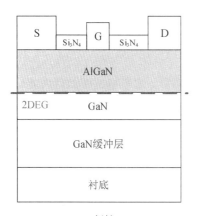

Ga极性

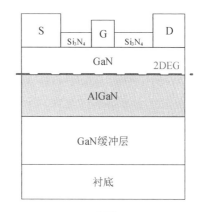

N极性

图 8.2　两种极性的 AlGaN/GaN 异质结 HEMT 器件结构示意图

阈值电压 V_{th} 是指当沟道恰好被关断时所施加在栅极上的电压，以下是其计算公式：

$$V_{th} = \frac{\varphi_B}{q} - \frac{dn_s}{\varepsilon_0 \varepsilon_r} - \frac{\Delta E_C}{q} + \frac{E_F}{q} - \frac{q}{\varepsilon} \int_0^d dx \int_0^x N_{si}(x) dx - \frac{qdN_z}{\varepsilon} - \frac{qN_b}{C_b}$$

(8 - 2)

式中，V_{th} 为阈值电压，φ_B 为肖特基接触势垒高度，d 为势垒层厚度，n_s 为 AlGaN/GaN 界面 2DEG 面密度，ΔE_C 为 AlGaN/GaN 异质结导带带阶，$N_{si}(x)$ 为 AlGaN 势垒层中故意掺杂 Si 的浓度，N_z 为势垒层表面陷阱电荷浓度，N_b 为缓冲层中陷阱电荷浓度，C_b 为缓冲层与沟道层间电容。由式(8-2)可知，可以通过调节掺杂离子浓度、势垒层厚度以及表面电荷来对阈值电压进行调控。

漏极电流的大小受栅极电压和漏极电压的影响，不考虑源漏电极的接触电阻，根据泊松方程，漏极电流 I_D 可以表示为

$$I_D = qWvn_s$$

(8 - 3)

式中，q 为电子所带电荷量，W 为栅宽，v 为电子移动速度。

当栅极电压小于阈值电压时，器件处于截止区；当栅极电压大于阈值电压且漏极施加的电压较小时，器件进入线性区，此时漏极电流计算公式为

$$I_D = \frac{\varepsilon_0 \varepsilon_r \mu W}{dL_G} \left[(V_G - V_{th})V_D - \frac{V_D^2}{2} \right]$$

(8 - 4)

式中，d 为势垒层厚度，L_G 为栅长，V_G 为栅极电压，V_{th} 为器件阈值电压，V_D 为漏极电压。

由式(8-4)不难看出，此时漏电流主要受栅极电压和漏极电压影响。

当漏极电压增大，使得沟道中电场达到临界场强，载流子达到速度极限时，

电流不会随漏电压增大而增大，器件进入饱和区，此时漏极电流计算公式为

$$I_D = \frac{\varepsilon_0 \varepsilon_r \upsilon W}{d L_G}(V_G - V_{th})(1 + \lambda V_D) \tag{8-5}$$

其中：υ 为二维电子饱和速度；λ 是沟道调制系数，理想情况下其值为零，但实际上漏电压会影响栅下电势，因此引入该项。

忽略源漏串联电阻，本征跨导 G_m^* 可以表征栅极对沟道电流的控制能力，其值越大表示栅控能力越强，其计算公式为

$$G_m^* = \frac{\partial I_D}{\partial V_G}\bigg|_{V_D = 常数} \tag{8-6}$$

对于小栅长器件，当工作在饱和区时，跨导公式理论上为

$$G_m^* = \frac{W}{d}\mu\varepsilon_1 E_S \tag{8-7}$$

而实测跨导公式为

$$G_m = \frac{G_m^*}{1 + R_S G_m^*} = \frac{W\mu\varepsilon_1 E_S}{d + R_S W\mu\varepsilon_1 E_S} \tag{8-8}$$

其中：R_S 是栅源串联电阻；E_S 为沟道电场强度，ε_1 为 AlGaN 层的介电常数。在设计器件时，为了提高器件的跨导，除了选用载流子饱和速率较高的异质结材料以及减薄势垒层厚度以外，还需要缩短栅源间距，同时降低欧姆接触电阻。

GaN HEMT 器件的截止频率 f_T 和最高振荡频率 f_{max} 都是重要的射频参数，前者为 HEMT 在电流增益为 1 时的工作频率，后者为器件单向功率增益降至 1 时的工作频率。其中截止频率受器件栅源电容、栅漏电容、源漏电阻以及本征跨导等影响，考虑器件寄生效应，其公式为

$$f_T = \frac{G_m^*}{2\pi(C_{GS} + C_{GD})\left(1 + \dfrac{R_S + R_D}{R_{DS}}\right) + 2\pi C_{GD} G_m^*(R_S + R_D)} \tag{8-9}$$

式中，R_D 为栅漏电阻，C_{GS} 为栅源电容，C_{GD} 为栅漏电容，R_{DS} 为源漏电阻。

不难看出，为了提高截止频率，应该设法增大 2DEG 迁移率，优化欧姆接触质量，增大器件本征跨导，减小寄生电容，同时缩小栅长 L_G 和漏源间距。

最高振荡频率 f_{max} 与器件截止频率的关系为

$$f_{max} = \frac{f_T}{2\sqrt{\dfrac{R_G + R_S + R_i}{R_{DS}} + 2\pi f_T R_G C_{GD}}} \tag{8-10}$$

其中 R_i 是器件的输入电阻。由此可见，欲提高器件最高振荡频率，则要提升器件截止频率，并降低器件栅极电阻以及寄生电容。

功率附加效率 PAE 可以表征器件将直流功率转换为射频输出功率的能力，其表达式为

$$PAE = (P_{out} - P_{in})/P_{DC} \qquad (8-11)$$

其中 P_{out} 和 P_{in} 分别是输出和输入功率，P_{DC} 是直流偏置源的总功率。

8.1.2 AlGaN/GaN HEMT 自热效应与金刚石衬底

当 GaN HEMT 器件的漏极上施加大电压时，吸收能量产生的热电子会发射大量纵向光学(LO)声子，导致晶格温度升高，虽然 LO 声子有机会被吸收或者转化，但只有转化生成的声学声子有将沟道内产生的热量传输至衬底位置来散热的能力。这个转移的过程大概需要 350 fs，但热电子激发 LO 声子的时间仅仅需要约 10 fs，且由于 GaN 的自发极化，光学声子的群速度接近零，导致 LO 声子逐渐聚集在沟道层中，极大地阻碍了器件散热，导致载流子迁移率和饱和漂移速度降低，阈值电压以及输出功率都随之下降，这种现象称为"自热效应"。当器件小型化时，电流密度愈发增大，越来越明显的自热效应严重影响了器件可靠性。常规的衬底材料(如 Si、蓝宝石等)由于散热能力不足，在高频大功率下限制了器件的应用。

金刚石是新兴的超宽禁带半导体材料，其具有超高导热性、高击穿场强、高电子饱和漂移速度、高机械强度、低重量和化学惰性等独特特性，被认为是高频高压大功率半导体领域的绝佳材料。金刚石的热导率是 Si 材料的十几倍，是 SiC 材料的数倍，因此将其作为 GaN HEMT 器件的衬底、热沉、顶部散热层，可以比使用其他材料作为衬底散热更高效，如图 8.3 所示。通过降低 GaN 层的厚度，用高导热的金刚石代替 SiC 衬底，能够将结温降低 40℃左右，并且极大地提升器件的耐高压能力。由金刚石衬底制备的器件具有更高的可靠性。

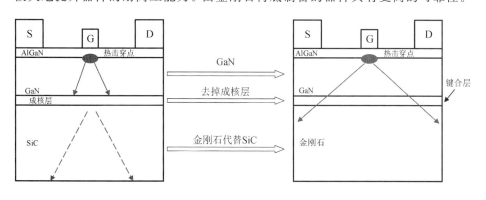

图 8.3 SiC 衬底与金刚石衬底 GaN HEMT 散热对比

自 2006 年 Jessen 等人提出了在金刚石上制备 GaN 器件可以有效地提升 GaN 晶体管散热的效率[1]以来，GaN 与金刚石的结合经过多种探索和研究，归纳起来形成了三种方式：其一是将金刚石直接或间接键合到 HEMT 器件；其二是在单晶或多晶金刚石衬底上直接进行 GaN 外延生长，然后制造 HEMT 器件；其三是在 GaN HEMT 器件的正面或背面上生长纳米晶的多晶金刚石。每种方式各有其优势，但也存在一定的不足之处。比如在 GaN 外延层表面直接生长金刚石材料这一方式，不但会引入热应力与较大的界面热阻，而且生长的纳米级金刚石晶粒的热导率较低，一定程度上降低了器件散热效率。

8.1.3 N 极性 GaN HEMT 器件

由于纤锌矿结构的氮化物晶胞缺少中心对称性，N 极性氮化物的内部极化电场（Polarization-Induced Electrical Field）方向与金属极性氮化物相反，这就导致在 N 极性的异质结结构当中，2DEG 在势垒层的上方形成。如图 8.4 所示，一般 N 极性 GaN 的高电子迁移率晶体管的外延结构自上而下依次是 GaN 沟道层、AlGaN 或 InGaN 势垒层、GaN 缓冲层和衬底。对比 Ga 极性 GaN HEMT 器件，N 极性 GaN HEMT 器件更具有一定的优势。

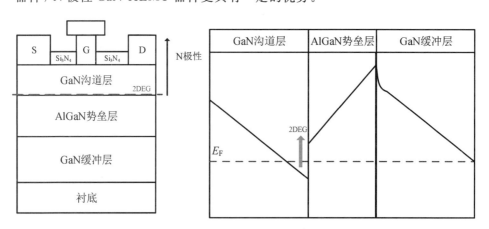

图 8.4　N 极性 GaN HEMT 器件结构示意图与栅下能带示意图

首先，在 N 极性 GaN HEMT 器件的外延结构中，处于沟道层下方的 AlGaN 势垒层（一般称作背势垒层）对沟道电子有极其出色的限制作用，进而能够减缓因缩短沟道长度而带来的短沟道效应（Short-Channel Effect）[2]。当漏极施加大电压时，沟道内的电子聚集在沟道界面，这是由于电子聚集形成的电场与 AlGaN 背势垒内电场方向相同，因而在界面处被相斥的作用力阻挡在背势垒层外，因此减小了短沟道效应对器件的影响。背势垒层的作用不仅如此，它还可以限制沟道电子的波函数，提高器件的输出电导以及优化亚阈值性能等。

其次，在 N 极性 GaN HEMT 器件的外延结构中，GaN 沟道层在背势垒层的上层，沟道层和金属层直接接触，由于沟道层氮化镓的禁带宽度相对于势垒层的更窄，相比于 Ga 极性 GaN HEMT 器件而言更有利于获得更低的源漏欧姆接触电阻以及更小的串联电阻。

最后，N 极性 GaN HEMT 有助于等比例缩小器件尺寸，包括缩小栅长和减小源漏电极之间的距离。Ga 极性 GaN HEMT 器件要获取更优异的频率特性，必须考虑缩小栅长的同时减薄势垒层来缩短沟道与栅的间距，然而这不可避免地导致沟道中 2DEG 消耗甚至完全耗尽，从而恶化器件性能。而对于 N 极性 GaN HEMT 器件，因为势垒层在沟道层下方，所以能够通过减小沟道层的厚度来实现器件等比例缩小，且对 2DEG 密度影响很小，并且完全可以通过增加背势垒层的厚度以及通过掺杂来提高势垒层的极化强度以缓解 2DEG 浓度的减小。

尽管 N 极性 GaN 材料有一些独特的优势，但在材料生长和器件工艺上还是面临着一定的困难。首先，N 极性的控制比较困难，不同生长方法不同衬底的工艺条件并不一致，且不论是分子束外延（MBE）法生长还是金属有机物化学气相沉积（MOCVD）法生长，在 N 极性薄膜中很容易出现 Ga 极性的反相畴，这可能会对薄膜的晶体质量和表面形貌产生不利影响。其次，在常规衬底上通过 MOCVD 法生长的 N 极性 GaN 材料表面容易出现两种高密度的宏观六角形缺陷，包括顶端平坦的 Flat 型缺陷以及顶端突起的 Pyramid 型缺陷[3]。这使得表面粗糙度很大，并且刃位错和螺位错密度都比 Ga 极性 GaN 材料更高，后续很难进行器件制作。此外，在生长过程中 N 极性 GaN 内部氧原子杂质浓度较高，这主要是受原子结构的影响[4]，而氧杂质在氮化物中能够形成浅施主能级，其电离将造成非故意掺杂的背景载流子浓度过高，这样不仅很难制备 P 型结构，也可能会导致载流子迁移率严重下降[5]。

正因为 N 极性的 GaN 材料生长相对困难且质量不高，所以很大一部分 N 极性材料都是通过基于衬底转移的激光剥离工艺（LLO）来制备的，其工艺步骤如图 8.5 所示。首先，在蓝宝石衬底上生长 Ga 极性 GaN 外延层；接着，在（100）面的 Si 材料和 Ga 极性 GaN 材料上分别旋涂黏合剂，并通过热压技术使之合成一体；最后，将整体材料倒转，使用激光剥离的方式去掉原始蓝宝石衬底以显露 GaN 材料。由于 Ga 极性 GaN 与 N 极性 GaN 相位差为 180°，因此这

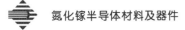

个过程得到的 GaN 材料即可认为是 N 极性 GaN。

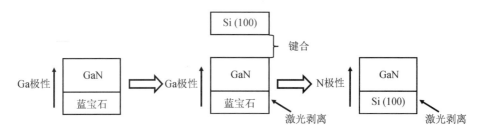

图 8.5　基于 LLO 技术获得 N 极性 GaN 材料的工艺步骤

　　上述方法的问题在于激光剥离的成品率很低，费用高，并且很难获得大尺寸的 GaN 材料。此外，激光剥离时引入的杂质和缺陷会恶化 GaN 材料的表面形貌，因此需做进一步的处理。众多研究表明，采用反应离子刻蚀工艺去除(111)面 Si 基 GaN 衬底的方式可获得 N 极性 GaN 材料，将高导热衬底与之键合，获得具有高导热衬底的 N 极性 GaN HEMT 器件是未来制备高频、高效率 GaN 射频/微波功率器件的重要途径之一。

8.2　GaN 基电力电子器件

　　由于 AlGaN/GaN 异质结构之间存在极化效应，因此该异质结无须掺杂就可以在靠近异质结界面处的 GaN 层形成高浓度的 2DEG，基于该异质结的器件具有耗尽型的特征，即栅压偏置为零时，沟道导通，器件开启，关断器件则需要加负向的栅压偏置。图 8.6 给出了耗尽型 GaN 基电力电子器件，即 HEMT 器件的典型结构示意图。由于耗尽型器件所需的负向栅压偏置与常规的栅驱动电路芯片的控制方式不兼容，因此需要重新设计并制造其专用的栅驱动电路，这极大地限制了耗尽型 GaN HEMT 器件的应用。除此之外，由于耗尽型 GaN HEMT 器件的常开特性，其用于电力电子等高电压、大电流领域中，若关断信号失效，则会导致耗尽型 GaN HEMT 器件错误开启，这将带来严重的安全隐患。相对地，增强型 GaN HEMT 器件因其具有常关特性，在无栅压偏置时处于关断状态，从而在工作中具有较高的安全性和可靠性。此外，由于增强型 GaN HEMT 器件需要加正向的栅压偏置才能开启，这与传统栅驱动电路之间具有良好的兼容性[6-11]。基于以上原因，近年来，国内外学者针对增强型 GaN HEMT 器件开展了大量研究，由此增强型 GaN HEMT 器件在电力电子领域获得了迅速发展，并取得了广泛应用。

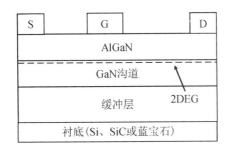

图 8.6　耗尽型 GaN HEMT 器件的结构示意图

图 8.7 展示了 GaN HEMT 器件的肖特基栅金属与 AlGaN/GaN 异质结接触形成的能带结构图以及对应的电荷分布情况。基于该能带图，肖特基栅极的 GaN HEMT 器件的阈值电压为

$$V_{th} = \varphi_B - \Delta E_C - V_{AlGaN} = \varphi_B - \Delta E_C - \frac{qn_s d_{AlGaN}}{\varepsilon_0 \varepsilon_{AlGaN}} \qquad (8-12)$$

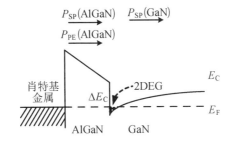

(a) 能带图(P_{SP}、P_{PE} 分别表示自发极化与压电极化)

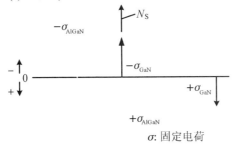

(b) 电荷分布

图 8.7　GaN HEMT 器件肖特基栅金属与 AlGaN/GaN 异质结接触的
能带图以及对应的电荷分布

其中，φ_B 为肖特基势垒高度，ΔE_C 为 GaN 与 AlGaN 之间的导带带阶，q 为电子的电荷量，n_s 为 AlGaN/GaN 异质结中的 2DEG 密度，d_{AlGaN} 为 AlGaN 势垒层厚度，ε_0 为真空介电常数，ε_{AlGaN} 为 AlGaN 势垒层的相对介电常数。由上式可得，若想提高 GaN HEMT 器件的阈值电压并使其获得正的阈值电压，即实现增强型 GaN HEMT 器件，可以从以下几个方面着手：① 减少 AlGaN 势垒层中的 Al 组分，以降低 2DEG 浓度；② 提高势垒高度；③ 减小 AlGaN 势垒层厚度。

基于以上理论，目前国际上通常采用以下三种技术制备增强型 GaN 基电力电子器件：P-GaN 栅技术、凹槽 MIS 栅技术和共源共栅晶体管（Cascode FET）技术。下面依次详细介绍这三种增强型 GaN 电力电子器件的实现方法和原理。

8.2.1　P-GaN 栅 GaN 电力电子器件

图 8.8 展示了一个典型的 P-GaN 栅增强型 GaN 电力电子器件的结构示意图。通过 P-GaN 栅技术实现增强型 GaN 电力电子器件，即在器件的栅极与 AlGaN 势垒层插入一层 P 型 GaN，通过设计 P-GaN 层的掺杂浓度和厚度，使得 P 型 GaN 中的负电荷完全耗尽其下面沟道中的二维电子气，以此来实现 GaN 电力电子器件的常关特性。

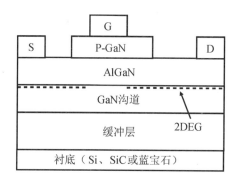

图 8.8　P-GaN 栅增强型 GaN 电力电子器件结构示意图

图 8.9 展示了 P-GaN 层插入之后栅下能带变化示意图。在插入 P-GaN 层后，AlGaN/GaN 界面处的导带被拉升到费米能级以上，使得器件实现常关功能。式(8-12)显示，P-GaN 栅技术可以等效提高势垒高度 φ_B，以实现常关性能。由于 P-GaN 栅的引入没有对 AlGaN/GaN 内的二维电子气造成破坏，因此 P-GaN 栅技术实现的增强型 GaN HEMT 器件具有更低的导通电阻和更大的电流驱动能力[11]。

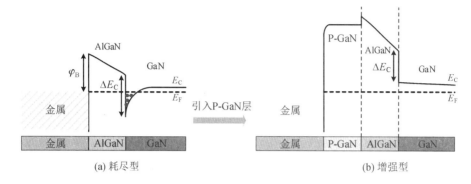

图 8.9　P-GaN 层插入之后栅下能带变化示意图

　　然而，通过 P-GaN 栅技术实现的增强型 GaN 电力电子器件也存在一些问题。在 P-GaN 层高温掺杂生长过程中，掺杂原子 Mg 会向沟道内扩散，导致器件可靠性降低。由于 Mg 在 GaN 中的激活效率较低，因此 P-GaN 栅技术实现的 GaN 电力电子器件的阈值电压较小，仍需进行进一步优化。此外，P-GaN 栅 GaN 电力电子器件的栅压正向摆幅较小，通常小于 10 V，导致栅极额定工作电压小于 6 V，这限制了器件的导通特性。

8.2.2　凹槽 MIS 栅 GaN 电力电子器件

　　图 8.10 展示了一个简化的凹槽 MIS 栅增强型 GaN 电力电子器件的结构示意图。为了抑制栅极漏电并解决正向栅压摆幅较低的问题，通常需要在栅金属下沉积一层介质，实现凹槽 MIS 栅增强型 GaN 电力电子器件。凹槽 MIS 栅技术采用离子刻蚀工艺将栅极区域下方的 AlGaN 势垒层部分或完全刻蚀掉，以去除栅电极下方固有的正极化电荷，并利用栅金属的耗尽作用降低此区域的 2DEG 浓度使器件常关，最终实现增强型 GaN 电力电子器件的制备[12]。

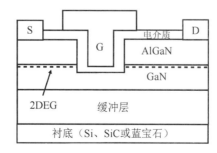

图 8.10　凹槽 MIS 栅增强型 GaN 电力电子器件结构示意图

然而，凹槽 MIS 栅技术实现增强型器件也存在诸多问题。比如，凹槽的刻蚀深度难以精确控制，尤其是只刻蚀部分势垒层来制备增强型 GaN 电力电子器件面临着阈值电压均匀性的问题；栅介质的引入为介质界面以及介质内部带来了大量的陷阱，这些陷阱在动态充放电过程中会导致器件的阈值电压不稳定；栅介质内部的陷阱可以在正向和反向的栅极偏置下俘获或释放沟道载流子，导致器件阈值电压的漂移和栅控能力的退化。以上问题严重影响了器件性能以及栅的可靠性，使得凹槽 MIS 栅技术实现增强型 GaN 电力电子器件的产业化进程缓慢。

8.2.3　Cascode 增强型 GaN 电力电子器件

图 8.11 展示了一个典型的 Cascode 增强型 GaN 电力电子器件的结构示意图。它是由一个低压的增强型 Si MOSFET 器件与一个高压的耗尽型 GaN HEMT 器件按照共源共栅的方式级联而成的[13]。该器件最大的优势是其基于增强型 Si MOSFET 与耗尽型 GaN HEMT 的成熟制备工艺制造，使得器件的栅控特性与传统的增强型 Si MOSFET 器件相同，其阈值电压就是 Si MOSFET 器件的阈值电压，因此具有较高且稳定的正阈值电压，且具有较好的稳定性和安全性。此外，该器件具有较大的栅压摆幅范围，与栅驱动电路之间有很好的兼容性，这是 P-GaN 栅技术所实现的增强型 GaN HEMT 器件所不具备的优势[14]。该器件唯一的缺点就是工作频率受限于 Si MOSFET 器件，且较长的封装引线引入了较大的振铃噪声（Ringing Noise），这降低了器件工作的稳定性。

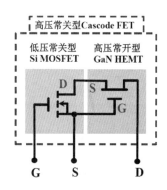

图 8.11　Cascode 增强型 GaN 电力电子器件结构示意图

Cascode 增强型 GaN 电力电子器件具有三个工作过程，分别为动态充电过程（初始状态）、关态分压过程（关断状态）和动态放电过程（开启状态）[15-18]。

下面将详细地分析与讨论 Cascode 增强型 GaN 电力电子器件的各个工作过程与机理，并将 Cascode 增强型 GaN 电力电子器件的工作状态与其转移特性曲线相对应，以便读者更易理解其工作过程。

1. 动态充电过程(初始状态)

图 8.12(a)为 Cascode 增强型 GaN 电力电子器件的原始电路。从 Cascode 增强型 GaN 电力电子器件的转移特性曲线(见图 8.12(c))中可以得到，该器件的初始栅极电压 V_{GS} 为 0 V，漏极偏置 $V_{DS}=c$，其中 $c>0$，且为常数。因 $V_{GS}=0$ V$<V_{th\text{-}Si}$，所以 Si MOSFET 关断，其源漏之间可以等效为电容 $C_{DS\text{-}Si}$（$C_{GD\text{-}Si}$，$C_{GS\text{-}GaN}$ 同理）；因 Cascode 增强型 GaN 电力电子器件处于初始状态，设 $V_{GS\text{-}GaN}=0$ V，由于 $V_{GS\text{-}GaN}=0$ V$>V_{th\text{-}GaN}$，因此 GaN HEMT 处于开启状态。此时 Cascode 增强型 GaN 电力电子器件的等效电路如图 8.12(b)所示，由于器件的源漏加了 $V_{DS}=c$ 的偏置，因此，V_{DS} 开始对电容 $C_{GD\text{-}Si}$、$C_{DS\text{-}Si}$ 和 $C_{GS\text{-}GaN}$ 充电，此过程称为初始状态的动态充电过程。Cascode 增强型 GaN 电力电子器件的动态充电过程已在图 8.12(c)中对应位置标出。

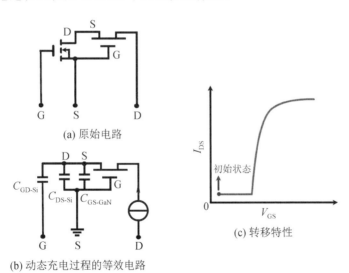

(a) 原始电路

(b) 动态充电过程的等效电路

(c) 转移特性

图 8.12　Cascode 增强型 GaN 电力电子器件的原始电路、动态充电过程的等效电路和转移特性

2. 关态分压过程(关断状态)

在 Cascode 增强型 GaN 电力电子器件的转移特性中，关态分压过程是紧随动态充电过程之后的，其对应位置已在图 8.13(b)中标出。该过程中，Cascode 增强型 GaN 电力电子器件的等效电路如图 8.13(a)所示。Cascode 增强

型 GaN 电力电子器件的源漏电压 V_{DS} 继续对 $C_{GD\text{-}Si}$、$C_{DS\text{-}Si}$ 和 $C_{GS\text{-}GaN}$ 三个电容充电。此时，电容 $C_{DS\text{-}Si}$ 持续积累电荷，其两端电压 $V_{DS\text{-}Si}$ 的值由 0 V 持续增加，当电压增至 $V_{DS\text{-}Si} = -V_{th\text{-}GaN}$ 时，GaN HEMT 器件开始关断。与此同时，Cascode 增强型 GaN 电力电子器件的栅压 V_{GS} 也在增加，但由于 $V_{GS} < V_{th\text{-}Si}$，因此 Si MOSFET 仍处于关断状态。Cascode 增强型 GaN 电力电子器件中的 Si 器件与 GaN 器件均处于关断状态，其源漏偏置电压 V_{DS} 由 $R_{off\text{-}Si}$ 与 $R_{off\text{-}GaN}$ 串联共同承担，即

$$V_{DS} = I_{DS\text{-}off} \cdot (R_{off\text{-}Si} + R_{off\text{-}GaN}) \tag{8-13}$$

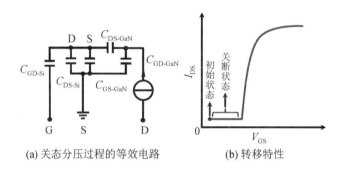

(a) 关态分压过程的等效电路　　(b) 转移特性

图 8.13　Cascode 增强型 GaN 电力电子器件的关态分压过程的等效电路和转移特性

3. 动态放电过程（开启状态）

在 Cascode 增强型 GaN 电力电子器件的转移特性中，动态放电过程是紧随关态分压过程之后的，其对应位置已在图 8.14(b) 中标出。此时，Cascode 增强型 GaN 电力电子器件的等效电路如图 8.14(a) 所示。Cascode 增强型 GaN 电力电子器件的栅压 V_{GS} 继续增加，当栅压 V_{GS} 增加至 $V_{GS} = V_{th\text{-}Si}$ 时，Si MOSFET 器件开始开启，其源漏沟道被打开，原先储存在电容 $C_{DS\text{-}Si}$ 中的电荷通过 Si 器件的沟道放电导出，直至 $V_{DS\text{-}Si} = 0$ V。由电路示意图易得 $V_{DS\text{-}Si} = -V_{GS\text{-}GaN}$，因此 GaN HEMT 器件的栅压 $V_{GS\text{-}GaN} = 0$ V。此时，加在 GaN HEMT 器件上的栅压 $V_{GS\text{-}GaN} > V_{th\text{-}GaN}$，因此，GaN HEMT 器件重新开启，Cascode 增强型 GaN 电力电子器件的源漏电压 V_{DS} 由 $R_{on\text{-}Si}$ 与 $R_{on\text{-}GaN}$ 串联共同承担，即

$$V_{DS} = I_{DS\text{-}on} \cdot (R_{on\text{-}Si} + R_{on\text{-}GaN}) \tag{8-14}$$

随着 Cascode 增强型 GaN 电力电子器件的栅压 V_{GS} 继续增加，Si MOSFET 的沟道被完全打开，Cascode 增强型 GaN 电力电子器件处于完全开启状态，其对应位置已在图 8.14(b) 中标出。

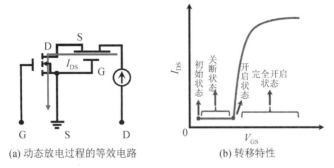

(a) 动态放电过程的等效电路　　　　　(b) 转移特性

图 8.14　Cascode 增强型 GaN 电力电子器件的动态放电过程的等效电路和转移特性

　　开启和关断状态是 Cascode 增强型 GaN 电力电子器件的两个重要工作状态。无论是应用于电力电子领域还是微波射频领域，在击穿电压满足要求的基础上，均希望器件的关态静态功耗尽可能低，器件的开态输出功率尽可能大。这就要求器件的关态漏电流小，输出电流大。图 8.15 展示了 Cascode 增强型 GaN 电力电子器件的开关工作特性。当 Cascode 增强型 GaN 电力电子器件的栅压偏置 $V_{GS} < V_{th\text{-}Si}$ 时，器件处于关断状态，此时希望器件能承受诸如 600 V 的高电压；当 Cascode 增强型 GaN 电力电子器件的栅压偏置 $V_{GS} \geqslant V_{th\text{-}Si}$ 时，器件处于开启状态，此时希望器件拥有尽可能大的输出电流。

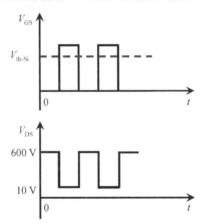

图 8.15　Cascode 增强型 GaN 电力电子器件的开关工作特性

8.3　GaN 基三极管的测试表征技术

　　GaN 材料可承受较高的击穿电压，且具有较好的高温稳定性。但是，目前

GaN 材料通常在异质衬底上外延生长，其与衬底存在较大的晶格失配和热失配，不可避免地会引入杂质和缺陷，这些缺陷会导致外延的 GaN 材料中出现大量的电子陷阱或空穴陷阱，这些陷阱给器件性能以及可靠性均带来了不利影响。前文介绍了 GaN 射频器件和电力电子器件的结构和工作原理，这些不同结构的器件具有不同的失效机理，因此需要针对不同的器件结构，使用不同的技术手段和分析方法开展可靠性分析。

以栅可靠性为例，对于肖特基栅的耗尽型 GaN 器件，其失效是由于场板下钝化层的失效引起的，因此，针对该失效特点可以设计相应的解决方案。对于 MIS 栅 GaN 器件，在栅金属下沉积一层介质可有效地抑制栅漏电，但是会带来新的可靠性问题，例如阈值电压不稳定。在正向栅压下，由于在介质和异质结材料表面会积累电子，形成漏电通道，同时该界面电子会引起较大的阈值电压漂移，另外，目前沉积的介质与异质结界面形成高达 10^{13} cm^{-2} 的界面态密度，足够耗尽沟道中的 2DEG。

随着 GaN 基三极管的发展，肖特基栅耗尽型 GaN 电力电子器件制备技术和凹槽 MIS 栅以及 P-GaN 栅技术逐渐成熟，GaN 电力电子器件进一步商用化的主要障碍在于可靠性难以提高。高压为电力电子器件最关键的工作条件，但是，目前报道的大多数引起器件退化或失效的原因都与电场相关，因此，需要进一步深入分析并提出新的有效方案减小电场引起的可靠性问题。

另外，由于结构和性质的不同，适用于硅基电力电子器件的联合电子设备工程委员会(JEDEC)的标准并不完全适合认证 GaN 电力电子器件。JEDEC 标准是专为硅基器件制定的，而对于 GaN 电力电子器件，需要不同的可靠性表征体系，这其中最主要的不同点在于加速寿命试验。用于传统硅基器件的加速寿命测试方法是基于完善的模型和多年的经验建立的，而对于 GaN 电力电子器件，在与硅基器件一样的测试条件下，其响应不同，并且缺乏长期的实际应用经验来反馈给加速寿命模型[19]。因此，针对 GaN 电力电子器件，仍需建立更合适且完备的可靠性测试标准。

8.3.1 电导法表征技术

GaN 基材料的外延生长，即使非故意掺杂也会引入大量施主或受主杂质，如 O、H、C、Si 等，同时也会出现本征缺陷、扩展缺陷、表面缺陷，如 N 空位、Ga 空位、替位原子、螺位错、刃位错、堆垛层错、簇、悬挂键等[20]。另外，在器件制备过程中，同样会引入非故意的缺陷。其中绝大多数缺陷具有电特性，在 GaN 电子器件中作为电子陷阱或空穴陷阱，直接影响器件的传输以及击穿特性。以 P-GaN 栅 Si 基 GaN 电力电子器件为例，图 8.16 给出了材料和器件结构中几种典型的陷阱对器件性能和可靠性的影响问题。由于陷阱具有不同的能级深度，单一的表征手段无法全面地分析陷阱对器件性能的影响，因此，需要结合目前现有的技术手段系统地分析上述问题。

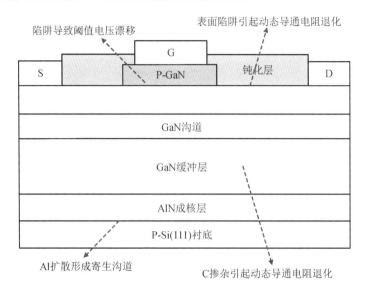

图 8.16　P-GaN 栅 Si 基 GaN 电力电子器件中存在的几种典型陷阱问题

1967 年 Nicollian 和 Goetzberger 提出的电导法是目前最常用的一种表征半导体陷阱态的技术手段[21]。该方法基于图 8.17(a)所示的 MOS 电容等效电路，其中 C_{OX} 为氧化物电容，C_s 为半导体电容，C_{it} 为界面陷阱电容，R_{it} 为界面陷阱俘获和释放电子过程引起的损耗，界面陷阱时常数 $\tau_{it} = R_{it} \cdot C_{it}$。图 8.17(b)为图 8.17(a)的简化等效电路，假设禁带中陷阱为单一能级，则电容、电导和陷阱时常数、陷阱密度的关系如下：

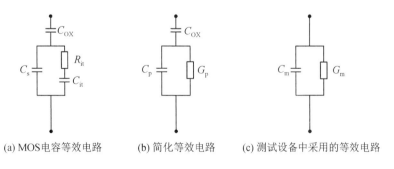

(a) MOS电容等效电路　　　(b) 简化等效电路　　　(c) 测试设备中采用的等效电路

图 8.17　用于电导测试的等效电路

$$C_{\text{p}} = C_{\text{s}} + \frac{C_{\text{it}}}{1+(\omega\tau_{\text{it}})^2} \tag{8-15}$$

$$\frac{G_{\text{p}}}{\omega} = \frac{q\omega\tau_{\text{it}}D_{\text{it}}}{1+(\omega\tau_{\text{it}})^2} \tag{8-16}$$

其中：$C_{\text{it}} = q^2 \cdot D_{\text{it}}$；$\omega = 2\pi f$（$f$ 为测试频率）；$\tau_{\text{it}} = R_{\text{it}} \cdot C_{\text{it}} = [v_{\text{th}} \cdot \sigma_{\text{p}} \cdot N_{\text{A}} \cdot \exp(-q\phi_s/kT)]^{-1}$，$v_{\text{th}}$ 为载流子平均扩散速度，σ_{p} 为空穴俘获截面积，ϕ_s 为平均表面电势。假设陷阱能级连续分布在 GaN 的禁带中，则电导和陷阱密度、时常数的关系可由以下等式表示：

$$\frac{G_{\text{p}}}{\omega} = \frac{qD_{\text{it}}}{2\omega\tau_{\text{it}}}\ln[1+(\omega\tau_{\text{it}})^2] \tag{8-17}$$

对比式(8-15)和式(8-17)可以看到，相比于式(8-15)，式(8-17)只需要通过电导-频率测试即可提取出陷阱的密度和时常数，因此，电导法更方便获取陷阱信息。

通常用于电导和电容测试的设备，其依据的是图 8.17(c) 中的电容和电导的并联电路，C_{m} 和 G_{m} 分别为测试出的电容和电导值。对比图 8.17(b) 和 (c)，其电导关系可由下式表示：

$$\frac{G_{\text{p}}}{\omega} = \frac{\omega G_{\text{m}}C_{\text{OX}}^2}{G_{\text{m}}^2 + \omega^2(C_{\text{OX}}-C_{\text{m}})^2} \tag{8-18}$$

因此，通过式(8-17)和式(8-18)即可在测试结果和陷阱信息之间建立联系。

对于电导法，有两点需要格外注意：漏电和串联电阻。对于前者，如果氧化层或介质层过薄，或者沉积质量较差，将出现严重的漏电问题；对于后者，如果半导体层载流子浓度过低，将呈现高阻特点。针对以上两种情况，由上述电导法提取的陷阱信息会存在较大误差，需要修改以上等效电路，以获得更精确的结果。

8.3.2　深能级瞬态谱(DLTS)测试技术

半导体器件在受到热或光作用时，器件中的深能级会有俘获或释放电子的行为，这种行为会影响器件的电学特性。GaN 基射频器件的电流崩塌和电力电子器件的动态导通电阻退化问题均是由于陷阱对电子的俘获或释放行为引起的，因此，为了深入理解陷阱对器件电特性的影响，需要探测陷阱在禁带中的位置（即陷阱能级）、陷阱浓度以及陷阱在器件中的具体位置，并进行详细分析。因为陷阱能级影响着器件的响应速度；陷阱浓度决定着陷阱对器件电特性的影响程度；而不同位置的陷阱影响着器件不同的电特性，如栅下陷阱影响阈值电压，栅漏之间的陷阱影响导通电阻，而缓冲层中的深能级陷阱影响器件的导通电阻。

虽然前面介绍的电导法同样可以表征器件中的陷阱，但是该方法在室温下通常只能测 0.5 eV 以内的浅能级陷阱,不易判断陷阱的具体位置。此外,靠近禁带中央的深能级陷阱浓度通常远远低于浅能级陷阱,但是同样对器件电性能影响巨大,因此,深能级瞬态谱测试技术逐渐被用于分析 GaN 基器件的陷阱状态。深能级瞬态谱测试技术依赖于空间电荷区,通常把样品制备成具有空间电荷区的肖特基二极管、PN 结或者 MOS 电容结构。下面以 N 型金属-半导体接触构成的肖特基二极管为例介绍深能级瞬态谱测试技术的原理。

当金属-半导体接触处于平衡态时,陷阱对载流子的俘获和释放也是处于一个动态平衡的状态,即载流子被陷阱俘获的概率和从陷阱中释放的概率相同。平衡状态下深能级陷阱释放电子到导带的概率可以由下式表示:

$$e_n = \frac{v_{th} \sigma_n N_C}{g_n} e^{-(E_C - E_T)/kT} \tag{8-19}$$

式中:v_{th} 为电子热饱和速度;σ_n 为俘获截面;N_C 为有效态密度;E_T 为深陷阱能级;g_n 为简并因子,通常为 1。电子热饱和速度和有效态密度分别由以下两式定义:

$$v_{th} = \sqrt{\frac{3kT}{m_{eff}}} \tag{8-20}$$

$$N_C = 2 \left(\frac{2\pi m_{eff} kT}{h^2} \right)^{3/2} \tag{8-21}$$

式中,m_{eff} 为半导体中电子有效质量,k 为玻尔兹曼常数,T 为开尔文温度,h 为普朗克常数。把式(8-20)和(式 8-21)代入式(8-19)可得

$$e_n = 2k^2 m_{eff} \left(\frac{2\pi}{h^2} \right)^{3/2} (3)^{1/2} T^2 \sigma_n e^{-(E_C - E_T)/kT} \tag{8-22}$$

把上式中的常数记为 K,并两边取对数,上式可简化为

$$\ln \left(\frac{T^2}{e_n} \right) = \frac{(E_C - E_T)}{kT} - \ln(K\sigma_n) \tag{8-23}$$

式(8-23)即为陷阱分析领域著名的阿伦尼斯方程。基于该等式,取不同的(e_n,T)数据对,即可获得陷阱能级和俘获截面。

如图 8.18 所示,在反向偏压下,在靠近金属-半导体界面附近的半导体中存在空间电荷区(L_R),该区域的电子被栅压耗尽,其中正固定电荷由金属中的负电荷补偿,因此半导体处于电中性的状态。在该状态下,费米能级以上的深能级陷阱均是空的,而费米能级以下的深能级陷阱均被填充。当施加一个正向脉冲电压后,即反向偏压降低,空间电荷区变小(变为 L_1),同时电子从导带填充到费米能级以下的空陷阱能级中,这个过程中脉冲电压称为填充脉冲,电子填充过程称为俘获过程。在俘获过程完成之后重新恢复到初始的反向偏压下,

由于俘获的电子不能及时释放，需要更宽的空间电荷区$(L(t)-L_R)$来补偿俘获的电子，随着深能级陷阱中的电子逐渐释放到导带中，空间电荷区的宽度也恢复到最初的水平(L_R)，该过程为释放电子过程[23]。

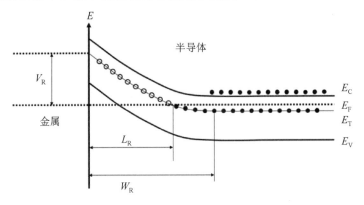

(a) 脉冲电压之前的反向偏压下

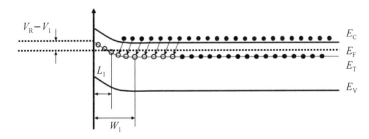

(b) 正向脉冲电压下

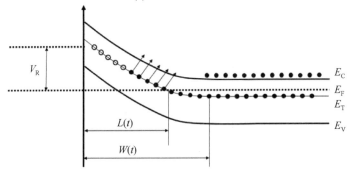

(c) 脉冲电压之后的反向偏压下

图 8.18　金属-半导体接触的能带示意图

由于肖特基二极管的电容与空间电荷区的宽度成反比，即

$$C(T) = \frac{\varepsilon A}{W(t)} \qquad\qquad (8-24)$$

式中，ε 为半导体的介电常数，A 为肖特基接触的面积，$W(t)$ 为时间为 t 时对应的空间电荷区的宽度。因此，深能级与电子瞬态作用导致的空间电荷区的变化反映在电容的变化上。图 8.19 给出了偏置电压、电容和瞬态电容随时间变化对应的关系。

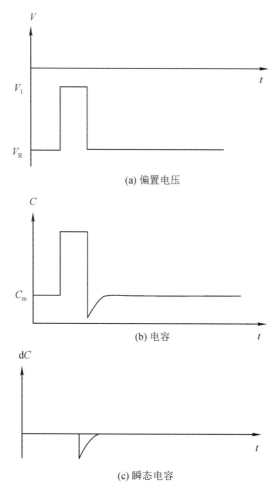

(a) 偏置电压

(b) 电容

(c) 瞬态电容

图 8.19　偏置电压、电容和瞬态电容随时间的变化

　　深能级陷阱释放电子是一个热激发过程，释放电子的速率和释放时常数随温度的变化而变化，因此，通常采用温度扫描的深能级瞬态谱测试，即 T-Scan。另外，温度变化可以引起陷阱释放速率变化几个量级，故一次 T-Scan 可以探

测到材料整个禁带中的陷阱激活能。图 8.20(a)给出了瞬态电容在不同温度下随时间的变化，DLTS 测试信号为 $\Delta C = C(t_1) - C(t_2)$。图 8.20(a)的不同温度下瞬态电容的变化反应在 DLTS 信号上，如图 8.20(b)所示[24]。

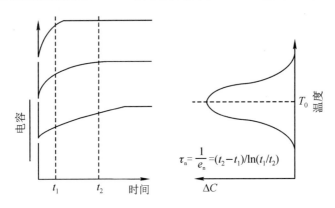

(a) 不同温度下瞬态电容随时间的变化　(b) DLTS信号随温度的变化

图 8.20　温度扫描的深能级瞬态谱测试

对于不同的率窗(t_1, t_2)和(t_1', t_2')，同一个陷阱能级有不同的峰值温度，因此，通过改变脉冲周期，可以测得不同率窗下的 T-DLTS 曲线，如图 8.21(a)所示，基于该测试结果和阿伦尼斯方程，可以根据图 8.21(b)中阿伦尼斯曲线的斜率和截距，获得在禁带中的陷阱能级以及俘获截面常数。

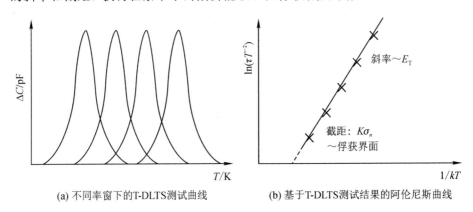

(a) 不同率窗下的T-DLTS测试曲线　　　(b) 基于T-DLTS测试结果的阿伦尼斯曲线

图 8.21　T-DLTS 测试

8.3.3　载流子纵向输运机理表征技术

目前，国际上已经实现晶圆直径达到 200 mm 级的 Si 基 GaN 外延技术，由于 Si 基 GaN 制备工艺与 CMOS 工艺兼容，大大降低了制造成本，因此成为最适合商用化的技术之一[12, 25-28]。但是，由于 GaN 外延层和 Si 衬底之间存在较大的晶格失配和热失配，目前在 Si 衬底上制备高质量以及高均匀性 GaN 外延层仍具有很大的挑战。其中 AlN 材料作为 GaN 外延的成核层是获得高质量 AlGaN/GaN 异质结的关键。但值得注意的是，在 AlN 成核层中存在极高的穿透位错密度，这些高密度位错对 AlGaN/GaN 器件的导通和击穿特性均有一定的影响[28-30]。同时，在 MOCVD 外延生长过程中，AlN 成核层中的 Al 原子作为受主扩散到硅衬底中，扩散深度约为 $50 \sim 100$ nm[28]。因此，在界面处 P-Si 会形成重掺杂的 P^+-Si，这样便出现一个寄生漏电沟道。据报道，在界面附近的 Si 材料中发现的禁带中央附近的陷阱能级与 Al 扩散有关[31-32]。产生少子的陷阱中心极有可能是基于 Shockley-Read-Hall(SRH) 复合机理导致 AlN/Si 界面处形成的反型[33-35]。同时，Si 衬底的类型在反型形成过程中扮演着关键角色，反型时 AlN/P-Si 的漏电主要是由 Si 的耗尽层中产生的少数载流子引起的[35]。

另外，由于绝缘体上硅(Silicon-On-Insulator，SOI)技术是一种实现 GaN 单片集成衬底的极有潜力的技术，因此基于 SOI 的 GaN 基器件也具有极大的研究价值[36-37]。但由于在生长过程中的应变不均匀以及其他可能的影响，在 SOI 的 Si 器件层中必然存在与体硅材料不同的问题[38-39]。因此，目前亟须研究 SOI 的 Si 器件层中的陷阱状态以及陷阱对 SOI 基器件漏电机理的影响。此外，在 AlN/SOI 界面是否会产生反型层以及反型层的影响问题都亟待解决。

Zhang 等人采用如图 8.22 所示器件结构研究了 AlN/Si 和 AlN/SOI 结构中 Al 扩散引起的陷阱对载流子输运机制的影响[40]。上述外延结构采用 Veeco Turbodisc Maxbright MOCVD 系统在 1050℃ 的温度下，在 8 英寸的 P-Si(111) 和 P-SOI 衬底上生长 200 nm 厚的 AlN 成核层。SOI 衬底中的 P-Si(111) 器件层的厚度为 1.5 μm。两种衬底结构中的 P-Si(111) 层的电阻率均为 $1 \sim 10$ $\Omega \cdot$cm。为了对比，他们制备了三种类型的器件结构，如图 8.22 所示。对于图 8.22(a) 中的垂直结构，顶部沉积双层(20 nm Ni/200 nm Au)金属作为肖特基接触，其直径为 500 μm。然后，在背部 Si 衬底上蒸发 200 nm 厚的 Al 构成垂直结构器件。对于 AlN/SOI 结构，由于衬底中存在绝缘的氧化层，不能简单制成垂直结构器件，因此，需要采用图 8.22(c) 的半垂直 AlN/SOI 结构。为了严格对比，他们同时制备出图 8.22(b) 中半垂直的 AlN/Si 结构。通过对比图 8.22(a) 和 (b) 可以揭示器件制备工艺对导通机理的影响。

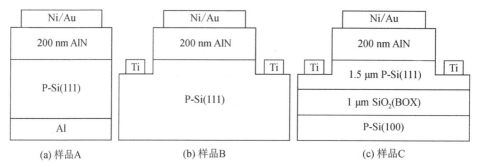

图 8.22　样品 A（垂直 AlN/Si 结构）、样品 B（半垂直 AlN/Si 结构）和
样品 C（半垂直 AlN/SOI 结构）的截面示意图

针对三个样品，分别在 1 MHz、100 kHz、10 kHz、1 kHz 和 100 Hz 等五个频率下栅压正反扫描测试。栅压首先从负压下的积累状态扫描到正压下的耗尽状态（或者反型状态），然后回扫至负压。三个样品室温下的 $C\text{-}V$ 曲线如图 8.23 所

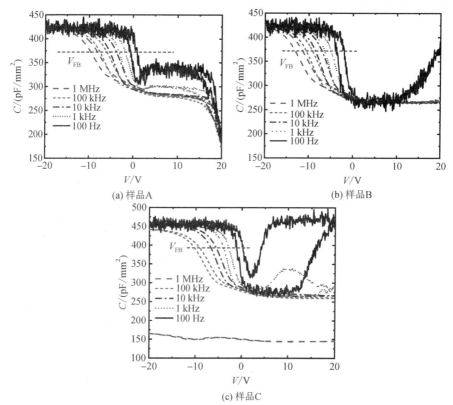

图 8.23　样品 A、样品 B 和样品 C 的 $C\text{-}V$ 测试曲线（V_{FB} 为平带电压）

示。对比图中积累区电容值可以看到样品 C 的积累区电容稍微高于样品 A 和 B 的，这有可能是在不同衬底上生长出的 AlN 具有不同的介电常数导致的。同时，可以看到在 100 Hz 的低频状态下，三个样品中均出现了反型沟道。另外，对于样品 C，由于 SOI 衬底中的 Si(111)层较薄，只有 1.5 μm，刻蚀后只保留 1.2 μm，这就引起了很高的寄生电阻，导致在高频 1 MHz 时出现电容崩塌。图 8.24(a)和(b)分别显示了器件的肖特基金属正偏和反偏时 AlN/Si 能带示意图。反偏时，空穴积累在 AlN/Si 界面；正偏时，Si 耗尽区的深能级陷阱产生电子积累并在 AlN/Si 界面上形成反型层。大量文献报道指出，器件的垂直击穿与界面处的反型沟道有关[33-34]。因此，研究该结构中的电性缺陷以及探索 Si 基和 SOI 基器件的载流子传输机制极为重要。

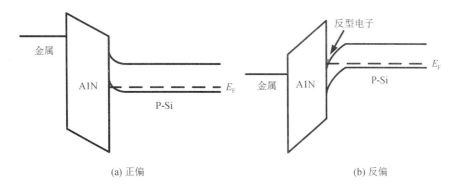

(a) 正偏　　　　　　　　　　　　　　　　　　(b) 反偏

图 8.24　顶部肖特基金属正偏和反偏时 AlN/Si 能带示意图

1. 正向漏电机制分析

图 8.25 显示了三个样品的变温 I-V 测试结果，图中 I-V 曲线被分成四个区域。对于横向的半垂直器件，由于器件结构和工艺的问题，为了避免高压下的偶然击穿，图中没有给出样品 B 和 C 的区域Ⅳ曲线，但是，可以预测样品 B 和 C 在高压下的电流趋势和载流子传输机理与样品 A 类似。对于样品 A，由于器件制备工艺没有引入额外漏电通道，因此，该结构是用于分析漏电机理的较为理想的器件结构。对于垂直结构的样品 A 和半垂直结构的样品 B，可以判断，除了器件几何结构的差异，它们的 I-V 曲线之间的差异主要是由器件制备工艺产生的台面和表面漏电引起的。

为了深入分析样品的漏电机制，下面详细分析漏电流和电场以及漏电流和温度的依赖关系。表 8.1 中总结了 MIS 结构的几种主要漏电机制。其中，J 为电流密度，E 为场强，k 为玻尔兹曼常数，T 为绝对温度，β_{PF} 为 Poole-Frenkel 系数，ε 为 AlN 的介电常数，ε_0 为真空介电常数，a 为跃迁距离，T_0 为特征温

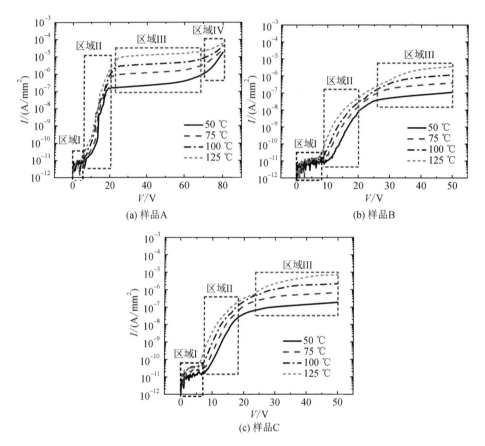

图 8.25 在不同温度下样品 A、样品 B 和样品 C 的正向 I-V 特性

度，L 为 AlN 的厚度，W 为在衬底中的耗尽深度，n_i 为本征载流子浓度，E_T 为陷阱能级，E_i 为本征能级，τ_p 和 τ_n 为空穴和电子少子载流子寿命，ϕ 为隧穿势垒高度，m 为隧穿有效质量，h 为普朗克常数。

1）区域 I

从图 8.26(a) 中可以看到，样品 A 在区域 I 的漏电流极低，且与温度成正比，这就可以判断在区域 I 中样品 A 的传导服从欧姆定律。对于样品 B 和 C，由于器件制备工艺过程中刻蚀工艺在样品表面引起大量悬挂键和表面态，使得样品 B 和 C 中除了与样品 A 一样存在体漏电以外，还存在着台面边缘漏电和表面漏电。通常，表面漏电远小于其他漏电流几个数量级，但是在区域 I 中较低的电流状况下，不能忽略表面漏电。因此，由于表面漏电的作用，在区域 I 中样品 B 和 C 的漏电流高于样品 A。另外，从图 8.26(a) 中发现，在区域 I 中样品 B 和 C 的漏电流也正比于电场强度，这就说明了在区域 I 中样品 B 和 C 的漏电机制是由欧姆定律和表面漏电共同贡献。

表 8.1　MIS 结构中漏电机制总结

机制	J 的表达式	J 与 E 的关系	与温度是否相关
欧姆定律[36]	$J = n_0 q \mu E$	$J \propto E$	相关
表面漏电[41]	$J \propto E/\rho$	$J \propto E$	未知
Poole-Frenkel (PF 隧穿)[42]	$J \propto E \cdot \exp\left(-\dfrac{\beta_{\mathrm{PF}} E^{1/2}}{2kT}\right)$	$\ln\left(\dfrac{J}{E}\right) \propto E^{1/2}$	$\ln(J) \propto -\dfrac{1}{\tau}$
变程跳跃机制[43]	$J = J_0 \cdot \exp\left(\dfrac{CqEa}{2k_{\mathrm{B}}T}\left(\dfrac{T_0}{T}\right)^{1/4}\right)$	$\ln(J) \propto E$	$\ln(J) \propto -\left(\dfrac{1}{T}\right)^{\frac{1}{4}}$
空间电荷限制[44]	$J = \dfrac{\varepsilon \varepsilon_0 \mu E}{L^3}$	$J \propto E^2$	未知
SRH 复合[35]	$J = \dfrac{q n_1 W}{\tau_{\mathrm{p}} \varepsilon^{(E_{\mathrm{T}} - E_{\mathrm{i}})/kT} + \tau_{\mathrm{n}} \varepsilon^{-(E-E_{\mathrm{i}})/kT}}$	不敏感	相关
FN 隧穿机制[45]	$J = \left(\dfrac{q^3 E^2}{8\pi h \phi}\right) \cdot \exp\left(-\dfrac{4(2m)^{1/2} \phi^{3/2}}{3hqE}\right)$	$\ln\left(\dfrac{J}{E^2}\right) \propto -\dfrac{1}{E}$	不敏感
肖特基发射 (SE 隧穿)[46]	$J \propto T^2 \cdot \exp\left(\dfrac{\sqrt{qE/\pi\varepsilon}}{2kT}\right)$	$\ln\left(\dfrac{J}{T^2}\right) \propto E^{1/2}$	相关

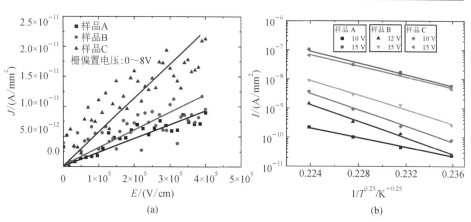

图 8.26　在区域 I 中三个样品的电流密度随场强的变化关系及区域 II 的漏电流和 $1/T^{0.25}$ 的关系

2) 区域Ⅱ

随着栅压增加，三个样品的漏电随之增加。同时，从图 8.25 中可以看到，在区域Ⅱ的漏电流随温度的升高而增加。因此，该区域的漏电机制可能是 PF 隧穿或 V-R-H。从图 8.25(a)中可以看到，区域Ⅱ的电流存在 I 和电压的近线性关系，因此，可以判断 V-R-H 符合该区域的传输机制。图 8.26(b)显示了区域Ⅱ中 I 和 $(1/T)^{0.25}$ 的线性关系，通过该线性关系，同样可以确定该区域服从 V-R-H 的漏电机理，电子从 AlN 层的一个陷阱隧穿到另一个陷阱。此外，从图 8.25 中可以看到，随着栅压增加，样品 A 的漏电流从区域Ⅱ的线性区直接转变到区域Ⅲ的饱和区，但是样品 B 和 C 的区域Ⅱ和Ⅲ之间存在一个缓变的过渡区，说明样品 B 和 C 在该区域Ⅱ有不同于样品 A 的漏电机制。有研究表明[47]，该区域很可能还存在由台面边缘漏电引起的 PF 隧穿电流，即电子从台面边缘处 AlN 层的陷阱中跃迁到导带中增加漏电。

3) 区域Ⅲ

从图 8.25 中可以看到，区域Ⅲ的电流对栅压的变化不敏感，即随着栅压增加，漏电流增加较小，但是随温度升高而增加。该漏电流特点是典型的 SRH 复合，注入 AlN 层中的电子受限于 Si 耗尽层的 SRH 复合。因此，漏电流在该区域达到饱和后随电压变化较弱。如图 8.27(a)所示，随温度变化的漏电流显示出阿伦尼斯曲线的特性，由阿伦尼斯曲线可以计算出三个样品的激活能为 0.52~0.56 eV，该范围对应在 Si 的禁带中央附近，正是最有效的载流子产生中心。而在 Si 耗尽区的深能级陷阱可能正是由于 Al 在 Si 衬底中的扩散引起的 Al^- 相关的陷阱[32]。在 1050℃的外延生长条件下极易发生 Al 扩散效应，Wang 等人已经报道，通过深能级瞬态谱测试技术在 P-Si 衬底中发现了 Al^- 相关的陷阱[32]。因此，这里同样采用深能级瞬态谱测试技术分析 AlN/SOI 界面和体材料的陷阱，在四种脉冲条件：$(V_R, V_P) = (15\ V, 10\ V)$、$(10\ V, 5\ V)$、$(5\ V, 0\ V)$、$(10\ V, -5\ V)$ 下，分析并判断 AlN/SOI 界面的空穴陷阱和 P-Si 的耗尽层中的陷阱[31-32, 48]。其中 V_R 为反向偏压，V_P 为脉冲电压。对于样品 C，从图 8.27(b)可以得到，两种类型的空穴陷阱存在于 Si 禁带的下半部分，对应在 250 K 的峰和 150 K 附近的峰。当 $(V_R, V_P) = (15\ V, 10\ V)$ 和 $(10\ V, 5\ V)$ 时，并不能观察到在 250 K 处的峰，但是，当 $(V_R, V_P) = (5\ V, 0\ V)$ 和 $(10\ V, -5\ V)$ 时，250 K 处的峰出现并且峰的位置不随脉冲高度变化而变化，这就可以说明在 AlN/Si 界面附近的体 Si 层中存在一种空穴陷阱。因此，可以判断在 AlN/SOI 结构中出现 Al 扩散并且存在一种 Al^- 相关的空穴陷阱。而在 150 K

附近处的峰随着偏置条件的变化出现大范围移动，这种现象正符合由干法刻蚀引起的 AlN/SOI 的界面态和表面态行为[31, 48-49]。

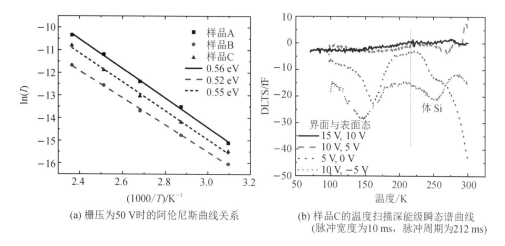

(a) 栅压为50 V时的阿伦尼斯曲线关系

(b) 样品C的温度扫描深能级瞬态谱曲线
（脉冲宽度为10 ms，脉冲周期为212 ms）

图 8.27　漏电机制测试结果

4）区域 Ⅳ

从图 8.25 中可以看到，区域 Ⅳ 的漏电流随栅压增加而迅速增加，同时，随着栅压增加，漏电流随温度变化较弱。另外，如图 8.28(a)所示，$\ln(J/E^2)$ 和 E^{-1} 具有线性关系，这就说明了该区域的漏电流符合 FN 隧穿机制。因此，在该区域，漏电流迅速增加是由于电子从界面势阱处直接隧穿到 AlN 层的导带，直到雪崩击穿导致器件失效。

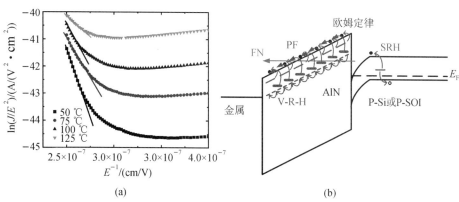

图 8.28　样品 A 的 $\ln(J/E^2)$ 和 E^{-1} 的关系曲线及正偏压下 AlN/Si、AlN/SOI 的能带图

图 8.28(b)显示了正偏压下 AlN/Si 和 AlN/SOI 的能带图, 图中总结了垂直结构的样品 A 和半垂直结构的样品 B 和 C 的载流子传输机制。对于垂直的 AlN/Si, 低压下的传导机制服从欧姆定律。随着正向偏压增加, 电子在 AlN 层中的传导模式变成从一个陷阱隧穿到另外一个陷阱。然后, 漏电受限于 P-Si 耗尽层中陷阱电子的发射达到饱和。最终, 随着偏压继续增加, 电子直接从 AlN/Si 界面势阱处直接隧穿到 AlN 的导带中, 直到雪崩击穿导致器件失效。对于半垂直的样品 B 和 C, 除了以上漏电机制, 由于在器件工艺中使用干法刻蚀, 造成器件一定的损伤, 因此, 另外两种漏电机制, 即表面漏电和台面边缘漏电引起的 FN 隧穿也需要被考虑在内。

2. 反向漏电机制分析

三个样品的反向漏电机制必定不同于其正向漏电机制, 因此, 图 8.29 显示了反向变温 I-V 测试结果。基于图 8.29(a)中 I-V 曲线的特点, 其反向漏电曲线被分成三部分。对于样品 B 和 C, 由于其欧姆接触和台面边缘距离较小, 极易引起击穿, 所以并没有测其高温下的 I-V 曲线, 但是, 可以预计其高温 I-V 曲线会具有和样品 A 类似的特性。下面将针对三个样品不同区域的反向漏电机制进行分析。

1) 区域 I

根据图 8.29(a)中区域 I 的 I-V 曲线特点(电流和电场以及温度均相关)可以判断, 该区域的漏电机制是 SE 或 PF 隧穿或 V-R-H。但是该区域的 I-V 曲线并不符合表 8.1 中 PF 隧穿和 V-R-H 的表达式。从图 8.30 可以观察到 $\ln(J/T^2)$ 和 $E^{1/2}$ 线性相关, 说明低压下的该区域漏电流符合 SE 隧穿, 因此, 区域 I 的电流传导机制为肖特基金属和 AlN 界面处的电子直接发射到 AlN 的导带中。

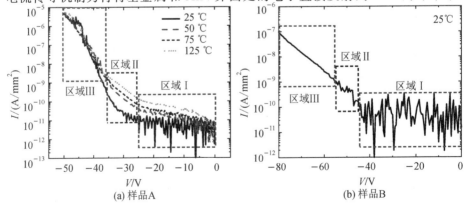

(a) 样品A   (b) 样品B

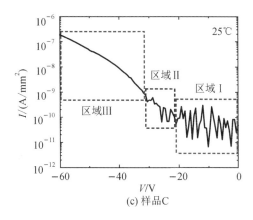

(c) 样品C

图 8.29　不同温度下样品 A、样品 B 和样品 C 的反向 I-V 特性

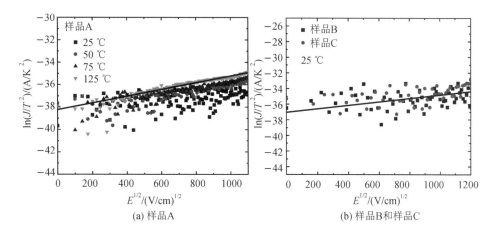

(a) 样品A　　　　　　　　　(b) 样品B和样品C

图 8.30　样品 A 和样品 B、C 的 $\ln(J/T^2)$ 和 $E^{1/2}$ 的关系

另外，对于样品 B 和 C，其区域 I 的漏电密度高于样品 A，说明除了以上 SE 隧穿机制，还存在另一种漏电机制：表面漏电。

2）区域 II

图 8.29 显示区域 II 的漏电流随栅压和温度增加而迅速增加，这表明该区域的漏电机理符合 PF 隧穿或 V-R-H。但是，我们发现该区域的漏电流并不符合 V-R-H 中 $\ln(I)$ 和 $(1/T)^{0.25}$ 的线性特点。如图 8.31 所示，三个样品均显示出 $\ln(J/E)$ 和 $E^{1/2}$ 较好的线性关系，说明该区域的传输机制主要为 PF 隧穿。因此，区域 II 的电流传导机制为肖特基金属和 AlN 界面处的电子隧穿到 AlN 层的深能级陷阱中，随后释放到 AlN 的导带中。

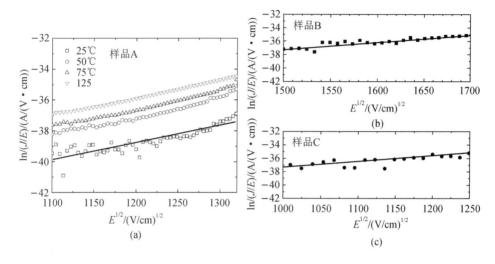

图 8.31　样品 A 和样品 B、C 的 $\ln(J/E)$ 和 $E^{1/2}$ 的关系

3）区域Ⅲ

图 8.29 显示区域Ⅲ的漏电流随栅压增加而迅速增加，且随温度变化较小。图 8.32(a)显示该区域漏电流 $\ln(J/E^2)$ 和 $1/E$ 具有较好的线性关系，这说明 FN 隧穿为该区域的电流传导机制。因此，该区域的电流传导机制为肖特基金属和 AlN 界面处的电子直接隧穿到 AlN 的导带中。

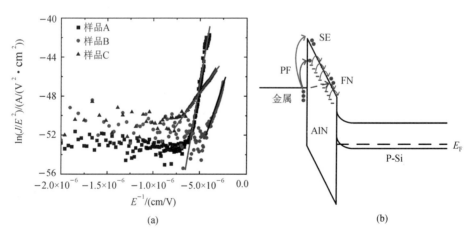

图 8.32　三个样品的 $\ln(J/E^2)$ 和 E^{-1} 的关系曲线及在反向偏压下 AlN/Si、AlN/SOI 的能带和载流子传输机制示意图

基于以上分析，反向偏压下 AlN/Si 和 AlN/SOI 的漏电机制如图 8.32(b)

所示。对于垂直 AlN/Si 结构，在较低的反向偏压下，少数电子由于热激发从金属和 AlN 层的界面越过势垒隧穿到 AlN 导带中。随着反向偏压增加，主要传导机制变为 PF 隧穿，只有极少数电子直接越过势垒，多数在金属和 AlN 层的电子被 AlN 体材料中的陷阱俘获，随后发射到 AlN 的导带中。最终，当反向偏压增加到一定程度时，由于 FN 隧穿，反向漏电随栅压增加急剧增加。电子从金属和 AlN 层的界面处直接隧穿到 AlN 的导带中，直至器件击穿。对于半垂直的 AlN/Si 和 AlN/SOI 结构，处理以上漏电机制，同样需要考虑表面漏电和台面边缘漏电。

8.3.4　栅极可靠性测试技术

一般来说，器件的栅耐压越高，器件的最大可用栅压就越高，较高的栅耐压有利于提高器件的栅压工作窗口上限，进而可以增大器件的栅驱动模块的可靠性以及便于设计栅驱动。此外，提高器件的阈值电压可以有效防止功率开关模块的误开启，但是 GaN 电力电子器件的阈值电压的不稳定性（正向漂移或者负向漂移）会压缩栅驱动设计的窗口且容易导致误开启，因此，对 GaN 电力电子器件的栅压可靠性和阈值电压稳定性分析非常重要。

以 P-GaN 栅增强型 GaN 电力电子器件为例，其阈值电压受到 P-GaN 帽层的影响，随着工作时间的增大，阈值电压会发生一定程度上的漂移，阈值电压的稳定性影响着功率电路模块的可靠性。近年来，P-GaN 栅结构的 GaN 电力电子器件已经成为商业化器件的主流方向，在产业驱动下，近年来有很多采用 BTI 测试研究 P-GaN 栅电力电子器件的阈值电压稳定性的相关报道[50-53]。利用 BTI 测试对比常规耗尽型器件和 P-GaN 栅增强型器件发现，常规肖特基栅耗尽型器件的阈值电压漂移较小，而增强型器件由于栅结构中存在陷阱，会发生明显的阈值电压漂移。在 P-GaN 帽层中可能存在 Mg、Mg—H 化合物、Mg—N—H 化合物和其他 Mg 相关的陷阱态等，这些陷阱态会导致器件的阈值电压发生漂移。

P-GaN 栅增强型 GaN 电力电子器件的阈值电压漂移通常由多种因素造成，例如 P-GaN/AlGaN 层中的电子捕获、空穴捕获以及空穴陷阱等因素。Tang 等人认为当栅压小于 7 V 时，阈值电压的正向漂移是由于 P-GaN/AlGaN 界面处的电子捕获引起的，当栅压大于 7 V 时，阈值电压的漂移是由于空穴注入引起的[54]。Stockman 等人认为电子捕获发生在 AlGaN/GaN 界面处，空穴积累发生在 P-GaN/AlGaN 界面处或 AlGaN 势垒层中[55]。有很多研究人员认为在 P-GaN 帽层的价带顶存在类受主的陷阱态[56-60]，当栅压正向偏置时，类受主陷阱态发生离化产生空穴，空穴会进到价带，而当正向偏置的栅压去除后，这些离化的陷阱态不能迅速离化。此外从沟道中注入的电子也可能会被陷阱态所捕获，这两种效应共同导致器件的阈值电压发生正向漂移。Sayadi 等人发现，当栅压小于 5 V 时，空穴从栅极流入 P-GaN 帽层中，阈值电压发生负向漂移，当栅压大于 5 V 时，PN 结会开启，从栅极注入的空穴不仅穿过 PN 结流入沟道层，且 P-GaN 中的部分空穴被沟道中注入的电子所复合，所以阈值电压发生正向漂移[53]。

除了阈值电压稳定性之外，栅极 TDDB 现象也是 GaN 电力电子器件中常见的可靠性问题之一。TDDB 也被称为时间依赖的介质击穿，这种测试方法已经广泛地应用于评估半导体栅介质的可靠性[61-62]。在 P-GaN 栅结构的增强型电力电子器件中，这种方法被广泛地用于评价器件的栅可靠性，即预测栅寿命。P-GaN 栅增强型 GaN 电力电子器件的栅极在经受一个固定的电压应力时，当这个电压高于栅击穿电压时，器件的栅极会被瞬间击穿，当这个电压低于栅击穿电压时，虽然栅极不会被瞬间击穿，但是在长时间的电压应力作用下，器件的栅极漏电会逐渐增大甚至击穿（也有可能会在某个瞬间发生击穿，即硬击穿）。TDDB 测试中栅介质发生击穿的渗流模型和原理如图 8.33 所示[63]。对栅介质施加恒定应力电压的起始阶段，在栅介质中会随机地产生一些陷阱态，这些陷阱态可以起到捕获电子的作用。假定每个陷阱态可以俘获它周围一个半径为 r 的球体空间内的电子，如图 8.33(a) 所示。随着施加的应力

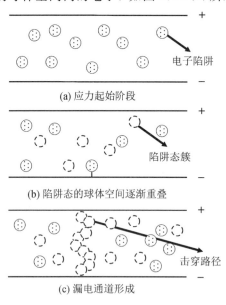

图 8.33　栅介质渗流模型

时间增加，产生的陷阱态也会越来越多，这些陷阱态周围的球体空间慢慢会重叠，如图 8.33(b) 所示，可以将其称为陷阱态簇。随着施加的应力时间继续增加，产生的陷阱态簇会越来越多，甚至会连接到栅介质层的两极，形成渗流通道 (也叫漏电通道) 从而使得栅介质发生击穿，如图 8.33(c) 所示。P-GaN 栅增强型 GaN 电力电子器件的栅极随着施加的应力时间增加，就会发生类似的击穿，器件发生击穿时所经受的施加的应力时间称为栅介质失效时间，即 t_{BD}。

当针对大量样品时，t_{BD} 通常并不是固定的数值，而是一个统计性分布的值。栅介质的失效时间 t_{BD} 一般认为符合威布尔分布，即

$$F(t) = 1 - \exp\left[-\left(\frac{t-\gamma}{\eta}\right)^{\beta}\right] \tag{8-25}$$

式中：β 是威布尔分布的斜率；η 为比例因子，通常采用失效率为 63% 作为器件的寿命判定标准，在此也以失效率为 63% 为例进行说明；γ 是器件烧毁时间，一般认为是 0。式 (8-25) 可以对数化为

$$\ln\left[-\ln(1-F(t))\right] = \beta\ln(t) - \beta\ln(\eta) \tag{8-26}$$

图 8.34(a) 示出了不同应力电压下的器件威布尔分布及其拟合结果。结合式 (8-26) 和图 8.34(a) 即可看出，三条拟合直线与横轴的截距就是所需要的各应力电压下所对应的失效时间 t_{BD}，值得注意的是此处均以室温下 63% 失效率作为比例因子进行拟合。在获得了不同应力电压所对应的失效时间 t_{BD} 后，需要再次通过 E 模型或者 $1/E$ 模型 (也被称为 Power-Law 模型) 对其可操作电压进行拟合计算。E 模型和 $1/E$ 模型的表达式分别为

$$t_{BD} = t_0 \exp(-\gamma E_{OX}) \tag{8-27}$$

$$t_{BD} = \tau_0 \exp\left(\frac{G}{E_{OX}}\right) \tag{8-28}$$

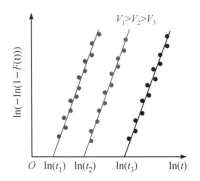
(a) 不同应力电压下的威布尔分布及其拟合结果

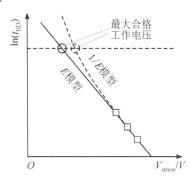
(b) 利用 E 模型和 $1/E$ 模型拟合结果

图 8.34　威尔分布及利用 E、1/E 模型的拟合结果

式$(8-27)$中t_0和γ均为常数。式(8.28)中τ_0和G均为常数。E_{OX}为栅氧化层的电场强度。

图$8.34(b)$显示了利用E模型和$1/E$模型所拟合的结果。图中拟合线条与横向虚线的交点处所对应的电压为在室温下器件工作10年、失效率为63%时的最大合格电压[64]。

综上，近年来针对GaN电力电子器件的研发已经取得了巨大进步，但是，在GaN电力电子器件大规模商用化的道路上，仍然存在着许多可靠性问题亟须解决，尤其现在极少发布专门针对GaN电力电子器件的测试和可靠性评估标准。因此，在现有的Si基电力电子器件可靠性标准(JEDEC、AEC-Q101等)的基础上，亟须制定针对GaN电力电子器件的可靠性标准。不过值得注意的是，近几年国内外针对GaN电力电子器件研发的投入越来越多，同时也与市场结合越来越密切，产业规模逐渐提升，这对加快GaN电力电子器件可靠性标准的制定以及更大规模的实用化进程具有重要意义。

参 考 文 献

[1] JESSEN G H, GILLESPIE J K, VIA G D, et al. AlGaN/GaN HEMT on diamond technology demonstration[A]//IEEE, 2006: 271-274.

[2] PARK P S, RAJAN S. Simulation of short-channel effects in N-and Ga-polar AlGaN/GaN HEMTs[J]. IEEE Transactions on Electron Devices, 2011, 58(3): 704-708.

[3] SUMIYA M, YOSHIMURA K, ITO T, et al. Growth mode and surface morphology of a GaN film deposited along the N-face polar direction on c-plane sapphire substrate [J]. Journal of Applied Physics, 2000, 88(2): 1158-1165.

[4] ZYWIETZ T K, NEUGEBAUER J, SCHEFFLER M. The adsorption of oxygen at GaN surfaces[J]. Applied Physics Letters, 1999, 74(12): 1695-1697.

[5] WETZEL C, SUSKI T, AGER J W, et al. Pressure induced deep gap state of oxygen in GaN[J]. Physical Review Letters, 1997, 78(20): 3923.

[6] HAO R, LI W, FU K, et al. Breakdown enhancement and current collapse suppression by high-resistivity GaN cap layer in normally-off AlGaN/GaN HEMTs [J]. IEEE Electron Device Letters, 2017, 38(11): 1567-1570.

[7] HUA M, CHEN J, WANG C, et al. E-mode p-GaN Gate HEMT with p-FET Bridge for Higher V_{TH} and Enhanced V_{TH} Stability[A]//IEEE, 2020: 21-23.

[8] MARTÍNEZ P J, LETZ S, MASET E, et al. Failure analysis of normally-off GaN HEMTs under avalanche conditions[J]. Semiconductor Science and Technology, 2020, 35(3): 35007.

[9]　UEMOTO Y，HIKITA M，UENO H，et al. Gate injection transistor（GIT）：A normally-off AlGaN/GaN power transistor using conductivity modulation[J]. IEEE Transactions on Electron Devices，2007，54(12)：3393 - 3399.

[10]　ZHANG W，ZHANG J，XIAO M，et al. High breakdown-voltage（＞2200 V）AlGaN-channel HEMTs with ohmic/Schottky hybrid drains[J]. IEEE Journal of the Electron Devices Society，2018，6(1)：931 - 935.

[11]　CHIU H，CHANG Y，LI B，et al. High-performance normally off p-GaN gate HEMT with composite AlN/Al$_{0.17}$Ga$_{0.83}$N/Al$_{0.3}$Ga$_{0.7}$N barrier layers design[J]. IEEE Journal of the Electron Devices Society，2018，6(1)：201 - 206.

[12]　FREEDSMAN J J，EGAWA T，YAMAOKA Y，et al. Normally-off Al$_2$O$_3$/AlGaN/GaN MOS-HEMT on 8 in. Si with low leakage current and high breakdown voltage（825 V）[J]. Applied Physics Express，2014，7(4)：41003.

[13]　REN J，TANG C W，FENG H，et al. A novel 700 V monolithically integrated Si-GaN cascoded field effect transistor[J]. IEEE Electron Device Letters，2018，39(3)：394 - 396.

[14]　HUANG X，LI Q，LIU Z，et al. Analytical loss model of high voltage GaN HEMT in cascode configuration[J]. IEEE Transactions on Power Electronics，2013，29(5)：2208 - 2219.

[15]　李艳，张雅静，黄波，等. Cascode 型 GaN HEMT 输出伏安特性及其在单相逆变器中的应用研究[J]. 电工技术学报，2015，30(14)：9.

[16]　张圆明. Cascode 型 GaN HEMT 特性及应用研究[D]. 中国矿业大学；中国矿业大学（江苏），2019.

[17]　马皓，张宁，林燎源. 共栅共源结构 GaN HEMT 开关模型[J]. 浙江大学学报：工学版，2016，50(3)：11.

[18]　张延斌，王荣华，朱景伟，等. Cascode 型 GaN 功率器件的开关过程及损耗分析[J]. 大连海事大学学报，2020，46(2)：8.

[19]　KIKKAWA T，HOSODA T，IMANISHI K，et al. 600 V JEDEC-qualified highly reliable GaN HEMTs on Si substrates[A]//IEEE，2014：2 - 6.

[20]　MENEGHESSO G，MENEGHINI M，ZANONI E. Power GaN Devices Materials，Applications and Reliability[M]. Springer，2017.

[21]　NICOLLIAN E H，GOETZBERGER A. The si-sio, interface-electrical properties as determined by the metal-insulator-silicon conductance technique[J]. The bell system technical journal，1967，46(6)：1033 - 1055.

[22]　SCHRODER D K. Semiconductor material and device characterization[M]. John Wiley & Sons，2015.

[23]　YAMASAKI K，YOSHIDA M，SUGANO T. Deep level transient spectroscopy of bulk traps and interface states in Si MOS diodes[J]. Japanese Journal of Applied

Physics，1979，18(1)：113.

[24] LANG D V. Deep-level transient spectroscopy：A new method to characterize traps in semiconductors[J]. Journal of Applied Physics，1974，45(7)：3023 – 3032.

[25] CHENG K，LIANG H，Van HOVE M，et al. AlGaN/GaN/AlGaN double heterostructures grown on 200 mm silicon (111) substrates with high electron mobility[J]. Applied Physics Express，2011，5(1)：11002.

[26] SELVARAJ S L，KAMATH A，WANG W，et al. Process uniformity and challenges of AlGaN/GaN MIS-HEMTs on 200-mm Si (111) substrates fabricated with CMOS-compatible process and integration[J]. Journal of Electronic Materials，2015，44(8)：2679 – 2685.

[27] ARULKUMARAN S，NG G I，VICKNESH S，et al. Direct current and microwave characteristics of sub-micron AlGaN/GaN high-electron-mobility transistors on 8-inch Si (111) substrate[J]. Japanese Journal of Applied Physics，2012，51(11R)：111001.

[28] MARCHAND H，ZHAO L，ZHANG N，et al. Metalorganic chemical vapor deposition of GaN on Si (111)：Stress control and application to field-effect transistors [J]. Journal of Applied Physics，2001，89(12)：7846 – 7851.

[29] YAMAOKA Y，KAKAMU K，UBUKATA A，et al. Impact of the AlN nucleation layer on the variation of the vertical-direction breakdown voltage of AlGaN/GaN high-electron-mobility transistor structures on a Si substrate[J]. Physica Status Solidi A，2017，214(8)：1600843.

[30] FREEDSMAN J J，WATANABE A，YAMAOKA Y，et al. Influence of AlN nucleation layer on vertical breakdown characteristics for GaN-on-Si[J]. Physica Status Solidi A，2016，213(2)：424 – 428.

[31] SIMOEN E，VISALLI D，Van HOVE M，et al. A deep-level analysis of Ni-Au/AlN/(1 1 1) p$^+$-Si metal-insulator-semiconductor capacitors[J]. Journal of Physics D-Applied Physics，2011，44(47)：475104.

[32] WANG C，SIMOEN E，ZHAO M，et al. Impact of the silicon substrate resistivity and growth condition on the deep levels in Ni-Au/AlN/Si MIS Capacitors[J]. Semiconductor Science and Technology，2017，32(10)：105002.

[33] YACOUB H，EICKELKAMP M，FAHLE D，et al. The effect of AlN nucleation growth conditions on the inversion channel formation at the AlN/silicon interface [A]//IEEE，2015：175 – 176.

[34] YACOUB H，FAHLE D，FINKEN M，et al. The effect of the inversion channel at the AlN/Si interface on the vertical breakdown characteristics of GaN-based devices [J]. Semiconductor Science and Technology，2014，29(11)：115012.

[35] SAYADI L，IANNACCONE G，HAEBERLEN O，et al. The role of silicon substrate on the leakage current through GaN-on-Si epitaxial layers[J]. IEEE Transactions on

Electron Devices，2017，65(1)：51－58.

[36]　LI X，Van HOVE M，ZHAO M，et al. Investigation on carrier transport through AlN nucleation layer from differently doped Si（111）substrates［J］. IEEE Transactions on Electron Devices，2018，65(5)：1721－1727.

[37]　JIANG Q，LIU C，LU Y，et al. 1.4 kV AlGaN/GaN HEMTs on a GaN-on-SOI platform［J］. IEEE Electron Device Letters，2013，34(3)：357－359.

[38]　CAO J，PAVLIDIS D，PARK Y，et al. Improved quality GaN by growth on compliant silicon-on-insulator substrates using metalorganic chemical vapor deposition ［J］. Journal of Applied Physics，1998，83(7)：3829－3834.

[39]　THAM W H，ANG D S，BERA L K，et al. Comparison of the $Al_xGa_{1-x}N/GaN$ heterostructures grown on silicon-on-insulator and bulk-silicon substrates［J］. IEEE Transactions on Electron Devices，2015，63(1)：345－352.

[40]　ZHANG W，SIMOEN E，ZHAO M，et al. Analysis of Leakage Mechanisms in AlN Nucleation Layers on p-Si and p-SOI Substrates［J］. IEEE Transactions on Electron Devices，2019，66(4)：1849－1855.

[41]　HAN D，OH C，KIM H，et al. Conduction mechanisms of leakage currents in InGaN/GaN-based light-emitting diodes［J］. IEEE Transactions on Electron Devices，2014，62(2)：587－592.

[42]　SIMMONS J G. Conduction in thin dielectric films［J］. Journal of Physics D-Applied Physics，1971，4(5)：613.

[43]　KUKSENKOV D V，TEMKIN H，OSINSKY A，et al. Origin of conductivity and low-frequency noise in reverse-biased GaN pn junction［J］. Applied Physics Letters，1998，72(11)：1365－1367.

[44]　NANA R，GNANACHCHELVI P，AWAAH M A，et al. Effect of deep-level states on current-voltage characteristics and electroluminescence of blue and UV light-emitting diodes［J］. Physica Status Solidi A，2010，207(6)：1489－1496.

[45]　LENZLINGER M，SNOW E H. Fowler-Nordheim tunneling into thermally grown SiO_2［J］. Journal of Applied Physics，1969，40(1)：278－283.

[46]　REDDY M S P，PUNEETHA P，REDDY V R，et al. Temperature-dependent electrical properties and carrier transport mechanisms of TMAH-treated $Ni/Au/Al_2O_3/GaN$ MIS diode［J］. Journal of Electronic Materials，2016，45(11)：5655－5662.

[47]　XU C，WANG J，CHEN H，et al. The leakage current of the Schottky contact on the mesa edge of AlGaN/GaN heterostructure［J］. IEEE Electron Device Letters，2007，28(11)：942－944.

[48]　SIMOEN E，LAUWAERT J，VRIELINCK H. Analytical techniques for electrically active defect detection. Elsevier，2015：205－250.

[49]　SIMOEN E，SIVARAMAKRISHNAN RADHAKRISHNAN H，GIUS UDDIN M，

et al. Dry etch damage in n-type crystalline silicon wafers assessed by deep-level transient spectroscopy and minority carrier lifetime[J]. Journal of Vacuum & Technology B, 2018, 36(4).

[50] STOCKMAN A, CANATO E, TAJALLI A, et al. On the origin of the leakage current in p-gate AlGaN/GaN HEMTs[A]//IEEE, 2018: 4B-5B.

[51] SHI Y, ZHOU Q, CHENG Q, et al. Bidirectional threshold voltage shift and gate leakage in 650 V p-GaN AlGaN/GaN HEMTs: The role of electron-trapping and hole-injection[A]//IEEE, 2018: 96-99.

[52] TALLARICO A N, STOFFELS S, POSTHUMA N, et al. PBTI in GaN-HEMTs With p-Type Gate: Role of the Aluminum Content on ΔV_{TH} and Underlying Degradation Mechanisms[J]. IEEE Transactions on Electron Devices, 2017, 65(1): 38-44.

[53] SAYADI L, IANNACCONE G, SICRE S, et al. Threshold voltage instability in p-GaN gate AlGaN/GaN HFETs[J]. IEEE Transactions on Electron Devices, 2018, 65(6): 2454-2460.

[54] TANG X, LI B, MOGHADAM H A, et al. Mechanism of Threshold Voltage Shift in p-GaN Gate AlGaN/GaN Transistors[J]. IEEE Electron Device Letters, 2018, 39(8): 1145-1148.

[55] STOCKMAN A, CANATO E, MENEGHINI M, et al. Threshold voltage instability mechanisms in p-GaN gate AlGaN/GaN HEMTs[A]//IEEE, 2019: 287-290.

[56] GÖTZ W, JOHNSON N M, BOUR D P, et al. Local vibrational modes of the Mg-H acceptor complex in GaN[J]. Applied Physics Letters, 1996, 69(24): 3725-3727.

[57] NAGAI H, ZHU Q S, KAWAGUCHI Y, et al. Hole trap levels in Mg-doped GaN grown by metalorganic vapor phase epitaxy[J]. Applied Physics Letters, 1998, 73(14): 2024-2026.

[58] NAKANO Y, JIMBO T. Electrical characterization of acceptor levels in Mg-doped GaN[J]. Journal of Applied Physics, 2002, 92(9): 5590-5592.

[59] GÖTZ W, JOHNSON N M, WALKER J, et al. Activation of acceptors in Mg-doped GaN grown by metalorganic chemical vapor deposition[J]. Applied Physics Letters, 1996, 68(5): 667-669.

[60] GÖTZ W, JOHNSON N M, BOUR D P. Deep level defects in Mg-doped, p-type GaN grown by metalorganic chemical vapor deposition[J]. Applied Physics Letters, 1996, 68(24): 3470-3472.

[61] KAUERAUF T. Degradation and breakdown of MOS gate stacks with high permittivity dielectrics[D]. IMEC, 2007.

[62] DEGRAEVE R, KACZER B, GROESENEKEN G. Degradation and breakdown in thin oxide layers: mechanisms, models and reliability prediction[J]. Microelectronics

Reliability，1999，39(10)：1445 - 1460.

[63]　SHKLOVSKII B I，EFROS A L. Electronic properties of doped semiconductors[M].
　　　Springer Science & Business Media，2013.

[64]　HUNTER W R. A failure rate based methodology for determining the maximum
　　　operating gate electric field，comprehending defect density and burn-in[A]//IEEE，
　　　1996：37 - 43.

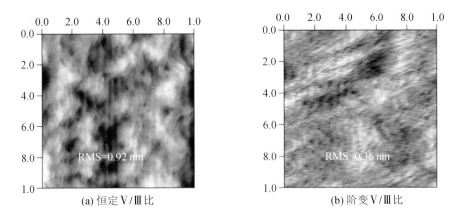

(a) 恒定Ⅴ/Ⅲ比

(b) 阶变Ⅴ/Ⅲ比

图 2.12　GaN 薄膜表面 AFM 形貌

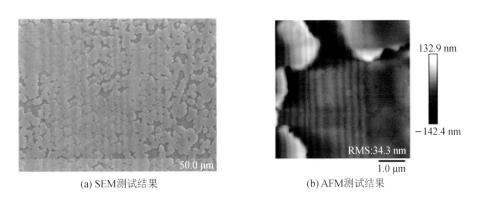

(a) SEM测试结果

(b) AFM测试结果

图 3.27　较厚 AlN 上生长的 GaN 的 SEM 和 AFM 测试结果

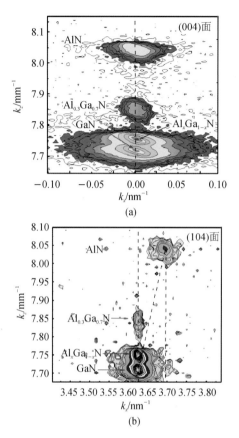

(a)

(b)

图 4.12　AlGaN/GaN 异质结(004)面
和(104)面倒易空间图谱

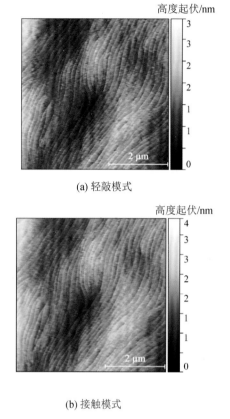

(a) 轻敲模式

(b) 接触模式

图 4.17　样品轻敲模式和接触模式
下 AFM 的结果

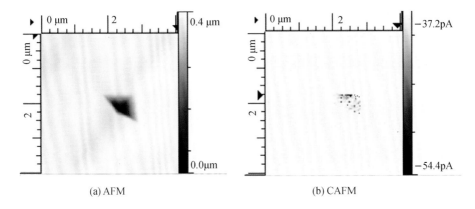

(a) AFM   (b) CAFM

图 4.18　GaN 的 AFM 表面形貌和 CAFM 的形貌

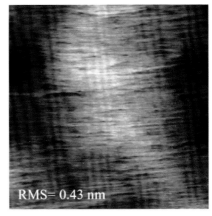

(a) 平面蓝宝石衬底   (b) 斜切蓝宝石衬底

图 5.13　不同衬底上外延 GaN 的 AFM 表面形貌图

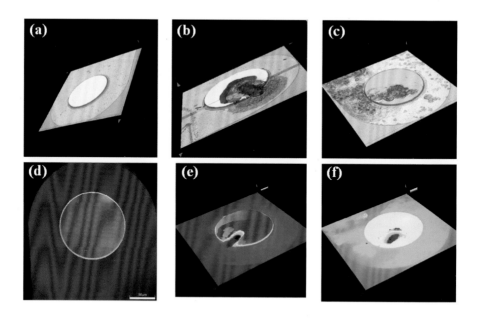

图 7.18　完好器件、失效器件的 3D 形貌及样品表面高度分布图

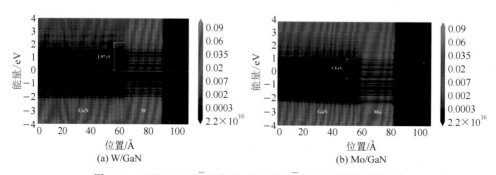

图 7.24　W/GaN(10$\bar{1}$0)和 Mo/GaN(10$\bar{1}$0)界面的投影能带图